大学生高等数学竞赛用书

微积分竞赛教程

（修订版）

主编　卢兴江

编委　卢兴江　李银飞　应文隆

　　　杨晓鸣　金蒙伟

ZHEJIANG UNIVERSITY PRESS
浙江大学出版社
·杭州·

图书在版编目（CIP）数据

微积分竞赛教程／卢兴江主编. -- 2 版. -- 杭州：
浙江大学出版社，2025. 4. -- ISBN 978-7-308-26119-7

Ⅰ. O172

中国国家版本馆 CIP 数据核字第 2025KY8597 号

微积分竞赛教程（修订版）

卢兴江　主　编

责任编辑	石国华	
责任校对	杜希武	
封面设计	刘依群	
出版发行	浙江大学出版社	
	（杭州市天目山路 148 号　邮政编码 310007）	
	（网址：http://www.zjupress.com）	
排　　版	杭州星云光电图文制作工作室	
印　　刷	杭州高腾印务有限公司	
开　　本	787mm×1092mm　1/16	
印　　张	17.25	
字　　数	430 千	
版 印 次	2025 年 4 月第 2 版　2025 年 4 月第 1 次印刷	
书　　号	ISBN 978-7-308-26119-7	
定　　价	56.00 元	

再版说明

    本书是一本面向在校大学生的数学竞赛指导书,同时也适合作为微积分学习的复习资料。我们对微积分的核心内容进行了系统整理,归纳出知识要点,并通过典型例题的详细解法分析,帮助读者将每一个知识点融会贯通。

    目前,我国从义务教育到高中阶段,学习多以应试为导向,导致学生习惯于套用模式解题,缺乏独立分析和解决问题的能力,长期的应试教育也容易形成思维惯性。我们希望学生通过数学竞赛以及本书的学习,逐步改变这种思维方式。数学学习需要培养运算能力、空间想象能力和抽象思维能力等。解题是学好数学的重要环节,尤其是那些运算复杂、步骤烦琐且需要技巧的题目,往往能帮助读者更好地掌握数学知识,并培养分析和解决问题的能力。将阅读与动手解题相结合,能够帮助读者学会如何理解数学知识、如何进行分析和推理,从而在面对背景或题型稍新的数学问题时不再感到无从下手,进而培养数学思维,提升数学素养,最终成为具有分析和解决问题能力的创新型人才。

卢兴江

2025 年 3 月

前　言

　　微积分竞赛或高等数学竞赛是一项大学生的群众性科技活动,在我国多个省份广泛开展,特别是北京市举办高等数学竞赛已超过 20 届,浙江等省份也已举办了十多届。微积分竞赛活动能激发广大大学生学习数学的积极性,提高学生运用数学知识分析问题和解决问题的能力,培养学生的创新思维,并推动大学数学教学体系、教学内容和教学方法的改革。

　　本书对微积分主要内容的知识要点和解题方法进行了归纳总结和梳理,并通过大量的例题对解法进行分析综合,让读者在这些解法中领略数学的思维方式,掌握并熟练地运用微积分的基本方法,加深对相关知识的理解,将微积分的各个知识点融会贯通。本书精心选配了一定数量的习题,同时还将浙江省历届微积分竞赛的试题收录在例题和习题中,书的最后还提供了浙江省和全国竞赛的试卷和详细解答。本书作为一本微积分竞赛的辅导参考书,希望能帮助参赛同学提高竞赛水平,在竞赛中取得好成绩。本书也可作为学习微积分的参考书,并希望能更好地帮助读者理解微积分的概念、理论和思想,更好地掌握微积分中的解题方法,并提高自身的数学素养和学习能力。

　　本书第一讲至第五讲由卢兴江(浙江大学数学系)编写,第六讲至第七讲及附录一由应文隆(浙江大学数学系)编写,第八讲至第十三讲由李银飞(浙江工商大学统计学院)和李珏(浙江工商大学统计学院)编写,附录二由杨晓鸣(浙江大学出版社)编写。

　　对书中的不当和错误之处,欢迎读者批评指正,我们表示万分感谢! 本书的责任编辑石国华老师为本书的出版付出了很多精力,在此表示特别的感谢!

编者

2023 年 2 月

目　　录

第一讲　预备知识

一、集合

在数学上,一个**集合**是指一些可确定、可分辨的事物构成的整体.一般用大写字母 A,B,C,$\cdots$,X,Y,Z 来记集合.组成一个集合的成员称为这个集合的**元素**,通常用小写字母 a,b,c,$\cdots$,x,y,z 来表示.

- $a \in A$ 表示 a 是 A 的一个元素;$a \notin A$ 表示 a 不是 A 的元素.
- 若 $\forall b \in B$,有 $b \in A$,则称 B 是 A 的**子集**,记为 $B \subset A$.
- 若 $A \subset B$ 且 $B \subset A$,则称 A 与 B **相等**,记为 $A = B$.
- 若 $B \subset A$ 且 $B \neq A$,则称 B 是 A 的**真子集**.
- $A \bigcup B = \{x \mid x \in A$ 或 $x \in B\}$ 称为 A 与 B 的**并集**.
- $A \bigcap B = \{x \mid x \in A$ 且 $x \in B\}$ 称为 A 与 B 的**交集**.
- $A - B = \{x \mid x \in A$ 且 $x \notin B\}$ 称为 A 与 B 的**差集**.
- 若 $B \subset A$,则 $\complement_A(B) = A - B$,也称为 B 关于 A 的**补集**或**余集**.如果 S 为全集.则 $\overline{A} = S - A$,称为 A 的**余集**.
- 德·摩根定律:$\overline{A \bigcup B} = \overline{A} \bigcap \overline{B}$;$\overline{A \bigcap B} = \overline{A} \bigcup \overline{B}$.
- 常用的集合及记号:

$$\mathbf{N} = 自然数集合(包括零)$$
$$\mathbf{Z}^+ = 正整数集合$$
$$\mathbf{Z} = 整数集合$$
$$\mathbf{Q} = 有理数集合$$
$$\mathbf{R} = 实数集合$$
$$\varnothing = 空集(不包含任何元素的集合)$$

- 设 a,$b \in \mathbf{R}$,$a < b$,集合 $(a,b) = \{x \in \mathbf{R} \mid a < x < b\}$ 称为 $\mathbf{R}$ 的一个**开区间**;$[a,b] = \{x \in \mathbf{R} \mid a \leqslant x \leqslant b\}$ 为 $\mathbf{R}$ 的一个**闭区间**;$[a,b) = \{x \in \mathbf{R} \mid a \leqslant x < b\}$ 和 $(a,b] = \{x \in \mathbf{R} \mid a < x \leqslant b\}$ 为**半开半闭区间**;$(a, +\infty) = \{x \in \mathbf{R} \mid x > a\}$、$[a, +\infty) = \{x \in \mathbf{R} \mid x \geqslant a\}$、$(-\infty, b) = \{x \in \mathbf{R} \mid x < b\}$ 和 $(-\infty, b] = \{x \in \mathbf{R} \mid x \leqslant b\}$ 为**无穷区间**.

- 对 $a \in \mathbf{R}$,$\varepsilon > 0$.称 $(a - \varepsilon, a + \varepsilon)$ 为 **a 的 ε 邻域**,记为 $U(a, \varepsilon)$.如果不关心区间大小,将 ε 略去,称为 a 的某个邻域,记为 $U(a)$.

- 集合 $A \times B = \{(x,y) \mid x \in A, y \in B\}$ 称为 A 与 B 的**积集**,若 $A = B$,记 $A^2 = A \times A$,有

$$\mathbf{R}^2 = \mathbf{R} \times \mathbf{R} = \{(x,y) \mid x,y \in \mathbf{R}\},$$
$$\mathbf{R}^3 = \mathbf{R}^2 \times \mathbf{R} = \{(x,y,z) \mid x,y,z \in \mathbf{R}\}.$$

$\mathbf{R}$,$\mathbf{R}^2$,$\mathbf{R}^3$ 分别称为一维、二维和三维**欧氏空间**.

二、映射

若对于 X 中的每个元素 x，按照某一法则 f，在 Y 中有唯一确定的元素 y[记作 $y = f(x)$] 与它对应，则称 f 为从 X 到 Y 的一个**映射**，记为 $f:X \to Y$，称 X 为 f 的**定义域**，Y 为 f 的值集，$f(x)$ 为 x 在 f 下的**象**．$f(X) = \{f(x) \mid x \in X\}$ 为 f 的**值域**．

• 若 $\forall x_1, x_2 \in X$，对 $x_1 \neq x_2$，有 $f(x_1) \neq f(x_2)$，则称 f 是**单射**或称 f 为**一对一的映射**．

• 若 $f(X) = Y$，即 $\forall y \in Y$，$\exists x \in X$，使 $f(x) = y$，则称 f 是**满射**，或称 f 是从 **X 到 Y 上**的映射．

• 若 f 既是单射又是满射，则称 f 是**双射**，或者称 f 是**一一对应的映射**．

• 设 $f:X \to Y, g:Y \to Z$ 是映射，则称

$$g \circ f : X \to Z$$

是 f 和 g 的**复合映射**，有：$g \circ f(x) = g(f(x))$．

• 设 $f:X \to Y$ 是双射，若 $x \in X, y \in Y, y = f(x)$．作对应 $f^{-1}(y) = x$，称这样的双射：

$$f^{-1}:Y \to X$$

为 f 的**逆映射**或**反映射**．

三、一元实函数

在微积分中，我们习惯地称一个从 $\mathbf{R}^n (n = 1,2,3)$ 的一个子集到 $\mathbf{R}$ 的一个子集的映射为**函数**．相应的复合映射和逆映射分别称为**复合函数**和**反函数**．

• $f:D \to \mathbf{R}$(其中 $D \subset \mathbf{R}$) 称为**一元实函数**，集合 $G = \{(x, f(x)) \in \mathbf{R}^2 \mid x \in D\}$ 称为 f 的**图形**．

• 一般，为了表达精简，在没有特别指出的情况下，f 的定义域是使 f 的定义有意义的实数，称之为**自然定义域**．例如 $f(x) = \sqrt{x-1} + \sqrt{2-x}$，其定义域为 $[1,2]$．

• **基本初等函数**：

(1) 常值函数　　$f(x) = C$，　$C \in \mathbf{R}$ 为常数．

(2) 幂函数　　$f(x) = x^a$，　$\alpha \in \mathbf{R}$ 是常数．f 的定义域与 α 的取值有关．若 α 为无理数，则规定 f 的定义域为 $(0, +\infty)$．

(3) 指数函数　　$f(x) = a^x$　$(a > 0$ 且 $a \neq 1)$，　$x \in \mathbf{R}$．

(4) 对数函数　　$f(x) = \log_a x$　$(a > 0$，且 $a \neq 1)$，　$x \in (0, +\infty)$．

特别，当 $a = e$ 时，称为自然对数，记为 $f(x) = \ln x$．

(5) 三角函数：

$$f(x) = \sin x, \quad x \in \mathbf{R}.$$

$$f(x) = \cos x, \quad x \in \mathbf{R}.$$

$$f(x) = \tan x = \frac{\sin x}{\cos x}, \quad x \neq k\pi + \frac{\pi}{2}, k \in \mathbf{Z}.$$

$$f(x) = \cot x = \frac{\cos x}{\sin x}, \quad x \neq k\pi, k \in \mathbf{Z}.$$

$$f(x) = \sec x = \frac{1}{\cos x}, \quad x \neq k\pi + \frac{\pi}{2}, k \in \mathbf{Z}.$$

$$f(x) = \csc x = \frac{1}{\sin x}, \quad x \neq k\pi, k \in \mathbf{Z}.$$

(6) 反三角函数：

$$f(x) = \arcsin x, \quad 定义域[-1,1], 值域\left[-\frac{\pi}{2}, \frac{\pi}{2}\right].$$

$$f(x) = \arccos x, \quad 定义域[-1,1], 值域[0, \pi].$$

$$f(x) = \arctan x, \quad 定义域(-\infty, +\infty), 值域\left(-\frac{\pi}{2}, \frac{\pi}{2}\right).$$

$$f(x) = \text{arccot} x, \quad 定义域(-\infty, +\infty), 值域(0, \pi).$$

- 由基本初等函数经过有限次四则运算与复合运算所得的函数称为**初等函数**.
- 将定义域分割为不相交的子集，而在每一个子集上给出定义的函数，称为**分段函数**，例如：

(1) 符号函数 $\quad \text{sgn} x = \begin{cases} 1, & x > 0 \\ 0, & x = 0. \\ -1, & x < 0 \end{cases}$

(2) 取整函数 $\quad f(x) = [x] = n, \quad n \leqslant x < n+1, \quad n \in \mathbf{Z}.$

(3) Dirichlet(狄利克雷)函数 $\quad D(x) = \begin{cases} 1, & x \text{ 为有理数} \\ 0, & x \text{ 为无理数} \end{cases}.$

四、函数的简单特性

(1) 有界性. 设 $f: D \to \mathbf{R}$. 若 $\exists M$ 使 $\forall x \in D, f(x) \leqslant M$, 则称 f 有**上界**, M 是 f 的一个上界；若 $\exists m$ 使 $\forall x \in D, f(x) \geqslant m$, 则称 f 有**下界**, m 是 f 的一个下界；如果 f 既有上界又有下界，则称 f 是**有界函数**. 有界函数的另一个等价的定义是：若 $\exists M > 0$, 使 $\forall x \in D$, $|f(x)| \leqslant M$, 则称 f 是**有界函数**.

(2) 单调性. 设 $f: D \to \mathbf{R}$. 若对 $\forall x_1, x_2 \in D$, 当 $x_1 < x_2$ 时有 $f(x_1) \leqslant f(x_2)$[或 $f(x_1) < f(x_2)$], 则称 f 是**单调增加(或严格单调增加)**的；若 $\forall x_1, x_2 \in D$. 当 $x_1 < x_2$ 时成立 $f(x_1) \geqslant f(x_2)$[或 $f(x_1) > f(x_2)$], 则称 f 是**单调减少(或严格单调减少)**的.

(3) 奇偶性. 设 $f: D \to \mathbf{R}$. D 关于原点对称，即若 $x \in D$, 则 $-x \in D$. 如果 $\forall x \in D$, $f(-x) = f(x)$, 则称 f 是**偶函数**；如果 $\forall x \in D, f(-x) = -f(x)$, 则称 f 为**奇函数**；若 f 既不是偶函数也不是奇函数，则称 f 为**非奇非偶函数**. 偶函数 $y = f(x)$ 的图像关于 y 轴对称. 奇函数的图像关于原点对称.

(4) 周期性. 设 $f: D \to \mathbf{R}$. 如果存在非零常数 $T \in \mathbf{R}$. 使 $\forall x \in D, x + T \in D$, 且 $f(x + T) = f(x)$, 则称 f 为**周期函数**, T 是 f 的一个周期. 若存在最小的 $T > 0$, 使 T 是 f 的一个周期，则称 T 是 f 的**最小正周期**. 显然周期不是唯一的.

若 T 为 f 的一个周期, $kT(k \in \mathbf{Z}, k \neq 0)$ 也是 f 的一个周期. 另外，不是每个周期函数都有最小正周期. 例如狄利克雷函数是周期函数，任何非零有理数皆是它的周期，显然没有最小正周期.

(5) 函数 f 与其反函数 f^{-1} 的图像关于直线 $y = x$ 对称.

五、几个常用不等式

(1) 三角不等式：$\forall a, b \in \mathbf{R}$，有

$$||a|-|b|| \leqslant |a+b| \leqslant |a|+|b|.$$

(2) 贝努里(Bernoolli)不等式：$\forall a \in [-1, +\infty)$，$n \in \mathbf{Z}^+$，有

$$(1+a)^n \geqslant 1+na.$$

(3) 均值不等式：$\forall a_i > 0$，$i = 1, 2, \cdots, n$，称 $A = \dfrac{a_1+a_2+\cdots+a_n}{n}$ 为**算术平均值**；

$G = \sqrt[n]{a_1 a_2 \cdots a_n}$ 为**几何平均值**；$H = \dfrac{n}{\dfrac{1}{a_1}+\dfrac{1}{a_2}+\cdots+\dfrac{1}{a_n}}$ 为**调和平均值**，则

$$A \geqslant G \geqslant H.$$

等号当且仅当 $a_1 = a_2 = \cdots = a_n$ 时成立.

(4) 柯西(Cauchy)不等式：$\forall a_i, b_i \in \mathbf{R}$，$i = 1, 2, \cdots, n$，有

$$(a_1 b_1 + a_2 b_2 + \cdots + a_n b_n)^2 \leqslant (a_1^2 + a_2^2 + \cdots + a_n^2)(b_1^2 + b_2^2 + \cdots + b_n^2).$$

等号当且仅当存在常数 c 使

$$a_i = cb_i, \quad i = 1, 2, \cdots, n$$

时成立.

第二讲 极 限

 知识要点

一、数列极限

1. 数列极限的定义:设$\{a_n\}$是 **R** 中的一个数列.如果存在$a\in\mathbf{R}$,使得对任意的$\varepsilon>0$,存在正整数N,当$n>N$时,

$$|a_n-a|<\varepsilon,$$

则称a为数列$\{a_n\}$的**极限**,记作:

$$\lim_{n\to\infty}a_n=a \text{ 或 } a_n\to a(n\to\infty).$$

有极限的数列称为是**收敛**的,否则称为是**发散**的.

数列$\{a_n\}$收敛的充分必要条件是:$\forall\varepsilon>0$,数列中落在邻域$U(a,\varepsilon)$外面的只有有限多项.

2. 数列极限的性质:

(1) 唯一性:如果数列$\{a_n\}$收敛,则其极限是唯一的.

(2) 有界性:若$\{a_n\}$收敛,则$\{a_n\}$有界.

(3) 保号性:设$\lim_{n\to\infty}a_n=a$,则(i) 若$a>0$,则存在正整数N及正数η,当$n>N$时,$a_n>\eta>0$.(ii) 若$a<0$,则存在正整数N及正数η,当$n>N$时,$a_n<-\eta<0$.(iii) 反过来,若$\exists N\in\mathbf{Z}^+$,当$n>N$时$a_n>0$,则$a\geqslant0$.

(4) 夹逼性:设数列$\{a_n\}$,$\{b_n\}$,$\{c_n\}$满足$a_n\leqslant b_n\leqslant c_n$,且$\lim_{n\to\infty}a_n=\lim_{n\to\infty}c_n=a$,则$\lim_{n\to\infty}b_n=a$.

3. 数列极限的四则运算:设$\{a_n\}$,$\{b_n\}$皆收敛,$\lim_{n\to\infty}a_n=a$,$\lim_{n\to\infty}b_n=b$,则有:

(1) $\lim_{n\to\infty}(a_n\pm b_n)=\lim_{n\to\infty}a_n\pm\lim_{n\to\infty}b_n=a\pm b$.

(2) $\lim_{n\to\infty}ka_n=k\lim_{n\to\infty}a_n=ka$($k$为常数).

(3) $\lim_{n\to\infty}\dfrac{a_n}{b_n}=\dfrac{\lim_{n\to\infty}a_n}{\lim_{n\to\infty}b_n}=\dfrac{a}{b}(b\neq0)$.

4. 柯西(Cauchy)序列:设$\{a_n\}$是 **R** 中的数列.如果对于任意的$\varepsilon>0$,存在正整数N,当$m,n>N$时,

$$|a_m-a_n|<\varepsilon,$$

则称$\{a_n\}$是**柯西序列**.

$\{a_n\}$收敛的充分必要条件是$\{a_n\}$为柯西序列.

5. 单调数列$\{a_n\}$收敛当且仅当$\{a_n\}$有界.

6. 子数列及其性质:

(1) 定义:设$\{a_n\}$是 **R** 中的数列,$\{n_k\}$是正整数 $\mathbf{Z}^+$ 的无限子集,且满足 $n_1 < n_2 < \cdots < n_k < \cdots$,则称$\{a_{n_k}\}$是$\{a_n\}$的一个**子数列**.

(2) 数列$\{a_n\}$收敛的充分必要条件是$\{a_n\}$的任意一个子数列收敛.

(3) 设$\{a_n\}$是 **R** 中的一个数列,若$\{a_n\}$有界,则$\{a_n\}$存在收敛的子数列.

二、函数极限

1. 函数极限的定义:

(1) 设 $f:D \to \mathbf{R}$,D 为 **R** 的子集且包含 x_0 的某个去心邻域 $U^0(x_0,\delta_0)(\delta_0 > 0)$ 使得对任意的 $\varepsilon > 0$,存在 $\delta > 0$,当 $x \in U^0(x_0,\delta) \bigcap D$ 时,即 $0 < |x - x_0| < \delta$ 时,

$$|f(x) - A| < \varepsilon,$$

则称 A 为 $f(x)$ **当 x 趋向于 x_0 时的极限**.记为

$$\lim_{x \to x_0} f(x) = A \text{ 或 } f(x) \to A(x \to x_0).$$

如果 $D \supset (x_0 - \delta, x_0)$,且对 $\forall \varepsilon > 0$,$\exists \delta > 0$,当 $x \in (x_0 - \delta, x_0) \bigcap D$,即 $-\delta < x - x_0 < 0$ 时,

$$|f(x) - A| < \varepsilon,$$

则称 f 在 x_0 处有**左极限** A.记为

$$\lim_{x \to x_0^-} f(x) = A.$$

如果 $D \supset (x_0, x_0 + \delta)$,且对 $\forall \varepsilon > 0$,$\exists \delta > 0$,当 $x \in (x_0, x_0 + \delta) \bigcap D$,即 $0 < x - x_0 < \delta$ 时,

$$|f(x) - A| < \varepsilon,$$

则称 f 在 x_0 处有**右极限** A.记为

$$\lim_{x \to x_0^+} f(x) = A.$$

f 在 x_0 处的左、右极限有时分别记为 $f(x_0 - 0), f(x_0 + 0)$.

(2) 设 $f:D \to \mathbf{R}$,D 为 **R** 的子集.$A \in \mathbf{R}, a \in \mathbf{R}$,

如果 $D \supset (a, +\infty)$,且对任意的 $\varepsilon > 0$,存在 $X > 0$,当 $x \in (X, +\infty) \bigcap D$ 时,即 $x > X$ 时,

$$|f(x) - A| < \varepsilon,$$

则称 A 为 $f(x)$ **当 x 趋向于 $+\infty$ 时的极限**.记为

$$\lim_{x \to +\infty} f(x) = A \text{ 或 } f(x) \to A(x \to +\infty).$$

如果 $D \supset (-\infty, a)$,且对任意的 $\varepsilon > 0$,存在 $X > 0$,当 $x \in (-\infty, -X) \bigcap D$ 时,即 $x < -X$ 时,

$$|f(x) - A| < \varepsilon,$$

则称 A 为 $f(x)$ **当 x 趋向于 $-\infty$ 时的极限**.记为

$$\lim_{x \to -\infty} f(x) = A \text{ 或 } f(x) \to A(x \to -\infty).$$

如果 $D \supset (-\infty, a) \bigcup (a, +\infty)$,且对任意的 $\varepsilon > 0$,存在 $X > 0$,当 $x \in (-\infty, -X)$

$\bigcup (X, +\infty)$ 时,即 $|x| > X$ 时,

$$|f(x) - A| < \varepsilon,$$

则称 A 为 $f(x)$ **当 x 趋向于 ∞ 时的极限**. 记为

$$\lim_{x \to \infty} f(x) = A \text{ 或 } f(x) \to A(x \to \infty).$$

2. 函数极限的性质:

(1) $\lim\limits_{x \to x_0} f(x) = A$ 的充分必要条件是 $\lim\limits_{x \to x_0^-} f(x) = \lim\limits_{x \to x_0^+} f(x) = A$.

(2) 唯一性:若 f 在 x_0 处有极限,则极限是唯一的.

(3) 局部有界性:若 f 在 x_0 处有极限,则 f 在 x_0 的某邻域内有界.

(4) 局部保号性:设 $\lim\limits_{x \to x_0} f(x) = A$,若 $A > 0$,则存在某正数 $\eta > 0$ 和 x_0 的某去心邻域 $U^0(x_0, \delta_0)$,使得当 $x \in U^0(x_0, \delta_0)$ 时,

$$f(x) > \eta > 0.$$

(5) 夹逼性:设函数 f, h, g 在 x_0 的某邻域内满足 $g(x) \leqslant f(x) \leqslant h(x)$,且

$$\lim_{x \to x_0} g(x) = \lim_{x \to x_0} h(x) = A, \quad \text{则} \lim_{x \to x_0} f(x) = A.$$

3. 归结原理:$f : D \subset \mathbf{R} \to \mathbf{R}, D$ 包含 x_0 的某个邻域,则 $\lim\limits_{x \to x_0} f(x) = A$ 的充分必要条件是对任意满足 $\lim\limits_{n \to \infty} x_n = x_0, x_n \neq x_0$ 的数列 $\{x_n\}$,其对应的函数值数列 $\{f(x_n)\}$ 满足

$$\lim_{n \to \infty} f(x_n) = A.$$

4. 函数极限的四则运算:设 $f, g : \mathbf{R} \supset D \to \mathbf{R}$,且 $\lim\limits_{x \to x_0} f(x) = A, \lim\limits_{x \to x_0} g(x) = B$,则

(1) $\lim\limits_{x \to x_0} [f(x) \pm g(x)] = \lim\limits_{x \to x_0} f(x) \pm \lim\limits_{x \to x_0} g(x) = A \pm B$.

(2) $\lim\limits_{x \to x_0} kf(x) = k \lim\limits_{x \to x_0} f(x) = kA$($k$ 为常数).

(3) $\lim\limits_{x \to x_0} \dfrac{f(x)}{g(x)} = \dfrac{\lim\limits_{x \to x_0} f(x)}{\lim\limits_{x \to x_0} g(x)} = \dfrac{A}{B}(B \neq 0)$.

5. 几个常用极限:

(1) $\lim\limits_{n \to \infty} q^n = 0(|q| < 1)$;

(2) $\lim\limits_{n \to \infty} \sqrt[n]{a} = 1(a > 0)$;

(3) $\lim\limits_{n \to \infty} \sqrt[n]{n} = 1$;

(4) $\lim\limits_{x \to 0} \dfrac{\sin x}{x} = 1$;

(5) $\lim\limits_{x \to \infty} \left(1 + \dfrac{1}{x}\right)^x = \mathrm{e}$ 或 $\lim\limits_{x \to 0}(1+x)^{\frac{1}{x}} = \mathrm{e}$,特别,$\lim\limits_{n \to \infty}\left(1 + \dfrac{1}{n}\right)^n = \mathrm{e}$.

例题分析

以下针对不同的求极限方法进行举例分析,从而了解各方法的特点以及求解相关极限的要领.

一、用定义证明极限

例 2.1 用定义证明 $\lim\limits_{n\to\infty}\dfrac{2n^2+3}{n^2+2n}=2$.

证明 要使 $\left|\dfrac{2n^2+3}{n^2+2n}-2\right|<\varepsilon$ 成立,因为

$\left|\dfrac{2n^2+3}{n^2+2n}-2\right|=\left|\dfrac{4n-3}{n^2+2n}\right|<\dfrac{4n}{n^2}=\dfrac{4}{n}$,所以只要 $\dfrac{4}{n}<\varepsilon$ 即可,

即 $n>\dfrac{4}{\varepsilon}$,取 $N=\left[\dfrac{4}{\varepsilon}\right]$. 有

$\forall\,\varepsilon>0$,$\exists\,N=\left[\dfrac{4}{\varepsilon}\right]$,当 $n>N$ 时,$\left|\dfrac{2n^2+3}{n^2+2n}-2\right|<\dfrac{4}{n}<\varepsilon$ 成立.

因此,$\lim\limits_{n\to\infty}\dfrac{2n^2+3}{n^2+2n}=2$.

例 2.2 用定义证明 $\lim\limits_{n\to\infty}\dfrac{k^n}{n!}=0$,其中 k 为正整数.

证明 $\forall\,\varepsilon>0$,要找正整数 N,使当 $n>N$ 时,$\left|\dfrac{k^n}{n!}-0\right|<\varepsilon$. 因为

$\left|\dfrac{k^n}{n!}-0\right|=\dfrac{k}{1}\cdot\dfrac{k}{2}\cdots\dfrac{k}{k}\cdot\dfrac{k}{k+1}\cdots\dfrac{k}{n}<\dfrac{k^k}{k!}\cdot\dfrac{k^{n-k}}{(k+1)^{n-k}}\triangleq C\cdot\left(\dfrac{k}{k+1}\right)^{n-k}$.

其中 $C=\dfrac{k^k}{k!}$,$n>k$. 所以只要 $C\cdot\left(\dfrac{k}{k+1}\right)^{n-k}<\varepsilon$ 即可,也就是 $n>\dfrac{\ln\dfrac{\varepsilon}{C}}{\ln\dfrac{k}{k+1}}+k$,

取 $N=\max\left(\left[\dfrac{\ln\dfrac{\varepsilon}{C}}{\ln\dfrac{k}{k+1}}+k\right],k\right)$,有 $\forall\,\varepsilon>0$,当 $n>N$ 时,$\left|\dfrac{k^n}{n!}-0\right|<\varepsilon$ 成立,所以

$$\lim_{n\to\infty}\dfrac{k^n}{n!}=0.$$

例 2.3 用定义证明 $\lim\limits_{x\to0}x\sin\dfrac{1}{x}=0$.

证明 $\forall\,\varepsilon>0$,要找正数 δ,使当 $0<|x-0|<\delta$ 时,$\left|x\sin\dfrac{1}{x}-0\right|<\varepsilon$.

因为 $\left|x\sin\dfrac{1}{x}-0\right|\leqslant|x|$,所以只需取 $\delta=\varepsilon$,即有

$\forall\,\varepsilon>0$,当 $0<|x-0|<\delta$ 时,$\left|x\sin\dfrac{1}{x}-0\right|\leqslant|x-0|<\delta=\varepsilon$ 成立,因此

$$\lim_{x\to0}x\sin\dfrac{1}{x}=0.$$

例 2.4 用定义证明 $\lim\limits_{x\to1}\dfrac{x^2-x}{3x^2+2x-5}=\dfrac{1}{8}$.

证明 $\forall\,\varepsilon>0$,要找正数 δ,使当 $0<|x-1|<\delta$ 时,$\left|\dfrac{x^2-x}{3x^2+2x-5}-\dfrac{1}{8}\right|<\varepsilon$.

因为 $\left|\dfrac{x^2-x}{3x^2+2x-5}-\dfrac{1}{8}\right|=\left|\dfrac{5(x-1)^2}{8(3x^2+2x-5)}\right|=\left|\dfrac{5(x-1)}{8(3x+5)}\right|$，限制 $|x-1|<1$，

有 $0<x<2$，那么

$$\left|\dfrac{x^2-x}{3x^2+2x-5}-\dfrac{1}{8}\right|=\left|\dfrac{5(x-1)}{8(3x+5)}\right|<\dfrac{5}{8}\cdot\dfrac{|x-1|}{5}=\dfrac{|x-1|}{8},$$

所以可取 $\delta=\min(8\varepsilon,1)$，即有

$\forall\varepsilon>0$，当 $0<|x-1|<\delta$ 时，$\left|\dfrac{x^2-x}{3x^2+2x-5}-\dfrac{1}{8}\right|<\varepsilon$ 成立，因此

$$\lim_{x\to1}\dfrac{x^2-x}{3x^2+2x-5}=\dfrac{1}{8}.$$

例 2.5　用定义证明 $\lim\limits_{x\to+\infty}(x-\sqrt{x^2-30})=0$.

证明　$|x-\sqrt{x^2-30}-0|=\left|\dfrac{30}{x+\sqrt{x^2-30}}\right|$.

因为 $x\to+\infty$，所以限制 $x>5$，有

$$|x-\sqrt{x^2-30}-0|=\dfrac{30}{x+\sqrt{x^2-30}}<\dfrac{30}{x},$$

所以取 $X=\max\left(\dfrac{30}{\varepsilon},5\right)$，有

$\forall\varepsilon>0$，当 $x>X$ 时，$|x-\sqrt{x^2-30}-0|<\dfrac{30}{x}<\varepsilon$ 成立，因此

$$\lim_{x\to+\infty}(x-\sqrt{x^2-30})=0.$$

二、利用夹逼性求极限

例 2.6　求极限 $\lim\limits_{n\to\infty}\sin^n\dfrac{3n\pi}{4n+3}$.

解　因为 $\sin\dfrac{3\pi}{4}<\sin\dfrac{3n\pi}{4n+3}\leqslant\sin\dfrac{6\pi}{11}$，所以 $\sin^n\dfrac{3\pi}{4}<\sin^n\dfrac{3n\pi}{4n+3}\leqslant\sin^n\dfrac{6\pi}{11}$，

而 $\lim\limits_{n\to\infty}\sin^n\dfrac{3\pi}{4}=\lim\limits_{n\to\infty}\sin^n\dfrac{6\pi}{11}=0$，因此 $\lim\limits_{n\to\infty}\sin^n\dfrac{3n\pi}{4n+3}=0$.

例 2.7　求：(1) $\lim\limits_{n\to\infty}\dfrac{1}{n}(1+\sqrt[n]{2}+\cdots+\sqrt[n]{n})$；

$$(2)\ \lim_{n\to\infty}\left(\dfrac{1}{\sqrt{n^2+1}}+\dfrac{1}{\sqrt{n^2+2}}+\cdots+\dfrac{1}{\sqrt{n^2+n}}\right).$$

解　(1) 因为 $\dfrac{1}{n}(1+1+\cdots+1)<\dfrac{1}{n}(1+\sqrt[n]{2}+\cdots+\sqrt[n]{n})<\dfrac{1}{n}\cdot(\sqrt[n]{n}+\sqrt[n]{n}+\cdots+\sqrt[n]{n})$，

即 $1<\dfrac{1}{n}(1+\sqrt[n]{2}+\cdots+\sqrt[n]{n})<\sqrt[n]{n}$.

而 $\lim\limits_{n\to\infty}\sqrt[n]{n}=1$，所以

$$\lim_{n\to\infty}\dfrac{1}{n}(1+\sqrt[n]{2}+\cdots+\sqrt[n]{n})=1.$$

(2) 因为 $\dfrac{n}{\sqrt{n^2+n}} < \dfrac{1}{\sqrt{n^2+1}} + \dfrac{1}{\sqrt{n^2+2}} + \cdots + \dfrac{1}{\sqrt{n^2+n}} < \dfrac{n}{\sqrt{n^2+1}} < 1$,

而 $\lim\limits_{n\to\infty} \dfrac{n}{\sqrt{n^2+n}} = 1$,所以

$$\lim_{n\to\infty}\left(\frac{1}{\sqrt{n^2+1}} + \frac{1}{\sqrt{n^2+2}} + \cdots + \frac{1}{\sqrt{n^2+n}} \right) = 1.$$

例 2.8(浙江省 2003 年试题) 求 $\lim\limits_{n\to\infty}\sum\limits_{k=1}^{n} \dfrac{n+k}{n^2+k}$.

解 $\dfrac{n^2+\frac{1}{2}n(n+1)}{n^2+n} \leqslant \sum\limits_{k=1}^{n} \dfrac{n+k}{n^2+k} \leqslant \dfrac{n^2+\frac{1}{2}n(n+1)}{n^2+1}$

且 $\lim\limits_{n\to\infty} \dfrac{n^2+\frac{1}{2}n(n+1)}{n^2+n} = \dfrac{3}{2}$, $\lim\limits_{n\to\infty} \dfrac{n^2+\frac{1}{2}n(n+1)}{n^2+1} = \dfrac{3}{2}$.

由夹逼性可得:$\lim\limits_{n\to\infty}\sum\limits_{k=1}^{n} \dfrac{n+k}{n^2+k} = \dfrac{3}{2}$.

例 2.9(浙江省 2004 年试题) 计算 $\lim\limits_{n\to\infty} \sqrt[n]{2^n+a^{2n}}$, $a \in \mathbf{R}$.

解 当 $|a| \leqslant \sqrt{2}$ 时, $2 \leqslant \sqrt[n]{2^n+a^{2n}} \leqslant \sqrt[n]{2 \cdot 2^n} = 2 \cdot \sqrt[n]{2}$,

而 $\lim\limits_{n\to\infty} \sqrt[n]{2} = 1$, 由夹逼性得:$\lim\limits_{n\to\infty} \sqrt[n]{2^n+a^{2n}} = 2$.

当 $|a| > \sqrt{2}$ 时,

$$a^2 \leqslant \sqrt[n]{2^n+a^{2n}} \leqslant \sqrt[n]{a^{2n}+a^{2n}} = a^2 \cdot \sqrt[n]{2},$$

所以 $\lim\limits_{n\to\infty} \sqrt[n]{2^n+a^{2n}} = a^2$.

总之 $\lim\limits_{n\to\infty} \sqrt[n]{2^n+a^{2n}} = \max\{2, a^2\}$.

例 2.10 求 $\lim\limits_{n\to\infty} \dfrac{1\cdot3\cdot5\cdot\cdots\cdot(2n-1)}{2\cdot4\cdot6\cdot\cdots\cdot2n}$.

解 设 $u_n = \dfrac{1\cdot3\cdot5\cdot\cdots\cdot(2n-1)}{2\cdot4\cdot6\cdot\cdots\cdot2n} = \dfrac{1}{2} \cdot \dfrac{3}{4} \cdot \dfrac{5}{6} \cdot \cdots \cdot \dfrac{2n-1}{2n}$,则有

$$\frac{1}{2} \cdot \frac{2}{3} \cdot \frac{4}{5} \cdot \cdots \cdot \frac{2n-2}{2n-1} < u_n < \frac{2}{3} \cdot \frac{4}{5} \cdot \cdots \cdot \frac{2n}{2n+1},$$

将不等式同乘以 u_n 得

$$\frac{1}{2} \cdot \frac{1}{2n} < u_n^2 < \frac{1}{2n+1},$$

即有

$$\frac{1}{2\sqrt{n}} < u_n < \frac{1}{\sqrt{2n+1}},$$

而 $\lim\limits_{n\to\infty} \dfrac{1}{2\sqrt{n}} = \lim\limits_{n\to\infty} \dfrac{1}{\sqrt{2n+1}} = 0$. 因此

$$\lim_{n\to\infty} \frac{1\cdot3\cdot5\cdot\cdots\cdot(2n-1)}{2\cdot4\cdot6\cdot\cdots\cdot2n} = 0.$$

例 2.11　求 $\lim\limits_{x \to 0} \dfrac{x}{5} \cdot \left[\dfrac{3}{x}\right]$，其中 $[\cdot]$ 为取整函数.

解　先考虑 $\lim\limits_{x \to 0^+} \dfrac{x}{5}\left[\dfrac{3}{x}\right]$. 设 $\left[\dfrac{3}{x}\right] = n$，则 $x \to 0^+$ 有 $n \to \infty$，

且 $n \leqslant \dfrac{3}{x} < n+1$，即 $nx \leqslant 3 < (n+1)x$，所以有

$$\frac{3n}{5(n+1)} = \frac{1}{5} \cdot \frac{3}{n+1} \cdot \left[\frac{3}{x}\right] < \frac{x}{5}\left[\frac{3}{x}\right] \leqslant \frac{1}{5} \cdot \frac{3}{n} \cdot \left[\frac{3}{x}\right] = \frac{3}{5},$$

而 $\lim\limits_{n \to \infty} \dfrac{3n}{5(n+1)} = \dfrac{3}{5}$，因此 $\lim\limits_{x \to 0^+} \dfrac{x}{5}\left[\dfrac{3}{x}\right] = \dfrac{3}{5}$.

同理可得 $\lim\limits_{x \to 0^-} \dfrac{x}{5}\left[\dfrac{3}{x}\right] = \dfrac{3}{5}$，于是

$$\lim_{x \to 0} \frac{x}{5}\left[\frac{3}{x}\right] = \frac{3}{5}.$$

三、利用两个常用极限求相关极限

两个最常用的极限为：

（ⅰ）$\lim\limits_{x \to 0} \dfrac{\sin x}{x} = 1$；　　　　　（ⅱ）$\lim\limits_{x \to \infty} \left(1 + \dfrac{1}{x}\right)^x = e$，　$\lim\limits_{n \to \infty} \left(1 + \dfrac{1}{n}\right)^n = e$.

例 2.12　计算 $\lim\limits_{x \to 0} \dfrac{1 - \cos x}{x^2}$.

解　$\lim\limits_{x \to 0} \dfrac{1 - \cos x}{x^2} = \lim\limits_{x \to 0} \dfrac{2\sin^2 \dfrac{x}{2}}{x^2} = \dfrac{1}{2} \lim\limits_{x \to 0}\left(\dfrac{\sin \dfrac{x}{2}}{\dfrac{x}{2}}\right)^2 = \dfrac{1}{2}$.

例 2.13　计算 $\lim\limits_{n \to \infty} \left(\cos \dfrac{\pi}{n}\right)^{n^2}$.

解　$\lim\limits_{n \to \infty} \left(\cos \dfrac{\pi}{n}\right)^{n^2} = \lim\limits_{n \to \infty} \left[1 + \left(\cos \dfrac{\pi}{n} - 1\right)\right]^{n^2}$

$$= \lim_{n \to \infty}\left[1 + \left(\cos \frac{\pi}{n} - 1\right)\right]^{\frac{1}{\cos\frac{\pi}{n}-1} \cdot n^2\left(\cos\frac{\pi}{n}-1\right)}$$

因为 $\lim\limits_{n \to \infty} n^2\left(\cos \dfrac{\pi}{n} - 1\right) = -\lim\limits_{n \to \infty} \dfrac{2\left(\sin \dfrac{\pi}{2n}\right)^2}{\dfrac{1}{n^2}} = -\dfrac{\pi^2}{2} \lim\limits_{n \to \infty}\left(\dfrac{\sin \dfrac{\pi}{2n}}{\dfrac{\pi}{2n}}\right)^2 = -\dfrac{\pi^2}{2}$，所以，

$$\lim_{n \to \infty} \left(\cos \frac{\pi}{n}\right)^{n^2} = e^{-\frac{\pi^2}{2}}.$$

例 2.14　已知 $\lim\limits_{x \to \infty} \left(\dfrac{x+a}{x-a}\right)^{2x} = \dfrac{1}{e}$，求常数 a.

解　$\lim\limits_{x \to \infty} \left(\dfrac{x+a}{x-a}\right)^{2x} = \lim\limits_{x \to \infty}\left[1 + \dfrac{2a}{x-a}\right]^{\frac{x-a}{2a} \cdot \frac{4ax}{x-a}} = e^{4a}$

由 $e^{4a} = \dfrac{1}{e}$ 得 $a = -\dfrac{1}{4}$.

四、用洛必达法则求极限

例 2.15 求 $\displaystyle\lim_{x\to\infty}\left(\sin\frac{2}{x}+\cos\frac{1}{x}\right)^x$.

解 设 $y=\left(\sin\dfrac{2}{x}+\cos\dfrac{1}{x}\right)^x$,则 $\ln y=x\ln\left(\sin\dfrac{2}{x}+\cos\dfrac{1}{x}\right)$.

令 $\dfrac{1}{x}=t$,当 $x\to\infty$ 时,$t\to 0$,所以有

$$\lim_{x\to\infty}\ln y=\lim_{t\to 0}\frac{\ln(\sin 2t+\cos t)}{t}\overset{\frac{0}{0}}{=}\lim_{t\to 0}\frac{2\cos 2t-\sin t}{\sin 2t+\cos t}=2,$$

因此 $\displaystyle\lim_{x\to\infty}\left(\sin\frac{2}{x}+\cos\frac{1}{x}\right)^x=\lim_{x\to\infty}y=\mathrm{e}^2$.

例 2.16 求 $\displaystyle\lim_{x\to 0}\frac{(1+x)^{\frac{1}{x}}-\mathrm{e}}{x}$.

解 $\displaystyle\lim_{x\to 0}\frac{(1+x)^{\frac{1}{x}}-\mathrm{e}}{x}=\lim_{x\to 0}\frac{\mathrm{e}^{\frac{1}{x}\ln(1+x)}-\mathrm{e}}{x}\overset{\frac{0}{0}}{=}\lim_{x\to 0}(1+x)^{\frac{1}{x}}\cdot\frac{\dfrac{x}{1+x}-\ln(1+x)}{x^2}$

$$=\lim_{x\to 0}(1+x)^{\frac{1}{x}}\cdot\lim_{x\to 0}\frac{x-(1+x)\ln(1+x)}{x^2(1+x)}$$

$$=\mathrm{e}\cdot\lim_{x\to 0}\frac{-\ln(1+x)}{2x+3x^2}=\mathrm{e}\cdot\lim_{x\to 0}\frac{-1}{(1+x)(2+6x)}=-\frac{\mathrm{e}}{2}.$$

例 2.17(浙江省 2004 年试题) 计算 $\displaystyle\lim_{n\to 0}\frac{\displaystyle\int_0^x\mathrm{e}^t\cos t\,\mathrm{d}t-x-\dfrac{x^2}{2}}{(x-\tan x)(\sqrt{x+1}-1)}$.

解 原式 $=\displaystyle\lim_{n\to 0}\frac{\displaystyle\int_0^x\mathrm{e}^t\cos t\,\mathrm{d}t-x-\dfrac{x^2}{2}}{\dfrac{1}{2}x(x-\tan x)}$

$$\overset{\frac{0}{0}}{=}2\lim_{x\to 0}\frac{\mathrm{e}^x\cos x-1-x}{2x-\tan x-x\sec^2 x}$$

$$\overset{\frac{0}{0}}{=}2\lim_{x\to 0}\frac{\mathrm{e}^x\cos x-\mathrm{e}^x\sin x-1}{2-2\sec^2 x-2x\sec x\tan x}$$

$$\overset{\frac{0}{0}}{=}2\lim_{x\to 0}\frac{-2\mathrm{e}^x\sin x}{-3\sec x\tan x-x\sec x\tan^2-x\sec^3 x}=\frac{-2}{-3-0-1}=\frac{1}{2}.$$

例 2.18(浙江省 2005 年试题) 计算 $\displaystyle\lim_{n\to\infty}\left(\frac{\sqrt[n]{2}+\sqrt[n]{3}+\sqrt[n]{5}}{3}\right)^n$.

解 考虑极限 $\displaystyle\lim_{x\to 0^+}\left(\frac{2^x+3^x+5^x}{3}\right)^{\frac{1}{x}}=\lim_{x\to 0^+}\mathrm{e}^{\frac{\ln(2^x+3^x+5^x)-\ln 3}{x}}$,

而 $\displaystyle\lim_{x\to 0^+}\frac{\ln(2^x+3^x+5^x)-\ln 3}{2}\overset{\frac{0}{0}}{=}\lim_{x\to 0^+}\frac{2^x\ln 2+3^x\ln 3+5^x\ln 5}{2^x+3^x+5^x}=\frac{1}{3}\ln 30$,

所以原极限 $=\mathrm{e}^{\frac{1}{3}\ln 30}=\sqrt[3]{30}$.

例 2.19 求 $\lim\limits_{n\to\infty}\left[\left(n^3-n^2+\dfrac{n}{2}\right)\mathrm{e}^{\frac{1}{n}}-\sqrt{1+n^6}\right]$.

解 将数列的极限化为函数的极限来求,所以先考察极限

$$\lim_{x\to+\infty}\left[\left(x^3-x^2+\frac{x}{2}\right)\mathrm{e}^{\frac{1}{x}}-\sqrt{1+x^6}\right].$$

设 $t=\dfrac{1}{x}$,当 $x\to+\infty$ 时,$t\to0^+$,有

$$\lim_{x\to+\infty}\left[\left(x^3-x^2+\frac{x}{2}\right)\mathrm{e}^{\frac{1}{x}}-\sqrt{1+x^6}\right]=\lim_{t\to0^+}\frac{\left(1-t+\frac{1}{2}t^2\right)\mathrm{e}^t-\sqrt{1+t^6}}{t^3}$$

$$=\lim_{t\to0^+}\frac{(-1+t)\mathrm{e}^t+\left(1-t+\frac{t^2}{2}\right)\mathrm{e}^t-\dfrac{6t^5}{2\sqrt{1+t^6}}}{3t^2}$$

$$=\lim_{t\to0^+}\frac{\frac{1}{2}\mathrm{e}^t-\dfrac{3t^3}{\sqrt{1+t^6}}}{3}=\frac{1}{6}.$$

所以,由归结原理知

$$\lim_{n\to\infty}\left[\left(n^3-n^2+\frac{n}{2}\right)\mathrm{e}^{\frac{1}{n}}-\sqrt{1+n^6}\right]=\frac{1}{6}.$$

例 2.20 求 $I_n=\lim\limits_{x\to0}\dfrac{1}{x^n\mathrm{e}^{\frac{1}{x^2}}}$,$n$ 为正整数.

解 $I_n=\lim\limits_{x\to0}\dfrac{\frac{1}{x^n}}{\mathrm{e}^{\frac{1}{x^2}}}=\lim\limits_{x\to0}\dfrac{-n\cdot x^{-n-1}}{\mathrm{e}^{\frac{1}{x^2}}\cdot(-2)\cdot\frac{1}{x^3}}=\dfrac{n}{2}\lim\limits_{x\to0}\dfrac{x^{-(n-2)}}{\mathrm{e}^{\frac{1}{x^2}}}$

$$=\frac{n}{2}\cdot\frac{n-2}{2}\lim_{x\to0}\frac{x^{-(n-4)}}{\mathrm{e}^{\frac{1}{x^2}}}=\cdots$$

所以,当 n 为偶数时:$I_n=\dfrac{n}{2}\cdot\dfrac{n-2}{2}\cdot\cdots\cdot\dfrac{2}{2}\lim\limits_{x\to0}\dfrac{1}{\mathrm{e}^{\frac{1}{x^2}}}=0$;

当 n 为奇数时:$I_n=\dfrac{n}{2}\cdot\dfrac{n-2}{2}\cdot\cdots\cdot\dfrac{3}{2}\cdot\dfrac{1}{2}\lim\limits_{x\to0}\dfrac{x}{\mathrm{e}^{\frac{1}{x^2}}}=0$.

因此,$I_n=0$.

五、用等价无穷小替换求极限

当 $x\to0$ 时,常用的等价无穷小有:

(ⅰ)$\mathrm{e}^x-1\sim x$;

(ⅱ)$\ln(1+x)\sim x$;

(ⅲ)$\sin x\sim x$;

(ⅳ)$1-\cos x\sim\dfrac{1}{2}x^2$;

(ⅴ)$(1+x)^a-1\sim\alpha x$.

例 2.21   求 $\lim\limits_{x\to 0}\dfrac{\ln(1-3x^3)}{(e^{2x}-1)^2\sin x}$.

解 $\lim\limits_{x\to 0}\dfrac{\ln(1-3x^3)}{(e^{2x}-1)^2\sin x}=\lim\limits_{x\to 0}\dfrac{-3x^3}{(2x)^2\cdot x}=-\dfrac{3}{4}$.

例 2.22   求 $\lim\limits_{x\to 0}\dfrac{\sqrt{1+\tan x}-\sqrt{1+\sin x}}{x\ln(1+x)-x^2}$.

解 $\lim\limits_{x\to 0}\dfrac{\sqrt{1+\tan x}-\sqrt{1+\sin x}}{x\ln(1+x)-x^2}$

$$=\lim_{x\to 0}\frac{\tan x-\sin x}{\left[\sqrt{1+\tan x}+\sqrt{1+\sin x}\right]\left[x\ln(1+x)-x^2\right]}$$

$$=\lim_{x\to 0}\frac{1}{(\sqrt{1+\tan x}+\sqrt{1+\sin x})\cos x}\cdot\lim_{x\to 0}\frac{\sin x(1-\cos x)}{x\left[\ln(1+x)-x\right]}$$

$$=\frac{1}{2}\cdot\lim_{x\to 0}\frac{x\cdot\frac{1}{2}x^2}{x\cdot\left[\ln(1+x)-x\right]}=\frac{1}{4}\lim_{x\to 0}\frac{x^2}{\ln(1+x)-x}$$

$$\overset{\frac{0}{0}}{=}\frac{1}{4}\lim_{x\to 0}\frac{2x}{\frac{1}{1+x}-1}=\frac{-1}{2}\lim_{x\to 0}(1+x)=-\frac{1}{2}.$$

例 2.23(浙江省 2007 年试题)   求 $\lim\limits_{x\to 0}\dfrac{(1+x)^{\frac{1}{x}}-(1+2x)^{\frac{1}{2x}}}{\sin x}$.

解   原式 $=\lim\limits_{x\to 0}\dfrac{e^{\frac{\ln(1+x)}{x}}-e^{\frac{\ln(1+2x)}{2x}}}{x}$

$$=e\left[\lim_{x\to 0}\frac{e^{\frac{\ln(1+x)}{x}-1}-1}{x}-\lim_{x\to 0}\frac{e^{\frac{\ln(1+2x)}{2x}-1}-1}{x}\right]$$

$$=e\left[\lim_{x\to 0}\frac{\ln(1+x)-x}{x^2}-\lim_{x\to 0}\frac{\ln(1+2x)-2x}{2x^2}\right]$$

$$=e\left(\lim_{x\to 0}\frac{\frac{1}{1+x}-1}{2x}-\lim_{x\to 0}\frac{\frac{2}{1+2x}-2}{4x}\right)$$

$$=e\left[-\frac{1}{2}-(-1)\right]=\frac{e}{2}.$$

例 2.24   已知 $\lim\limits_{x\to+\infty}\left[(x^5+7x^4+3)^a-x\right]=b\neq 0$,求 a,b 的值.

解 $\lim\limits_{x\to+\infty}\left[(x^5+7x^4+3)^a-x\right]=\lim\limits_{x\to+\infty}\left[x^{5a}\left(1+\dfrac{7}{x}+\dfrac{3}{x^5}\right)^a-x\right]$

$$=\lim_{x\to+\infty}x\cdot\left[x^{5a-1}\left(1+\frac{7}{x}+\frac{3}{x^5}\right)^a-1\right]=b\neq 0.$$

所以 $5a-1=0$,得 $a=\dfrac{1}{5}$,从而有

$$b=\lim_{x\to+\infty}x\left[\left(1+\frac{7}{x}+\frac{3}{x^5}\right)^{\frac{1}{5}}-1\right]=\lim_{x\to+\infty}x\cdot\frac{1}{5}\left(\frac{7}{x}+\frac{3}{x^5}\right)=\frac{7}{5}.$$

即得:$a=\dfrac{1}{5},b=\dfrac{7}{5}$.

例 2.25 求 $\lim\limits_{x\to+\infty}\ln(1+2^x)\ln\left(1+\dfrac{3}{x}\right)$.

解 原式 $= \lim\limits_{x\to+\infty}\left[\ln2^x+\ln\left(1+\dfrac{1}{2^x}\right)\right]\cdot\dfrac{3}{x} = \lim\limits_{x\to+\infty}\dfrac{3}{x}\cdot x\ln2 + \lim\limits_{x\to+\infty}\dfrac{3}{x}\cdot\dfrac{1}{2^x} = 3\ln2.$

六、用泰勒公式(带皮亚诺余项)或函数的幂级数展开求极限

用等价无穷小求极限其实就是用低阶的泰勒公式求极限,但常常需要用更高阶的泰勒公式或函数的幂级数展开来求某些极限.

设 $f(x)$ 在 $x=x_0$ 点具有 n 阶导数,则 $f(x)$ 在 $x=x_0$ 点的泰勒公式为:

$$f(x) = f(x_0) + f'(x_0)(x-x_0) + \frac{f''(x_0)}{2!}(x-x_0)^2 + \cdots + \frac{f^{(n)}(x_0)}{n!}(x-x_0)^n$$
$$+ o((x-x_0)^n), x\to x_0.$$

特别,当 $x_0=0$ 时,上述公式称为 $f(x)$ 的马克劳林公式:

$$f(x) = f(0) + f'(0)x + \frac{f''(0)}{2!}x^2 + \cdots + \frac{f^{(n)}(0)}{n!}x^n + o(x^n), x\to 0.$$

例 2.26 求 $\lim\limits_{x\to0}\dfrac{\sin x - x\cos x}{\sin^3 x}$.

解 $\sin x = x - \dfrac{x^3}{3!} + o(x^4), \cos x = 1 - \dfrac{x^2}{2!} + o(x^3), x\to0$,所以

$$\lim_{x\to0}\frac{\sin x - x\cos x}{\sin^3 x} = \lim_{x\to0}\frac{x - \dfrac{x^3}{3!} - x\left(1-\dfrac{x^2}{2!}\right) + o(x^3)}{x^3}$$

$$= \lim_{x\to0}\frac{\left(\dfrac{1}{2!}-\dfrac{1}{3!}\right)x^3 + o(x^3)}{x^3} = \frac{1}{3}.$$

例 2.27 求 $\lim\limits_{x\to0}\dfrac{x^2+2-2\sqrt{1+x^2}}{x^2(\cos x - \mathrm{e}^{x^2})}$.

解 $\sqrt{1+x^2} = 1 + \dfrac{x^2}{2} - \dfrac{x^4}{8} + o(x^4), x\to0.$

$\cos x = 1 - \dfrac{x^2}{2!} + o(x^3), x\to0.$

$\mathrm{e}^{x^2} = 1 + x^2 + o(x^2), x\to0.$

代入得:

$$\lim_{x\to0}\frac{x^2+2-2\sqrt{1+x^2}}{x^2(\cos x - \mathrm{e}^{x^2})} = \lim_{x\to0}\frac{x^2+2-2-x^2+\dfrac{x^4}{4}+o(x^4)}{x^2\left[1-\dfrac{x^2}{2!}+o(x^3)-1-x^2-o(x^2)\right]}$$

$$= \lim_{x\to0}\frac{\dfrac{1}{4}x^4+o(x^4)}{-\dfrac{3}{2}x^4+o(x^4)} = -\frac{1}{6}.$$

例 2.28　试确定当 $x \to 0$ 时,无穷小量 $f(x) = \sqrt[5]{x^2 + \sqrt[3]{x}} - \sqrt[3]{x^2 + \sqrt[5]{x}}$ 关于 x 的阶.

解　$f(x) = (x^2 + x^{\frac{1}{3}})^{\frac{1}{5}} - (x^2 + x^{\frac{1}{5}})^{\frac{1}{3}} = x^{\frac{1}{15}}\Big[(1 + x^{\frac{5}{3}})^{\frac{1}{5}} - (1 + x^{\frac{9}{5}})^{\frac{1}{3}}\Big]$

$$= x^{\frac{1}{15}}\Big[1 + \frac{1}{5}x^{\frac{5}{3}} + o(x^{\frac{5}{3}}) - \Big(1 + \frac{1}{3}x^{\frac{9}{5}} + o(x^{\frac{9}{5}})\Big)\Big]$$

$$= \frac{1}{5}x^{\frac{26}{15}} + o(x^{\frac{26}{15}}) - \frac{1}{3}x^{\frac{28}{15}} + o(x^{\frac{28}{15}}) = \frac{1}{5}x^{\frac{26}{15}} + o(x^{\frac{26}{15}}),$$

因此,$f(x)$ 当 $x \to 0$ 时是关于 x 的 $\frac{26}{15}$ 阶无穷小.

例 2.29　已知函数 $f(x)$ 在 $x = 0$ 的某邻域内有连续导数,且 $\lim\limits_{x \to 0}\Big(\dfrac{\sin x}{x^2} + \dfrac{f(x)}{x}\Big) = 2$,试求 $f(0)$ 及 $f'(0)$.

解　因为 $f(x) = f(0) + f'(0)x + o(x), x \to 0$.

$\sin x = x + o(x^2)$.

代入题中等式得:

$$2 = \lim_{x \to 0} \frac{x + o(x^2) + x[f(0) + f'(0)x + o(x)]}{x^2}$$

$$= \lim_{x \to 0} \frac{1 + f(0) + f'(0)x}{x} = \lim_{x \to 0} \frac{1 + f(0)}{x} + f'(0).$$

所以有:$1 + f(0) = 0$,得 $f(0) = -1$,从而得 $f'(0) = 2$.

例 2.30　已知 $\lim\limits_{x \to 0} \dfrac{(1+x)^{\frac{1}{x}} - (A + Bx + Cx^2)}{x^3} = D \neq 0$.求常数 A, B, C, D.

解　因为 $(1+x)^{\frac{1}{x}} = \mathrm{e}^{\frac{\ln(1+x)}{x}}$,

由泰勒公式知:$\ln(1+x) = x - \dfrac{x^2}{2} + \dfrac{x^3}{3} - \dfrac{x^4}{4} + o(x^4), x \to 0$.

$$\mathrm{e}^x = 1 + x + \frac{x^2}{2!} + \frac{x^3}{3!} + o(x^3), x \to 0.$$

可得 $(1+x)^{\frac{1}{x}} = \mathrm{e}^{1 - \frac{x}{2} + \frac{x^2}{3} - \frac{x^3}{4} + o(x^3)} = \mathrm{e} \cdot \mathrm{e}^{-\frac{x}{2} + \frac{x^2}{3} - \frac{x^3}{4} + o(x^3)}$

$$= \mathrm{e}\Big[1 + \Big(-\frac{x}{2} + \frac{x^2}{3} - \frac{x^3}{4}\Big) + \frac{1}{2!}\Big(-\frac{x}{2} + \frac{x^2}{3} - \frac{x^3}{4}\Big)^2$$

$$+ \frac{1}{3!}\Big(-\frac{x}{2} + \frac{x^2}{3} - \frac{x^3}{4}\Big)^3 + o(x^3)\Big]$$

$$= \mathrm{e}\Big[1 - \frac{1}{2}x + \frac{11}{24}x^2 - \frac{21}{48}x^3 + o(x^3)\Big]$$

所以有:$\lim\limits_{x \to 0} \dfrac{(\mathrm{e} - A) + \Big(-\dfrac{\mathrm{e}}{2} - B\Big)x + \Big(\dfrac{11\mathrm{e}}{24} - C\Big)x^2 - \dfrac{21}{48}x^3 + o(x^3)}{x^3} = D.$

因此得:$\begin{cases} \mathrm{e} - A = 0 \\ -\dfrac{\mathrm{e}}{2} - B = 0 \\ \dfrac{11\mathrm{e}}{24} - C = 0 \\ -\dfrac{21}{48} = D \end{cases}$　即:$\begin{cases} A = \mathrm{e} \\ B = -\dfrac{\mathrm{e}}{2} \\ C = \dfrac{11\mathrm{e}}{24} \\ D = -\dfrac{21}{48} \end{cases}$

例 2.31（浙江省 2009 年试题） 已知极限 $\lim\limits_{x \to 0}\left[\mathrm{e}^x + \dfrac{ax^2 + bx}{x - 1}\right]^{\frac{1}{x^2}} = 1$，求常数 a, b 的值.

解 由条件知 $\lim\limits_{x \to 0}\dfrac{\ln\left[1 + \left(\mathrm{e}^x + \dfrac{ax^2 + bx}{x - 1} - 1\right)\right]}{x^2} = 0$，所以

$$\mathrm{e}^x + \frac{ax^2 + bx}{x - 1} = 1 + o(x^2), \quad x \to 0.$$

而 $\mathrm{e}^x + \dfrac{ax^2 + bx}{1 - x} = \sum\limits_{n=0}^{\infty}\dfrac{x^n}{n!} + (ax^2 + bx) \cdot \sum\limits_{n=0}^{\infty}x^n$

$$= 1 + (b + 1)x + \left(\frac{1}{2} + a + b\right)x^2 + o(x^2), \quad x \to 0.$$

因此有：$b + 1 = 0, \dfrac{1}{2} + a + b = 0$，于是：$a = \dfrac{1}{2}, b = -1$.

七、用定积分的定义求极限

设 $f(x)$ 在 $[a, b]$ 上可积，则有

$$\lim_{n \to \infty}\sum_{i=1}^{n} f[\xi_i] \cdot \frac{b - a}{n} = \int_a^b f(x)\mathrm{d}x.$$

其中 $\xi_i (i = 1, 2, \cdots, n)$ 常取：

（ⅰ）$\xi_i = a + \dfrac{b - a}{n}(i - 1)$；

（ⅱ）$\xi_i = a + \dfrac{b - a}{n}i$；

（ⅲ）$\xi_i = a + \dfrac{b - a}{2n}(2i - 1)$.

以上即为定积分定义中将积分区间 $[a, b]$ n 等分，并取介点为子区间的左端点、右端点和中点的情形. 我们常常用以上公式来求一些特殊极限.

例 2.32 求 $\lim\limits_{n \to \infty}\left(\dfrac{n}{n^2 + 1^2} + \dfrac{n}{n^2 + 2^2} + \cdots + \dfrac{n}{n^2 + n^2}\right)$.

解 设 $a_n = \dfrac{n}{n^2 + 1^2} + \dfrac{n}{n^2 + 2^2} + \cdots + \dfrac{n}{n^2 + n^2} = \sum\limits_{i=1}^{n}\dfrac{1}{1 + \left(\dfrac{i}{n}\right)^2} \cdot \dfrac{1}{n}$.

此和式可看作函数 $f(x) = \dfrac{1}{1 + x^2}$ 在 $[0, 1]$ 上的定积分的一个黎曼和式. 即将 $[0, 1]$ 区间 n 等分，介点取每个小区间的右端点，所以

$$\lim_{n \to \infty}a_n = \lim_{n \to \infty}\sum_{i=1}^{n}\frac{1}{1 + \left(\dfrac{i}{n}\right)^2} \cdot \frac{1}{n} = \int_0^1 \frac{\mathrm{d}x}{1 + x^2} = \arctan x\Big|_0^1 = \frac{\pi}{4}.$$

例 2.33 求 $\lim\limits_{n \to \infty}\left(\dfrac{\sin\dfrac{\pi}{n}}{n + 1} + \dfrac{\sin\dfrac{2\pi}{n}}{n + \dfrac{1}{2}} + \cdots + \dfrac{\sin\dfrac{n\pi}{n}}{n + \dfrac{1}{n}}\right)$.

解　设 $a_n = \dfrac{\sin\dfrac{\pi}{n}}{n+1} + \dfrac{\sin\dfrac{2\pi}{n}}{n+\dfrac{1}{2}} + \cdots + \dfrac{\sin\dfrac{n\pi}{n}}{n+\dfrac{1}{n}}$,则有

$$b_n \triangleq \dfrac{\sin\dfrac{\pi}{n}}{n+1} + \dfrac{\sin\dfrac{2\pi}{n}}{n+1} + \cdots + \dfrac{\sin\dfrac{n\pi}{n}}{n+1} < a_n < \dfrac{\sin\dfrac{\pi}{n}}{n} + \dfrac{\sin\dfrac{2\pi}{n}}{n} + \cdots + \dfrac{\sin\dfrac{n\pi}{n}}{n} \triangleq c_n.$$

即: $b_n = \dfrac{n}{n+1} \displaystyle\sum_{i=1}^{n} \sin\dfrac{i\pi}{n} \cdot \dfrac{1}{n}$,　$c_n = \displaystyle\sum_{i=1}^{n} \sin\dfrac{i\pi}{n} \cdot \dfrac{1}{n}$.

而和式 $\displaystyle\sum_{i=1}^{n} \sin\dfrac{i\pi}{n} \cdot \dfrac{1}{n}$ 可看作函数 $f(x) = \sin\pi x$ 在 $[0,1]$ 上的定积分的一个黎曼和式,将 $[0,1]$ 区间 n 等分,介点取右端点就得:

$$\lim_{n\to\infty} \sum_{i=1}^{n} \sin\dfrac{i\pi}{n} \cdot \dfrac{1}{n} = \int_{0}^{1} \sin\pi x \,\mathrm{d}x = -\dfrac{1}{\pi}\cos\pi x \Big|_{0}^{1} = \dfrac{2}{\pi}.$$

事实上,和式 $\displaystyle\sum_{i=1}^{n} \sin\dfrac{i\pi}{n} \cdot \dfrac{1}{n}$ 也可以看作函数 $g(x) = \sin x$ 在 $[0,\pi]$ 上的定积分的一个黎曼和式,将 $[0,\pi]$ 区间 n 等分,介点取右端点得:

$$\lim_{n\to\infty} \sum_{i=1}^{n} \sin\dfrac{i\pi}{n} \cdot \dfrac{1}{n} = \dfrac{1}{\pi} \lim_{n\to\infty} \sum_{i=1}^{n} \sin\dfrac{i\pi}{n} \cdot \dfrac{\pi}{n} = \dfrac{1}{\pi}\int_{0}^{\pi} \sin x \,\mathrm{d}x = -\dfrac{1}{\pi}\cos x \Big|_{0}^{\pi} = \dfrac{2}{\pi},$$

所以 $\displaystyle\lim_{n\to\infty} b_n = \lim_{n\to\infty} c_n = \dfrac{2}{\pi}$,由夹逼性质知,$\displaystyle\lim_{n\to\infty} a_n = \dfrac{2}{\pi}$.

例 1.34(浙江省 2009 年试题)　求极限 $\displaystyle\lim_{n\to\infty} \dfrac{1}{n}\left[\dfrac{(2n)!}{n!}\right]^{\frac{1}{n}}$.

解　记 $I_n = \ln\left(\dfrac{1}{n}\left[\dfrac{(2n)!}{n!}\right]^{\frac{1}{n}}\right) = \dfrac{1}{n}\ln\dfrac{(n+1)(n+2)\cdots(n+n)}{n^n}$

$$= \dfrac{1}{n}\sum_{k=1}^{n} \ln\left(1+\dfrac{k}{n}\right)$$

所以 $\displaystyle\lim_{n\to\infty} I_n = \int_{0}^{1} \ln(1+x)\,\mathrm{d}x = x\ln(1+x)\Big|_{0}^{1} - \int_{0}^{1}\dfrac{x}{1+x}\,\mathrm{d}x = 2\ln 2 - 1$,

因此原极限 $= \mathrm{e}^{2\ln 2 - 1} = \dfrac{4}{\mathrm{e}}$.

八、其他

例 2.35　求 $\displaystyle\lim_{n\to\infty} \dfrac{2^n \cdot n!}{n^n}$.

解　考察无穷级数 $\displaystyle\sum_{n=1}^{\infty} \dfrac{2^n \cdot n!}{n^n}$,设 $u_n = \dfrac{2^n \cdot n!}{n^n}$,则

$$\lim_{n\to\infty} \dfrac{u_{n+1}}{u_n} = \lim_{n\to\infty} \dfrac{2^{n+1}\cdot(n+1)!}{(n+1)^{n+1}} \cdot \dfrac{n^n}{2^n \cdot n!} = 2\lim_{n\to\infty} \dfrac{1}{\left(1+\dfrac{1}{n}\right)^n} = \dfrac{2}{\mathrm{e}} < 1.$$

所以级数 $\displaystyle\sum_{n=1}^{\infty} \dfrac{2^n \cdot n!}{n^n}$ 收敛,因此其通项趋向于 0,即有:

$$\lim_{n \to \infty} \frac{2^n \cdot n!}{n^n} = 0.$$

例 2.36 设 $\lim\limits_{x \to +\infty}\left[\sqrt{x^2 + x + 1} - (ax + b)\right] = 0$，求常数 a, b.

解　设 $\alpha = \sqrt{x^2 + x + 1} - (ax + b)$，则 $\lim\limits_{x \to +\infty} \alpha = 0$.

两边同除以 x 取极限得

$$\lim_{x \to +\infty}\left(\sqrt{1 + \frac{1}{x} + \frac{1}{x^2}} - a - \frac{b}{x}\right) = \lim_{x \to +\infty} \frac{\alpha}{x} = 0,$$

即有 $1 - a - 0 = 0$，得 $a = 1$，代入得：

$b = \sqrt{x^2 + x + 1} - x - \alpha$，取极限得：

$$b = \lim_{x \to +\infty}(\sqrt{x^2 + x + 1} - x) = \lim_{x \to +\infty} \frac{x + 1}{\sqrt{x^2 + x + 1} + x} = \frac{1}{2}，因此$$

$$a = 1, b = \frac{1}{2}.$$

例 2.37 证明 $\lim\limits_{n \to \infty}\left(\frac{\sin 1}{1^2} + \frac{\sin 2}{2^2} + \cdots + \frac{\sin n}{n^2}\right)$ 存在.

证明　设 $a_n = \frac{\sin 1}{1^2} + \frac{\sin 2}{2^2} + \cdots + \frac{\sin n}{n^2}$，则对 $\forall m > n$，有

$$|a_{n+m} - a_n| = \left|\frac{\sin(n+1)}{(n+1)^2} + \cdots + \frac{\sin(n+m)}{(n+m)^2}\right|$$

$$\leqslant \frac{1}{(n+1)^2} + \frac{1}{(n+2)^2} + \cdots + \frac{1}{(n+m)^2}$$

$$< \frac{1}{n(n+1)} + \frac{1}{(n+1)(n+2)} + \cdots + \frac{1}{(n+m-1)(n+m)}$$

$$= \frac{1}{n} - \frac{1}{n+m} < \frac{1}{n}.$$

所以，对 $\forall \varepsilon > 0$，取 $N = \left[\frac{1}{\varepsilon}\right]$，当 $n > N$ 时，对任意的 m，有 $|a_{n+m} - a_n| < \varepsilon$.

因此 $\{a_n\}$ 为柯西序列，为收敛，即 $\lim\limits_{n \to \infty} a_n$ 存在.

例 2.38 设 $a_1 \geqslant -12, a_{n+1} = \sqrt{a_n + 12}, n = 1, 2, 3, \cdots$. 证明 $\lim\limits_{n \to \infty} a_n$ 存在并求之.

解　因为 $a_{n+1} - a_n = \sqrt{a_n + 12} - \sqrt{a_{n-1} + 12} = \frac{a_n - a_{n-1}}{\sqrt{a_n + 12} + \sqrt{a_{n-1} + 12}}$，

所以 $a_{n+1} - a_n$ 的符号与 $a_n - a_{n-1}$ 的符号相同，也知与 $a_2 - a_1$ 的符号相同.

而 $a_2 - a_1 = \sqrt{12 + a_1} - a_1 = \frac{12 + a_1 - a_1^2}{\sqrt{12 + a_1} + a_1} = \frac{-(a_1 - 4)(a_1 + 3)}{\sqrt{12 + a_1} + a_1}, a_1 \neq -3$.

(1) 若 $a_1 \leqslant 0$，则显然 $a_2 > a_1$，$\{a_n\}$ 单调增加；

(2) 若 $a_1 > 0$，则

当 $a_1 < 4$ 时，$a_2 > a_1$，$\{a_n\}$ 单调增加；

当 $a_1 > 4$ 时，$a_2 < a_1$，$\{a_n\}$ 单调减少；

当 $a_1 = 4$ 时，$a_2 = a_1$，$a_n = 4, n = 1, 2, 3, \cdots$.

考察

$$a_{n+1} - 4 = \sqrt{a_n + 12} - 4 = \frac{a_n - 4}{\sqrt{a_n + 12} + 4},$$

所以

(1) 当 $a_1 \leqslant 0$ 或 $0 < a_1 < 4$ 时，$a_n < 4, n = 1, 2, \cdots, \{a_n\}$ 有上界，且此时 $\{a_n\}$ 单调增加. 由单调有界数列必有极限的性质知 $\lim\limits_{n \to \infty} a_n$ 存在；

(2) 当 $a_1 > 4$ 时，$a_n > 4, n = 1, 2, \cdots, \{a_n\}$ 有下界，且此时 $\{a_n\}$ 为单调减少，因此亦必有极限；

(3) 当 $a_1 = 4$ 时，$a_n = 4, n = 1, 2, \cdots$，显然极限存在.

总之可得 $\lim\limits_{n \to \infty} a_n$ 存在. 现设 $\lim\limits_{n \to \infty} a_n = A$，则将 $a_{n+1} = \sqrt{a_n + 12}$ 两边取 $n \to \infty$ 的极限得：
$A = \sqrt{A + 12}$.

解得 $A = -3$(舍去，因为 $a_n \geqslant 0, n = 2, 3, \cdots$)，$A = 4$.

综上所述，$\lim\limits_{n \to \infty} a_n$ 极限存在，为 4.

例 2.39 证明数列 $\left\{ 1 + \frac{1}{2^\alpha} + \frac{1}{3^\alpha} + \cdots + \frac{1}{n^\alpha} \right\} (\alpha > 1)$ 收敛.

证明 显然此数列单调增加，现证明其有上界.

设 $u_n = 1 + \frac{1}{2^\alpha} + \frac{1}{3^\alpha} + \cdots + \frac{1}{n^\alpha}$，则

$$u_3 = 1 + \frac{1}{2^\alpha} + \frac{1}{3^\alpha} < 1 + \frac{2}{2^\alpha} = 1 + \frac{1}{2^{\alpha-1}},$$

$$u_7 = u_3 + \frac{1}{4^\alpha} + \frac{1}{5^\alpha} + \frac{1}{6^\alpha} + \frac{1}{7^\alpha} < 1 + \frac{1}{2^{\alpha-1}} + \frac{4}{4^\alpha} = 1 + \frac{1}{2^{\alpha-1}} + \left(\frac{1}{2^{\alpha-1}}\right)^2,$$

$$u_{15} = u_7 + \frac{1}{8^\alpha} + \frac{1}{9^\alpha} + \cdots + \frac{1}{15^\alpha} < u_7 + \frac{8}{8^\alpha} < 1 + \frac{1}{2^{\alpha-1}} + \left(\frac{1}{2^{\alpha-1}}\right)^2 + \left(\frac{1}{2^{\alpha-1}}\right)^3.$$

用数学归纳法易证对正整数 k，有

$$u_{2^k - 1} < 1 + \frac{1}{2^{\alpha-1}} + \left(\frac{1}{2^{\alpha-1}}\right)^2 + \left(\frac{1}{2^{\alpha-1}}\right)^3 + \cdots + \left(\frac{1}{2^{\alpha-1}}\right)^{k-1} = \frac{1 - \left(\frac{1}{2^{\alpha-1}}\right)^k}{1 - \frac{1}{2^{\alpha-1}}} < \frac{1}{1 - \frac{1}{2^{\alpha-1}}}.$$

因为 $\alpha > 1$，所以 $\frac{1}{2^{\alpha-1}} < 1$，由此知 $\{u_n\}$ 的一个子数列 $\{u_{2^k-1}\}$ 有上界，又因 $\{u_n\}$ 是单调增加数列，所以亦有上界，于是 $\{u_n\}$ 收敛.

例 2.40 已知 $u_1 > 0, u_{n+1} = 3 + \frac{4}{u_n}, n = 1, 2, \cdots$，证明 $\{u_n\}$ 极限存在并求之.

解 因为 $u_{n+1} = 3 + \frac{4}{u_n} > 3$，所以有 $u_n > 3, n = 2, 3, \cdots$.

又因为

$$0 < |u_{n+1} - 4| = \frac{|4 - u_n|}{u_n} < \frac{1}{3}|4 - u_n| < \frac{1}{3^2}|4 - u_{n-1}| < \cdots < \frac{1}{3^n}|u_1 - 4|,$$

而 $|u_1 - 4|$ 为一常数，$\lim\limits_{n \to \infty} \frac{|u_1 - 4|}{3^n} = 0$，由夹逼性质知 $\lim\limits_{n \to \infty} |u_{n+1} - 4| = 0$，从而得 $\lim\limits_{n \to \infty} u_n$

存在且 $\lim\limits_{n \to \infty} u_n = 4$.

例 2.41 设 $f_n(x) = x + x^2 + \cdots + x^n, n = 2, 3, \cdots$.

(1) 证明方程 $f_n(x) = 1$ 在 $[0, +\infty)$ 有唯一实根 x_n;

(2) 求 $\lim\limits_{n \to \infty} x_n$.

解 (1) $f_n(x)$ 连续,且 $f_n(0) = 0, f_n(1) = n > 1$,所以由介值定理知 $\exists x_n \in (0, 1)$,使 $f_n(x_n) = 1, n = 2, 3, \cdots$,又因为 $f'_n(x) = 1 + 2x + \cdots + nx^{n-1} > 0$,所以,$f_n(x)$ 严格单调增加,因此 x_n 是 $f_n(x) = 1$ 在 $[0, +\infty)$ 内的唯一实根.

(2) 由(1)得,$x_n \in (0, 1), n = 2, 3, \cdots$,所以 $\{x_n\}$ 有界.

又因为 $\quad f_n(x_n) = 1 = f_{n+1}(x_{n+1}), n = 2, 3, \cdots$,

所以 $\quad x_n + x_n^2 + \cdots + x_n^n = x_{n+1} + x_{n+1}^2 + \cdots + x_{n+1}^n + x_{n+1}^{n+1}$,

即 $\quad (x_n + x_n^2 + \cdots + x_n^n) - (x_{n+1} + x_{n+1}^2 + \cdots + x_{n+1}^n) = x_{n+1}^{n+1} > 0$,

因此 $x_n > x_{n+1}, n = 2, 3 \cdots$,即 $\{x_n\}$ 严格单调减少. 于是由单调有界准则知 $\lim\limits_{n \to \infty} x_n$ 存在,记 $\lim\limits_{n \to \infty} x_n = A$,

由 $x_n + x_n^2 + \cdots + x_n^n = 1$,得 $\dfrac{x_n(1 - x_n^n)}{1 - x_n} = 1$.

因为 $0 < x_n < x_2 < 1$,所以 $\lim\limits_{n \to \infty} x_n^n = 0$,于是 $\dfrac{A}{1 - A} = 1$,解得:$A = \dfrac{1}{2}$.

即: $\lim\limits_{n \to \infty} x_n = \dfrac{1}{2}$.

例 2.42 设 $f_n(x) = 1 - (1 - \cos x)^n$,求证:

(1) 对任意自然数 n, $f_n(x) = \dfrac{1}{2}$ 在 $\left(0, \dfrac{\pi}{2}\right)$ 中仅有一根;

(2) 设有 $x_n \in \left(0, \dfrac{\pi}{2}\right)$,满足 $f_n(x_n) = \dfrac{1}{2}$,则 $\lim\limits_{n \to \infty} x_n = \dfrac{\pi}{2}$.

证明 (1) 因为 $f_n(x)$ 连续,又有 $f_n(0) = 1, f_n\left(\dfrac{\pi}{2}\right) = 0$,所以由介值定理知 $\exists \xi \in \left(0, \dfrac{\pi}{2}\right)$,使得 $f_n(\xi) = \dfrac{1}{2}$.

又因为 $f'_n(x) = -n(1 - \cos x)^{n-1} \sin x < 0, x \in \left(0, \dfrac{\pi}{2}\right)$.

所以 $f_n(x)$ 在 $\left(0, \dfrac{\pi}{2}\right)$ 严格单调减少,因此,满足方程 $f_n(x) = \dfrac{1}{2}$ 的根 ξ 是唯一的,即 $f_n(x) = \dfrac{1}{2}$ 在 $\left(0, \dfrac{\pi}{2}\right)$ 中仅有一根.

(2) 因为 $f_n\left(\arccos \dfrac{1}{n}\right) = 1 - \left(1 - \dfrac{1}{n}\right)^n$,所以 $\lim\limits_{n \to \infty} f_n\left(\arccos \dfrac{1}{n}\right) = 1 - \mathrm{e}^{-1} > \dfrac{1}{2}$.

由保号性知,$\exists N > 0$,当 $n > N$ 时,有 $f_n\left(\arccos \dfrac{1}{n}\right) > \dfrac{1}{2} = f_n(x_n)$.

由 $f_n(x)$ 的单调减少性质知 $\arccos \dfrac{1}{n} < x_n < \dfrac{\pi}{2}$.

由夹逼性知 $\lim\limits_{n\to\infty} x_n = \dfrac{\pi}{2}$.

例 2.43(浙江省 2002 年试题) 设 $S_n = \sum\limits_{k=1}^{n} \arctan \dfrac{1}{2k^2}$,求 $\lim\limits_{n\to\infty} S_n$.

解 $S_1 = \arctan \dfrac{1}{2}$;$\tan S_2 = \tan\left(\arctan \dfrac{1}{2} + \arctan \dfrac{1}{8}\right) = \dfrac{\dfrac{1}{2} + \dfrac{1}{8}}{1 - \dfrac{1}{2} \cdot \dfrac{1}{8}} = \dfrac{2}{3}$;

即 $S_2 = \arctan \dfrac{2}{3}$;同理可得 $S_3 = \arctan \dfrac{3}{4}$;由数学归纳法可证明:

$$S_n = \arctan \dfrac{n}{n+1}, \quad n = 1, 2, \cdots.$$

所以,$\lim\limits_{n\to\infty} S_n = \lim\limits_{n\to\infty} \arctan \dfrac{n}{n+1} = \dfrac{\pi}{4}$.

例 2.44(浙江省 2003 年试题) 求 $\lim\limits_{n\to\infty} \dfrac{1}{n(n+1) \cdot 2^n} \sum\limits_{k=1}^{n} C_n^k \cdot k^2$.

解   对二项式展开公式 $(1+x)^n = \sum\limits_{k=1}^{n} C_n^k \cdot x^k$,两边对 x 求导得:

$$n(1+x)^{n-1} = \sum\limits_{k=1}^{n} C_n^k \cdot k x^{k-1}.$$

两边同乘以 x 得:$nx(1+x)^{n-1} = \sum\limits_{k=1}^{n} C_n^k \cdot k \cdot x^k$,再对 x 求导得:

$$n\left[(1+x)^{n-1} + (n-1)x(1+x)^{n-2}\right] = \sum\limits_{k=1}^{n} C_n^k \cdot k^2 \cdot x^{k-1}.$$

令 $x = 1$ 得:$\sum\limits_{k=1}^{n} C_n^k \cdot k^2 = n(n+1)2^{n-2}$,所以:

$$\lim\limits_{n\to\infty} \dfrac{1}{n(n+1) \cdot 2^n} \sum\limits_{k=1}^{n} C_n^k \cdot k^2 = \lim\limits_{n\to\infty} \dfrac{n(n+1) \cdot 2^{n-2}}{n(n+1) \cdot 2^n} = \dfrac{1}{4}.$$

例 2.45(浙江省 2010 年试题) 定义数列 $\{a_n\}$ 如下:

$a_1 = \dfrac{1}{2}, a_n = \int_0^1 \max\{a_{n-1}, x\} \mathrm{d}x, n = 2, 3, 4, \cdots$,求 $\lim\limits_{n\to\infty} a_n$.

解 $a_n = \int_0^1 \max\{a_{n-1}, x\} \mathrm{d}x \geqslant \int_0^1 a_{n-1} \mathrm{d}x = a_{n-1}$,即 $\{a_n\}$ 单调增加,且有 $a_1 = \dfrac{1}{2} < 1$,

设 $0 \leqslant a_n \leqslant 1$,则有:

$$0 \leqslant a_{n+1} \leqslant \int_0^1 \max\{a_n, x\} \mathrm{d}x \leqslant \int_0^1 \mathrm{d}x = 1.$$

所以 $\{a_n\}$ 有界.

因此 $\{a_n\}$ 收敛,记其极限为 $a \geqslant 0$,于是有:

$$a = \int_0^1 \max\{a, x\} \mathrm{d}x = \int_0^a a \mathrm{d}x + \int_a^1 x \mathrm{d}x = \dfrac{1 + a^2}{2},$$

解得 $a = 1$.

练习题

1. 用定义求下列极限:

(1) $\lim\limits_{n\to\infty}\dfrac{n}{\sqrt{n^2-10}}=1$;　　　　(2) $\lim\limits_{n\to\infty}a_n=1$,其中 $a_n=\begin{cases}\dfrac{n-1}{n},&\text{当 }n\text{ 为偶数},\\[2mm]\dfrac{n+1}{n},&\text{当 }n\text{ 为奇数};\end{cases}$

(3) $\lim\limits_{x\to x_0}3^x=3^{x_0}$;　　　　(4) $\lim\limits_{x\to 0}\dfrac{1-x^2}{1+x^2}=1$;　　　　(5) $\lim\limits_{x\to 0}(1+x)^a=1$.

2. 求下列极限:

(1) $\lim\limits_{n\to\infty}\dfrac{1+2+3+\cdots+n}{n^k}$($k$ 为常数);　　　　(2) $\lim\limits_{n\to\infty}\sum\limits_{k=1}^{n}\dfrac{1}{1+2+\cdots+k}$;

(3) $\lim\limits_{n\to\infty}\dfrac{n^n}{(n!)^2}$;　　　　(4) $\lim\limits_{n\to\infty}\dfrac{a^n}{n!}(a>0)$;

(5) $\lim\limits_{n\to\infty}\dfrac{n^p}{a^n}(p>0,a>0)$;　　　　(6) $\lim\limits_{n\to\infty}\sum\limits_{i=1}^{n}\sin\dfrac{\pi}{\sqrt{n^2+i}}$;

(7) $\lim\limits_{n\to\infty}\left(\dfrac{1}{\sqrt{3n^2-1^2}}+\dfrac{1}{\sqrt{3n^2-2^2}}+\cdots+\dfrac{1}{\sqrt{3n^2-n^2}}\right)$;

(8) $\lim\limits_{x\to 0}\left(\dfrac{e^x+e^{2x}+\cdots+e^{mx}}{m}\right)^{\frac{1}{x}}$;　　　　(9) $\lim\limits_{x\to -8}\dfrac{\sqrt{1-x}-3}{2+\sqrt[3]{x}}$;

(10) $\lim\limits_{x\to 0}\dfrac{1-\cos x\cdot\sqrt{\cos x}\cdot\sqrt[3]{\cos 3x}}{x^2}$;　　　　(11) $\lim\limits_{x\to +\infty}\dfrac{1-[x]}{3x+4}$;

(12) $\lim\limits_{x\to +\infty}(\sin\sqrt{x^2+1}-\sin x)$;　　　　(13) $\lim\limits_{x\to 0}\dfrac{\sin x-x\cos x}{x-\sin x}$;

(14) $\lim\limits_{\varphi\to 0}\left(\dfrac{\sin\varphi}{\varphi}\right)^{\frac{1}{\varphi^2}}$;

(15) $\lim\limits_{x\to +\infty}\left[\left(x^3-x^2+\dfrac{x}{2}\right)e^{\frac{1}{x}}-\sqrt{x^6+1}\right]$;

(16)(浙江省 2003 年试题) 求 $\lim\limits_{x\to 0}\dfrac{\int_0^x\sin(xt)^2\mathrm{d}t}{x^5}$;

(17)(浙江省 2005 年试题) 求 $\lim\limits_{x\to 0}\dfrac{\int_0^x\sin t\cdot\ln(1+t)\mathrm{d}t-\dfrac{x^3}{3}+\dfrac{x^4}{8}}{(x-\sin x)(e^{x^2}-1)}$;

(18)(浙江省 2005 年试题) 计算 $\lim\limits_{n\to\infty}\left(\dfrac{\sqrt[n]{2}+\sqrt[n]{3}}{2}\right)^n$;

(19)(浙江省 2006 年试题) 求 $\lim\limits_{n\to\infty}n\cdot\left[\dfrac{1^2+3^2+\cdots+(2n+1)^2}{(2n)^3}-\dfrac{1}{6}\right]$;

(20)(浙江省 2006 年试题) 求 $\lim\limits_{n\to\infty}n\cdot\left[\left(1+\dfrac{x}{n}\right)^n-e^x\right]$;

(21)(浙江省 2006 年试题) 求 $\lim\limits_{x\to\infty}\left[(2-x)e^{\frac{1}{x}}+x\right]$;

(22)(浙江省 2007 年试题)求 $\lim\limits_{x\to 0}\dfrac{(1+x)^{\frac{1}{x}}-\mathrm{e}}{\ln(1+x)}$;

(23)(浙江省 2007 年试题)求 $\lim\limits_{x\to 0}\dfrac{\sin(x^2)\sin\dfrac{1}{x}}{\ln(1+x)}$;

(24)(浙江省 2008 年试题)求 $\lim\limits_{x\to 0}\left(\dfrac{\mathrm{e}^x+\mathrm{e}^{2x}+\mathrm{e}^{3x}}{3}\right)^{\frac{1}{\sin x}}$;

(25)(浙江省 2009 年试题)求极限 $\lim\limits_{n\to\infty} n\cdot\sum\limits_{i=n}^{2n}\dfrac{1}{i(n+i)}$;

(26)(浙江省 2010 年试题)求极限 $\lim\limits_{n\to+\infty}\left[\sqrt{n}(\sqrt{n+1}-\sqrt{n})+\dfrac{1}{2}\right]^{\frac{\sqrt{n+1}+\sqrt{n}}{\sqrt{n+1}-\sqrt{n}}}$.

3. 设 $u_1=1,u_{n+1}=\dfrac{u_n+3}{u_n+1}(n=1,2,\cdots)$,试证 $\{u_n\}$ 收敛并求其极限.

4. 设 $a\geqslant 0$,试证 $\lim\limits_{n\to\infty}\sqrt[n]{1+a^n+\left(\dfrac{a^2}{2}\right)^n}$ 存在并求其值.

5. 设 $a_1>1,a_{n+1}=\dfrac{1}{2}a_n(a_n^2+1)$,证明 $\lim\limits_{n\to\infty}a_n=\infty$.

6. 已知 $\lim\limits_{x\to 0}\left[\dfrac{a\mathrm{e}^{\frac{2}{x}}+\mathrm{e}^{\frac{1}{x}}}{\mathrm{e}^{\frac{2}{x}}+1}-\dfrac{\sin x}{|x|}\right]$ 存在,求常数 a 的值.

7.(浙江省 2004 年试题)已知 $\lim\limits_{x\to\infty}(\sqrt[3]{x^3+x^2+1}-ax-b)=0$,求常数 a 和 b 的值.

8. 已知 $\lim\limits_{x\to 0}\dfrac{f(x)}{1-\cos x}=2$,求 $\lim\limits_{x\to 0}[1+f(x)]^{\frac{1}{x^2}}$.

9. 证明 $\lim\limits_{n\to\infty}\underbrace{\cos\cos\cos\cdots\cos}_{n\text{个}}x$ 存在且其极限是方程 $\cos x-x=0$ 的根.

10. 设函数 $F(x)$ 在 $x=0$ 处可导,又 $F(0)=0$,求 $\lim\limits_{x\to 0}\dfrac{F(1-\cos x)}{\tan(x^2)}$.

11. 设函数 $f(x)=\lim\limits_{n\to\infty}\dfrac{\ln(\mathrm{e}^x+x^n)}{\sqrt{n}}$,求 $f(x)$ 的定义域.

12.(浙江省 2010 年试题)已知 $\lim\limits_{x\to\infty}[f(x)+g(x)]=1$,$\lim\limits_{x\to\infty}[f(x)-g(x)]^2=1$. 求 $\lim\limits_{x\to\infty}f(x)g(x)$.

13.(浙江省 2010 年试题)设有一个等边三角形,内部放满 n 排半径相同的圆,彼此相切(如图为 $n=4$ 的情形).记 A 为等边三角形的面积,A_n 为三角形内所有圆面积之和,试求 $\lim\limits_{n\to\infty}\dfrac{A_n}{A}$.

(第 13 题图)

14.(浙江省 2007 年试题)设 $u_n=1+\dfrac{1}{2}-\dfrac{2}{3}+\dfrac{1}{4}+\dfrac{1}{5}-\dfrac{2}{6}+\cdots+\dfrac{1}{3n-2}+\dfrac{1}{3n-1}-\dfrac{2}{3n}$,$v_n=\dfrac{1}{n+1}+\dfrac{1}{n+2}+\cdots+\dfrac{1}{3n}$. 求:(1) $\dfrac{u_{10}}{v_{10}}$;(2) $\lim\limits_{n\to\infty}u_n$.

15. 一点先向东移动 a 米,然后左拐(向北)移动 aq 米($0<q<1$),接着再左拐(向西),如此不断左拐,使得后一段移动距离为前一段的 q 倍,问该点的极限位置与出发点相距多少米?

16. 计算下列极限：(1) $\lim\limits_{n\to\infty}\dfrac{1}{n}\cdot\sqrt[n]{n(n+1)\cdots(2n-1)}$；(2) $\lim\limits_{n\to\infty}\dfrac{1}{n}(n!)^{\frac{1}{n}}$.

17. 计算 $\lim\limits_{n\to\infty}\sum\limits_{k=1}^{n}\dfrac{k+2}{k!+(k+1)!+(k+2)!}$.

18. 设 $x_1>0,x_{n+1}=\dfrac{a+x_n}{1+x_n},n=1,2,\cdots$，讨论数列 $\{x_n\}$ 的收敛性，并在收敛时求出其极限，其中 a 为实数.

19. 设连续函数 $f(x)$ 在 $[1,+\infty]$ 单调减少，且 $f(x)>0$. 若 $u_n=\sum\limits_{k=1}^{n}f(k)-\int_1^n f(x)\mathrm{d}x$. 证明：当 $n\to\infty$ 时，$\{u_n\}$ 的极限存在.

20. 设数列 $\{x_n\}$ 对一切 n,m 满足 $0\leqslant x_{n+m}\leqslant x_n+x_m$. 证明数列 $\left\{\dfrac{x_n}{n}\right\}$ 收敛.

21. 求极限 $\lim\limits_{n\to\infty}n\sin(2\pi\mathrm{e}n!)$.

22.(浙江省 2003 年试题) 从正方形四个顶点 $P_1(0,1),P_2(1,1),P_3(1,0),P_4(0,0)$ 开始构造 $P_5,P_6,\cdots$，使得 P_5 为 P_1P_2 的中点，P_6 为 P_2P_3 的中点，P_7 为 P_3P_4 的中点，$\cdots$，这样，我们得到点列 $\{P_n\}$ 收敛于正方形内部一点 P_0，试求 P_0 的坐标.

23.(浙江省 2005 年试题) 设 $a_k=\dfrac{1}{k^2}+\dfrac{1}{k^2+1}+\dfrac{1}{k^2+2}+\cdots+\dfrac{1}{k^2+2k}$，$k=1,2,\cdots$，

(1) 求 $\lim\limits_{k\to+\infty}a_k$；(2) 证明数列 $\{a_k\}$ 单调减少.

24.(浙江省 2008 年试题) 已知 $a_1>0,a_2>0$.

(1) 若存在数列 $\{y_n\}$ 满足条件：(a)$y_n>0$；(b) $\lim\limits_{n\to\infty}y_n=0$；(c)$y_n=a_1y_{n+1}+a_2y_{n+2}$，$n=1,2,\cdots$. 证明：$a_1+a_2>1$.

(2) 若 $a_1+a_2>1$，证明存在满足条件(a),(b),(c)的数列 $\{y_n\}$.

第三讲　　函数的连续性和导数

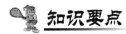 **知识要点**

一、函数的连续性

1. 定义（连续）：设 $f:\mathbf{R} \supset D \to \mathbf{R}, D$ 包含 x_0 的某个邻域. 如果 $\lim\limits_{x \to x_0} f(x) = f(x_0)$，则称 f 在 x_0 处**连续**.

若 f 在开区间 I 上有定义且在 I 内的每一点都连续，则称 f 在 I 上连续，或称 f 是**开区间 I 上的连续函数**.

如果 $\lim\limits_{x \to x_0^+} f(x) = f(x_0)$，则称 f 在 x_0 处**右连续**，如果 $\lim\limits_{x \to x_0^-} f(x) = f(x_0)$，则称 f 在 x_0 处**左连续**.

如果 $f:[a,b] \to \mathbf{R}$ 在 (a,b) 内连续，且在 a 处右连续，在 b 处左连续，则称 f 在 $[a,b]$ 上连续.

2. 连续函数的四则运算：设 f 和 g 在 x_0 处连续，则 $f \pm g, f \cdot g$ 和 $\dfrac{f}{g}$ [此时设 $g(x_0) \neq 0$] 在 x_0 处连续.

3. 复合函数的连续性：设 $y = f(x)$ 在 x_0 处连续，$y_0 = f(x_0)$ 且 $z = g(y)$ 在 y_0 处连续，则复合函数 $z = (g \circ f)(x) = g(f(x))$ 在 x_0 处连续.

4. 反函数的连续性：如果 $f:[a,b] \to \mathbf{R}$ 是严格单调增加（减少）的连续函数，则其反函数 $f^{-1}:f[a,b] \to [a,b]$ 也是严格单调增加（减少）的连续函数.

5. 初等函数在定义区间内是连续函数.

6. 间断点：f 的不连续点称为**间断点**. 左右极限都存在的间断点称为**第一类间断点**；特别，若在 x_0 处，f 左右极限存在但不相等，称 x_0 为 f 的**跳跃间断点**. 若 $\lim\limits_{x \to x_0} f(x)$ 存在，但其值不等于 $f(x_0)$ 或 f 在 x_0 处没有定义，则称 x_0 为 f 的**可去间断点**. 左右极限至少有一个不存在的点称为第二类间断点.

7. 闭区间上连续函数的性质：

(1) 有界性：如果 f 在 $[a,b]$ 上连续，则 f 在 $[a,b]$ 上有界.

(2) 最大、最小值性：设 f 在 $[a,b]$ 上连续，则 f 在 $[a,b]$ 上能取到最大值和最小值.

(3) 介值性：设 f 在 $[a,b]$ 上连续，M,m 分别为 f 在 $[a,b]$ 上的最大、最小值，则对任何 $c \in [m,M]$，至少存在一个 $\xi \in [a,b]$，使得 $f(\xi) = c$.

推论[零点(根)存在定理]：如果 f 在 $[a,b]$ 上连续且 $f(a)f(b) < 0$，则至少存在一个 $\xi \in [a,b]$，使得 $f(\xi) = 0$.

二、导数及其应用

1. **导数的定义**：设 $y = f(x)$ 在 x_0 的某个邻域内有定义，如果极限 $\lim\limits_{x \to x_0} \dfrac{f(x) - f(x_0)}{x - x_0}$ 存在，则称 f 在 x_0 **可导**，x_0 为 f 的**可导点**，此极限值为 f 在 x_0 处的导数值，记为 $f'(x_0)$；也可记为 $\dfrac{\mathrm{d}f}{\mathrm{d}x}\big|_{x=x_0}$，$\dfrac{\mathrm{d}y}{\mathrm{d}x}\big|_{x=x_0}$ 或 $y'\big|_{x=x_0}$. 即

$$f'(x_0) = \lim_{x \to x_0} \frac{f(x) - f(x_0)}{x - x_0} \text{ 或 } f'(x_0) = \lim_{\Delta x \to 0} \frac{f(x_0 + \Delta x) - f(x_0)}{\Delta x}.$$

如果 f 在 (a,b) 内的任何一点处均可导，则称 f 在 (a,b) 上可导，并称 $f':(a,b) \to \mathbf{R}$ 为 f 在 (a,b) 内的**导函数**，简称**导数**.

设 f 在 x_0 的某个右邻域 $[x_0, x_0 + \delta]$ $(\delta > 0)$ 内有定义，如果 $\lim\limits_{x \to x_0^+} \dfrac{f(x) - f(x_0)}{x - x_0}$ 存在，则称 f 在 x_0 处**右侧可导**，此极限称为 f 在 x_0 处的**右导数**，记为 $f'_+(x_0)$，即

$$f'_+(x_0) = \lim_{x \to x_0^+} \frac{f(x) - f(x_0)}{x - x_0}.$$

类似地，可定义 f 在 x_0 处的**左导数** $f'_-(x_0)$，即

$$f'_-(x_0) = \lim_{x \to x_0^-} \frac{f(x) - f(x_0)}{x - x_0}.$$

2. 若 f 在 x_0 的某个邻域内有定义，且 f 在 x_0 处可导，则 f 在 x_0 处连续，反之不然.

3. **导数的四则运算**：设 f, g 在 x 处可导，则

(1) $(f(x) \pm g(x))' = f'(x) \pm g'(x)$；

(2) $(f(x)g(x))' = f'(x)g(x) + f(x)g'(x)$；

(3) $\left(\dfrac{f(x)}{g(x)}\right)' = \dfrac{f'(x)g(x) - f(x)g'(x)}{g^2(x)}$，$g(x) \neq 0$.

4. **反函数的导数**：设 f 在 x_0 的某邻域 $U(x_0)$ 内严格单调、连续，在 x_0 处可导，且 $f'(x_0) \neq 0$，则其反函数 $g: f(U(x_0)) \to U(x_0)$ 在 $y_0 = f(x_0)$ 处可导，且

$$g'(y_0) = \frac{1}{f'(x_0)}.$$

5. **复合函数的导数（链式法则）**：设 g 在 x_0 处可导，f 在 $u_0 = g(x_0)$ 处可导，则复合函数 $f(g(x))$ 在 x_0 处可导，且

$$\frac{\mathrm{d}f(g(x))}{\mathrm{d}x} = \frac{\mathrm{d}f(u)}{\mathrm{d}u}\bigg|_{u=u_0} \cdot \frac{\mathrm{d}g(x)}{\mathrm{d}x}\bigg|_{x=x_0}.$$

6. **基本初等函数的导数公式**：

(1) $(c)' = 0$，其中 c 为任一常数.

(2) $(x^\alpha)' = \alpha x^{\alpha-1}$，其中 α 为任一常数.

(3) $(\sin x)' = \cos x$，$(\cos x)' = -\sin x$，$(\tan x)' = \sec^2 x$，$(\cot x)' = -\csc^2 x$，
   $(\sec x)' = \sec x \tan x$，$(\csc x)' = -\csc x \cot x$.

(4) $(\arcsin x)' = \dfrac{1}{\sqrt{1 - x^2}}$，$|x| < 1$，

$$(\arccos x)' = -\frac{1}{\sqrt{1-x^2}}, \; |x| < 1,$$

$$(\arctan x)' = \frac{1}{1+x^2},$$

$$(\text{arccot}\, x)' = -\frac{1}{1+x^2}.$$

(5) $(a^x)' = a^x \ln a, (a > 0, a \neq 1)$, 特别 $(e^x)' = e^x$.

(6) $(\log_a |x|)' = \frac{1}{x \ln a}, (a > 0, a \neq 1)$, 特别: $(\ln |x|)' = \frac{1}{x}$.

7. **高阶导数**: 设 f 的导数 f' 在 x_0 的某邻域内有定义, 如果 $\lim\limits_{x \to x_0} \dfrac{f'(x) - f'(x_0)}{x - x_0}$ 存在, 则称 f 在 x_0 处二阶可导, 此极限值为 f 在 x_0 的**二阶导数**, 记为 $f''(x_0)$, 也可记为 $\dfrac{\mathrm{d}^2 f}{\mathrm{d}x^2}\Big|_{x=x_0}$ 等. 同理可定义三阶及以上的导数. 二阶及二阶以上的导数称为**高阶导数**, 三阶导数记为 $f'''(x_0)$, n 阶 $(n \geq 4)$ 导数记为 $f^{(n)}(x_0)$. 一般的, 对 $y = f(x)$ 有:

$$f^{(n)}(x_0) = \frac{\mathrm{d}^n f}{\mathrm{d}x^n}\Big|_{x=x_0} = \frac{\mathrm{d}^n y}{\mathrm{d}x^n}\Big|_{x=x_0} = \lim_{x \to x_0} \frac{f^{(n-1)}(x) - f^{(n-1)}(x_0)}{x - x_0}.$$

8. **莱布尼茨(Leibniz)公式**: 若函数 u 和 v 均 n 阶可导, 则有:

$$(uv)^{(n)} = \sum_{k=0}^{n} \binom{n}{k} u^{(k)} v^{(n-k)}.$$

其中, $\dbinom{n}{k} = \dfrac{n(n-1)(n-2)\cdots(n-k+1)}{k!} = \dfrac{n!}{k!(n-k)!}$.

9. **微分的定义**: 设 f 在 x_0 的某个邻域内有定义, 如果存在常数 A, 使对充分小的 $|\Delta x|$, 有

$$f(x_0 + \Delta x) - f(x_0) = A\Delta x + o(\Delta x), \Delta x \to 0.$$

则称 f 在 x_0 处**可微**, 其中 $A\Delta x$ 称为 f 在 x_0 处的**微分**, 记为 $\mathrm{d}f(x_0) = A\Delta x$.

10. 函数 f 在 x_0 可微的充分必要条件是 f 在 x_0 处可导, 且当 f 在 x_0 处可微时, 有 $\mathrm{d}f(x_0) = f'(x_0)\mathrm{d}x$. 从而可得微分的四则运算公式及复合函数的微分公式, 并可看到一阶微分的形式不变性, 即当 $y = f(u), u = g(x)$ 时, 有

$$\mathrm{d}y = f'(u)\mathrm{d}u = f'(g(x)) \cdot g'(x)\mathrm{d}x.$$

11. **费尔马(Fermat)定理**: 设 f 在 x_0 处取到极值, 且在 x_0 处可导, 则 $f'(x_0) = 0$.

导数为零的点称为**驻点**. 所以, 若 f 在极值点可导, 则极值点必为驻点, 但反之不然, 即驻点不一定为极值点. 另外, 导数不存在的点也可能取到极值.

12. **微分中值定理**:

(1) **罗尔(Rolle)定理**:

设 f 在 $[a,b]$ 上连续, 在 (a,b) 内可导, 且 $f(a) = f(b)$, 则至少存在一点 $\xi \in (a,b)$, 使得 $f'(\xi) = 0$.

(2) **拉格朗日(Lagrange)中值定理**: 如果 f 在 $[a,b]$ 上连续, 在 (a,b) 内可导, 则至少存在一点 $\xi \in (a,b)$, 使得

$$f'(\xi) = \frac{f(b) - f(a)}{b - a} \text{ 或 } f(b) - f(a) = f'(\xi)(b-a).$$

推论:若 f' 在 (a,b) 内存在且恒为零,则 f 在 (a,b) 内为常数.

(3) 柯西(Cauchy)中值定理:设 f 和 g 在 $[a,b]$ 上连续,在 (a,b) 内可导,且 g' 在 (a,b) 内无零点,则至少存在一点 $\xi \in (a,b)$,使得

$$\frac{f(b) - f(a)}{g(b) - g(a)} = \frac{f'(\xi)}{g'(\xi)}.$$

13. 函数的单调性:

(1) 设 f 在 $[a,b]$ 上连续,在 (a,b) 内可导,则 f 在 $[a,b]$ 上单调增加(减少)的充分必要条件是

$$f'(x) \geqslant 0 (f'(x) \leqslant 0), x \in (a,b).$$

(2) 设 f 在 $[a,b]$ 上连续,在 (a,b) 内可导,则 f 在 $[a,b]$ 上严格单调增加(减少)的充分必要条件是 $f'(x) \geqslant 0 (f'(x) \leqslant 0)$,且 f' 的任何部分零点都不能构成区间.

14. 泰勒定理:

(1) 设 f 在 x_0 处 n 阶可导,则有

$$f(x) = f(x_0) + f'(x_0)(x - x_0) + \frac{f''(x_0)}{2!}(x - x_0)^2 + \cdots + \frac{f^{(n)}(x_0)}{n!}(x - x_0)^n + R_n(x).$$

其中 $R_n(x) = o((x - x_0)^n), x \to x_0$ 为**皮亚诺(Peano)余项**.

特别当 $x_0 = 0$ 时,有以下带皮亚诺余项的马克劳林(Maclaurin)公式:

$$f(x) = f(0) + f'(0)x + \frac{f''(0)}{2!}x^2 + \cdots + \frac{f^{(n)}(0)}{n!}x^n + o(x^n), x \to 0.$$

(2) 设 f 在 x_0 处的某邻域内 $n+1$ 阶可导,则对此邻域内的任何一点 x 有

$$f(x) = f(x_0) + f'(x_0)(x - x_0) + \frac{f''(x_0)}{2!}(x - x_0)^2 + \cdots + \frac{f^{(n)}(x_0)}{n!}(x - x_0)^n + R_n(x)$$

其中,$R_n(x) = \frac{f^{(n+1)}(\xi)}{(n+1)!}(x - x_0)^{n+1}, \xi = x_0 + \theta(x - x_0), 0 < \theta < 1$,即 ξ 为 x_0 和 x 之间的一个数. 此时的 $R_n(x)$ 称为**拉格朗日余项**.

特别,当 $x_0 = 0$ 时,即得到带拉格朗日余项的马克劳林公式:

$$f(x) = f(0) + f'(0)x + \frac{f''(0)}{2!}x^2 + \cdots + \frac{f^{(n)}(0)}{n!}x^n + \frac{f^{(n+1)}(\theta x)}{(n+1)!}x^{n+1}, 0 < \theta < 1.$$

15. 几个常用的泰勒公式(马克劳林公式)(其中 $0 < \theta < 1$):

(1) $e^x = 1 + x + \frac{x^2}{2!} + \cdots + \frac{x^n}{n!} + \frac{e^{\theta x}}{(n+1)!}x^{n+1}.$

(2) $\sin x = x - \frac{x^3}{3!} + \frac{x^5}{5!} - \frac{x^7}{7!} + \cdots + (-1)^{n-1}\frac{x^{2n-1}}{(2n-1)!} + (-1)^n\frac{\cos\theta x}{(2n+1)!}x^{2n+1}.$

(3) $\cos x = 1 - \frac{x^2}{2!} + \frac{x^4}{4!} - \frac{x^6}{6!} + \cdots + (-1)^n\frac{x^{2n}}{(2n)!} + (-1)^{n+1}\frac{\cos\theta x}{(2n+2)!}x^{2n+2}.$

(4) $\ln(1+x) = x - \frac{x^2}{2} + \frac{x^3}{3} - \frac{x^4}{4} + \cdots + (-1)^{n-1}\frac{x^n}{n} + (-1)^n\frac{x^{n+1}}{(n+1)(1+\theta x)^{n+1}}.$

(5) $(1+x)^\alpha = 1 + \alpha x + \frac{\alpha(\alpha-1)}{2!}x^2 + \cdots + \frac{\alpha(\alpha-1)\cdots(\alpha-n+1)}{n!}x^n$

$$+ \frac{\alpha(\alpha-1)\cdots(\alpha-n)}{(n+1)!}(1+\theta x)^{\alpha-n-1}\cdot x^{n+1} \quad (\alpha \text{ 为常数}).$$

16. 函数极值及判定方法：

(1) 定义：设 $f(x)$ 在 x_0 的某邻域 $U(x_0)$ 内有定义，若 $\forall x \in U(x_0)$，恒有 $f(x_0) \leqslant f(x)$ [或 $f(x_0) \geqslant f(x)$]，则称 $f(x_0)$ 为 $f(x)$ 的**极小值**(或**极大值**)；x_0 称为 $f(x)$ 的**极小值点**(或**极大值点**). 极小值和极大值统称为**极值**，极小值点和极大值点统称为**极值点**.

(2) 判定方法：

(i) 如果 f 在 x_0 的某邻域内连续，f' 在 x_0 的两侧异号，则 x_0 必为极值点，也即 $f(x_0)$ 必为极值. 具体地，若在 x_0 的左侧 $f'(x) \geqslant 0$，右侧 $f'(x) \leqslant 0$，则 $f(x_0)$ 为极大值；若在 x_0 的左侧 $f'(x) \leqslant 0$，右侧 $f'(x) \geqslant 0$，则 $f(x_0)$ 为极小值.

(ii) 设 f 在 x_0 的某邻域内可导，且在 x_0 处二阶可导. 如果 $f'(x_0) = 0$，且 $f''(x_0) \neq 0$，则 x_0 必为 f 的极值点. 具体地，若 $f''(x_0) < 0$，则 x_0 为 f 的极大值点；若 $f''(x_0) > 0$，则 x_0 为 f 的极小值点.

(iii) 设 f 在 x_0 处 n 阶可导，且 $f'(x_0) = f''(x_0) = \cdots = f^{(n-1)}(x_0) = 0, f^{(n)}(x_0) \neq 0$，则有：

(a) 若 n 为偶数，则 $f(x_0)$ 必为极值，且当 $f^{(n)}(x_0) > 0$ 时，$f(x_0)$ 为极小值；当 $f^{(n)}(x_0) < 0$ 时，$f(x_0)$ 为极大值.

(b) 若 n 为奇数，则 $f(x_0)$ 必不是极值.

17. 函数的凹向、拐点及判别方法：

(1) 如果在区间 (a,b) 内的任何一点 x_0 处曲线 $y = f(x)$ 均有切线，且切线均位于曲线之下，即

$$f(x_0) + f'(x_0)(x - x_0) \leqslant f(x), x \in (a,b).$$

则称 f 在 (a,b) 内向上凹(内凸或下凹)；如果任一点切线均位于曲线的上方，则称 f 在 (a,b) 内向下凹(内凹或上凸).

(2) 设 f 在 $[a,b]$ 上连续，在 (a,b) 内二阶可导，那么

(a) $y = f(x)$ 在 $[a,b]$ 上为凹的充分必要条件是 $f'' \geqslant 0$；

(b) $y = f(x)$ 在 $[a,b]$ 上为凸的充分必要条件是 $f'' \leqslant 0$.

(3) 如果连续曲线 $y = f(x)$ 在 x_0 处两侧的凹向不同，则称 x_0 点为曲线的**拐点**.

如果 f 在 (a,b) 内二阶可导，则 $x_0 \in (a,b)$ 为曲线 $y = f(x)$ 的拐点时，必有 $f''(x_0) = 0$，反之不然.

(4) 设 f 在 x_0 处 n 阶可导($n \geqslant 3$)，满足

$$f'(x_0) = f''(x_0) = \cdots = f^{(n-1)}(x_0) = 0, f^{(n)}(x_0) \neq 0.$$

如果 n 为奇数，则 x_0 为曲线 $y = f(x)$ 的拐点；

如果 n 为偶数，则 x_0 不是曲线 $y = f(x)$ 的拐点.

18. 曲线的渐近线：设 $y = f(x), \quad x \in D$.

(1) 水平渐近线：若 $\lim\limits_{x \to \infty} f(x) = A$，则直线 $y = A$ 为曲线 $y = f(x)$ 的水平渐近线(以上极限中也可为 $x \to +\infty$ 或 $x \to -\infty$ 情形)；

(2) 垂直渐近线：若 $\lim\limits_{x \to x_0} f(x) = \infty$，则直线 $x = x_0$ 为曲线 $y = f(x)$ 的垂直渐近线(以上

极限中也可为 $x \to x_0^+$ 或 $x \to x_0^-$ 情形);

（3）斜渐近线：若存在极限 $\lim\limits_{x \to \infty} \dfrac{f(x)}{x} = a \neq 0$. $\lim\limits_{x \to \infty}(f(x) - ax) = b$,则直线 $y = ax + b$ 为曲线 $y = f(x)$ 的斜渐近线（以上极限也可为 $x \to +\infty$ 或 $x \to -\infty$ 情形）.

19. 曲率公式：设 f 二阶可导,则曲线 $y = f(x)$ 在点 $(x, f(x))$ 处的曲率为

$$k(x) = \frac{|f''(x)|}{\{1 + [f'(x)]^2\}^{\frac{3}{2}}}.$$

直线的曲率为零,圆的曲率为 $\dfrac{1}{R}$（R 为圆半径）.

如果 $k(x) \neq 0$,则在 $P(x, f(x))$ 的法线（过 P 点且与 P 点切线垂直的直线）上曲线凹的一侧取一点 Q,使 $QP = \dfrac{1}{k(x)}$,以 Q 为圆心,以 $\dfrac{1}{k(x)}$ 为半径作圆,此圆称为曲线 $y = f(x)$ 在 P 点的**曲率圆**,而 $R = \dfrac{1}{k(x)}$ 称为**曲率半径**.

曲率中心（曲率圆的圆心）(c_x, c_y) 为：

$$\begin{cases} c_x = x - \dfrac{f'(x)\{1 + [f'(x)]^2\}}{f''(x)} \\ c_y = f(x) + \dfrac{1 + [f'(x)]^2}{f''(x)} \end{cases}$$

曲率圆具有以下特点：
(1) 它与曲线 $y = f(x)$ 在 P 点有相同的切线；
(2) 在 P 点,它与曲线 $y = f(x)$ 有相同的曲率；
(3) 在 P 点,它与曲线有相同的凹向.

例题分析

例 3.1　设 $f(x) = \lim\limits_{n \to +\infty} \dfrac{x^{2n-1} + ax^2 + bx}{x^{2n} + 1}$ 为连续函数,求 a, b 的值.

解　因为 $f(x) = \lim\limits_{n \to +\infty} \dfrac{x^{2n-1} + ax^2 + bx}{x^{2n} + 1} = \begin{cases} ax^2 + bx, & |x| < 1 \\ \dfrac{1}{x}, & |x| > 1 \\ \dfrac{a+b+1}{2}, & x = 1 \\ \dfrac{a-b-1}{2}, & x = -1 \end{cases}$　为连续函数,所以有：

$\lim\limits_{x \to 1} f(x) = f(1) = \dfrac{a+b+1}{2}$,

$\lim\limits_{x \to -1} f(x) = f(-1) = \dfrac{a-b-1}{2}$,

即 $\begin{cases} a+b = 1 \\ a-b = -1 \end{cases}$,解得 $a = 0, b = 1$.

例 3.2 分析下列函数的间断点及其类型.

$$(1) y = \frac{e^{\frac{1}{x}} - 1}{e^{\frac{1}{x}} + 1}; \qquad\qquad (2) y = \frac{|x| - x^2}{x(|x| - x^3)}.$$

解 (1)因为初等函数在其定义域内连续,所以只要考虑 $x = 0$ 点,而

$$\lim_{x \to 0^-} \frac{e^{\frac{1}{x}} - 1}{e^{\frac{1}{x}} + 1} = \frac{0 - 1}{0 + 1} = -1,$$

$$\lim_{x \to 0^+} \frac{e^{\frac{1}{x}} - 1}{e^{\frac{1}{x}} + 1} = \lim_{x \to 0^+} \frac{1 - e^{-\frac{1}{x}}}{1 + e^{-\frac{1}{x}}} = \frac{1 - 0}{1 + 0} = 1.$$

因此在 $x = 0$ 处为跳跃间断点.

(2)因为 $y = \begin{cases} \dfrac{1}{x(1 + x)}, & x > 1 \\[2mm] \dfrac{1}{x(1 + x)}, & 0 < x < 1 \\[2mm] \dfrac{1 + x}{x(1 + x^2)}, & x < 0 \end{cases}$

所以 $\lim\limits_{x \to 0^-} y = \infty$,因此 $x = 0$ 为第二类间断点.

又因为 $\lim\limits_{x \to 1} y = \dfrac{1}{2}$,因此 $x = 1$ 为第一类间断点(可去间断点).

例 3.3 设函数 $f(x)$ 在 $(-\infty, +\infty)$ 内连续,且 $f(f(x)) = x$,证明在 $(-\infty, +\infty)$ 内至少存在一个 x_0,满足 $f(x_0) = x_0$.

证明 用反证法,假设 $\forall x \in (-\infty, +\infty)$,都有 $f(x) \neq x$,令 $F(x) = f(x) - x$,则 $F(x)$ 在 $(-\infty, +\infty)$ 连续不为零且不变号,否则,若 $\exists x_1, x_2$,使 $F(x_1) < 0, F(x_2) > 0$.那么由闭区间上连续函数的介值性可知在 x_1, x_2 之间存在一点 ξ,使 $F(\xi) = 0$,即 $f(\xi) = \xi$,矛盾.

(1)若 $\forall x \in (-\infty, +\infty), F(x) > 0$,即 $f(x) > x$,则 $F[f(x)] = f(f(x)) - f(x) > 0$,得

$$f(f(x)) > f(x) > x,$$

这与题设矛盾.

(2)若 $\forall x \in (-\infty, +\infty), F(x) < 0$,即 $f(x) < x$,则同理有 $F[f(x)] = f(f(x)) - f(x) < 0$,得

$$f(f(x)) < f(x) < x,$$

也与题设矛盾.

因此在 $(-\infty, +\infty)$ 内至少有一个 x_0,使 $f(x_0) = x_0$.

例 3.4 设函数 $f(x)$ 在 $(0, 1)$ 上有定义,且函数 $e^x f(x)$ 与函数 $e^{-f(x)}$ 在 $[0, 1]$ 上都是单调增加的,求证:$f(x)$ 在 $(0, 1)$ 上连续.

证明 只要证明 $\forall x_0 \in (0, 1)$ 处 f 连续.可以考察在 x_0 处既为左连续又为右连续.

对 $x \in (0, 1)$,当 $x_0 < x < 1$ 时,由 $e^x f(x)$ 和 $e^{-f(x)}$ 的单调性知

$$e^{x_0} f(x_0) \leqslant e^x f(x), \quad \text{即} \quad e^{x_0 - x} f(x_0) \leqslant f(x).$$

$$e^{-f(x_0)} \leqslant e^{-f(x)},\ 即有:f(x_0) \geqslant f(x).$$

从而得：
$$e^{x_0-x}f(x_0) \leqslant f(x) \leqslant f(x_0).$$

因为
$$\lim_{x \to x_0^+} f(x_0) = \lim_{x \to x_0^+} e^{x_0-x}f(x_0) = f(x_0)$$

由夹逼性质知
$$\lim_{x \to x_0^+} f(x) = f(x_0).$$

同理可得$(0 < x < x_0$ 时)
$$\lim_{x \to x_0^-} f(x) = f(x_0).$$

因此 $f(x)$ 在 $\forall x_0 \in (0,1)$ 处连续,即 $f(x)$ 在$(0,1)$上连续.

例 3.5　证明:若对任意实数 x,y,有 $f(x+y) = f(x)+f(y)$,且 $f(x)$ 在点 $x=0$ 处连续,则 $f(x)$ 在区间$(-\infty,+\infty)$上连续.

证明　由题设,对任意的 $x \in (-\infty,+\infty)$ 和 Δx,有
$$f(x+\Delta x) = f(x)+f(\Delta x).$$

所以
$$\lim_{\Delta x \to 0} f(x+\Delta x) = f(x)+\lim_{\Delta x \to 0} f(\Delta x).$$

又因为 $f(0+\Delta x) = f(0)+f(\Delta x)$,得 $f(0) = 0$,且由 $f(x)$ 在 $x=0$ 处连续知
$$\lim_{\Delta x \to 0} f(\Delta x) = f(0) = 0.$$

因此
$$\lim_{\Delta x \to 0} f(x+\Delta x) = f(x).$$

于是 $f(x)$ 在 x 处连续,由 x 的任意性知 $f(x)$ 在$(-\infty,+\infty)$上连续.

例 3.6(浙江省 2005 年试题)　对下列函数 $f(x)$,分别说明是否存在一个区间$[a,b]$,$a > 0$,使$\{f(x) \mid x \in [a,b]\} = \{x \mid x \in [a,b]\}$,并说明理由.

$(1)f(x) = \dfrac{1}{3}x^2 + \dfrac{2}{3}$;　$(2)f(x) = \dfrac{1}{x}$;　$(3)f(x) = 1 - \dfrac{1}{x}$.

解　(1)因为 $f(x)$ 在 $x > 0$ 时单调增加,要存在要求的区间$[a,b]$,只需 $f(x) = x$ 有两个正根,而 $\dfrac{1}{3}x^2 + \dfrac{2}{3} = x$ 的根为 $a \triangleq 1,b \triangleq 2$,故存在区间$[1,2]$.

(2)$f(x)$ 在 $x > 0$ 时单调下降,要存在要求的区间$[a,b]$,只需 $\dfrac{1}{a} = b$,因此区间 $\left[a,\dfrac{1}{a}\right]$,$(0 < a < 1)$ 或 $\left[\dfrac{1}{a},a\right]$,$(a > 1)$ 皆满足要求.

(3)$f(x)$ 在 $x > 0$ 时单调增加,但 $f(x) = x$ 即 $1 - \dfrac{1}{x} = x$ 没有实根,所以不存在所求区间.

例 3.7(浙江省 2006 年试题)　(1)证明:若 **R** 上的连续函数满足$\sup\limits_{t \leqslant x} f(t) = x$,则 $f(x) = x$;(2)试给出一个满足$\sup\limits_{t \leqslant x} f(t) = x$ 且在 **R** 上点点不连续的函数 $f(x)$.

解　(1)证明:由条件知,$x - f(x) \geqslant 0$.现证不可能存在 x 使 $x - f(x) > 0$.用反证法,若 $\exists x_0$ 使 $x_0 - f(x_0) \triangleq 2d > 0$,则 f 的连续性知 $\exists \delta > 0$,当 $|x - x_0| < \delta$ 时,$x - f(x) > d$,即 $f(x) < x - d$.则$\sup\limits_{t \leqslant x} f(x) = \max\{\sup\limits_{t \leqslant x_0 - \delta} f(t),\ \sup\limits_{t \in (x_0-\delta,x_0]} f(t)\} \leqslant \max\{x_0 - \delta, x_0 - d\}$,

这与 $\sup\limits_{t\leqslant x_0}f(t)=x_0$ 矛盾，所以 $x-f(x)=0$，即 $f(x)=x$.

(2) 取 $f(x)=\begin{cases}x, & \text{当 }x\text{ 为有理数时.}\\x-1, & \text{当 }x\text{ 为无理数时.}\end{cases}$，则 f 处处不连续，且满足 $\sup\limits_{t\leqslant x_0}f(t)=x$.

例 3.8（浙江省 2006 年试题） 证明：$\forall x$，$|a\sin x+b\sin 2x|\leqslant|\sin x|$ 的充分必要条件为 $|a|+|2b|\leqslant1$.

证明 "必要性"：若 $\forall x$，$|a\sin x+b\sin 2x|\leqslant\sin x$，对 $k\in\mathbf{Z}$，

当 $x=k\pi$ 时等号成立，当 $x\neq k\pi$ 时，$\left|a+b\cdot\dfrac{\sin 2x}{\sin x}\right|\leqslant1$，令 $x\to0$ 得 $|a+2b|\leqslant1$；

令 $x\to\pi$ 得 $|a-2b|\leqslant1$，所以 $|a|+2|b|\leqslant1$.

"充分性"：若 $|a|+2|b|\leqslant1$，则有：

$|a\sin x+b\sin 2x|\leqslant|a|\cdot|\sin x|+|b|\cdot|\sin 2x|\leqslant(|a|+2|b|)|\sin x|\leqslant|\sin x|$.

例 3.9 设 f 在 x_0 处可导，且 $f(x_0)=a$，$f'(x_0)=b$，求下列极限：

(1) $\lim\limits_{\Delta x\to0}\dfrac{f(x_0+k_1\Delta x)-f(x_0-k_2\Delta x)}{\Delta x}$；

(2) $\lim\limits_{x\to x_0}\dfrac{xf(x_0)-x_0f(x)}{x-x_0}$；

(3) $\lim\limits_{n\to\infty}\left[\dfrac{f\left(x_0+\dfrac{1}{n}\right)}{f(x_0)}\right]^n$，$f(x_0)\neq0$.

解 (1) 由导数的定义得：

$$\lim\limits_{\Delta x\to0}\dfrac{f(x_0+k_1\Delta x)-f(x_0-k_2\Delta x)}{\Delta x}$$

$$=\lim\limits_{\Delta x\to0}\dfrac{f(x_0+k_1\Delta x)-f(x_0)}{k_1\Delta x}\cdot k_1+\lim\limits_{\Delta x\to0}\dfrac{f(x_0-k_2\Delta x)-f(x_0)}{-k_2\Delta x}\cdot k_2$$

$$=k_1f'(x_0)+k_2f'(x_0)=b(k_1+k_2).$$

(2) $\lim\limits_{x\to x_0}\dfrac{xf(x_0)-x_0f(x)}{x-x_0}$

$$=\lim\limits_{x\to x_0}\dfrac{xf(x_0)-x_0f(x_0)+x_0f(x_0)-x_0f(x)}{x-x_0}$$

$$=\lim\limits_{x\to x_0}\left[f(x_0)-\dfrac{f(x)-f(x_0)}{x-x_0}\cdot x_0\right]$$

$$=f(x_0)-x_0f'(x_0)=a-x_0b.$$

(3) 令 $t=\dfrac{1}{n}$，则有：

$$\lim\limits_{t\to0}\left(\dfrac{f(x_0+t)}{f(x_0)}\right)^{\frac{1}{t}}=\lim\limits_{t\to0}\left[1+\dfrac{f(x_0+t)-f(x_0)}{f(x_0)}\right]^{\frac{1}{t}}$$

$$=\lim\limits_{t\to0}\left[1+\dfrac{f(x_0+t)-f(x_0)}{f(x_0)}\right]^{\frac{f(x_0)}{f(x_0+t)-f(x_0)}\cdot\frac{f(x_0+t)-f(x_0)}{t}\cdot\frac{1}{f(x_0)}}$$

$$=\mathrm{e}^{\frac{f'(x_0)}{f(x_0)}}=\mathrm{e}^{\frac{b}{a}}.$$

例 3.10 问 α 取何值时，函数 $f(x)=\begin{cases}x^\alpha\sin\dfrac{1}{x}, & x>0\\0, & x\leqslant0\end{cases}$ 在 $(-\infty,+\infty)$ 上 (1) 连续；

（2）可导;（3）一阶导数连续?

解　（1）显然要使 $f(x)$ 在 $(-\infty,+\infty)$ 上连续,只要考察 $x=0$ 点即可,也就是要求 $\lim\limits_{x\to 0}x^{\alpha}\sin\dfrac{1}{x}=0$. 所以有 $\alpha>0$,即当 $\alpha>0$ 时,$f(x)$ 在 $(-\infty,+\infty)$ 上连续.

（2）显然当 $x>0$ 时,$f(x)$ 可导,且

$$f'(x)=\alpha x^{\alpha-1}\sin\frac{1}{x}-x^{\alpha-2}\cos\frac{1}{x}.$$

当 $x<0$ 时,$f(x)$ 亦可导,且 $f'(x)=0$.

所以只要考察 $x=0$ 点的可导性,由导数定义知

$$f'_{-}(0)=\lim_{\Delta x\to 0^{-}}\frac{0-0}{\Delta x}=0.$$

$$f'_{+}(0)=\lim_{\Delta x\to 0^{+}}\frac{(\Delta x)^{\alpha}\sin\dfrac{1}{\Delta x}-0}{\Delta x}=\lim_{\Delta x\to 0^{+}}(\Delta x)^{\alpha-1}\sin\frac{1}{\Delta x}.$$

因此,要在 $x=0$ 点可导,须有 $\lim\limits_{\Delta x\to 0^{+}}(\Delta x)^{\alpha-1}\sin\dfrac{1}{\Delta x}=0.$

即要求 $\alpha>1$,即当 $\alpha>1$ 时,$f(x)$ 在 $(-\infty,+\infty)$ 上可导.

（3）由（2）知,当 $\alpha>1$ 时,有

$$f'(x)=\begin{cases}\alpha x^{\alpha-1}\sin\dfrac{1}{x}-x^{\alpha-2}\cos\dfrac{1}{x},&x>0\\[2mm]0,&x=0\\[2mm]0,&x<0\end{cases}$$

所以,要使 $f'(x)$ 连续,只需考察在 $x=0$ 点的连续性,即要求

$$\lim_{x\to 0}\left(\alpha x^{\alpha-1}\sin\frac{1}{x}-x^{\alpha-2}\cos\frac{1}{x}\right)=0.$$

易得此时应满足 $\alpha>2$,即当 $\alpha>2$ 时,$f'(x)$ 在 $(-\infty,+\infty)$ 上连续.

例 3.11（浙江省 2004 年试题）　求曲线 $y=\left(1+\dfrac{1}{x}\right)^{x}$ 在 $x=1$ 处的切线方程.

解　$y'=\left[\mathrm{e}^{x\ln\left(1+\frac{1}{x}\right)}\right]'=\left(1+\dfrac{1}{x}\right)^{x}\cdot\left[\ln\left(1+\dfrac{1}{x}\right)-\dfrac{1}{1+x}\right].$

所以,所求切线的斜率为 $k=2\left(\ln 2-\dfrac{1}{2}\right)$,且当 $x=1$ 时,$y=2$.

因此所求切线方程为:$y-2=2\left(\ln 2-\dfrac{1}{2}\right)(x-1).$

例 3.12（浙江省 2005 年试题）　设 $f(x)=\begin{cases}\dfrac{\ln(1+x)}{x},&x>0\\[2mm]ax+b,&x\leqslant 0\end{cases}$ 可导,求常数 a,b 的值.

解　由题设知 f 在 $x=0$ 处连续,有 $\lim\limits_{x\to 0^{+}}f(x)=\lim\limits_{x\to 0^{+}}\dfrac{\ln(1+x)}{x}=1.$

$\lim\limits_{x\to 0^{-}}f(x)=\lim\limits_{x\to 0^{-}}(ax+b)=b,$所以 $b=1.$

又由 f 在 $x=0$ 处的可导性知:

$$f'_+(0) = \lim_{x \to 0^+} \frac{\dfrac{\ln(x+1)}{x} - 1}{x} = \lim_{x \to 0^+} \frac{\ln(1+x) - x}{x^2} = -\frac{1}{2}$$

$$f'_-(0) = \lim_{x \to 0^-} \frac{(ax+1) - 1}{x} = a, \text{因此} : a = -\frac{1}{2}.$$

例 3.13(浙江省 2008 年试题) 求曲线 $\begin{cases} x = \ln t \\ y = 2t + \displaystyle\int_1^t e^{-(ts)^2} ds \end{cases}$ 在 $t = 1$ 处的切线方程.

解 $\displaystyle\int_1^t e^{(-ts)^2} ds \xrightarrow{ts = u} \int_t^{t^2} e^{-u^2} \cdot \frac{1}{t} du$,所以有:

$$\frac{dy}{dx}\bigg|_{t=1} = \frac{2 + \dfrac{1}{t}(e^{-t^4} \cdot 2t - e^{-t^2}) - \dfrac{1}{t^2}\displaystyle\int_t^{t^2} e^{-u^2} du}{\dfrac{1}{t}}\bigg|_{t=1} = 2 + \frac{1}{e}.$$

当 $t = 1$ 时,$x = 0$,$y = 2$.因此所求切线方程为:

$$y - 2 = \left(2 + \frac{1}{e}\right)x.$$

例 3.14 设 $\begin{cases} x = \arctan t \\ y = \ln(1 + t^2) \end{cases}$,求 $\dfrac{dy}{dx}$,$\dfrac{d^2 y}{dx^2}$.

解 此为参数方程求导数,可利用微分.

$$\frac{dy}{dx} = \frac{d(\ln(1+t^2))}{d(\arctan t)} = \frac{\dfrac{2t}{1+t^2}}{\dfrac{1}{1+t^2}} = 2t,$$

$$\frac{d^2 y}{dx^2} = \frac{d\left(\dfrac{dy}{dx}\right)}{dx} = \frac{d(2t)}{d(\arctan t)} = \frac{2}{\dfrac{1}{1+t^2}} = 2(1 + t^2).$$

例 3.15(浙江省首届竞赛试题) 设 $y = x^2 e^x$ 是方程 $y'' + ay' + by = ce^{hx}$ 的一个解,求常数 a, b, c, h 的值.

解 $y' = 2xe^x + x^2 e^x$,$y'' = (2 + 4x + x^2)e^x$,代入方程得:

$$[2 + (4 + 2a)x + (1 + a + b)x^2] = c \cdot e^{(h-1)x} \tag{3.1}$$

令 $x = 0$ 得 $c = 2$.式(3.1)两边对 x 求导得:

$$4 + 2a + 2(1 + a + b)x = 2(h-1)e^{(h-1)x} \tag{3.2}$$

再令 $x = 0$ 得: $4 + 2a = 2(h-1)$ \hfill (3.3)

式(3.2)两边再求导得:

$$2(1 + a + b) = 2(h-1)^2 e^{(h-1)x} \tag{3.4}$$

再令 $x = 0$ 得: $2(1 + a + b) = 2(h-1)^2$ \hfill (3.5)

式(3.5)再求导得: $0 = 2(h-1)^3 e^{(h-1)x}$.

再令 $x = 0$ 得: $0 = 2(h-1)^3$ \hfill (3.6)

由式(3.3)、式(3.5)和式(3.6)解得:$h = 1, a = -2, b = 1$.

例 3.16　求下列函数的 n 阶导数 $f^{(n)}(x)$：

$(1) f(x) = \dfrac{1}{x^2 + 2x - 3}$；　　　　　　　　$(2) f(x) = (x^2 + x)\cos ax, a > 0.$

解　(1) 直接求导会很烦琐且找不到规律，所以对 $f(x)$ 进行变形，

$$f(x) = \frac{1}{(x+3)(x-1)} = \frac{1}{4}\left(\frac{1}{x-1} - \frac{1}{x+3}\right),$$

所以 $f'(x) = \dfrac{1}{4}\left(\dfrac{-1}{(x-1)^2} - \dfrac{(-1)}{(x+3)^2}\right) = \dfrac{(-1)}{4}\left(\dfrac{1}{(x-1)^2} - \dfrac{1}{(x+3)^2}\right),$

$f''(x) = \dfrac{1}{4}\left(\dfrac{(-1)(-2)}{(x-1)^3} - \dfrac{(-1)(-2)}{(x+3)^3}\right) = \dfrac{(-1)^2\,2!}{4}\left(\dfrac{1}{(x-1)^3} - \dfrac{1}{(x+3)^3}\right),$

由归纳法易得

$$f^{(n)}(x) = \frac{(-1)^n \cdot n!}{4}\left[\frac{1}{(x-1)^{n+1}} - \frac{1}{(x+3)^{n+1}}\right].$$

(2) 对低阶的多项式与某容易求得高阶导数的函数相乘的函数求 n 阶导数可利用莱布尼茨公式.

$$f^{(n)}(x) = \sum_{k=0}^{n}\binom{n}{k}(x^2+x)^{(k)} \cdot (\cos ax)^{(n-k)}$$

$$= (x^2+x)(\cos ax)^{(n)} + n(2x+1)(\cos ax)^{(n-1)} + \frac{n(n-1)}{2}\cdot 2(\cos ax)^{(n-2)}$$

$$= a^n(x^2+x)\cos\left(ax + \frac{n\pi}{2}\right) + na^{n-1}(2x+1)\cos\left(ax + \frac{(n-1)\pi}{2}\right)$$

$$+ n(n-1)a^{n-2}\cos\left(ax + \frac{(n-2)\pi}{2}\right).$$

例 3.17　设 $f(x) = \arctan x$，求 $f^{(n)}(0)$.

解　由 $f'(x) = \dfrac{1}{1+x^2}$ 得 $(1+x^2)f'(x) = 1$.

等式两边再对 x 求 $(n-1)$ 阶导数，由莱布尼茨公式得：

$$(1+x^2)f^{(n)}(x) + (n-1)\cdot 2x \cdot f^{(n-1)}(x) + \frac{(n-1)(n-2)}{2}\cdot 2 \cdot f^{(n-2)}(x) = 0.$$

所以在 $x = 0$ 点有：

$$f^{(n)}(0) = -(n-1)(n-2)f^{(n-2)}(0), n \geqslant 2.$$

于是有：

$$f^{(n)}(0) = \begin{cases} 0, & \text{当 } n \text{ 为偶数时；} \\ (-1)^{\frac{n-1}{2}} \cdot (n-1)!, & \text{当 } n \text{ 为奇数时.} \end{cases}$$

例 3.18(浙江省 2003 年试题)　已知 $xe^y + y + \sin x = 0$，求 $\dfrac{\mathrm{d}y}{\mathrm{d}x}\Big|_{x=0}$.

解　方程两边对 x 求导得：

$$e^y + xe^y \cdot y' + y' + \cos x = 0.$$

解得：$\dfrac{\mathrm{d}y}{\mathrm{d}x} = \dfrac{-(e^y + \cos x)}{xe^y + 1}$，且当 $x = 0$ 时，$y = 0$，代入得：$\dfrac{\mathrm{d}y}{\mathrm{d}x}\Big|_{x=0} = -2.$

例 3.19(浙江省 2004 年试题)   设函数 $y = f(x)$ 由方程 $x^3 - 3xy^2 + 2y^3 - 32 = 0$ 确定,且 $f(x)$ 可导,试求 $f(x)$ 的极值.

解   方程两边对 x 求导得:$3x^2 - 3y^2 - 6xy \cdot y' + 6y^2 \cdot y' = 0$.

令 $y' = f'(x) = 0$ 得:$y^2 = x^2$,即 $y = \pm x$,而 $y = x$ 不满足方程.将 $y = -x$ 代入方程解得驻点为 $(-2, 2)$.

由 $y' = \dfrac{x + y}{2y}$ 得:$y'' = f''(x) = \dfrac{(1 + y')y - y'(x + y)}{2y^2}$,

所以 $f''(-2) = \dfrac{1}{4} > 0$,因此 $f(-2) = 2$ 为 $y = f(x)$ 的极小值.

例 3.20   设 $u = f(\varphi(x) + y^2)$,其中 x, y 满足方程 $y + e^y = x$,且 $f(x), \varphi(x)$ 均二阶可导,试求 $\dfrac{\mathrm{d}u}{\mathrm{d}x}, \dfrac{\mathrm{d}^2 u}{\mathrm{d}x^2}$.

解 $\dfrac{\mathrm{d}u}{\mathrm{d}x} = f'(\varphi(x) + y^2) \cdot \left[\varphi'(x) + 2y \cdot \dfrac{\mathrm{d}y}{\mathrm{d}x} \right]$.

再对方程 $y + e^y = x$ 两边对 x 求导得

$$\dfrac{\mathrm{d}y}{\mathrm{d}x} + e^y \cdot \dfrac{\mathrm{d}y}{\mathrm{d}x} = 1.$$

解得:$\dfrac{\mathrm{d}y}{\mathrm{d}x} = \dfrac{1}{1 + e^y}$,代入得

$$\dfrac{\mathrm{d}u}{\mathrm{d}x} = f'(\varphi(x) + y^2) \cdot \left[\varphi'(x) + \dfrac{2y}{1 + e^y} \right].$$

然而:$\dfrac{\mathrm{d}^2 u}{\mathrm{d}x^2} = f''(\varphi(x) + y^2) \cdot \left[\varphi'(x) + \dfrac{2y}{1 + e^y} \right]^2 + f'(\varphi(x) + y^2) \cdot$

$$\left[\varphi''(x) + 2 \cdot \dfrac{\dfrac{\mathrm{d}y}{\mathrm{d}x} \cdot (1 + e^y) - y \cdot e^y \cdot \dfrac{\mathrm{d}y}{\mathrm{d}x}}{(1 + e^y)^2} \right]$$

$$= f''(\varphi(x) + y^2) \cdot \left[\varphi'(x) + \dfrac{2y}{1 + e^y} \right]^2 + f'(\varphi(x) + y^2) \cdot$$

$$\left[\varphi''(x) + \dfrac{2}{(1 + e^y)^2} - \dfrac{2ye^y}{(1 + e^y)^3} \right].$$

例 3.21   设函数 $f(x)$ 在 $[a, b]$ 上连续,在 (a, b) 内可导,且 $f(a) = f(b) = 0$,求证:

(1) 存在 $\xi \in (a, b)$,使 $f(\xi) + \xi f'(\xi) = 0$;

(2) 存在 $\eta \in (a, b)$,使 $\eta f(\eta) + f'(\eta) = 0$.

证明   对此类结果的证明,往往是构造一个函数并对其使用罗尔定理.

(1) 设 $\varphi(x) = xf(x)$,则 $\varphi(x)$ 在 $[a, b]$ 上连续,在 (a, b) 内可导,且 $\varphi(a) = \varphi(b) = 0$,由罗尔定理得

存在 $\xi \in (a, b)$,使 $\varphi'(\xi) = 0$,即 $f(\xi) + \xi f'(\xi) = 0$.

(2) 设 $F(x) = e^{\frac{x^2}{2}} f(x)$,则 $F(x)$ 在 $[a, b]$ 上连续,在 (a, b) 内可导,且 $F(a) = F(b) = 0$,由罗尔定理得

存在 $\eta \in (a, b)$,使 $F'(\eta) = e^{\frac{\eta^2}{2}} f'(\eta) + e^{\frac{\eta^2}{2}} \cdot \eta \cdot f(\eta) = 0$,即 $\eta f(\eta) + f'(\eta) = 0$.

例 3.22　设不恒为常数的函数 $f(x)$ 在闭区间 $[a,b]$ 上连续,在开区间 (a,b) 内可导,且 $f(a) = f(b)$,证明在 (a,b) 内至少存在一点 ξ,使得 $f'(\xi) > 0$.

证明　因为 $f(a) = f(b)$ 且 $f(x)$ 不恒为常数,故至少存在一点 $c \in (a,b)$,使得 $f(c) \neq f(a)$.

(1) 若 $f(c) > f(a)$,则至少 $\exists \xi \in (a,c)$ 使 $f(c) - f(a) = f'(\xi)(c-a)$

即 $f'(\xi) = \dfrac{f(c) - f(a)}{c - a} > 0$.

(2) 若 $f(c) < f(a) = f(b)$,则至少 $\exists \xi \in (c,b)$,使 $f'(\xi) = \dfrac{f(b) - f(c)}{b - c} > 0$.

另证　用反证法. 假设在 (a,b) 内有 $f'(x) \leqslant 0$,则 $f(x)$ 单调减少,所以 $\forall x \in (a,b)$,
$$f(a) \leqslant f(x) \leqslant f(b).$$

而 $f(a) = f(b)$,因此 $f(x) \equiv f(a)$,这与 $f(x)$ 不恒为常数矛盾. 于是至少存在一点 $\xi \in (a,b)$ 使 $f'(\xi) > 0$.

例 3.23　假设函数 $f(x)$ 和 $g(x)$ 在 $[a,b]$ 上存在二阶导数,并且 $g''(x) \neq 0$,$f(a) = f(b) = g(a) = g(b) = 0$,试证:

(1) 在 (a,b) 内,$g(x) \neq 0$;

(2) 在 (a,b) 内至少存在一点 ξ,使 $\dfrac{f(\xi)}{g(\xi)} = \dfrac{f''(\xi)}{g''(\xi)}$.

证明　(1) 用反证法. 若存在一点 $\eta \in (a,b)$ 使 $g(\eta) = 0$,则分别在 $[a,\eta]$ 和 $[\eta,b]$ 上应用罗尔定理得

$\exists \xi_1 \in [a,\eta]$,使 $g'(\xi_1) = 0$,

$\exists \xi_2 \in [\eta,b]$,使 $g'(\xi_2) = 0$.

再对 $g'(x)$ 在 $[\xi_1,\xi_2]$ 上应用罗尔定理得

$\exists \xi_3 \in [\xi_1,\xi_2]$,使 $g''(\xi_3) = 0$.

这与 $g''(x) \neq 0$ 矛盾,所以,在 (a,b) 内,$g(x) \neq 0$.

(2) 设 $\varphi(x) = f(x)g'(x) - f'(x)g(x)$,得 $\varphi(a) = \varphi(b) = 0$,

所以由罗尔定理知至少存在一点 $\xi \in (a,b)$,使 $\varphi'(\xi) = 0$,即

$$f(\xi)g''(\xi) + f'(\xi)g'(\xi) - f'(\xi)g'(\xi) - f''(\xi)g(\xi) = 0.$$

即: $\dfrac{f(\xi)}{g(\xi)} = \dfrac{f''(\xi)}{g''(\xi)}$.

例 3.24　设函数 $f(x)$ 在区间 $[a,b]$ 上具有二阶导数,且 $f(a) = f(b) = 0$,$f'(a)f'(b) > 0$,证明存在 $\xi \in (a,b)$ 和 $\eta \in (a,b)$,使 $f(\xi) = 0$,$f''(\eta) = 0$.

证明　只要证明了 $\exists \xi \in (a,b)$ 使 $f(\xi) = 0$,就可由罗尔定理容易证得 $\exists \eta \in (a,b)$ 使 $f''(\eta) = 0$.

用反证法. 假设 $f(x)$ 在 (a,b) 内无零点,则恒有 $f(x) > 0$ 或 $f(x) < 0$,现不妨设 $f(x) > 0$,则:

$$f'(a) = \lim_{x \to a^+} \frac{f(x) - f(a)}{x - a} \geqslant 0; \quad f'(b) = \lim_{x \to b^-} \frac{f(x) - f(b)}{x - b} \leqslant 0.$$

从而得 $f'(a)f'(b) \leqslant 0$,矛盾,于是 $\exists \xi \in (a,b)$ 使 $f(\xi) = 0$.

再由 $f(a) = f(\xi) = f(b) = 0$,在 $[a,\xi]$ 和 $[\xi,b]$ 分别用罗尔定理得

$\exists \xi_1 \in [a,\xi]$ 使 $f'(\xi_1) = 0$,

$\exists \xi_2 \in [\xi,b]$ 使 $f'(\xi_2) = 0$.

再在 $[\xi_1,\xi_2]$ 上用罗尔定理得 $\exists \eta \in [\xi_1,\xi_2] \subset (a,b)$,使

$$f''(\eta) = 0.$$

例 3.25 设 $f(x)$ 在 $[0,\pi]$ 上连续,在 $(0,\pi)$ 内可导,且

$$\int_0^\pi f(x)\cos x \mathrm{d}x = \int_0^\pi f(x)\sin x \mathrm{d}x = 0.$$

求证:存在 $\xi \in (0,\pi)$,使得 $f'(\xi) = 0$.

证明 首先证明 $f(x)$ 在 $(0,\pi)$ 内必有零点.

因为在 $(0,\pi)$ 内 $f(x)$ 连续,且 $\sin x > 0$,所以,若 $f(x)$ 无零点,则恒有 $f(x) > 0$ 或 $f(x) < 0$,

从而有 $\int_0^\pi f(x)\sin x \mathrm{d}x > 0$ 或 $\int_0^\pi f(x)\sin x \mathrm{d}x < 0$,与题设矛盾.

所以,$f(x)$ 在 $(0,\pi)$ 内必有零点.

下面证明 $f(x)$ 在 $(0,\pi)$ 内零点不唯一,即至少有两个零点.

用反证法.假设 $f(x)$ 在 $(0,\pi)$ 内只有一个零点 x_0,则 $f(x)$ 在 $(0,x_0)$ 和 (x_0,π) 上取不同的符号(且不等于零),否则与 $\int_0^\pi f(x)\sin x \mathrm{d}x = 0$ 矛盾.这样,函数 $\sin(x - x_0)f(x)$ 在 $(0,x_0)$ 和 (x_0,π) 上取相同的符号,即恒正或恒负.

那么有 $\int_0^\pi f(x)\sin(x - x_0)\mathrm{d}x \neq 0$.但是

$$\int_0^\pi f(x)\sin(x - x_0)\mathrm{d}x = \int_0^\pi f(x)[\sin x \cos x_0 - \cos x \sin x_0]\mathrm{d}x$$

$$= \cos x_0 \int_0^\pi f(x)\sin x \mathrm{d}x - \sin x_0 \int_0^\pi f(x)\cos x \mathrm{d}x = 0.$$

从而矛盾,所以 $f(x)$ 在 $(0,\pi)$ 至少有两个零点.于是由罗尔定理即得 $\exists \xi \in (0,\pi)$,使 $f'(\xi) = 0$.

例 3.26 设函数 $f(x)$ 在 $[0,1]$ 上可导,且 $f(0) = 0, f(1) = 1$.

证明:在 $[0,1]$ 上存在两点 $x_1 \neq x_2$,使 $\dfrac{1}{f'(x_1)} + \dfrac{1}{f'(x_2)} = 2$.

证明 因为 $f(x)$ 在 $[0,1]$ 上连续,且 $f(0) = 0, f(1) = 1$,所以由区间上连续函数的介值性知:

$\exists \xi \in (0,1)$,使 $f(\xi) = \dfrac{1}{2}$.

由拉格朗日定理可得:

$$f(\xi) - f(0) = f'(x_1)(\xi - 0), \quad 0 < x_1 < \xi;$$

$$f(1) - f(\xi) = f'(x_2)(1 - \xi), \quad \xi < x_2 < 1.$$

也就是在 $[0,1]$ 上存在 $x_1 \neq x_2$,使

$$f'(x_1) = \frac{f(\xi)}{\xi}, \quad f'(x_2) = \frac{1 - f(\xi)}{1 - \xi}.$$

于是有

$$\frac{1}{f'(x_1)}+\frac{1}{f'(x_2)}=\frac{\xi}{f(\xi)}+\frac{1-\xi}{1-f(\xi)}=2\xi+2-2\xi=2.$$

例 3.27　设函数 $f(x)$ 在 $(-\infty,+\infty)$ 上可微，且 $f(0)=0$，$|f'(x)|\leqslant p|f(x)|$，$0<p<1$.证明：$f(x)\equiv 0$，$x\in(-\infty,+\infty)$.

证明　先考虑 $x\in[0,1]$，$f(x)$ 为连续函数且可导.所以 $|f(x)|$ 也为连续函数，可取到最大值 M，设 $x_0\in[0,1]$，有 $f(x_0)=M\geqslant 0$，由拉格朗日中值定理有：

$$M=|f(x_0)|=|f(x_0)-f(0)|=|f'(\xi)x_0|,\quad \xi\in(0,x_0).$$

于是有：

$$M=|f'(\xi)x_0|\leqslant|f'(\xi)|\leqslant p|f(\xi)|\leqslant pM,$$

即得 $(1-p)M\leqslant 0$.而 $p<1$，所以 $M\leqslant 0$，因此 $M=0$，由此可知

$$f(x)\equiv 0,\quad x\in[0,1].$$

由 $f(1)=0$，再考虑 $[1,2]$ 上，同样可得 $f(x)\equiv 0$，

以此类推，可得当 $x\in[0,+\infty)$ 时，$f(x)\equiv 0$.

同理可得当 $x\in(-\infty,0]$ 时，$f(x)\equiv 0$.

例 3.28　设 $f(x),g(x)$ 为有界闭区间 $[a,b]$ 上的连续函数，且有数列 $\{x_n\}\subset[a,b]$，使 $g(x_n)=f(x_{n+1})$，$n=1,2,\cdots$，证明：至少存在一点 $\xi\in[a,b]$，使 $f(\xi)=g(\xi)$.

证明　令 $F(x)=f(x)-g(x)$，也是 $[a,b]$ 上的连续函数，对 $\{x_n\}$，不妨设 $F(x_1)>0$.则：

(1) 若有某个 x_k，使 $F(x_k)\leqslant 0$.那么，

(a) 若 $F(x_k)=0$，则命题得证；

(b) 若 $F(x_k)<0$，则由介值性知在 x_1 与 x_k 之间至少存在一个 ξ，使 $F(\xi)=0$，从而命题成立.

(2) 若 $\forall x_n$，$F(x_n)>0$，即 $f(x_n)>g(x_n)$.

因为 $g(x_n)=f(x_{n+1})>g(x_{n+1})$，所以 $\{g(x_n)\}$ 单调下降.

而 $f(x_{n+1})=g(x_n)<f(x_n)$，所以 $\{f(x_n)\}$ 也单调下降.

由闭区间上连续函数的有界性知，$\{f(x_n)\}$，$\{g(x_n)\}$ 有界，于是由单调有界准则知 $\{f(x_n)\}$，$\{g(x_n)\}$ 极限存在，且

$$\lim_{n\to\infty}g(x_n)=\lim_{n\to\infty}f(x_{n+1})\triangleq A.$$

因为 $\{x_n\}\subset[a,b]$，所以必须有收敛的子数列，设 $\{x_n\}$ 的一个收敛子数列为 $\{x_{n_k}\}$，$x_{n_k}\to\xi\in[a,b]$，则由 $f(x),g(x)$ 的连续性有：

$$\lim_{k\to\infty}f(x_{n_k})=f(\xi)=A=\lim_{k\to\infty}g(x_{n_k})=g(\xi).$$

例 3.29　设函数 $f(x)$ 在 $[-2,2]$ 上二阶可导，且 $|f(x)|\leqslant 1$，又

$$f^2(0)+[f'(0)]^2=4.$$

试证：在 $(-2,2)$ 内至少存在一点 ξ，使 $f(\xi)+f''(\xi)=0$.

证明　由拉格朗日公式得

$$f(0)-f(-2)=2f'(\xi_1),\quad -2<\xi_1<0;$$

$$f(2) - f(0) = 2f'(\xi_2), \quad 0 < \xi_2 < 2.$$

由 $|f(x)| \leqslant 1$ 知

$$|f'(\xi_1)| = \frac{|f(0) - f(-2)|}{2} \leqslant 1; \quad |f'(\xi_2)| = \frac{|f(2) - f(0)|}{2} \leqslant 1.$$

令 $\varphi(x) = f^2(x) + [f'(x)]^2$, 则有 $\varphi(\xi_1) \leqslant 2, \varphi(\xi_2) \leqslant 2$.

因为 $\varphi(x)$ 在 $[\xi_1, \xi_2]$ 上连续, 且 $\varphi(0) = 4$. 设 $\varphi(x)$ 在 $[\xi_1, \xi_2]$ 上的最大值在 $\xi \in [\xi_1, \xi_2] \subset (-2,2)$ 上取到, 则 $\varphi(\xi) \geqslant 4$, 且 φ 在 $[\xi_1, \xi_2]$ 上可导, 由费马定理有: $\varphi'(\xi) = 0$, 即

$$2f(\xi) \cdot f'(\xi) + 2f'(\xi) \cdot f''(\xi) = 0.$$

因为 $|f(\xi)| \leqslant 1$, 且 $\varphi(\xi) \geqslant 4$. 所以 $f'(\xi) \neq 0$, 于是有

$$f(\xi) + f''(\xi) = 0, \quad \xi \in (-2,2).$$

例 3.30(浙江省 2004 年试题) 已知函数 $f(x)$ 在 $[0,1]$ 上三阶可导, 且 $f(0) = -1$, $f(1) = 0, f'(0) = 0$, 试证至少存在一点 $\xi \in (0,1)$ 使

$$f(x) = -1 + x^2 + \frac{x^2(x-1)}{3!}f'''(\xi), \quad x \in (0,1).$$

证明 作函数 $\varphi(t) = f(t) + 1 - t^2 - \frac{t^2(t-1)}{x^2(x-1)}[f(x+1) - x^2], \quad x \in (0,1)$,

则有: $\varphi(0) = \varphi(1) = \varphi(x) = 0$, 所以至少存在两点 $\xi_1 \in (0,x), \xi_2 \in (x,1)$ 使 $\varphi'(\xi_1) = 0, \varphi'(\xi_2) = 0$. 又因为 $\varphi'(0) = 0$, 因此至少存在两点 $\eta_1 \in (0, \xi_1), \eta_2 \in (\xi_1, \xi_2)$ 使 $\varphi''(\eta_1) = 0, \varphi''(\eta_2) = 0$, 从而至少存在一点 $\xi \in (\eta_1, \eta_2) \subset (0,1)$, 使 $\varphi'''(\xi) = 0$, 而

$$\varphi'''(t) = f'''(t) - \frac{3!}{x^2(x-1)}[f(x) + 1 - x^2]$$

即有: $f(x) = -1 + x^2 + \frac{x^2(x-1)}{3!}f'''(\xi)$.

例 3.31(浙江省 2005 年试题) 设 $f(x)$ 在 $x=0$ 点二阶可导, 且 $\lim\limits_{x \to 0}\frac{f(x)}{1-\cos x} = 1$, 求 $f(0), f'(0)$ 和 $f''(0)$ 的值.

解 因为 $f(x) = f(0) + f'(0)x + \frac{f''(0)}{2}x^2 + o(x^2), \quad x \to 0$.

而 $\lim\limits_{x \to 0}\frac{f(x)}{1-\cos x} = \lim\limits_{x \to 0}\frac{f(0) + f'(0)x + \frac{f''(0)}{2}x^2}{\frac{1}{2}x^2} = 1.$

所以得: $f(0) = 0, f'(0) = 0, f''(0) = 1$.

例 3.32(浙江省 2005 年试题) 已知当 $x \to 0$ 时, $\sqrt{1+x^2} - x\ln\left(1+\frac{x}{2}\right) - 1$ 与 Ax^B 为等价无穷小. 求常数 A, B 的值.

解 因为 $\sqrt{1+x^2} = 1 + \frac{1}{2}x^2 + o(x^3), \quad x \to 0$.

$$\ln\left(1+\frac{x}{2}\right) = \frac{x}{2} - \frac{\left(\frac{x}{2}\right)^2}{2} + o(x^2), \quad x \to 0.$$

所以，$\sqrt{1+x^2} - x\ln\left(1+\dfrac{x}{2}\right) - 1 = \dfrac{x^3}{8} + o(x^3)$，$x \to 0$.

于是，$A = \dfrac{1}{8}$，$B = 3$.

例 3.33（浙江省 2010 年试题） 设 f 有连续的二阶导数，且 $\lim\limits_{x\to\infty} f(x) = 0$，$|f''(x)| \leqslant 1$.
证明：$\lim\limits_{x\to\infty} f'(x) = 0$.

证明 由泰勒公式 $\forall x, a, ax > 0, f(x+a) = f(x) + f'(x)a + f''(\theta)\dfrac{a^2}{2}$，

$f'(x)a = f(x+a) - f(x) - f''(\theta)\dfrac{a^2}{2}$，记 $M(x) = \sup\limits_{|t|\geqslant x} |f(t)|$，

则有 $|f'(x)||a| \leqslant 2M(x) + |f''(\theta)|\dfrac{a^2}{2} \leqslant 2M(x) + \dfrac{a^2}{2}$，

即 $\forall t > 0, 2M(x) - |f'(x)|t + \dfrac{t^2}{2} \geqslant 0$，

又显然 $\forall t < 0, 2M(x) - |f'(x)|t + \dfrac{t^2}{2} \geqslant 0$，

从而 $\forall t, 2M(x) - |f'(x)|t + \dfrac{t^2}{2} \geqslant 0$，$\quad |f'(x)|^2 \leqslant 4M(x)$，$\quad |f'(x)| \leqslant 2\sqrt{M(x)}$，

而 $\lim\limits_{x\to\infty} M(x) = 0$，所以 $\lim\limits_{x\to\infty} f'(x) = 0$.

例 3.34 设函数 $f(x)$ 在 $(-1,1)$ 上具有任意阶导数，且在 $x = 0$ 处所有导数都不等于零，设

$$f(x) = f(0) + f'(0)x + \cdots + \frac{f^{(n-1)}(0)}{(n-1)!}x^{n-1} + \frac{f^{(n)}(\theta x)}{n!}x^n, \quad 0 < \theta < 1.$$

试求 $\lim\limits_{x\to 0}\theta$.

解 将 $f(x)$ 在 $x = 0$ 点泰勒展开到 n 阶得

$$f(x) = f(0) + f'(0)x + \cdots + \frac{f^{(n)}(0)}{n!}x^n + \frac{f^{(n+1)}(\theta' x)}{(n+1)!}x^{n+1}, 0 < \theta' < 1.$$

由题设

$$f(x) = f(0) + f'(0)x + \cdots + \frac{f^{(n-1)}(0)}{(n-1)!}x^{n-1} + \frac{f^{(n)}(\theta x)}{n!}x^n, 0 < \theta < 1.$$

两式相减得：

$$\frac{f^{(n)}(\theta x)}{n!}x^n = \frac{f^{(n)}(0)}{n!}x^n + \frac{f^{(n+1)}(\theta' x)}{(n+1)!}x^{n+1}.$$

又因为 $f^{(n)}(\theta x) = f^{(n)}(0) + f^{(n+1)}(\theta_1\theta x) \cdot \theta x, 0 < \theta_1 < 1$，

代入得：$\dfrac{f^{(n)}(0) + f^{(n+1)}(\theta_1\theta x)\theta x}{n!} = \dfrac{f^{(n)}(0)}{n!} + \dfrac{f^{(n+1)}(\theta' x)}{(n+1)!}x$，

即 $\qquad f^{(n+1)}(\theta_1\theta x) \cdot \theta = \dfrac{1}{n+1}f^{(n+1)}(\theta' x)$.

两边取极限得

$$\lim\limits_{x\to 0} f^{(n+1)}(\theta_1\theta x) \cdot \theta = \frac{1}{n+1}\lim\limits_{x\to 0} f^{(n+1)}(\theta' x),$$

$$f^{(n+1)}(0) \cdot \lim_{x \to 0} \theta = \frac{1}{n+1} f^{(n+1)}(0).$$

因为 $f^{(n+1)}(0) \neq 0$,所以

$$\lim_{x \to 0} \theta = \frac{1}{n+1}.$$

例 3.35 设 f 是 $[a, a+2]$ 上的实函数,且 $|f(x)| \leqslant 1$,$|f''(x)| \leqslant 1$,证明:$|f'(x)| \leqslant 2$,$x \in [a, a+2]$,并找出一个函数使等式成立.

证明 f 在 $\forall x \in [a, a+2]$ 的泰勒公式为

$$f(t) = f(x) + f'(x)(t-x) + \frac{f''(\xi)}{2!}(t-x)^2, \quad \xi \in (a, a+2).$$

则:$f(a+2) = f(x) + f'(x)(a+2-x) + \frac{f''(\xi_1)}{2}(a+2-x)^2, \xi_1 \in (x, a+2)$,

$$f(a) = f(x) + f'(x)(a-x) + \frac{f''(\xi_2)}{2}(a-x)^2, \quad \xi_2 \in (a, x).$$

两式相减得:

$$f(a+2) - f(a) = 2f'(x) + \frac{f''(\xi_1)}{2}(a+2-x)^2 - \frac{f''(\xi_2)}{2}(a-x)^2.$$

所以

$$|f'(x)| = \frac{1}{2}\left| f(a+2) - f(a) - \frac{f''(\xi_1)}{2}(a+2-x)^2 + \frac{f''(\xi_2)}{2}(a-x)^2 \right|$$

$$\leqslant \frac{1}{2}\left[|f(a+2)| + |f(a)| + \left| \frac{f''(\xi_1)}{2}(a+2-x)^2 \right| + \left| \frac{f''(\xi_2)}{2}(a-x)^2 \right| \right]$$

$$\leqslant \frac{1}{2}\left[1 + 1 + \frac{1}{2}(a+2-x)^2 + \frac{1}{2}(a-x)^2 \right]$$

$$= \frac{1}{2}\left[2 + 2 + (a-x)^2 + 2(a-x) \right]$$

$$= 2 + \frac{1}{2}(a-x)(a+2-x)$$

$$= 2 - \frac{1}{2}(x-a)(a+2-x).$$

因为 $a < x < a+2$,所以

$$|f'(x)| \leqslant 2, \quad x \in [a, a+2].$$

取 $f(x) = \frac{1}{2}(x-a)^2 - 1$,$x \in [a, a+2]$,则 $f'(x) = x-a$,$f''(x) = 1$,

且易知 $|f(x)| \leqslant 1$,又有 $|f'(x)| \leqslant 2$.

例 3.36 在数 $1, \sqrt{2}, \sqrt[3]{3}, \cdots, \sqrt[n]{n}, \cdots$ 中求出最大值.

解 先考察连续函数 $f(x) = \sqrt[x]{x} = x^{\frac{1}{x}}$ $(x > 0)$.

因为 $f'(x) = (e^{\frac{\ln x}{x}})' = x^{\frac{1}{x}} \cdot \frac{1 - \ln x}{x^2} \triangleq 0$,得 $x = e$.

且有:当 $x < e$ 时,$f'(x) > 0$,$f(x)$ 单调增加;

当 $x > e$ 时,$f'(x) < 0$,$f(x)$ 单调减少.

所以，$f(\mathrm{e})$ 为 $f(x)$ 当 $x > 0$ 的最大值，而 $2 < \mathrm{e} < 3$，于是所求的最大值必在 $\sqrt{2}$ 与 $\sqrt[3]{3}$ 中取到，而因为 $2^{\frac{1}{2}} = 8^{\frac{1}{6}}, 3^{\frac{1}{3}} = 9^{\frac{1}{6}}$，所以 $\sqrt[3]{3} > \sqrt{2}$．即最大值为 $\sqrt[3]{3}$．

例 3.37　求证：方程 $x + p + q\cos x = 0$ 恰有一个实根，其中 p, q 为常数，且 $0 < q < 1$．

证明　设 $f(x) = x + p + q\cos x$，因为

$$\lim_{x \to -\infty} f(x) = -\infty, \qquad \lim_{x \to +\infty} f(x) = +\infty.$$

所以必存在 a, b 使 $f(a) < 0, f(b) > 0$，由介值性知（$f(x)$ 在 $(-\infty, +\infty)$ 上连续）$f(x)$ 在 $[a, b]$ 至少有一根．

又因为 $f'(x) = 1 - q\sin x > 0$，所以 $f(x)$ 严格单调增加．

因此，$f(x)$ 在 $(-\infty, +\infty)$ 上只有一个根，即方程 $x + p + q\cos x = 0$ 恰有一个实根．

例 3.38　设当 $x > 0$ 时，方程 $kx + \dfrac{1}{x^2} = 1$ 有且仅有一个解，求 k 的取值范围．

解　令 $f(x) = kx + \dfrac{1}{x^2} - 1$，则 $f'(x) = k - \dfrac{2}{x^3}, f''(x) = \dfrac{6}{x^4} > 0$．

所以当 $x > 0$ 时，有

(1) 当 $k < 0$ 时，$f'(x) < 0, f(x)$ 严格单调减少，而此时

$$\lim_{x \to 0^+} f(x) = +\infty, \qquad \lim_{x \to +\infty} f(x) = -\infty.$$

因此，由介值性知 $f(x) = 0$ 有且仅有一个根．

(2) 当 $k = 0$ 时，$f(x) = 0$ 有且仅有一根 $x = 1$．

(3) 当 $k > 0$ 时，令 $f'(x) = 0$，得唯一驻点 $x_0 = \sqrt[3]{\dfrac{2}{k}}$，且为极小值点，也为最小值点，由 $f(x) = 0$ 有且仅有一根得 $f(x_0) = 0$，即

$$k\sqrt[3]{\frac{2}{k}} + \frac{1}{\sqrt[3]{\left(\frac{2}{k}\right)^2}} - 1 = 0,$$

解得：$k = \dfrac{2}{9}\sqrt{3}$．

易知，当 $k \neq \dfrac{2}{9}\sqrt{3}$ 时，$f(x) = 0$ 无根或有两个根．

总之，当 $k = \dfrac{2}{9}\sqrt{3}$ 或 $k \leqslant 0$ 时，方程有且仅有一个解．

例 3.39（浙江省 2003 年试题）　设 $f(x)$ 一阶连续可导，$f(x) + f'(x) \neq 0$．证明：$f(x)$ 至多有一个零点．

证明　反证法．假设 f 有两个零点 x_1, x_2，且它们之间没有其他零点，$f(x_1) = f(x_2) = 0$，由条件知 $f'(x_1) \neq 0, f'(x_2) \neq 0$，且 $f'(x_1)$ 与 $f'(x_2)$ 异号（否则在 x_1 与 x_2 之间有 f 的零点）．令 $F(x) = f(x) + f'(x)$，有 $F(x_1)F(x_2) < 0$，所以 $\exists \xi$ 使 $F(\xi) = 0$，即 $f(\xi) + f'(\xi) = 0$，与题设矛盾，所以 f 至多一个零点．

例 3.40（浙江省 2008 年试题）　(1) 证明 $f_n(x) = x^n + nx - 2$　$(n \in \mathbf{Z}^+)$ 在 $(0, +\infty)$ 上有唯一正根 a_n；(2) 计算 $\lim\limits_{x \to \infty}(1 + a_n)^n$．

证明 (1)$f'_n(x) = nx^{n-1} + n > 0$，$f_n(x)$ 在 $(0, +\infty)$ 上严格单调增加，

且 $f_n\left(\dfrac{1}{n}\right) = \dfrac{1}{n^n} - 1 < 0$，$f_n\left(\dfrac{2}{n}\right) = \left(\dfrac{2}{n}\right)^n > 0$，

所以 $f_n(x)$ 在 $(0, +\infty)$ 上有唯一的零点 a_n［其实 $f_n(0) = -2 < 0$］.

(2) 易知，当 n 充分大时，$0 < \dfrac{2}{n} < \dfrac{2}{n^2} < 1$，即有 $\dfrac{2}{n} > \dfrac{2}{n} - \dfrac{2}{n^2}$，

从而 $\dfrac{2}{n} > \left(\dfrac{2}{n} - \dfrac{2}{n^2}\right)^n$.

于是：$f_n\left(\dfrac{2}{n} - \dfrac{2}{n^2}\right) = \left(\dfrac{2}{n} - \dfrac{2}{n^2}\right)^n + 2 - \dfrac{2}{n} - 2 < 0$.

而 $f_n\left(\dfrac{2}{n}\right) > 0$. 由 f_n 的单调性得 $\dfrac{2}{n} - \dfrac{2}{n^2} < a_n < \dfrac{2}{n}$，

即有：$\left(1 + \dfrac{2}{n} - \dfrac{2}{n^2}\right)^2 < (1 + a_n)^n < \left(1 + \dfrac{2}{n}\right)^n$

而 $\lim\limits_{n \to \infty}\left(1 + \dfrac{2}{n} - \dfrac{2}{n^2}\right)^n = \lim\limits_{n \to \infty}\left(1 + \dfrac{2}{n}\right)^n = e^2$. 由夹逼性 $\lim\limits_{n \to \infty}(1 + a_n)^n = e^2$.

例 3.41（浙江省 2008 年试题）　已知 t 为常数，且 $\max\limits_{x \in [0, 2\pi]} |\cos x + x - t| = \pi$. 求 t 的值.

解　记 $f(x) = \cos x + x - t$，$f'(x) = 1 - \sin x \geqslant 0$，所以

$$\max\limits_{x \in [0, 2\pi]} |\cos x + x - t| = \max\{|f(0)|, |f(2\pi)|\}$$

$$= \max\{|1 - t|, |2\pi + 1 - t|\} = \begin{cases} t - 1, & t > \pi + 1; \\ 2\pi + 1 - t, & t \leqslant \pi + 1. \end{cases}$$

由 $\max\limits_{x \in [0, 2\pi]} |f(x)| = \pi$，得 $t = \pi + 1$.

例 3.42（浙江省 2010 年试题）　设 $f(x) = e^x P(x)$，其中 $P(x)$ 为 5 次多项式. 证明：
(1) $f(x)$ 必有极值点；(2) $f(x)$ 必有奇数个极值点.

证明　$f'(x) = e^x[P(x) + P'(x)]$.

因为 $P(x) + P'(x)$ 仍为 5 次多项式，必有零点，设为 x_0，若 x_0 是重零点，则 $P(x) + P'(x) = (x - x_0)^k Q(x)$，其中 $Q(x)$ 是 $5 - k$ 次多项式，且 $Q(x_0) \neq 0$.

(1) 若 k 是奇数，当 x 经过 x_0 时，$f'(x)$ 改变符号，x_0 是 f 的极值点；若 k 是偶数，$Q(x)$ 是奇数次多项式，必有一奇数重零点，即 f 必有极值点.

(2) 因为 $P(x) + P'(x)$ 的奇数重零点只能是奇数个，因此 f 的极值必是奇数个.

例 3.43　设函数 $f(x)$ 满足 $3f(x) + 4x^2 f\left(-\dfrac{1}{x}\right) + \dfrac{7}{x} = 0$，求函数 $f(x)$ 的极大值和极小值.

解　令 $t = -\dfrac{1}{x}$，代入方程得：

$$3f\left(-\dfrac{1}{t}\right) + \dfrac{4}{t^2} f(t) - 7t = 0,$$

所以有：$\begin{cases} 3f(x) + 4x^2 f\left(-\dfrac{1}{x}\right) + \dfrac{7}{x} = 0, \\ 4f(x) + 3x^2 f\left(-\dfrac{1}{x}\right) - 7x^3 = 0. \end{cases}$

解得：$f(x) = 4x^3 + \dfrac{3}{x}$，因此有

$$f'(x) = 12x^2 + \frac{3}{x^2} \triangleq 0,$$

得驻点：$x = \pm \dfrac{\sqrt{2}}{2}$，而 $f''\left(\dfrac{\sqrt{2}}{2}\right) = 24\sqrt{2} > 0, f''\left(-\dfrac{\sqrt{2}}{2}\right) = -24\sqrt{2} < 0$，

所以，$f(x)$ 在 $x = \dfrac{\sqrt{2}}{2}$ 取极小值 $f\left(\dfrac{\sqrt{2}}{2}\right) = 4\sqrt{2}$．

$$f(x) \text{ 在 } x = -\frac{\sqrt{2}}{2} \text{ 取极大值 } f\left(-\frac{\sqrt{2}}{2}\right) = -4\sqrt{2}.$$

例 3.44　求函数 $f(x) = \dfrac{x(x+2)}{x-1}$ 的渐近线.

解　因为 $\lim\limits_{x \to \infty} f(x) = \infty$，所以无水平渐近线；

因为 $\lim\limits_{x \to 1} f(x) = \infty$，所以有垂直渐近线 $x = 1$；

下面求斜渐近线：设斜渐近线为 $y = kx + b$，则

$$k = \lim_{x \to \infty} \frac{f(x)}{x} = \lim_{x \to \infty} \frac{x+2}{x-1} = 1,$$

$$b = \lim_{x \to \infty} [f(x) - kx] = \lim_{x \to \infty} \left(\frac{x(x+2)}{x-1} - x\right) = \lim_{x \to \infty} \frac{3x}{x-1} = 3.$$

因此斜渐近线为 $y = x + 3$．

例 3.45　过正弦曲线 $y = \sin x$ 上点 $M\left(\dfrac{\pi}{2}, 1\right)$ 处作一抛物线 $y = ax^2 + bx + c$，使抛物线与正弦曲线在 M 点具有相同的曲率与凹向，并写出 M 点处两曲线的公共曲率圆方程.

解　曲线 $y = \sin x$ 在 M 处的函数值 $y\,|_M = 1$，导数值 $y'\,|_M = 0$，二阶导数值 $y''\,|_M = -1$，而抛物线在 M 处和 $y = \sin x$ 有相同的曲率与凹向，所以在 M 处，正弦曲线和抛物线有相同的函数值、导数值和二阶导数值，即：

$$\begin{cases} \dfrac{\pi^2}{4}a + \dfrac{\pi}{2}b + c = 1, \\ 2a \cdot \dfrac{\pi}{2} + b = 0, \\ 2a = -1. \end{cases} \qquad \text{解得} \begin{cases} a = -\dfrac{1}{2}, \\ b = \dfrac{\pi}{2}, \\ c = 1 - \dfrac{\pi^2}{8}. \end{cases}$$

于是所求抛物线为 $y = -\dfrac{1}{2}x^2 + \dfrac{\pi}{2}x + 1 - \dfrac{\pi^2}{8}$．

因为在 M 处两曲线的曲率为：

$$k = \frac{|y''|}{(1 + y'^2)^{\frac{3}{2}}} = \frac{1}{1} = 1,$$

所以曲率圆半径为 $R = \dfrac{1}{k} = 1$，而 $y'\,|_M = 0$，于是 M 处的法线为 $x = \dfrac{\pi}{2}$，易知曲率圆圆心为 $\left(\dfrac{\pi}{2}, 0\right)$，即得曲率圆方程为：

$$\left(x - \frac{\pi}{2}\right)^2 + y^2 = 1.$$

例 3.46 证明 $\dfrac{1}{3}\tan x + \dfrac{2}{3}\sin x > x, x \in \left(0, \dfrac{\pi}{2}\right)$.

证明 对此类不等式,常常可利用函数的单调性来证明.

设 $f(x) = \dfrac{1}{3}\tan x + \dfrac{2}{3}\sin x - x$,则有 $f(0) = 0$,而且

$$f'(x) = \frac{1}{3}\sec^2 x + \frac{2}{3}\cos x - 1$$

$$= \frac{2\cos^3 x - 3\cos^2 x + 1}{3\cos^2 x} = \frac{(\cos x - 1)^2(\cos x + 1)}{3\cos^2 x} > 0, x \in \left(0, \frac{\pi}{2}\right).$$

所以 $f(x)$ 严格单调增加,因此当 $0 < x < \dfrac{\pi}{2}$ 时,$f(x) > f(0) = 0$,即:

$$\frac{1}{3}\tan x + \frac{2}{3}\sin x > x, x \in \left(0, \frac{\pi}{2}\right).$$

例 3.47 证明 $(1+x)\ln^2(1+x) < x^2, x \in (0,1)$.

证明 所证不等式等价于 $\dfrac{x}{\sqrt{1+x}} - \ln(1+x) > 0$,现设

$$f(x) = \frac{x}{\sqrt{1+x}} - \ln(1+x), x \in (0,1).$$

可得 $f(0) = 0$,又有

$$f'(x) = \frac{(\sqrt{x+1} - 1)^2}{2(1+x)\sqrt{1+x}} > 0, x \in (0,1),$$

所以 $f(x)$ 在 $(0,1)$ 上严格单调增加,因此当 $0 < x < 1$ 时,$f(x) > f(0) = 0$,即:

$$\frac{x}{\sqrt{1+x}} - \ln(1+x) > 0, \quad x \in (0,1).$$

得证.

例 3.48 试证:当 $0 < x < \pi$ 时,$\mathrm{e}^{-x} + \sin x < 1 + \dfrac{x^2}{2}$.

证明 设 $f(x) = 1 + \dfrac{x^2}{2} - \mathrm{e}^{-x} - \sin x$,则有 $f'(x) = x + \mathrm{e}^{-x} - \cos x$.

因为 $f'(0) = 0$,且 $f''(x) = 1 - \mathrm{e}^{-x} + \sin x > 0, 0 < x < \pi$,

所以 $f'(x)$ 严格单调增加,于是当 $0 < x < \pi$ 时,$f'(x) > f'(0) = 0$.

从而知 $f(x)$ 严格单调增加,又有 $f(0) = 0$,因此

当 $0 < x < \pi$ 时,$f(x) > f(0) = 0$,得证.

例 3.49 证明:当 $a > b > \mathrm{e}$ 时,$a^b < b^a$.

证明 所证不等式等价于(两边取对数)

$$\frac{\ln a}{a} < \frac{\ln b}{b}.$$

设 $f(x) = \dfrac{\ln x}{x}, x > \mathrm{e}$,则有

$$f'(x) = \frac{1 - \ln x}{x^2} < 0, x > \mathrm{e}.$$

所以,$f(x)$ 当 $x > e$ 时严格单调减少,因此当 $a > b > e$ 时,$f(a) < f(b)$,即 $\dfrac{\ln a}{a} < \dfrac{\ln b}{b}$.

于是有:$a^b < b^a, a > b > e$.

例 3.50　证明:$\dfrac{1}{2^{p-1}} \leqslant x^p + (1-x)^p \leqslant 1, x \in [0,1], p > 1$ 为常数.

证明　设 $f(x) = x^p + (1-x)^p, x \in [0,1]$,则有

$$f'(x) = px^{p-1} - p(1-x)^{p-1} \triangleq 0,$$

从而得唯一驻点 $x = \dfrac{1}{2}$,

而 $f''(x) = p(p-1)x^{p-2} + p(p-1)(1-x)^{p-2}, f''\left(\dfrac{1}{2}\right) > 0$,

所以,$x = \dfrac{1}{2}$ 为 $f(x)$ 的极小值,也即 $f(x)$ 在[0,1] 的最小值,$f\left(\dfrac{1}{2}\right) = \dfrac{1}{2^{p-1}}$,

又易知 $f(x)$ 在[0,1] 的最大值为 $f(0) = 1$ 或 $f(1) = 1$,

因此在[0,1] 上有 $\dfrac{1}{2^{p-1}} \leqslant f(x) \leqslant 1$.

即 $\dfrac{1}{2^{p-1}} \leqslant x^p + (1-x)^p \leqslant 1$.

例 3.51　试证 $a^{\frac{1}{p}} \cdot b^{\frac{1}{q}} \leqslant \dfrac{a}{p} + \dfrac{b}{q}$,其中 $a > 0, b > 0, p > 1, q > 1$ 为常数,且 $\dfrac{1}{p} + \dfrac{1}{q} = 1$.

证明　不等式等价于:$\left(\dfrac{a}{b}\right)^{\frac{1}{p}} \leqslant \dfrac{a}{b} \cdot \dfrac{1}{p} + \dfrac{1}{q}$,现令 $f(x) = x^{\frac{1}{p}} - \dfrac{1}{p}x + \left(\dfrac{1}{p} - 1\right)$,则有:

$$f'(x) = \dfrac{1}{p}x^{\frac{1}{p}-1} - \dfrac{1}{p} = \dfrac{1}{p}(x^{\frac{1}{p}-1} - 1).$$

所以当 $x < 1$ 时,$f'(x) > 0, f(x)$ 单调增加.

当 $x > 1$ 时,$f'(x) < 0, f(x)$ 单调减少.

因此,$f(1)$ 为 $f(x)$ 的最大值,而 $f(1) = 0$,即有 $f(x) \leqslant f(1) = 0$,令 $x = \dfrac{a}{b}$ 即得:

$$\left(\dfrac{a}{b}\right)^{\frac{1}{p}} - \dfrac{1}{p} \cdot \dfrac{a}{b} + \dfrac{1}{p} - 1 \leqslant 0.$$

于是得:$a^{\frac{1}{p}}b^{\frac{1}{q}} \leqslant \dfrac{a}{p} + \dfrac{b}{q}, a > 0, b > 0, p > 1, q > 1$,且 $\dfrac{1}{p} + \dfrac{1}{q} = 1$.

例 3.52　设 $f''(x) > 0$,且 $\lim\limits_{x \to 0} \dfrac{f(x)}{x} = 1$,证明 $f(x) \geqslant x$.

证明　因为 $f''(x)$ 存在,所以 $f(x)$ 连续、可导,又因为 $\lim\limits_{x \to 0} \dfrac{f(x)}{x} = 1$,得:

$$f(0) = 0, f'(0) = \lim\limits_{x \to 0} \dfrac{f(x) - f(0)}{x - 0} = 1.$$

由泰勒公式得:

$$f(x) = f(0) + f'(0)x + \dfrac{f''(\theta x)}{2!}x^2 = x + \dfrac{f''(\theta x)}{2}x^2, 0 < \theta < 1.$$

而 $f''(\theta x) \geqslant 0$,所以 $f(x) \geqslant x$.

例 3.53 设 $f(x)$ 在 (a,b) 内二阶可导,且 $f''(x)>0$,证明对任意的 $x_i \in (a,b)$,$i=1$,$2,\cdots,n$ 有 $f\left(\sum_{i=1}^n \lambda_i x_i\right) \leqslant \sum_{i=1}^n \lambda_i f(x_i)$,其中 $0<\lambda_i<1$,$i=1,2,\cdots,n$,且 $\sum_{i=1}^n \lambda_i = 1$.

证明 记 $\overline{x} = \sum_{i=1}^n \lambda_i x_i$,易知 $a<\overline{x}<b$,即 $\overline{x} \in (a,b)$,

由 $f(x)$ 在 $\overline{x}$ 处的泰勒公式得

$$f(x) = f(\overline{x}) + f'(\overline{x})(x-\overline{x}) + \frac{f''(\xi)}{2!}(x-\overline{x})^2,\xi \text{ 介于 } x \text{ 与 } \overline{x} \text{ 之间}.$$

$$f(x_i) = f(\overline{x}) + f'(\overline{x})(x_i-\overline{x}) + \frac{f''(\xi_i)}{2},\xi_i \text{ 介于 } x_i \text{ 与 } \overline{x} \text{ 之间}(i=1,2,\cdots,n).$$

因为 $f''(x)>0$,所以有

$$\lambda_i f(x_i) \geqslant \lambda_i f(\overline{x}) + \lambda_i f'(\overline{x})(x_i-\overline{x}), \quad i=1,2,\cdots,n.$$

将此 n 个不等式相加得

$$\sum_{i=1}^n \lambda_i f(x_i) \geqslant f(\overline{x})\sum_{i=1}^n \lambda_i + f'(\overline{x})\left(\sum_{i=1}^n \lambda_i x_i - \overline{x}\sum_{i=1}^n \lambda_i\right) = f(\overline{x}).$$

即:$\sum_{i=1}^n \lambda_i f(x_i) \geqslant f\left(\sum_{i=1}^n \lambda_i x_i\right)$.

例 3.54 设 $f(x)$ 在 $[0,1]$ 上二阶导数存在,且 $|f(x)| \leqslant a$,$|f''(x)| \leqslant b$,试证在 $(0,1)$ 内

$$|f'(x)| \leqslant 2a + \frac{b}{2}.$$

证明 f 在 $\forall x \in (0,1)$ 处的泰勒公式为

$$f(t) = f(x) + f'(x)(t-x) + \frac{f''(\xi)}{2}(t-x)^2,\xi \text{ 介于 } x \text{ 与 } t \text{ 之间}.$$

所以有:

$$f(0) = f(x) - f'(x) \cdot x + \frac{f''(\xi_1)}{2}x^2,\xi_1 \text{ 介于 } 0 \text{ 与 } x \text{ 之间},$$

$$f(1) = f(x) + f'(x)(1-x) + \frac{f''(\xi_2)}{2}(1-x)^2,\xi_2 \text{ 介于 } 1 \text{ 与 } x \text{ 之间}.$$

两式相减得:

$$f(1) - f(0) = f'(x) + \frac{f''(\xi_2)}{2}(1-x)^2 - \frac{f''(\xi_1)}{2}x^2,$$

$$|f'(x)| \leqslant |f(1)| + |f(0)| + \frac{|f''(\xi_2)|}{2}(1-x)^2 + \frac{|f''(\xi_1)|}{2}x^2,$$

$$\leqslant 2a + \frac{b}{2}[(1-x)^2 + x^2],$$

而在 $(0,1)$ 内,$0<(1-x)^2+x^2<1$,于是有

$$|f'(x)| \leqslant 2a + \frac{b}{2}.$$

例 3.55 设 $f''(x)$ 在 $[0,1]$ 存在,$f(0)=0$,$f(1)=1$,且 $f'(0)=f'(1)=0$,试证在 $(0,1)$ 内至少存在一点 ξ,使 $|f''(\xi)| \geqslant 4$.

证明　$f(x) = f(0) + f'(0)x + \dfrac{f''(\xi_1)}{2}x^2$，$\xi_1$ 介于 0 与 x 之间，

$f(x) = f(1) + f'(1)(x-1) + \dfrac{f''(\xi_2)}{2}(x-1)^2$，$\xi_2$ 介于 1 与 x 之间.

分别将 $x = \dfrac{1}{2}$ 代入得：

$f\left(\dfrac{1}{2}\right) = f(0) + \dfrac{1}{8}f''(\xi'_1)$，　$0 < \xi'_1 < \dfrac{1}{2}$；

$f\left(\dfrac{1}{2}\right) = f(1) + \dfrac{1}{8}f''(\xi'_2)$，　$\dfrac{1}{2} < \xi'_2 < 1$.

两式相减得：

$$f(1) - f(0) = \dfrac{1}{8}[f''(\xi_1) - f''(\xi_2)].$$

所以 $1 = |f(1) - f(0)| = \dfrac{1}{8}|f''(\xi_1) - f''(\xi_2)| \leqslant \dfrac{1}{8}[|f''(\xi_1)| + |f''(\xi_2)|]$

记 $|f''(\xi)| = \max[|f''(\xi_1)|, |f''(\xi_2)|]$，$0 < \xi < 1$，

则 $1 \leqslant \dfrac{1}{8} \cdot 2|f''(\xi)|$，即 $|f''(\xi)| \geqslant 4$，$\xi \in (0,1)$.

练习题

1. 设 $f(x) = \begin{cases} \dfrac{2}{x}\sin\dfrac{x}{\pi}, & x \neq 0; \\ a, & x = 0 \end{cases}$ 在 $x = 0$ 处连续，求 a 的值.

2. 讨论下列函数在指定点或区间的连续性：

(1) $f(x) = \begin{cases} (x+1) \cdot 2^{-\left(\frac{1}{|x|} + \frac{1}{x}\right)}, & x \neq 0, \\ 0, & x = 0, \end{cases}$ 在 $x = 0$ 处；

(2) 设 $f(x)$ 满足 $f(x+1) = 2f(x)$，且当 $x \in (0,1)$ 时，$f(x) = x(1-x)^2$，在 $x = 2$ 处；

(3) $f(x) = \lim\limits_{n \to \infty} \sqrt[n]{1 + x^n}$，在 $(0, +\infty)$ 上.

3. 分析下列函数的间断点及其类型：

(1) $f(x) = \dfrac{x}{\sin x}$；　　　(2) $f(x) = [x]\sin\dfrac{1}{x}$；　　　(3) $f(x) = \dfrac{1}{1 - 8 \cdot 2^{\frac{1}{x-1}}}$.

4. 设 $f(x)$，$g(x)$ 为连续函数 $(x \in [a,b])$，证明函数 $h(x) = \max\limits_{x \in [a,b]}\{f(x), g(x)\}$ 和 $p(x) = \min\limits_{x \in [a,b]}\{f(x), g(x)\}$ 也都是连续函数.

5. 设 $f(x)$ 在 (a,b) 内连续，$x_i \in (a,b)$，$i = 1,2,\cdots,n$，证明在 (a,b) 内至少存在一点 ξ，使 $f(\xi) = \dfrac{2}{n(n+1)}[f(x_1) + 2f(x_2) + \cdots + nf(x_n)]$.

6. 试证 $ax = \tan x\ (a > 1)$ 在区间 $\left(0, \dfrac{\pi}{2}\right)$ 内至少有一个根.

7. 设函数 $f(x)$ 在 $[0,1]$ 上连续，且 $f(0) = f(1)$，求证存在 $\xi \in \left[0, \dfrac{n-1}{n}\right]$ 使 $f(\xi) = $

$f\left(\xi+\dfrac{1}{n}\right)$,其中 n 为任意自然数.

8. 求下列函数的导数:

(1) $y=\arcsin e^{-\sqrt{x}}$,求 $\dfrac{\mathrm{d}y}{\mathrm{d}x}$;

(2) $\begin{cases} x=3t^2+2t+3, \\ y=\mathrm{e}^y\sin t+t, \end{cases}$ 求 $\dfrac{\mathrm{d}y}{\mathrm{d}x}$;

(3) 设 $\begin{cases} x=\cos 2t, \\ y=\cos^3 t, \end{cases}$ 求 $\dfrac{\mathrm{d}^2 y}{\mathrm{d}x^2}$;

(4) 设 $y=\sin^6 x+\cos^6 x$,求 $y^{(n)}$;

(5) 设 $y=\dfrac{x}{\sqrt[3]{1+x}}$,求 $y^{(n)}$.

(6) 设函数 $y=y(x)$ 由方程 $y=\tan(x+y)$ 所确定,求 y''.

(7) 设 $p(x)=\dfrac{\mathrm{d}^n}{\mathrm{d}x^n}(1-x^m)^n$,求 $p(1)$.

9. 已知直线 $y=x$ 与 $y=\log_a x$ 相切,求 a 及切点.

10.(浙江省 2006 年试题)求曲线 $\begin{cases} x=t^2-2t \\ y\cdot\arctan t+\mathrm{e}^y=\mathrm{e}^2 \end{cases}$ 在 $t=0$ 处的切线方程.

11. 设函数 $f(x)=\begin{cases} g(x)\sin\dfrac{1}{x}, & x\neq 0, \\ 0, & x=0, \end{cases}$ 其中 g 在 $x=0$ 可导.问:$g(0),g'(0)$ 为多少时,

$f(x)$ 在 $x=0$ 处可微?

12.(浙江省 2009 年试题)设 $\begin{cases} x=\cot t \\ y=\dfrac{\cos 2t}{\sin t}, \end{cases} t\in(0,\pi)$,求此曲线的拐点.

13.(浙江省 2008 年试题)证明:对 $\forall x\in\mathbf{R},1+x+\dfrac{x^2}{2!}+\dfrac{x^3}{3!}+\dfrac{x^4}{4!}>0$.

14.(浙江省 2008 年试题)证明方程 $1+x+\dfrac{x^2}{2!}+\dfrac{x^3}{3!}+\cdots+\dfrac{x^n}{n!}=0$,当 n 为奇数时有且仅有一个实根.

15. 设方程 $x^2-27x+c=0$,就 c 的取值,讨论方程实根的个数.

16.(浙江省 2004 年试题)设 $f(x)=\arctan\dfrac{1-x}{1+x}$,求 $f^{(n)}(0)$.

17.(浙江省 2006 年试题)设 $f(x)=\dfrac{x}{\sqrt{1+x}}$,求 $f^{(10)}(x)$.

18.(浙江省 2007 年试题)设 $f(x)=\dfrac{x^3}{x^2-2x-3}$,求 $f^{(n)}(x)$.

19. 证明下列不等式:

(1) $\dfrac{1}{\ln 2}-1<\dfrac{1}{\ln(1+x)}-\dfrac{1}{x}<\dfrac{1}{2}$;(2) 当 $x>0$ 时,$(1+x)^{1+\frac{1}{x}}<\mathrm{e}^{1+\frac{x}{2}}$.

20.(浙江省 2003 年试题)证明:$\dfrac{\ln x}{x^n}\leqslant\dfrac{1}{n\mathrm{e}},x>0$.

21.(浙江省 2007 年试题)证明:$\cos\sqrt{2}x\leqslant -x^2+\sqrt{1+x^4}$, $x\in\left(0,\dfrac{\sqrt{2}}{4}\pi\right)$.

22.（浙江省 2007 年试题）证明当 $x \in \left(\dfrac{\pi}{2}, \pi\right)$ 时，

$$\sqrt{\dfrac{1 - \sin x}{1 + \sin x}} < \dfrac{\ln(1 + \sin x)}{\pi - x}.$$

23.（浙江省 2010 年试题）证明：$\tan^2 x + 2\sin^2 x > 3x^2, \quad x \in \left(0, \dfrac{\pi}{2}\right)$.

24.（浙江省 2005 年试题）证明：当 $0 < x < \dfrac{\pi}{2}$ 时，

(1) $\tan x > x + \dfrac{x^3}{3}$； (2) $\tan x > x + \dfrac{x^3}{3} + \dfrac{2}{15}x^5 + \dfrac{1}{63}x^7$.

25.（浙江省 2003 年试题）求使得下面不等式对所有的自然数 n 都成立的最小的数 β：
$$\mathrm{e} < \left(1 + \dfrac{1}{n}\right)^{n + \beta}.$$

26. 设 $f(x)$ 在 $(a, +\infty)$ 内有二阶导数，且 $f(a + 1) = 0$，$\lim\limits_{x \to a^+} f(x) = 0$，$\lim\limits_{x \to +\infty} f(x) = 0$，求证 $(a, +\infty)$ 内至少有一点 ξ，满足 $f''(\xi) = 0$.

27. 设 $f''(x)$ 连续，且 $f''(x) > 0$，$f(0) = f'(0) = 0$. 试求极限 $\lim\limits_{x \to 0^+} \dfrac{\displaystyle\int_0^{u(x)} f(t)\,\mathrm{d}t}{\displaystyle\int_0^x f(t)\,\mathrm{d}t}$，其中 $u(x)$ 是曲线 $y = f(x)$ 在点 $(x, f(x))$ 处的切线在 x 轴上的截距.

28. 设 $f_n(x) = C_n^1 \cos x - C_n^2 \cos^2 x + \cdots + (-1)^{n-1} C_n^n \cos^n x$，求证：

(1) 对于任何自然数 n，方程 $f_n(x) = \dfrac{1}{2}$ 在区间 $\left(0, \dfrac{\pi}{2}\right)$ 中仅有一根；

(2) 设 $x_n \in \left(0, \dfrac{\pi}{2}\right)$ 满足 $f_n(x_n) = \dfrac{1}{2}$，则 $\lim\limits_{x \to \infty} x_n = \dfrac{\pi}{2}$.

29. 设函数 $f(x)$ 在 $(-\infty, +\infty)$ 内有定义，对任意 x，都有 $f(x + 1) = 2f(x)$，且当 $0 \leqslant x \leqslant 1$ 时，$f(x) = x(1 - x)^2$，试问 $f(x)$ 在 $x = 0$ 处是否可导？

30. 设函数 $f(x)$ 在 $(0, +\infty)$ 上连续，对 $\forall x > 0$，有 $f(x^2) = f(x)$，且 $f(3) = 5$，求 $f(x)$.

31. 设函数 $f(x)$ 在 $[a, b]$ 连续，在 (a, b) 可导，其中 $a > 0$，且 $f(a) = 0$，试证明：在 (a, b) 内必有一点 ξ，使 $f(\xi) = \dfrac{b - \xi}{a} f'(\xi)$.

32. 设 $a_1 < a_2 < \cdots < a_n$ 为 n 个不同的实数，函数 $f(x)$ 在 $[a_1, a_n]$ 上有 n 阶导数，并满足 $f(a_i) = 0$，$i = 1, 2, \cdots, n$，证明对每个 $c \in [a_1, a_n]$，都存在 ξ 使 $f(c) = \dfrac{(c - a_1)(c - a_2) \cdots (c - a_n)}{n!} f^{(n)}(\xi)$.

33. 设 $f(x)$ 在 (a, b) 内 $\forall x_1, x_2 \in (a, b)$ 及 $\lambda \in [0, 1]$ 恒有：
$$f(\lambda x_1 + (1 - \lambda) x_2) \leqslant \lambda f(x_1) + (1 - \lambda) f(x_2).$$
试证 $f(x)$ 在 (a, b) 内连续.

34. 设 $f(x)$ 在 (a, b) 内有二阶导数，且 $f''(x) > 0$，证明：

(1) 对 $a < x < x_0 < y < b$，存在 $\lambda (0 < \lambda < 1)$，使 $x_0 = \lambda x + (1 - \lambda) y$；

(2) 对于 $0 < \lambda < 1$ 的 λ 有 $f[\lambda x + (1-\lambda)x] \leqslant \lambda f(x) + (1-\lambda)f(y)$.

35. (浙江省 2004 年试题) 设 $f(x)$ 在 $[1,3]$ 上连续,在 $(1,3)$ 内二阶导数连续,试证至少存在一点 $\xi \in (1,3)$,使

$$f''(\xi) = f(1) - 2f(2) + f(3).$$

36. (浙江省 2006 年试题) 设 $a_1, a_2, \cdots, a_n$ 为非负实数.试证 $\left| \sum_{k=1}^{n} a_k \sin kx \right| \leqslant |\sin x|$ 的充分必要条件为 $\sum_{k=1}^{n} k a_k \leqslant 1$.

37. (浙江省 2009 年试题) 设 f 在 $[0, +\infty]$ 上可导,且 $f'(x) \geqslant f(x)$, $f(0) \geqslant 0$.证明: $f(x) \geqslant 0$, $x \in [0, +\infty)$.

38. (浙江省 2007 年试题) 已知 $f(x)$ 二阶可导,且 $f(x) > 0$, $f''(x)f(x) - [f'(x)]^2 \geqslant 0$, $x \in \mathbf{R}$,

(1) 证明: $\forall x_1, x_2 \in \mathbf{R}, f(x_1)f(x_2) \geqslant f^2\left(\dfrac{x_1 + x_2}{2}\right)$;

(2) 若 $f(0) = 1$.证明: $f(x) \geqslant \mathrm{e}^{f'(0)x}$, $x \in \mathbf{R}$.

39. 设有一个球体,其半径以 $0.01\mathrm{m/s}$ 的速率增加,求当其半径为 $10\mathrm{m}$ 时,体积及表面积的增加率各为多少?

40. 函数 $f(x)$ 在圆周上有定义并且连续,证明必存在一条直径,在其两个端点 a,b 上有 $f(a) = f(b)$.

41. 函数 $f(x) = 2^x - 1 - x^2$ 在实轴上有多少个零点?

42. 已知抛物线 $y^2 = 2mx$,试从它的那些与曲线的法线重合的所有弦中,求一条长度最短的弦长.

43. 设函数 $f(x)$ 连续,$\varphi(x) = \displaystyle\int_0^1 f(xt)\mathrm{d}t$,且 $\lim\limits_{x \to 0} \dfrac{f(x)}{x} = A$(常数).求 $\varphi'(x)$ 并讨论 $\varphi'(x)$ 在 $x = 0$ 处的连续性.

44. 作半径为 r 的球的外切正圆锥,问此圆锥的高 h 为何值时,其体积 V 最小?并求出该最小值.

45. 将一长为 a 的铁丝切成两段,分别围成正方形和圆形.问:当两段铁丝各为多长时,正方形面积与圆形面积之和最小?并求最小面积.

46. (浙江省 2007 年试题) 设函数 $f(x)$ 满足方程

$$\mathrm{e}^x f(x) + 2\mathrm{e}^{\pi-x} f(\pi - x) = 3\sin x, \quad x \in \mathbf{R}.$$

求 $f(x)$ 的极值.

47. (浙江省 2010 年试题) 请用 a,b 描述圆面 $x^2 + y^2 \leqslant 2y$ 落在椭圆 $\dfrac{x^2}{a^2} + \dfrac{y^2}{b^2} = 1$ 内的充分必要条件,并求此时椭圆的最小面积.

第四讲　　不定积分

 知识要点

一、不定积分的概念和性质

1. 不定积分的概念：若对函数 $f(x)$ 存在函数 $F(x)$，使 $F'(x) = f(x)$，则称 $F(x)$ 为 $f(x)$ 的原函数，并称 $\int f(x)\mathrm{d}x = F(x) + C$ 为 $f(x)$ 的不定积分，其中 C 为任意常数.

2. 不定积分的基本性质：

(i) 若 $F(x)$ 与 $G(x)$ 皆为 $f(x)$ 的原函数，则必有 $F(x) = G(x) + C$，其中 C 为常数；

(ii) $\int kf(x)\mathrm{d}x = k\int f(x)\mathrm{d}x$；$\int [f(x) \pm g(x)]\mathrm{d}x = \int f(x)\mathrm{d}x \pm \int g(x)\mathrm{d}x.$

(iii) $\mathrm{d}\int f(x)\mathrm{d}x = f(x)\mathrm{d}x$；$\int f(x)\mathrm{d}x = \int \mathrm{d}F(x) = F(x) + C.$

其中 $F(x)$ 为 $f(x)$ 的一个原函数.

(iv) 连续函数必存在原函数，反之不然，即有原函数的函数不一定连续，但有第一类间断点的函数一定没有原函数.

二、求不定积分的基本方法

1. 换元积分法：设 $u = \varphi(x)$ 在 $[a,b]$ 上可导，且 $\alpha \leqslant \varphi(x) \leqslant \beta$；$g(u)$ 在 $[\alpha, \beta]$ 上有定义，记 $f(x) = g(\varphi(x))\varphi'(x)$，$x \in [a,b]$.

(1) 若 g 在 $[\alpha, \beta]$ 上存在原函数 G，则 f 在 $[a,b]$ 上也存在原函数 F，且 $F(x) = G(\varphi(x)) + C$，或

$$\int f(x)\mathrm{d}x = \int g(\varphi(x))\varphi'(x)\mathrm{d}x = \int g(u)\mathrm{d}u = G(\varphi(x)) + C.$$

(2) 若 $\varphi'(x) \neq 0$，$x \in [a,b]$，则当 f 在 $[a,b]$ 上存在原函数 F 时，g 在 $[\alpha, \beta]$ 上也存在原函数 G，且 $G(x) = F(\varphi^{-1}(u)) + C$，或

$$\int g(u)\mathrm{d}u = \int g(\varphi(x))\varphi'(x)\mathrm{d}x = \int f(x)\mathrm{d}x = F(\varphi^{-1}(u)) + C.$$

2. 分部积分法：若 $u(x)$ 与 $v(x)$ 可导，且不定积分 $\int u'(x)v(x)\mathrm{d}x$ 存在，则 $\int u(x)v'(x)\mathrm{d}x$ 也存在，并且

$$\int u'(x)v(x)\mathrm{d}x = u(x)v(x) - \int u(x)v'(x)\mathrm{d}x.$$

三、几种典型的换元方法

我们称形如 $\sum\limits_{i=0}^{m}\sum\limits_{j=0}^{n} a_{ij}x^i y^j$ 的表达式为 x 和 y 的二元多项式，其中 $a_{ij} \in \mathbf{R}$，$i = 0,1,2,\cdots,$

$m; j = 0, 1, 2, \cdots, n$，称两个二元多项式的商为二元有理函数，记为 $R(x, y)$.

以下为一些典型的被积函数所采用的变量替换：

1. $\int R(x, \sqrt{a^2 - x^2}) \mathrm{d}x$ 型，$a > 0$，令 $x = a\sin t$，$\mathrm{d}x = a\cos t \mathrm{d}t$；

2. $\int R(x, \sqrt{a^2 + x^2}) \mathrm{d}x$ 型，$a > 0$，令 $x = a\tan t$，$\mathrm{d}x = a\sec^2 t \mathrm{d}t$；

3. $\int R(x, \sqrt{x^2 - a^2}) \mathrm{d}x$ 型，$a > 0$，令 $x = a\sec t$，$\mathrm{d}x = a\sec t \tan t \mathrm{d}t$；

4. $\int R(x, \sqrt[n]{ax+b}, \sqrt[m]{ax+b}) \mathrm{d}x$ 型，$a \neq 0$，令 $t = \sqrt[mn]{ax+b}$，$x = \dfrac{t^{mn} - b}{a}$，

   $\mathrm{d}x = \dfrac{mn}{a} t^{mn-1} \mathrm{d}t$；

5. $\int R\left(x, \sqrt{\dfrac{ax+b}{cx+d}}\right) \mathrm{d}x$ 型，令 $t = \sqrt{\dfrac{ax+b}{cx+d}}$，$x = \dfrac{dt^2 - b}{a - ct^2}$，$\mathrm{d}x = \dfrac{a(ad-bc)t}{(a - ct^2)^2} \mathrm{d}t$，

   其中设 $ad - bc \neq 0$；

6. $\int R(\sin x, \cos x) \mathrm{d}x$ 型，令 $t = \tan \dfrac{x}{2}$，则 $\sin x = \dfrac{2t}{1+t^2}$，$\cos x = \dfrac{1-t^2}{1+t^2}$，$\mathrm{d}x = \dfrac{2}{1+t^2} \mathrm{d}t$，

此变换称为万能变换.

四、基本积分公式（其中 C 为任意常数）

(1) $\int 1 \mathrm{d}x = x + C$

(2) $\int x^a \mathrm{d}x = \dfrac{1}{1+\alpha} x^{1+\alpha} + C$ ($\alpha \neq -1$)

(3) $\int \dfrac{1}{x} \mathrm{d}x = \ln |x| + C$

(4) $\int a^x \mathrm{d}x = \dfrac{1}{\ln a} a^x + C$，特别 $\int \mathrm{e}^x \mathrm{d}x = \mathrm{e}^x + C$

(5) $\int \cos x \mathrm{d}x = \sin x + C$

(6) $\int \sin x \mathrm{d}x = -\cos x + C$

(7) $\int \sec^2 x \mathrm{d}x = \tan x + C$

(8) $\int \csc^2 x \mathrm{d}x = -\cot x + C$

(9) $\int \dfrac{\mathrm{d}x}{\sqrt{1-x^2}} = \arcsin x + C$

(10) $\int \dfrac{\mathrm{d}x}{1+x^2} = \arctan x + C$

(11) $\int \sec x \mathrm{d}x = \ln |\sec x + \tan x| + C$

(12) $\int \csc x \mathrm{d}x = \ln |\csc x - \cot x| + C$

例题分析

一、换元积分法

例 4.1（浙江省 2009 年试题） 计算不定积分 $\int \sqrt{\dfrac{x}{1 - x\sqrt{x}}} \mathrm{d}x$.

解 原式 $= \int \dfrac{x^{\frac{1}{2}}}{\sqrt{1 - x^{\frac{3}{2}}}} \mathrm{d}x = \dfrac{2}{3} \int \dfrac{\mathrm{d}x^{\frac{3}{2}}}{\sqrt{1 - x^{\frac{3}{2}}}} = -\dfrac{2}{3} \int (1 - x^{\frac{3}{2}})^{-\frac{1}{2}} \mathrm{d}(1 - x^{\frac{3}{2}})$

$= -\dfrac{4}{3} \sqrt{1 - x^{\frac{3}{2}}} + C.$

例 4.2　计算不定积分 $\displaystyle\int \frac{x\mathrm{e}^{\arctan x}}{(1+x^2)^{\frac{3}{2}}}\mathrm{d}x.$

解　作变量替换,令 $x=\tan t, t=\arctan x, \mathrm{d}x=\sec^2 t\mathrm{d}t,$ 则有

$$\int \frac{x\mathrm{e}^{\arctan x}}{(1+x^2)^{\frac{3}{2}}}\mathrm{d}x = \int \frac{\tan t\mathrm{e}^t}{\sec^3 t}\sec^2 t\mathrm{d}t = \int \mathrm{e}^t \sin t\mathrm{d}t.$$

又因为 $\displaystyle\int \mathrm{e}^t \sin t\mathrm{d}t = -\mathrm{e}^t\cos t + \int \mathrm{e}^t\cos t\mathrm{d}t = -\mathrm{e}^t\cos t + \mathrm{e}^t\sin t - \int \mathrm{e}^t\sin t\mathrm{d}t,$

所以 $\displaystyle\int \mathrm{e}^t\sin t\mathrm{d}t = \frac{\mathrm{e}^t}{2}(\sin t - \cos t)+C.$

变量回代得

$$\int \frac{x\mathrm{e}^{\arctan x}}{(1+x^2)^{\frac{3}{2}}}\mathrm{d}x = \frac{1}{2}\mathrm{e}^{\arctan x}\left(\frac{x}{\sqrt{1+x^2}}-\frac{1}{\sqrt{1+x^2}}\right)+C = \frac{(x-1)\mathrm{e}^{\arctan x}}{2\sqrt{1+x^2}}+C.$$

评注　对于被积函数中有 $1+x^2$ 和 $\arctan x$,一般情况下,令 $x=\tan t$ 换元能得到比较好的效果.

例 4.3　计算不定积分 $\displaystyle\int \cos^2\sqrt{x}\,\mathrm{d}x.$

解　设 $\sqrt{x}=t,$ 则 $x=t^2, \mathrm{d}x=2t\mathrm{d}t,$ 于是

$$\int \cos^2\sqrt{x}\,\mathrm{d}x = 2\int t\cos^2 t\mathrm{d}t = \int t(1+\cos 2t)\mathrm{d}t = \frac{t^2}{2}+\frac{1}{2}\int t\mathrm{d}(\sin 2t)$$

$$= \frac{t^2}{2}+\frac{1}{2}t\sin 2t - \frac{1}{2}\int \sin 2t\mathrm{d}t = \frac{t^2}{2}+\frac{1}{2}t\sin 2t + \frac{1}{4}\cos 2t + C$$

$$= \frac{x}{2}+\frac{1}{2}\sqrt{x}\sin(2\sqrt{x})+\frac{1}{4}\cos(2\sqrt{x})+C.$$

例 4.4　计算不定积分 $\displaystyle\int \frac{\sqrt{x+1}-\sqrt{x-1}}{\sqrt{x+1}+\sqrt{x-1}}\mathrm{d}x.$

解　设 $\sqrt{\dfrac{x+1}{x-1}}=t,$ 则 $x=\dfrac{t^2+1}{t^2-1}, \mathrm{d}x=-\dfrac{4t}{(t^2-1)^2}\mathrm{d}t,$ 代入得

$$\int \frac{\sqrt{x+1}-\sqrt{x-1}}{\sqrt{x+1}+\sqrt{x-1}}\mathrm{d}x = \int \frac{\sqrt{\dfrac{x+1}{x-1}}-1}{\sqrt{\dfrac{x+1}{x-1}}+1}\mathrm{d}x = -4\int \frac{t\mathrm{d}t}{(t-1)(t+1)^3}$$

$$= \int \left(-\frac{2}{(t+1)^3}+\frac{1}{(t+1)^2}+\frac{1}{2(t+1)}-\frac{1}{2(t-1)}\right)\mathrm{d}t$$

$$= \frac{1}{(t+1)^2}-\frac{1}{t+1}+\frac{1}{2}\ln\left|\frac{t+1}{t-1}\right|+C$$

$$= \frac{1}{2}x^2 - \frac{1}{2}x\sqrt{x^2-1}+\frac{1}{2}\ln\left|x+\sqrt{x^2-1}\right|+C.$$

评注　被积函数中出现根号,如果没法用凑微分法凑成基本积分公式的形式,那就需要用换元法尽量把根号去掉.

例 4.5(浙江省 2009 年试题)　计算不定积分 $\displaystyle\int \frac{\ln x}{\sqrt{1+x^2(\ln x-1)^2}}\mathrm{d}x$.

解　设 $x(\ln x-1)=t$,有 $\mathrm{d}t=\ln x\mathrm{d}x$,所以

$$原式=\int \frac{\mathrm{d}t}{\sqrt{1+t^2}}\overset{t=\tan u}{=\!=\!=}\int\sec u\mathrm{d}u=\ln|\sec u+\tan u|+C$$

$$=\ln|t+\sqrt{1+t^2}|+C=\ln[x(\ln x-1)+\sqrt{1+x^2(\ln x-1)^2}]+C.$$

例 4.6　计算不定积分 $\displaystyle\int \frac{\mathrm{d}x}{2\sin x-\cos x+5}$.

解　设 $t=\tan\dfrac{x}{2}$,则 $\sin x=\dfrac{2t}{1+t^2}$,$\cos x=\dfrac{1-t^2}{1+t^2}$,$\mathrm{d}x=\dfrac{2\mathrm{d}t}{1+t^2}$. 于是

$$\int \frac{\mathrm{d}x}{2\sin x-\cos x+5}=\int \frac{\mathrm{d}t}{3t^2+2t+2}=\frac{1}{\sqrt 5}\arctan\left(\frac{3t+1}{\sqrt 5}\right)+C$$

$$=\frac{1}{\sqrt 5}\arctan\left(\frac{3\tan\dfrac{x}{2}+1}{\sqrt 5}\right)+C.$$

评注　此题用一般的三角代换很难有好的效果,在无计可施的情况下,就用万能公式.

例 4.7　计算不定积分 $\displaystyle\int \frac{\mathrm{d}x}{x+\sqrt{a^2-x^2}}$,$a>0$.

解　令 $x=a\sin t$,$\sqrt{a^2-x^2}=a\cos t$,$\mathrm{d}x=a\cos t\mathrm{d}t$,

$$\int \frac{\mathrm{d}x}{x+\sqrt{a^2-x^2}}=\int \frac{\cos t}{\sin t+\cos t}\mathrm{d}t=\int \frac{1}{\tan t+1}\mathrm{d}t$$

$$=\int \frac{\mathrm{d}u}{(1+u)(1+u^2)}(u=\tan t)=\frac{1}{2}\int\left[\frac{1}{1+u}+\frac{1-u}{1+u^2}\right]\mathrm{d}u$$

$$=\frac{1}{2}\ln|1+u|+\frac{1}{2}\arctan u-\frac{1}{4}\ln(1+u^2)+C$$

$$=\frac{1}{2}\ln|\sin t+\cos t|+\frac{1}{2}t+C$$

$$=\frac{1}{2}\left[\ln|x+\sqrt{a^2-x^2}|+\arcsin\frac{x}{a}\right]+C.$$

评注　被积函数中出现 $\sqrt{a^2-x^2}$,一般用 $x=a\sin t$ 代换.

二、分部积分法

例 4.8　计算不定积分 $\displaystyle\int \mathrm{e}^x\sin x\mathrm{d}x$.

解　$\displaystyle\int \mathrm{e}^x\sin x\mathrm{d}x=\int\sin x\mathrm{d}\mathrm{e}^x=\mathrm{e}^x\sin x-\int \mathrm{e}^x\cos x\mathrm{d}x,$

$$=\mathrm{e}^x\sin x-\mathrm{e}^x\cos x-\int \mathrm{e}^x\sin x\mathrm{d}x.$$

所以　　$\displaystyle\int \mathrm{e}^x\sin x\mathrm{d}x=\frac{1}{2}\mathrm{e}^x(\sin x-\cos x).$

例 4.9 计算不定积分 $\int x\ln(4+x^4)\mathrm{d}x$.

解 $\int x\ln(4+x^4)\mathrm{d}x = \dfrac{1}{2}\int\ln(4+x^4)\mathrm{d}(x^2) = \dfrac{1}{2}x^2\ln(4+x^4) - 2\int\dfrac{x^5}{4+x^4}\mathrm{d}x$

$\qquad\qquad = \dfrac{1}{2}x^2\ln(4+x^4) - 2\int\left(x - \dfrac{4x}{4+x^4}\right)\mathrm{d}x$

$\qquad\qquad = \dfrac{1}{2}x^2\ln(4+x^4) - x^2 + \arctan\left(\dfrac{x^2}{2}\right) + C.$

例 4.10 推出下列积分的递推公式 $(1)\,I_n = \int\sin^n x\,\mathrm{d}x;(2)\,K_n = \int\dfrac{\mathrm{d}x}{\sin^n x}(n>2)$，并计算 $I_6 = \int\sin^6 x\,\mathrm{d}x;K_5 = \int\dfrac{\mathrm{d}x}{\sin^5 x}(n>2)$.

解 $(1)\quad I_n = \int\sin^n x\,\mathrm{d}x = -\int\sin^{n-1}x\,\mathrm{d}(\cos x)$

$\qquad\qquad = -\cos x\sin^{n-1}x + (n-1)\int\cos^2 x\sin^{n-2}x\,\mathrm{d}x$

$\qquad\qquad = -\cos x\sin^{n-1}x + (n-1)\int(1-\sin^2 x)\sin^{n-2}x\,\mathrm{d}x$

$\qquad\qquad = -\cos x\sin^{n-1}x + (n-1)I_{n-2} + (1-n)I_n,$

于是 $\qquad\qquad I_n = -\dfrac{\cos x\sin^{n-1}x}{n} + \dfrac{(n-1)}{n}I_{n-2}.$

又知 $I_0 = \int\mathrm{d}x = x + C$，即得

$I_6 = \int\sin^6 x\,\mathrm{d}x = -\dfrac{\cos x\sin^5 x}{6} + \dfrac{5}{6}I_4 = -\dfrac{\cos x\sin^5 x}{6} - \dfrac{5\cos x\sin^3 x}{24} + \dfrac{5}{8}I_2$

$= -\dfrac{\cos x\sin^5 x}{6} - \dfrac{5\cos x\sin^3 x}{24} - \dfrac{5\cos x\sin x}{16} + \dfrac{5}{16}x + C.$

$(2)\quad K_n = \int\dfrac{\mathrm{d}x}{\sin^n x} = \int\dfrac{\sin^2 x + \cos^2 x}{\sin^n x}\mathrm{d}x = I_{n-2} - \dfrac{1}{n-1}\int\cos x\,\mathrm{d}\left(\dfrac{1}{\sin^{n-1}x}\right)$

$\qquad\quad = I_{n-2} - \dfrac{\cos x}{(n-1)\sin^{n-1}x} - \dfrac{1}{n-1}I_{n-2} = -\dfrac{\cos x}{(n-1)\sin^{n-1}x} - \dfrac{n-2}{n-1}I_{n-2}.$

又知 $K_1 = \int\dfrac{\mathrm{d}x}{\sin x} = \ln\left|\tan\dfrac{x}{2}\right| + C$，即得

$K_5 = \int\dfrac{\mathrm{d}x}{\sin^5 x} = -\dfrac{\cos x}{4\sin^4 x} + \dfrac{3}{4}I_3 = -\dfrac{\cos x}{4\sin^4 x} - \dfrac{3\cos x}{8\sin^2 x} + \dfrac{3}{8}\ln\left|\tan\dfrac{x}{2}\right| + C.$

三、一些特殊函数的积分法

例 4.11 计算不定积分 $\int\dfrac{\mathrm{d}x}{x^3+1}$.

解 设 $\dfrac{1}{x^3+1} = \dfrac{A}{x+1} + \dfrac{Bx+C}{x^2-x+1}$，右边通分后不难解得：$A = \dfrac{1}{3}$，$B = -\dfrac{1}{3}$，$C = \dfrac{2}{3}$. 于是

$\int\dfrac{\mathrm{d}x}{x^3+1} = \int\dfrac{1}{3(x+1)} - \dfrac{x-2}{3(x^2-x+1)}\mathrm{d}x$

$$= \frac{1}{3}\int \frac{\mathrm{d}x}{x+1} - \frac{1}{6}\int \frac{2x-1}{x^2-x+1}\mathrm{d}x + \frac{1}{2}\int \frac{\mathrm{d}\left(x-\frac{1}{2}\right)}{\left(x-\frac{1}{2}\right)^2 + \frac{3}{4}}$$

$$= \frac{1}{6}\ln \frac{(x+1)^2}{x^2-x+1} + \frac{1}{\sqrt{3}}\arctan \frac{2x-1}{\sqrt{3}} + C.$$

评注 此积分看似简单,但是其实并不简单,必须把分式分解才行,此时分解一般用待定系数法求出系数.

例 4.12(浙江省 2006 年试题) 求 $\int \frac{1+x^4+x^8}{x(1-x^8)}\mathrm{d}x$.

解 $\frac{1+x^4+x^8}{x(1-x^8)} = \frac{1}{x} + \frac{x^3}{1-x^8} + \frac{2x^7}{1-x^8}$,而 $\frac{x^3}{1-x^8} = \frac{1}{2}\left(\frac{x^3}{1-x^4} + \frac{x^3}{1+x^4}\right)$,

原式 $= \int \left(\frac{1}{x} + \frac{2x^7}{1-x^8} + \frac{1}{2} \cdot \frac{x^3}{1-x^4} + \frac{1}{2} \cdot \frac{x^3}{1+x^4}\right)\mathrm{d}x$

$$= \ln|x| - \frac{1}{4}\ln|1-x^8| + \frac{1}{8}\ln\left|\frac{1+x^4}{1-x^4}\right| + C.$$

例 4.13(浙江省 2006 年试题) 求 $\int \frac{\ln(2+x)-\ln(1-x)}{x^2+3x+2}\mathrm{d}x$.

解 原式 $= \int [\ln(2+x)-\ln(1+x)] \cdot \left[\frac{1}{x+1} - \frac{1}{x+2}\right]\mathrm{d}x$

$$= -\int [\ln(2+x)-\ln(1+x)]\mathrm{d}[\ln(2+x)-\ln(1+x)]$$

$$= -\frac{1}{2}[\ln(2+x)-\ln(1+x)]^2 + C.$$

例 4.14 计算不定积分 $\int \frac{\mathrm{d}x}{a\sin x + b\cos x}$.

解 $\int \frac{\mathrm{d}x}{a\sin x + b\cos x} = \frac{1}{\sqrt{a^2+b^2}}\int \frac{\mathrm{d}x}{\sin(x+\varphi)}$

$$= \frac{1}{\sqrt{a^2+b^2}}\ln\left|\tan\left(\frac{x+\varphi}{2}\right)\right| + C,$$

其中,$\cos\varphi = \frac{a}{\sqrt{a^2+b^2}}$,$\sin\varphi = \frac{b}{\sqrt{a^2+b^2}}$.

评注 对本题来说,可以用万能公式来求积分,本书所用的是一种更为简单的方法.

例 4.15 计算不定积分 $\int \frac{\mathrm{d}x}{x^6(1+x^2)}$.

解 $\int \frac{\mathrm{d}x}{x^6(1+x^2)} = \int \frac{(x^2+1)-x^2}{x^6(1+x^2)}\mathrm{d}x = \int \frac{\mathrm{d}x}{x^6} - \int \frac{(x^2+1)-x^2}{x^4(1+x^2)}\mathrm{d}x$

$$= -\frac{1}{5x^5} - \int \frac{\mathrm{d}x}{x^4} - \int \frac{x^2}{x^4(1+x^2)}\mathrm{d}x$$

$$= -\frac{1}{5x^5} + \frac{1}{3x^3} + \int \left(\frac{1}{x^2} - \frac{1}{1+x^2}\right)\mathrm{d}x$$

$$= -\frac{1}{5x^5} + \frac{1}{3x^3} - \frac{1}{x} - \arctan x + C.$$

评注　本题求积分过程中需要用一般较难想到的技巧，否则较难求得积分表达式，主要是分母次数太高，又稍微有点复杂，需要在分子中凑两个都能和分母约分的表达式，使分母变得更加简单.

例 4.16　计算不定积分 $\displaystyle\int \frac{1+\sin x}{1+\cos x}\mathrm{e}^x \mathrm{d}x$.

解
$$\int \frac{1+\sin x}{1+\cos x}\mathrm{e}^x \mathrm{d}x = \int \frac{1+2\sin\dfrac{x}{2}\cos\dfrac{x}{2}}{2\cos^2\dfrac{x}{2}}\mathrm{e}^x \mathrm{d}x = \int \frac{\mathrm{e}^x}{2\cos^2\dfrac{x}{2}}\mathrm{d}x + \int \mathrm{e}^x \tan\frac{x}{2}\mathrm{d}x$$

$$= \int \mathrm{e}^x \mathrm{d}\left(\tan\frac{x}{2}\right) + \int \tan\frac{x}{2}\mathrm{d}(\mathrm{e}^x)$$

$$= \mathrm{e}^x \tan\frac{x}{2} - \int \tan\frac{x}{2}\mathrm{d}(\mathrm{e}^x) + \int \tan\frac{x}{2}\mathrm{d}(\mathrm{e}^x) = \mathrm{e}^x \tan\frac{x}{2} + C.$$

评注　对于被积函数中既有 e^x，又有三角函数的，一般都会马上想到用分部积分，但是本题无法直接用分部积分，需要对三角分式进行变换，化成比较简单的形式再进行分部积分.

例 4.17　计算不定积分 $\displaystyle\int [x]\,|\sin\pi x|\,\mathrm{d}x\,(x\geqslant 0)$，其中 $[x]$ 表示不大于 x 的最大整数.

解　设原函数为 $F(x)$，分别求出在区间 $[0,1),[1,2),[2,3),\cdots,[[x],x)$ 上满足 $F(0)=0$ 的原函数 $F(x)$ 的增量如下：

在 $[0,1)$ 上，$\displaystyle\int 0\cdot\sin\pi x\mathrm{d}x = C_1$，$F(1)-F(0)=0$；

在 $[1,2)$ 上，$-\displaystyle\int \sin\pi x\mathrm{d}x = \frac{1}{\pi}\cos\pi x + C_2$，$F(2)-F(1)=\dfrac{2}{\pi}$；

在 $[2,3)$ 上，$2\displaystyle\int \sin\pi x\mathrm{d}x = -\frac{2}{\pi}\cos\pi x + C_3$，$F(3)-F(2)=\dfrac{2\cdot 2}{\pi}$；

$\cdots$

在 $[[x],x)$ 上，$(-1)^{[x]}[x]\displaystyle\int \sin\pi x\mathrm{d}x = (-1)^{[x]}\cdot[x]\left(-\frac{1}{\pi}\right)\cos\pi x + C_{[x]+1}$，

$F(x)-F([x]) = \dfrac{(-1)^{[x]}[x]}{\pi}(\cos\pi[x] - \cos\pi x)$.

从而，对于 $x\geqslant 0$，得到

$$\int [x]\,|\sin\pi x|\,\mathrm{d}x = F(x) + C$$

$$= [F(1)-F(0)] + [F(2)-F(1)] + [F(3)-F(2)] + \cdots + [F(x)-F([x])] + C$$

$$= \frac{2}{\pi} + \frac{2\cdot 2}{\pi} + \cdots + \frac{2([x]-1)}{\pi} + \frac{(-1)^{[x]}[x]}{\pi}(\cos\pi[x] - \cos\pi x) + C$$

$$= \frac{[x]\cdot([x]-1)}{\pi} + \frac{(-1)^{[x]}[x](-1)^{[x]}}{\pi} - \frac{(-1)^{[x]}[x]\cos\pi x}{\pi} + C$$

$$= \frac{[x]}{\pi}\{[x] - (-1)^{[x]}\cos\pi x\} + C.$$

评注　本题在一般课本中很少见，被积函数既要对 x 求整，又要对 $\sin\pi x$ 求绝对值. 首

先从简单的入手考虑$[x]$的取值,以及$\sin\pi x$的正负,从中找出规律,得到积分表达式.

例 4.18 已知$\dfrac{\sin x}{x}$是$f(x)$的一个原函数,求$\int x^3 f'(x)\mathrm{d}x$.

解 由条件知$f(x)=\left(\dfrac{\sin x}{x}\right)'$,

$$\int x^3 f'(x)\mathrm{d}x = \int x^3 \mathrm{d}f(x) = x^3 f(x) - 3\int x^2 f(x)\mathrm{d}x$$

$$= x^3 \left(\frac{\sin x}{x}\right)' - 3\int x^2 \left(\frac{\sin x}{x}\right)'\mathrm{d}x$$

$$= x(x\cos x - \sin x) - 3\int x^2 \mathrm{d}\left(\frac{\sin x}{x}\right)$$

$$= x(x\cos x - \sin x) - 3x\sin x + 6\int \sin x\,\mathrm{d}x$$

$$= x^2\cos x - 4x\sin x - 6\cos x + C.$$

评注 一般对于这类题目并不需要把$f(x)$求出来,一般情况下利用分部积分就行了.

例 4.19 证明$\displaystyle\int \frac{\mathrm{d}x}{(a\sin x + b\cos x)^n} = \frac{A\sin x + B\cos x}{(a\sin x + b\cos x)^{n-1}} + C\int \frac{\mathrm{d}x}{(a\sin x + b\cos x)^{n-2}}$

其中A,B,C为未定系数.

证明 $a\sin x + b\cos x = \sqrt{a^2+b^2}\sin(x+\alpha)$,式中$\sin\alpha = \dfrac{b}{\sqrt{a^2+b^2}}$,

$\cos\alpha = \dfrac{a}{\sqrt{a^2+b^2}}$,于是

$$\int \frac{\mathrm{d}x}{(a\sin x + b\cos x)^n} = (a^2+b^2)^{-\frac{n}{2}}\int \frac{\mathrm{d}x}{\sin^n(x+\alpha)} = -(a^2+b^2)^{-\frac{n}{2}}\int \frac{\mathrm{d}[\cot(x+\alpha)]}{\sin^{n-2}(x+\alpha)}$$

$$= -(a^2+b^2)^{-\frac{n}{2}}\frac{\cot(x+\alpha)}{\sin^{n-2}(x+\alpha)} - \frac{n-2}{(a^2+b^2)^{\frac{n}{2}}}\int \frac{\cot(x+\alpha)\cos(x+\alpha)}{\sin^{n-1}(x+\alpha)}\mathrm{d}x$$

$$= \frac{\dfrac{b}{a^2+b^2}\sin x - \dfrac{a}{a^2+b^2}\cos x}{(a\sin x + b\cos x)^{n-1}} - \frac{n-2}{(a^2+b^2)^{\frac{n}{2}}}\int \frac{1-\sin^2(x+\alpha)}{\sin^n(x+\alpha)}\mathrm{d}x.$$

设$I_n = \displaystyle\int \frac{\mathrm{d}x}{(a\sin x + b\cos x)^n}$,则由上式得

$$I_n = \frac{\dfrac{b}{a^2+b^2}\sin x - \dfrac{a}{a^2+b^2}\cos x}{(a\sin x + b\cos x)^{n-1}} + (2-n)I_n + \frac{n-2}{a^2+b^2}I_{n-2},$$

于是$I_n = \dfrac{\dfrac{b}{(n-1)(a^2+b^2)}\sin x - \dfrac{a}{(n-1)(a^2+b^2)}\cos x}{(a\sin x + b\cos x)^{n-1}} + \dfrac{n-2}{(n-1)(a^2+b^2)}I_{n-2},$

即$\displaystyle\int \frac{\mathrm{d}x}{(a\sin x + b\cos x)^n} = \frac{A\sin x + B\cos x}{(a\sin x + b\cos x)^{n-1}} + C\int \frac{\mathrm{d}x}{(a\sin x + b\cos x)^{n-2}},$

式中$A = \dfrac{b}{(n-1)(a^2+b^2)}$,$B = \dfrac{-a}{(n-1)(a^2+b^2)}$,$C = \dfrac{n-2}{(n-1)(a^2+b^2)}$.

评注　此题要求学生对递推和三角函数关系比较熟,而且一般刚拿到此题不知道从何下手,A,B,C 是未定系数,对学生来说也是一个难点.本书所用解法主要是通过对等式左边化简后凑出一个递推公式,再去凑成等式右边的形式.

例 4.20　求不定积分 $\displaystyle\int \frac{\mathrm{d}x}{(\sin^2 x + 2\cos^2 x)^2}$.

解
$$\int \frac{\mathrm{d}x}{(\sin^2 x + 2\cos^2 x)^2} = \int \frac{\frac{1}{\cos^4 x}\mathrm{d}x}{(\tan^2 x + 2)^2} = \int \frac{\sec^2 x \mathrm{d}(\tan x)}{(\tan^2 x + 2)^2}$$
$$= \int \frac{\tan^2 x}{(\tan^2 x + 2)^2}\mathrm{d}(\tan x) + \int \frac{\mathrm{d}(\tan x)}{(\tan^2 x + 2)^2}$$
$$= \int \frac{(\tan^2 x + 2) - 2}{(\tan^2 x + 2)^2}\mathrm{d}(\tan x) + \int \frac{\mathrm{d}(\tan x)}{(\tan^2 x + 2)^2}$$
$$= \int \frac{\mathrm{d}(\tan x)}{\tan^2 x + 2} - \int \frac{\mathrm{d}(\tan x)}{(\tan^2 x + 2)^2}$$
$$= \frac{1}{\sqrt{2}}\arctan\left(\frac{\tan x}{\sqrt{2}}\right) - \frac{\tan x}{4(\tan^2 x + 2)} - \frac{1}{4\sqrt{2}}\arctan\left(\frac{\tan x}{\sqrt{2}}\right) + C$$
$$= \frac{3}{4\sqrt{2}}\arctan\left(\frac{\tan x}{\sqrt{2}}\right) - \frac{\tan x}{4(\tan^2 x + 2)} + C.$$

评注　此题主要考查学生对三角函数变换公式掌握的熟练程度.

例 4.21(浙江省 2004 年试题)　计算 $\displaystyle\int \frac{\cos x}{\sin x(\sin x + \cos x)}\mathrm{d}x$.

解
$$原式 = \int \frac{(\cos x + \sin x) - \sin x}{\sin x(\cos x + \sin x)}\mathrm{d}x = \int \left(\frac{1}{\sin x} - \frac{1}{\sin x + \cos x}\right)\mathrm{d}x$$
$$= \int \csc x \mathrm{d}x - \frac{\sqrt{2}}{2}\int \frac{\mathrm{d}\left(x - \frac{\pi}{4}\right)}{\cos\left(x - \frac{\pi}{4}\right)}$$
$$= \ln|\csc x - \cot x| - \frac{\sqrt{2}}{2}\ln\left|\sec\left(x - \frac{\pi}{4}\right) + \tan\left(x - \frac{\pi}{4}\right)\right| + C.$$

例 4.22(浙江省 2005 年试题)　计算 $\displaystyle\int \frac{\sin x}{3\cos x + 4\sin x}\mathrm{d}x$.

解
$$原式 = \frac{1}{25}\int \frac{4(3\cos x + 4\sin x) - 3(3\cos + 4\sin x)'}{3\cos x + 4\sin x}\mathrm{d}x$$
$$= \frac{1}{25}(4x - 3\ln|3\cos x + 4\sin x|) + C.$$

例 4.23(浙江省 2008 年试题)　计算 $\displaystyle\int \frac{\mathrm{d}x}{\cos(3 + x)\cdot\sin(5 + x)}$.

解
$$原式 = \frac{1}{\cos 2}\int \frac{\cos[(5 + x) - (3 + x)]}{\cos(3 + x)\cdot\sin(5 + x)}\mathrm{d}x$$
$$= \frac{1}{\cos 2}\int \frac{\cos(5 + x)\cos(3 + x) + \sin(5 + x)\sin(3 + x)}{\cos(3 + x)\cdot\sin(5 + x)}\mathrm{d}x$$
$$= \frac{1}{\cos 2}\int \left[\frac{\cos(5 + x)}{\sin(5 + x)} + \frac{\sin(3 + x)}{\cos(3 + x)}\right]\mathrm{d}x = \frac{1}{\cos 2}\ln\left|\frac{\sin(5 + x)}{\cos(3 + x)}\right| + C.$$

例 4.24　求不定积分 $\displaystyle\int \frac{(x^2-1)\mathrm{d}x}{(x^2+1)\sqrt{x^4+1}}$.

解　$\displaystyle\int \frac{(x^2-1)\mathrm{d}x}{(x^2+1)\sqrt{x^4+1}} = \int \frac{\dfrac{x^2-1}{(x^2+1)^2}\mathrm{d}x}{\sqrt{\dfrac{x^4+1}{(x^2+1)^2}}} = \int \frac{\dfrac{x^2-1}{(x^2+1)^2}\mathrm{d}x}{\sqrt{1-\left(\dfrac{\sqrt{2}\,x}{x^2+1}\right)^2}}.$

下面我们首先考虑积分 $\displaystyle\int \frac{x^2-1}{(x^2+1)^2}\mathrm{d}x$,设 $x=\tan t,-\dfrac{\pi}{2}<t<\dfrac{\pi}{2}$,则有 $\mathrm{d}x=\sec^2 t\mathrm{d}t$,代入得

$$\int \frac{x^2-1}{(x^2+1)^2}\mathrm{d}x = \int \frac{\tan^2 t-1}{\sec^4 t}\sec^2 t\mathrm{d}t = \int (\sin^2 t-\cos^2 t)\mathrm{d}t = -\int \cos 2t\mathrm{d}t$$

$$= -\frac{1}{2}\sin 2t + C_1 = -\frac{x}{1+x^2}+C_1.$$

从而可得 $\dfrac{x^2-1}{(x^2+1)^2}\mathrm{d}x = -\dfrac{\sqrt{2}}{2}\mathrm{d}\left(\dfrac{\sqrt{2}\,x}{1+x^2}\right).$

于是 $\displaystyle\int \frac{\dfrac{x^2-1}{(x^2+1)^2}\mathrm{d}x}{\sqrt{1-\left(\dfrac{\sqrt{2}\,x}{x^2+1}\right)^2}} = -\frac{\sqrt{2}}{2}\int \frac{\mathrm{d}\left(\dfrac{\sqrt{2}\,x}{1+x^2}\right)}{\sqrt{1-\left(\dfrac{\sqrt{2}\,x}{1+x^2}\right)^2}} = -\frac{\sqrt{2}}{2}\arcsin\left(\frac{\sqrt{2}\,x}{1+x^2}\right)+C.$

评注　此题通过化简以后其实就是一个凑微分,但是这个微分形式很难看出来,所以需要对函数 $\dfrac{x^2-1}{(x^2+1)^2}$ 先进行积分,求出它的原函数,从而进行凑微分.

例 4.25　求不定积分 $\displaystyle\int \frac{\mathrm{d}x}{1+x^4+x^8}$.

解　因为

$$1+x^4+x^8 = (x^4+1)^2-x^4 = (x^4+x^2+1)(x^4-x^2+1),$$

$$x^4+x^2+1 = (x^2+1)-x^2 = (x^2+x+1)(x^2-x+1),$$

$$x^4-x^2+1 = (x^2+1)^2-3x^2 = (x^2+x\sqrt{3}+1)(x^2-x\sqrt{3}+1),$$

所以

$$\frac{1}{1+x^4+x^8} = \frac{1}{2}\left(\frac{x^2+1}{x^4+x^2+1}-\frac{x^2-1}{x^4-x^2+1}\right),$$

$$\frac{x^2+1}{x^4+x^2+1} = \frac{1}{2}\left(\frac{1}{x^2+x+1}+\frac{1}{x^2-x+1}\right),$$

$$\frac{x^2-1}{x^4-x^2+1} = \frac{-\dfrac{1}{\sqrt{3}}x-\dfrac{1}{2}}{x^2+x\sqrt{3}+1}+\frac{\dfrac{1}{\sqrt{3}}x-\dfrac{1}{2}}{x^2-x\sqrt{3}+1},$$

于是

$$\int \frac{\mathrm{d}x}{1+x^4+x^8} = \frac{1}{4}\int \frac{\mathrm{d}x}{x^2+x+1}+\frac{1}{4}\int \frac{\mathrm{d}x}{x^2-x+1}+\frac{1}{4\sqrt{3}}\int \frac{2x+\sqrt{3}}{x^2+x\sqrt{3}+1}\mathrm{d}x$$

$$-\frac{1}{4\sqrt{3}}\int \frac{2x-\sqrt{3}}{x^2-x\sqrt{3}+1}\mathrm{d}x$$

$$= \frac{1}{2\sqrt{3}} \left[\arctan\left(\frac{2x+1}{\sqrt{3}}\right) + \arctan\left(\frac{2x-1}{\sqrt{3}}\right) \right] + \frac{1}{4\sqrt{3}} [\ln(x^2 + x\sqrt{3} + 1)$$

$$- \ln(x^2 - x\sqrt{3} + 1)] + C_1$$

$$= -\frac{1}{2\sqrt{3}} \arctan\left(\frac{1-x^2}{x\sqrt{3}}\right) + \frac{1}{4\sqrt{3}} \ln\frac{x^2 + x\sqrt{3} + 1}{x^2 - x\sqrt{3} + 1} + C.$$

练 习 题

1. 求下列不定积分:

(1) $\displaystyle\int \sin(\ln x) \mathrm{d}x$;

(2) $\displaystyle\int \frac{1}{\sin^4 x + \cos^4 x} \mathrm{d}x$;

(3) $\displaystyle\int \frac{1+x^2}{1+x^2+x^4} \mathrm{d}x$;

(4) $\displaystyle\int \frac{\arctan\sqrt{x}}{\sqrt{x}(1+x)} \mathrm{d}x$;

(5) $\displaystyle\int \frac{x + \sin x}{1 + \cos x} \mathrm{d}x$;

(6) $\displaystyle\int \mathrm{e}^x \sin^2 x \mathrm{d}x$;

(7) $\displaystyle\int \mathrm{e}^{ax} \cos bx \mathrm{d}x$;

(8) $\displaystyle\int \frac{1}{\sqrt[3]{(x+1)^2 (x-1)^4}} \mathrm{d}x$;

(9) $\displaystyle\int \frac{x+5}{x^2 - 2x - 1} \mathrm{d}x$;

(10) $\displaystyle\int \frac{\arctan \mathrm{e}^x}{\mathrm{e}^{2x}} \mathrm{d}x$;

(11) $\displaystyle\int \frac{\mathrm{d}x}{a \sin x + b \cos x}$;

(12) $\displaystyle\int \frac{\ln(1 + x + x^2)}{(1+x)^2} \mathrm{d}x$;

(13) $\displaystyle\int \frac{(x+1)\mathrm{e}^x}{(x+2)^2} \mathrm{d}x$;

(14) $\displaystyle\int \frac{x\cos x}{\sin^3 x} \mathrm{d}x$;

(15) $\displaystyle\int \frac{\ln x}{(1-x)^2} \mathrm{d}x$;

(16) $\displaystyle\int \frac{\mathrm{d}x}{\sin(2x) + 2\sin x}$;

(17) $\displaystyle\int \frac{\mathrm{d}x}{\sin x \sqrt{1 + \cos x}}$;

(18) $\displaystyle\int \frac{ax^2 + b}{x^2 + 1} \arctan x \mathrm{d}x$;

(19) $\displaystyle\int \frac{1}{x} \sqrt{\frac{x+1}{x}} \mathrm{d}x$;

(20) $\displaystyle\int \frac{\ln\left[(x+a)^{x+a} (x+b)^{x+b}\right]}{(x+a)(x+b)} \mathrm{d}x$.

2. 已知 $f(x) = f(x+4)$, $f(0) = 0$, 且在 $[-2, 2]$ 上有 $f'(x) = |x|$, 求 $f(9)$.

3. (浙江省 2007 年试题) 求 $\displaystyle\int \frac{x^9}{\sqrt{x^5 + 1}} \mathrm{d}x$.

4. 求下列不定积分:

(1) $\displaystyle\int \frac{x\mathrm{e}^x}{\sqrt{\mathrm{e}^x - 1}} \mathrm{d}x$

(2) $\displaystyle\int \frac{1 - \tan x}{1 + \tan x} \mathrm{d}x$

(3) $\displaystyle\int x^2 \sqrt{1 + x^2} \mathrm{d}x$

(4) $\displaystyle\int \frac{\mathrm{d}x}{x^4 + 1}$

(5) $\displaystyle\int \frac{x-1}{x^2 \sqrt{2x^2 - 2x + 1}} \mathrm{d}x$

(6) $\displaystyle\int \frac{\mathrm{d}x}{\sqrt{(x-a)(b-x)}} \quad (a < b)$

第五讲　定积分

一、定积分概念及其性质

1. 定积分的定义:设函数 f 在 $[a,b]$ 上有定义;在 $[a,b]$ 内任意插入 $n-1$ 个分点 $:a \triangleq x_0 < x_1 < x_2 < \cdots < x_n \triangleq b$ 称为闭区间 $[a,b]$ 的一个分割;任取 $\xi_i \in [x_{i-1},x_i],(i=1,2,\cdots,n)$ 称为介点;如果对任意的分割和介点,极限 $\lim\limits_{\max\limits_{1 \leqslant i \leqslant n} |\Delta x_i| \to 0} \sum\limits_{i=1}^{n} f(\xi_i) \Delta x_i$ 皆存在且相等(其中 $\Delta x_i = x_i - x_{i-1}, i=1,2,\cdots,n$),则称 f 在 $[a,b]$ 上**可积**,此极限值称为 f 在 $[a,b]$ 上的**定积分** $\left(\sum\limits_{i=1}^{n} f(\xi_i) \Delta x_i$ 称为 f 关于相应分割和介点的**黎曼和** $\right)$,记为

$$\int_a^b f(x)\mathrm{d}x = \lim_{\max\limits_{1 \leqslant i \leqslant n} |\Delta x_i| \to 0} \sum_{i=1}^{n} f(\xi_i) \Delta x_i \tag{5.1}$$

2. 定积分的性质:

(1) 有限闭区间上的连续函数必可积.

(2) 有限闭区间上只有有限个间断点的有界函数必可积.

(3) 有限闭区间上的单调函数必可积.

(4) $\int_a^b k f(x)\mathrm{d}x = k \int_a^b f(x)\mathrm{d}x \quad (k$ 为常数$)$

$\qquad \int_a^b [f(x) \pm g(x)]\mathrm{d}x = \int_a^b f(x)\mathrm{d}x \pm \int_a^b g(x)\mathrm{d}x.$

(5) $\int_a^b f(x)\mathrm{d}x = -\int_b^a f(x)\mathrm{d}x$

$\qquad \int_a^b f(x)\mathrm{d}x = \int_a^c f(x)\mathrm{d}x + \int_c^b f(x)\mathrm{d}x$

(6) ・ 若 $f(x) \geqslant 0, \quad a < b,$ 则 $\int_a^b f(x)\mathrm{d}x \geqslant 0;$

　　・ 若 $f(x) \geqslant g(x), \quad a < b,$ 则 $\int_a^b f(x)\mathrm{d}x \geqslant \int_a^b g(x)\mathrm{d}x;$

　　・ $\left| \int_a^b f(x)\mathrm{d}x \right| \leqslant \int_a^b |f(x)|\,\mathrm{d}x;$

　　・ 若 f 在 $[a,b]$ 上连续、非负且不恒等于零,则 $\int_a^b f(x)\mathrm{d}x > 0.$

(7) 积分中值定理

　　・ 积分第一中值定理:设 f,g 在 $[a,b]$ 上连续,且 $g(x)$ 在 $[a,b]$ 上不变号,则 $\exists \xi \in [a,b]$,使

$$\int_a^b f(x)g(x)\mathrm{d}(x) = f(\xi)\int_a^b g(x)\mathrm{d}x.$$

特别当取 $g(x)\equiv 1$ 时,有 $\int_a^b f(x)\mathrm{d}x = f(\xi)(b-a)$.

• 积分第二中值定理:设 f 为 $[a,b]$ 上的单调函数,g 在 $[a,b]$ 上可积,则 $\exists\xi\in[a,b]$,使

$$\int_a^b f(x)g(x)\mathrm{d}x = f(a)\int_a^\xi g(x)\mathrm{d}x + f(b)\int_\xi^b g(x)\mathrm{d}x.$$

3. 定积分的几何意义:$\int_a^b f(x)\mathrm{d}x$ 表示曲线 $y=f(x)$ 与 x 轴,直线 $x=a$ 和 $x=b$ 围成的"曲边梯形"的代数面积.

4. 微积分学基本定理:设函数 f 在 $[a,b]$ 上连续,则由变上限积分定义的函数 $F(x) = \int_a^x f(t)\mathrm{d}t, \quad x\in[a,b]$ 可导,且 $F'(x)=f(x)$.

二、定积分计算

1. 牛顿-莱布尼茨公式:若函数 $f(x)$ 在闭区间 $[a,b]$ 上连续,$F(x)$ 是 $f(x)$ 的一个原函数,则

$$\int_a^b f(x)\mathrm{d}x = F(x)\,|_a^b = F(b)-F(a).$$

2. 分部积分法:若函数 $f(x)$ 和 $g(x)$ 在闭区间 $[a,b]$ 上连续并有连续导数 $f'(x)$ 和 $g'(x)$,则

$$\int_a^b f(x)g'(x)\mathrm{d}x = f(x)g(x)\,|_a^b - \int_a^b f'(x)g(x)\mathrm{d}x.$$

3. 变量替换法:若函数 $f(x)$ 在闭区间 $[a,b]$ 内连续,函数 $\varphi(t)$ 及其导数 $\varphi'(t)$ 在闭区间 $[\alpha,\beta]$ 内连续,其中 $a=\varphi(\alpha),b=\varphi(\beta)$;复合函数 $f(\varphi(t))$ 在闭区间 $[\alpha,\beta]$ 内有定义并连续,则

$$\int_a^b f(x)\mathrm{d}x = \int_\alpha^\beta f(\varphi(t))\varphi'(t)\mathrm{d}t.$$

三、广义积分

1. 函数的广义积分:若函数 $f(x)$ 在每个有穷区间 $[a,b]$ 上依寻常的意义是可积分的,则定义无穷区间上的广义积分:

$$\int_a^{+\infty} f(x)\mathrm{d}x = \lim_{b\to+\infty}\int_a^b f(x)\mathrm{d}x. \tag{5.2}$$

若函数 $f(x)$ 在点 b 的邻域内无界(称 $x=b$ 为瑕点)且于每一个区间 $(a,b-\varepsilon)(\varepsilon>0)$ 内依寻常意义是可积的,则定义

$$\int_a^b f(x)\mathrm{d}x = \lim_{\varepsilon\to 0^+}\int_a^{b-\varepsilon} f(x)\mathrm{d}x. \tag{5.3}$$

若极限(5.2)或(5.3)存在,则对应的广义积分称为收敛的,否则称为发散的.

同理可定义 $\int_{-\infty}^b f(x)\mathrm{d}x$ 和 $\int_a^b f(x)\mathrm{d}x$ 当 $x=a$ 为瑕点的情形.

2. 柯西准则:积分(5.2)收敛的充要条件是对于任意的 $\varepsilon>0$,存在 $b=b(\varepsilon)$,对于任意的

$b' > b, b'' > b$, 始终有下面不等式成立:

$$\left| \int_{b'}^{b''} f(x)\mathrm{d}x \right| < \varepsilon.$$

积分(5.3)收敛的充要条件是对于任意的 $\varepsilon > 0$, 存在 $\delta = \delta(\varepsilon)$, 对于任意的 $\delta' < \delta, \delta'' < \delta$, 始终有下面不等式成立:

$$\left| \int_{b-\delta''}^{b-\delta'} f(x)\mathrm{d}x \right| < \varepsilon.$$

3. 广义积分收敛的判别法:

(1) 比较判别法: 设 f, g 在 $[a, +\infty)$ 上连续, 且 $\forall x \in [a, +\infty), 0 \leqslant f(x) \leqslant g(x)$. 则有:

① 若 $\int_a^{+\infty} g(x)\mathrm{d}x$ 收敛, 则 $\int_a^{+\infty} f(x)\mathrm{d}x$ 收敛;

② 若 $\int_a^{+\infty} f(x)\mathrm{d}x$ 发散, 则 $\int_a^{+\infty} g(x)\mathrm{d}x$ 发散.

(2) 比较判别法的极限形式: 设 f, g 在 $[a, +\infty)$ 连续, 且 $f \geqslant 0, g \geqslant 0$, 则:

① 若 $\lim_{x \to +\infty} \dfrac{f(x)}{g(x)} = A \neq 0$, 则 $\int_a^{+\infty} f(x)\mathrm{d}x$ 与 $\int_a^{+\infty} g(x)\mathrm{d}x$ 同敛性;

② 若 $\lim_{x \to +\infty} \dfrac{f(x)}{g(x)} = 0$, 则如果 $\int_a^{+\infty} g(x)\mathrm{d}x$ 收敛, 那么 $\int_a^{+\infty} f(x)\mathrm{d}x$ 收敛;

③ 若 $\lim_{x \to +\infty} \dfrac{f(x)}{g(x)} = +\infty$, 则如果 $\int_a^{+\infty} g(x)\mathrm{d}x$ 发散, 那么 $\int_a^{+\infty} f(x)\mathrm{d}x$ 发散.

(3) 绝对收敛判别法: 设 f 在 $[a, +\infty)$ 上连续, 若 $\int_a^{+\infty} |f(x)|\mathrm{d}x$ 收敛, $\left(\text{此时称} \int_a^{+\infty} f(x)\mathrm{d}x \text{绝对收敛}\right)$, 则 $\int_a^{+\infty} f(x)\mathrm{d}x$ 收敛.

其他形式广义积分的判别法同理.

四、定积分的应用

1. 平面图形面积的计算方法

(1) 直角坐标系中的面积: 由两条连续的曲线 $y = y_1(x)$ 和 $y = y_2(x)(y_2(x) \geqslant y_1(x))$ 与 x 轴的两条垂线 $x = a$ 和 $x = b$ 所围成的面积 S 等于

$$S = \int_a^b [y_2(x) - y_1(x)]\mathrm{d}x.$$

(2) 参数方程曲线所围成的面积: 若 $x = x(t), y = y(t)(\alpha \leqslant t \leqslant \beta)$ 为一平滑曲线的参数方程, $x'(t) > 0$ [对于 $x'(t) < 0$ 的情形也可仿照讨论], 则由曲线及直线 $x = a, x = b$ 和 x 轴围成的平面图形的面积 S 等于

$$S = \int_\alpha^\beta |y(t)| x'(t)\mathrm{d}t.$$

(3) 极坐标系中的面积: 由连续曲线 $r = r(\theta)$ 和两条半射线 $\theta = \alpha$ 和 $\theta = \beta$ 所围成的面积 S 等于

$$S = \frac{1}{2} \int_\alpha^\beta r^2(\theta)\mathrm{d}\theta.$$

2. 平面曲线弧长的计算方法

(1) 直角坐标系中的弧长:平滑曲线 $y = y(x)(a \leqslant x \leqslant b)$ 上的一段弧长

$$s = \int_a^b \sqrt{1 + y'^2(x)}\, \mathrm{d}x.$$

(2) 参数方程所表示曲线的弧长:若 $x = x(t), y = y(t)(\alpha \leqslant t \leqslant \beta)$ 为一平滑曲线的参数方程,则在此区间上曲线的弧长

$$s = \int_\alpha^\beta \sqrt{x'^2(t) + y'^2(t)}\, \mathrm{d}t.$$

(3) 极坐标系中的弧长:若 $r = r(\theta)(\alpha \leqslant \theta \leqslant \beta)$,式中 $r(\theta)$ 及其导数 $r'(\theta)$ 在闭区间 $[\alpha, \beta]$ 上连续,则曲线上对应弧长

$$s = \int_\alpha^\beta \sqrt{r^2(\theta) + r'^2(\theta)}\, \mathrm{d}\theta.$$

3. 体积的计算方法

(1) 已知平行横截面面积的立体:若物体体积 V 存在及 $S = S(x)(a \leqslant x \leqslant b)$ 为 x 处的横截面积,则

$$V = \int_a^b S(x)\, \mathrm{d}x.$$

(2) 旋转体的体积:由平面图形 $a \leqslant x \leqslant b, 0 \leqslant y \leqslant f(x)$ 绕 x 轴旋转一周所成立体体积

$$V = \pi \int_a^b f^2(x)\, \mathrm{d}x.$$

4. 旋转曲面侧面积的计算方法

(1) 直角坐标系中的旋转曲面侧面积:光滑曲线 $y = f(x)(a \leqslant x \leqslant b)$ 上的一段弧绕 x 轴旋转一周得到的旋转体侧面积

$$S = 2\pi \int_a^b f(x) \sqrt{1 + f'^2(x)}\, \mathrm{d}x.$$

(2) 参数方程所表示曲线的旋转曲面侧面积:若 $x = x(t), y = y(t)(\alpha \leqslant t \leqslant \beta)$ 为一光滑曲线的参数方程,那么它绕 x 轴旋转一周所得曲面侧面积为

$$S = 2\pi \int_\alpha^\beta y(t) \sqrt{x'^2(t) + y'^2(t)}\, \mathrm{d}t.$$

利用定积分解决实际问题,就是要利用定积分的定义,通过"分割","取近似","作黎曼和"和"求极限"等步骤将实际问题归结为一个定积分的计算. 以上"分割"中的每一"部分"我们常称其为"微元",因此,定积分应用中,用定积分解决问题的这种方法也称为"微元法". 微元法的关键是如何取"微元",即如何"分割",其一般原则是要使得分割后的各部分可以取所求量的近似值. 请在下面的例题中领会微元法的精神.

例题分析

一、定积分的计算

例 5.1　求定积分 $\int_{\frac{1}{e}}^{e} |\ln x|\, \mathrm{d}x$ 的值.

解 $\displaystyle\int_{\frac{1}{e}}^{e} \mid \ln x \mid \mathrm{d}x = \int_{\frac{1}{e}}^{1} - \ln x \mathrm{d}x + \int_{1}^{e} \ln x \mathrm{d}x$

$$= \left(-x\ln x \mid_{\frac{1}{e}}^{1} + \int_{\frac{1}{e}}^{1} \mathrm{d}x \right) + x\ln x \mid_{1}^{e} - \int_{1}^{e} \mathrm{d}x = 2\left(1 - \frac{1}{e} \right).$$

例 5.2 求定积分 $\displaystyle\int_{0}^{1} \frac{\arcsin\sqrt{x}}{\sqrt{x(1-x)}}\mathrm{d}x$ 的值.

解 设 $\sqrt{x} = t$, 由 $x: 0 \to 1$ 得 $t: 0 \to 1$, 则

$$\int_{0}^{1} \frac{\arcsin\sqrt{x}}{\sqrt{x(1-x)}}\mathrm{d}x = 2\int_{0}^{1} \frac{\arcsin t}{\sqrt{1-t^2}}\mathrm{d}t = (\arcsin t)^2 \mid_{0}^{1} = \frac{\pi^2}{4}.$$

例 5.3 求定积分 $I_n = \displaystyle\int_{0}^{1} x^m (\ln^n x)\mathrm{d}x$ 的值.

解 由于 $I_n = \dfrac{1}{m+1}x^{m+1}\ln^n x \mid_{0}^{1} - \dfrac{n}{m+1}\displaystyle\int_{0}^{1} x^m (\ln x)^{n-1}\mathrm{d}x = -\dfrac{n}{m+1}I_{n-1}$,

于是 $I_n = -\dfrac{n}{m+1}I_{n-1} = \left(-\dfrac{n}{m+1} \right)\left(-\dfrac{n-1}{m+1} \right)\cdots\left(-\dfrac{1}{m+1} \right)I_0$

$$= (-1)^n \cdot \frac{n!}{(m+1)^{n+1}}.$$

评注 先求出递推公式, 再利用递推公式求出 I_n.

例 5.4 求定积分 $\displaystyle\int_{0}^{\frac{\pi}{2}} \frac{\mathrm{d}x}{1+(\tan x)^{\sqrt{2}}}$ 的值.

解 令 $f(x) = \dfrac{1}{1+(\tan x)^{\sqrt{2}}}$, 对于任意的 $0 \leqslant x \leqslant \dfrac{\pi}{2}$, 得:

$$f\left(\frac{\pi}{2}-x\right) + f(x) = \frac{1}{1+[\tan(\pi/2-x)]^{\sqrt{2}}} + \frac{1}{1+(\tan x)^{\sqrt{2}}}$$

$$= \frac{1}{1+\cot^{\sqrt{2}} x} + \frac{1}{1+\tan^{\sqrt{2}} x}$$

$$= \frac{\tan^{\sqrt{2}} x}{1+\tan^{\sqrt{2}} x} + \frac{1}{1+\tan^{\sqrt{2}} x} = 1,$$

用变量替换不难得到: $\displaystyle\int_{0}^{\frac{\pi}{2}} f\left(\frac{\pi}{2}-x\right)\mathrm{d}x = \int_{0}^{\frac{\pi}{2}} f(x)\mathrm{d}x$,

所以 $$\int_{0}^{\frac{\pi}{2}} \frac{\mathrm{d}x}{1+(\tan x)^{\sqrt{2}}} = \frac{\pi}{4}.$$

评注 此题要直接求积分几乎不可能, 因此需要用到一些小的技巧. 根据经验不难知道 $\displaystyle\int_{0}^{\frac{\pi}{2}} f\left(\frac{\pi}{2}-x\right)\mathrm{d}x = \int_{0}^{\frac{\pi}{2}} f(x)\mathrm{d}x$, 再验证 $f\left(\dfrac{\pi}{2}-x\right) + f(x)$ 是一个常数[$f(x)$ 见上文], 这样就可以得到积分值.

例 5.5 设常数 $0 < a < 1$, 求 $\displaystyle\int_{0}^{\pi} \frac{\mathrm{d}x}{1+a\cos x}$.

解 $\displaystyle\int_{0}^{\pi} \frac{\mathrm{d}x}{1+a\cos x} = \int_{0}^{\frac{\pi}{2}} \frac{\mathrm{d}x}{1+a\cos x} + \int_{\frac{\pi}{2}}^{\pi} \frac{\mathrm{d}x}{1+a\cos x}$,

对后者作积分变换 $x = \pi - t$, 得 $\displaystyle\int_{\frac{\pi}{2}}^{\pi} \frac{\mathrm{d}x}{1+a\cos x} = \int_{\frac{\pi}{2}}^{0} \frac{\mathrm{d}(-t)}{1-a\cos t} = \int_{0}^{\frac{\pi}{2}} \frac{\mathrm{d}t}{1-a\cos t}$.

所以 $\displaystyle\int_0^\pi \frac{\mathrm{d}x}{1+a\cos x} = \int_0^{\frac{\pi}{2}} \frac{\mathrm{d}x}{1+a\cos x} + \int_0^{\frac{\pi}{2}} \frac{\mathrm{d}x}{1-a\cos x}$

$$= \int_0^{\frac{\pi}{2}} \frac{2\mathrm{d}x}{1-a^2\cos^2 x}$$

$$= \int_0^{+\infty} \frac{2\mathrm{d}t}{1+t^2-a^2}(\tan x = t)$$

$$= \frac{2}{\sqrt{1-a^2}}\arctan\frac{t}{\sqrt{1-a^2}}\Big|_0^{+\infty} = \frac{\pi}{\sqrt{1-a^2}}.$$

评注　此题要直接求积分几乎也是不可能的,因此把积分区间分成两部分,然后对其中一部分进行变换,使得两部分在相同区间上积分,然后再把它们合并.

例 5.6　求定积分 $\displaystyle\int_0^\pi \frac{\sin nx}{\sin x}\mathrm{d}x$.

解　设 $u = \dfrac{\sin nx}{\sin x}$,利用公式 $\mathrm{e}^{\mathrm{i}x} = \cos x + \mathrm{i}\sin x$ 得

$$u = \frac{\mathrm{e}^{\mathrm{i}nx} - \mathrm{e}^{-\mathrm{i}nx}}{\mathrm{e}^{\mathrm{i}x} - \mathrm{e}^{-\mathrm{i}x}}.$$

当 $n = 2k$ 时,

$u = (\mathrm{e}^{\mathrm{i}kx} + \mathrm{e}^{-\mathrm{i}kx})\big[\mathrm{e}^{\mathrm{i}(k-1)x} + \mathrm{e}^{\mathrm{i}(k-3)x} + \cdots + \mathrm{e}^{-\mathrm{i}(k-3)x} + \mathrm{e}^{-\mathrm{i}(k-1)x}\big]$

$\quad = \mathrm{e}^{(2k-1)\mathrm{i}x} + \mathrm{e}^{(2k-3)\mathrm{i}x} + \cdots + \mathrm{e}^{\mathrm{i}x} + \mathrm{e}^{-\mathrm{i}x} + \cdots + \mathrm{e}^{-(2k-1)\mathrm{i}x}$

$\quad = 2\big[\cos(2k-1)x + \cos(2k-3)x + \cdots + \cos x\big].$

于是

$$\int_0^\pi u\mathrm{d}u = 2\left[\frac{\sin(2k-1)x}{2k-1} + \frac{\sin(2k-3)x}{2k-3} + \cdots + \sin x\right]\Big|_0^\pi = 0.$$

当 $n = 2k+1$ 时,同上得

$$u = 2\big[\cos 2kx + \cos 2(k-1)x + \cdots + \cos 2x\big] + 1,$$

于是

$$\int_0^\pi u\mathrm{d}u = \pi.$$

最后得到

$$\int_0^\pi \frac{\sin nx}{\sin x}\mathrm{d}x = \begin{cases} 0, & n\text{ 为偶数}; \\ \pi, & n\text{ 为奇数}. \end{cases}$$

例 5.7　求 $\displaystyle\int_E |\cos x|\sqrt{\sin x}\,\mathrm{d}x$,其中 E 为闭区间 $[0,4\pi]$ 中使被积函数有意义的一切值所成之集合.

解　$\displaystyle\int_E |\cos x|\sqrt{\sin x}\,\mathrm{d}x$

$\displaystyle = \int_0^\pi |\cos x|\sqrt{\sin x}\,\mathrm{d}x + \int_{2\pi}^{3\pi} |\cos x|\sqrt{\sin x}\,\mathrm{d}x$

$\displaystyle = \int_0^{\frac{\pi}{2}} \cos x\sqrt{\sin x}\,\mathrm{d}x + \int_{\frac{\pi}{2}}^\pi (-\cos x)\sqrt{\sin x}\,\mathrm{d}x + \int_{2\pi}^{\frac{5\pi}{2}} \cos x\sqrt{\sin x}\,\mathrm{d}x + \int_{\frac{5\pi}{2}}^{3\pi} (-\cos x)\sqrt{\sin x}\,\mathrm{d}x$

$\displaystyle = 4\int_0^{\frac{\pi}{2}} \cos x\sqrt{\sin x}\,\mathrm{d}x = \frac{8}{3}(\sin x)^{\frac{3}{2}}\Big|_0^{\frac{\pi}{2}} = \frac{8}{3}.$

例 5.8(浙江省 2003 年试题) 设 $G(x) = \int_1^x t\sin t^3 \, dt$，求 $\int_0^1 G(x) \, dx$.

解 $\int_0^1 G(x) \, dx = xG(x) \Big|_0^1 - \int_0^1 x \cdot G'(x) \, dx$.

因为 $G(1) = 0, G'(x) = x\sin x^3$，所以

$$\int_0^1 G(x) \, dx = -\int_0^1 x^2 \sin x^3 \, dx = \frac{1}{3}\cos x^3 \Big|_0^1 = \frac{1}{3}(\cos 1 - 1).$$

例 5.9(浙江省 2004 年试题) 计算 $\int_0^\pi \dfrac{\pi + \cos x}{x^2 - \pi x + 2004} \, dx$.

解 作变换 $x - \dfrac{\pi}{2} = t$，得：$\left(\text{其中 } a = \sqrt{2004 - \dfrac{\pi^2}{4}}\right)$

$$原式 = \int_{-\frac{\pi}{2}}^{\frac{\pi}{2}} \frac{\pi + \sin t}{t^2 - \frac{\pi^2}{4} + 2004} \, dt \triangleq \pi \int_{-\frac{\pi}{2}}^{\frac{\pi}{2}} \frac{dt}{t^2 + a^2} + \int_{-\frac{\pi}{2}}^{\frac{\pi}{2}} \frac{\sin t}{t^2 + a^2} \, dt$$

因为 $\int_{-\frac{\pi}{2}}^{\frac{\pi}{2}} \dfrac{dt}{t^2 + a^2} = \dfrac{2}{a}\arctan\dfrac{\pi}{2a}, \int_{-\frac{\pi}{2}}^{\frac{\pi}{2}} \dfrac{\sin t}{t^2 + a^2} \, dt = 0$. 所以，

$$原式 = \frac{2\pi}{2004 - \frac{\pi^2}{4}}\arctan\frac{\pi}{2\sqrt{2004 - \frac{\pi^2}{4}}}.$$

例 5.10(浙江省 2004 年试题) 计算 $\int_{-1}^1 \dfrac{\cos(n\arccos x) \cdot \cos(m\arccos x)}{\sqrt{1 - x^2}} \, dx$.

解 作变换 $\arccos x = t, x = \cos t, dx = -\sin t \, dt$.

$$原式 = \int_\pi^0 \frac{\cos(nt)\cos(mt)}{\sin t}(-\sin t) \, dt = \int_0^\pi \cos(nt) \cdot \cos(mt) \, dt$$

$$= \frac{1}{2}\int_0^\pi [\cos(m+n)t + \cos(n-m)t] \, dt = \begin{cases} \pi, & \text{当 } n = m = 0 \text{ 时}, \\ \dfrac{\pi}{2}, & \text{当 } n = m \neq 0 \text{ 时}, \\ 0, & \text{当 } n \neq m \text{ 时}. \end{cases}$$

例 5.11(浙江省 2005 年试题) 计算 $\int_0^x \min(4, t^4) \, dt$.

解 当 $|x| \leqslant \sqrt{2}$ 时，$\int_0^x \min(4, t^4) \, dt = \int_0^x t^4 \, dt = \dfrac{1}{5}x^5$；

当 $x > \sqrt{2}$ 时，$\int_0^x \min(4, t^4) \, dt = \int_0^{\sqrt{2}} t^4 \, dt + \int_{\sqrt{2}}^x 4 \, dt = 4x - \dfrac{16}{5}\sqrt{2}$；

当 $x < -\sqrt{2}$ 时，$\int_0^x \min(4, t^4) \, dt = \int_0^{-\sqrt{2}} t^4 \, dt + \int_{-\sqrt{2}}^x 4 \, dt = 4x + \dfrac{16}{5}\sqrt{2}$.

即 $\int_0^x \min(4, t^4) \, dt = \begin{cases} 4x + \dfrac{16}{5}\sqrt{2}, & x < -\sqrt{2} \\ \dfrac{1}{5}x^5, & -\sqrt{2} \leqslant x \leqslant \sqrt{2} \\ 4x - \dfrac{16}{5}\sqrt{2}, & x > \sqrt{2}. \end{cases}$

例 5.12（浙江省 2005 年试题）　设 $A = \int_{-\frac{\pi}{2}}^{\frac{\pi}{2}} \frac{(1-\sin x)^2}{1+\sin^2 x}\mathrm{d}x, B = \int_{-\frac{\pi}{2}}^{\frac{\pi}{2}} \frac{\sin^2 x}{x^2+\cos^2 x}\mathrm{d}x,$

$C = \int_{-\frac{\pi}{2}}^{\frac{\pi}{2}} \frac{10(1+\sin^2 x)}{4x^2+\pi^2}\mathrm{d}x,$ 试比较 A、B、C 的大小.

解　$A = \int_{-\frac{\pi}{2}}^{\frac{\pi}{2}} \frac{(1-\sin^2 x)}{1+\sin^2 x}\mathrm{d}x = \pi,$ 而 $\frac{\sin^2 x}{x^2+\cos x} < 1,$

$x \in \left[-\frac{\pi}{2}, \frac{\pi}{2} \right],$ 所以 $B < \pi = A.$

又因为当 $x \in \left(-\frac{\pi}{2}, \frac{\pi}{2} \right)$ 时，$\frac{10(1+\sin^2 x)}{4x^2+\pi^2} > \frac{10\left[\left(\frac{2}{\pi}x\right)^2 + 1 \right]}{4x^2+\pi^2} = \frac{10}{\pi^2} > 1,$ 所以 $C > \pi$

$= A,$ 总之有：$B < A < C.$

例 5.13（浙江省 2006 年试题）　已知 $f_1(x)$ 连续，$f_n(x) = \int_0^x f_{n-1}(t)\mathrm{d}t,$ 求 $\lim\limits_{n \to \infty} f_n(x).$

解　$\forall x \geqslant 0, \exists N > 0,$ 使 $x \in [0, N],$ 由 f_1 的连续性知 $\exists M,$ 当 $t \in [0, N]$ 时，

$|f_1(t)| \leqslant M. \forall x \in [0, N],\quad |f_2(x)| = \left| \int_0^x f_1(t)\mathrm{d}t \right| \leqslant \int_0^x |f_1(t)| \mathrm{d}t \leqslant Mx.$

假设对 $n \leqslant k,$ 有 $|f_n(x)| \leqslant \frac{Mx^{n-1}}{(n-1)!},$ 则

$|f_{n+1}(x)| = \left| \int_0^x f_n(t)\mathrm{d}t \right| \leqslant \int_0^x |f_n(t)| \mathrm{d}t \leqslant \int_0^x \frac{Mt^{n-1}}{(n-1)!}\mathrm{d}t = \frac{M}{n!}x^n.$

所以对 $\forall n,$ 有 $|f_n(x)| \leqslant \frac{Mx^{n-1}}{(n-1)!},$ 因此有 $\lim\limits_{n \to \infty} f_n(x) = 0,$ 同理可证对 $\forall x \leqslant 0,$

$\lim\limits_{n \to \infty} f_n(x) = 0.$

例 5.14（浙江省 2007 年试题）　设 $u_n = 1 + \frac{1}{2} - \frac{2}{3} + \frac{1}{4} + \frac{1}{5} - \frac{2}{6} + \cdots + \frac{1}{3n-2} + \frac{1}{3n-1}$

$-\frac{2}{3n}, v_n = \frac{1}{n+1} + \frac{1}{n+2} + \cdots + \frac{1}{3n}, n = 1,2,3,\cdots,$ 求 (1) $\frac{u_{10}}{v_{10}}$；(2) $\lim\limits_{n \to \infty} u_n.$

解　$u_n = \sum_{k=1}^n \left(\frac{1}{3k-2} + \frac{1}{3k-1} - \frac{2}{3k} \right) = \sum_{k=1}^n \left(\frac{1}{3k-2} + \frac{1}{3k-1} + \frac{1}{3k} \right) - \sum_{k=1}^n \frac{1}{k}$

$= \frac{1}{n+1} + \frac{1}{n+2} + \cdots + \frac{1}{3n} = v_n,\quad n = 1,2,3,\cdots.$

(1) $\frac{u_{10}}{v_{10}} = 1,$ (2) $u_n = \sum_{k=1}^{2n} \frac{1}{n+k} = \sum_{k=1}^{2n} \frac{1}{1+\frac{k}{n}} \cdot \frac{1}{n},$ 所以

$$\lim_{n \to \infty} u_n = \int_0^2 \frac{1}{1+x}\mathrm{d}x = \ln|1+x| \Big|_0^2 = \ln 3.$$

例 5.15（浙江省 2007 年试题）　设 $\begin{cases} x = \cos t^2, \\ y = \int_0^{t^2} \mathrm{e}^{-u^2} \sin u \, \mathrm{d}u. \end{cases}$ 求 $\frac{\mathrm{d}^2 y}{\mathrm{d}x^2}.$

解　$\frac{\mathrm{d}y}{\mathrm{d}x} = \frac{\mathrm{e}^{-t^4} \sin t^2 \cdot 2t}{-\sin t^2 \cdot 2t} = -\mathrm{e}^{-t^4}, \frac{\mathrm{d}^2 y}{\mathrm{d}x^2} = \frac{-\mathrm{e}^{-t^4} \cdot (-4t^3)}{-\sin t^2 \cdot 2t} = -\frac{2t^2 \mathrm{e}^{-t^4}}{\sin t^2}.$

例 5.16(浙江省 2009 年试题) 设 $g(x) = \int_{-1}^{1} |x - t| \, \mathrm{e}^{t^2} \mathrm{d}t$,求 $g(x)$ 的最小值.

解 当 $-1 \leqslant x < 1$ 时,$g(x) = \int_{-1}^{x} (x - t) \mathrm{e}^{t^2} \mathrm{d}t + \int_{x}^{1} (t - x) \mathrm{e}^{t^2} \mathrm{d}t$;

当 $x < -1$ 时,$g(x) = \int_{-1}^{1} (t - x) \mathrm{e}^{t^2} \mathrm{d}t$;

当 $x > 1$ 时,$g(x) = \int_{-1}^{1} (x - t) \mathrm{e}^{t^2} \mathrm{d}t$.

所以(1) 当 $-1 \leqslant x < 1$ 时,$g'(x) = \int_{-1}^{x} \mathrm{e}^{t^2} \mathrm{d}t - \int_{x}^{1} \mathrm{e}^{t^2} \mathrm{d}t$,$g''(x) = 2\mathrm{e}^{x^2} > 0$,$g'(x)$ 单调增

加,且 $g'(0) = \int_{-1}^{0} \mathrm{e}^{t^2} \mathrm{d}t - \int_{0}^{1} \mathrm{e}^{t^2} \mathrm{d}t = 0$,所以 $g(0)$ 为最小值.

$$g(0) = \int_{-1}^{1} |t| \, \mathrm{e}^{t^2} \mathrm{d}t = 2\int_{0}^{1} t\mathrm{e}^{t^2} \mathrm{d}t = \mathrm{e} - 1.$$

(2) 当 $x < -1$ 时,$g'(x) = -\int_{-1}^{1} \mathrm{e}^{t^2} \mathrm{d}t < 0$,所以 $g(x)$ 单调减少;

(3) 当 $x > 1$ 时,$g'(x) = \int_{-4}^{1} \mathrm{e}^{t^2} \mathrm{d}t > 0$,$g(x)$ 单调增加.

综上所述,$g(x)$ 的最小值即为 $g(0) = \mathrm{e} - 1$.

例 5.17(浙江省 2010 年试题) 设 f 连续,满足

$$f(x) = x - 2\int_{0}^{x} \mathrm{e}^{x^2 - t^2} f(t)\mathrm{d}t,\text{且 } f(1) = \frac{1}{\mathrm{e}},\text{求 } f^{(n)}(1) \text{ 的值}.$$

解 $f' = 1 - 4x\mathrm{e}^{x^2} \int_{0}^{x} \mathrm{e}^{-t^2} f(t)\mathrm{d}t - 2\mathrm{e}^{x^2} \cdot \left[\mathrm{e}^{-x^2} \cdot f(x)\right] = 1 - 2x^2 + 2(x-1)f,$

$\qquad f'' = -4x + 2f + 2(x-1)f',\ f''' = -4 + 4f' + 2(x-1)f'',$

有:$f^{(n+1)} = 4f^{(n-1)} + 2(n-2)f^{(n-1)} + 2(x-1)f^{(n)}$, $n = 3, 4, 5, \cdots$.

所以,$f'(1) = -1$,$f''(1) = -4 + \dfrac{2}{\mathrm{e}}$,$f'''(1) = -8$,

$$f^{(n+1)}(1) = 2nf^{(n-1)}(1),\quad n = 3, 4, 5, \cdots.$$

即有 $f^{(n+1)}(1) = \begin{cases} -2^{\frac{n+2}{2}} \cdot n!!, & \text{当 } n \text{ 为偶数时}, \\ 2^{\frac{n+1}{2}} \cdot n!! \cdot \left(\dfrac{1}{\mathrm{e}} - 2\right), & \text{当 } n \text{ 为奇数时}. \end{cases}$

二、有关定积分的证明

例 5.18 设函数 $f(x)$ 在 $[0, \pi]$ 上连续,且 $\int_{0}^{\pi} f(x)\mathrm{d}x = 0$,$\int_{0}^{\pi} f(x)\cos x \mathrm{d}x = 0$,试证:在 $(0, \pi)$ 内至少存在两个不同的点 ξ_1, ξ_2,使 $f(\xi_1) = f(\xi_2) = 0$.

证明 令 $F(x) = \int_{0}^{x} f(t)\mathrm{d}t (0 \leqslant x \leqslant \pi)$,则有 $F(0) = F(\pi) = 0$. 又因为

$$0 = \int_{0}^{\pi} f(x)\cos x \mathrm{d}x = \int_{0}^{\pi} \cos x \mathrm{d}F(x)$$

$$= F(x)\cos x \Big|_{0}^{\pi} + \int_{0}^{\pi} F(x)\sin x \mathrm{d}x = \int_{0}^{\pi} F(x)\sin x \mathrm{d}x.$$

所以存在 $\xi \in (0, \pi)$,使 $F(\xi)\sin\xi = 0$,若不然,则在 $(0, \pi)$ 内 $F(x)\sin x$ 恒正或者恒负,均与

$\int_0^\pi F(x)\sin x\,\mathrm{d}x = 0$ 矛盾. 且当 $\xi \in (0,\pi)$ 时, $\sin\xi \neq 0$, 故 $F(\xi) = 0$.

由上述证明, 得 $F(0) = F(\xi) = f(\pi) = 0(0 < \xi < \pi)$.

对 $F(x)$ 在区间 $[0,\xi]$, $[\xi,\pi]$ 上分别用罗尔定理, 知至少存在 $\xi_1 \in (0,\xi)$, $\xi_2 \in (\xi,\pi)$, 使 $F'(\xi_1) = F'(\xi_2) = 0$, 即 $f(\xi_1) = f(\xi_2) = 0$.

评注　本题主要利用定积分的性质以及罗尔定理.

例 5.19　设 $f(x)$ 是一个连续函数, 证明: 存在 $\xi \in [0,1]$, 使得 $\int_0^1 f(x)x^2\,\mathrm{d}x = \dfrac{1}{3}f(\xi)$ 成立.

证明　由于 f 是连续的, 它在 $[0,1]$ 中的 x_1 和 x_2 处分别达到最大值和最小值, 所以

$$f(x_2)\int_0^1 x^2\,\mathrm{d}x \leqslant \int_0^1 f(x)x^2\,\mathrm{d}x \leqslant f(x_1)\int_0^1 x^2\,\mathrm{d}x,$$

$$f(x_2) \leqslant 3\int_0^1 f(x)x^2\,\mathrm{d}x \leqslant f(x_1).$$

由介值定理, 必存在一点 $\xi \in [0,1]$, 使得 $f(\xi) = 3\int_0^1 f(x)x^2\,\mathrm{d}x$.

评注　本题主要考察连续函数的介值定理.

例 5.20　令 f 为连续函数, 对所有 x 满足 $f(x) \geqslant 0$, 且有 $\int_0^\infty f(x)\,\mathrm{d}x < \infty$.

证明当 $n \to \infty$ 时, $\dfrac{1}{n}\int_0^n xf(x)\,\mathrm{d}x \to 0$.

证明　由于 $\int_0^\infty f(x)\,\mathrm{d}x < \infty$, 对于任意的 $\varepsilon > 0$, 存在 $N > 0$, 使得当 $n > N$ 时有 $\int_n^\infty f(x)\,\mathrm{d}x < \varepsilon$, 因此, 对充分大的 n, 使 $n\varepsilon > N$, 则有

$$\int_0^n \left(\frac{x}{n}\right)f(x)\,\mathrm{d}x = \int_0^{n\varepsilon}\left(\frac{x}{n}\right)f(x)\,\mathrm{d}x + \int_{n\varepsilon}^n \left(\frac{x}{n}\right)f(x)\,\mathrm{d}x < \varepsilon\int_0^{n\varepsilon} f(x)\,\mathrm{d}x + \int_{n\varepsilon}^n f(x)\,\mathrm{d}x$$

$$< \varepsilon\int_0^{n\varepsilon} f(x)\,\mathrm{d}x + \varepsilon < \varepsilon\left(\int_0^{n\varepsilon} f(x)\,\mathrm{d}x + 1\right).$$

由 ε 的任意性以及对充分大的 n 都成立, 由此得到 $\lim\limits_{n\to\infty} \dfrac{1}{n}\int_0^n xf(x)\,\mathrm{d}x \to 0$.

评注　本题主要考察极限的定义和对 $\varepsilon - N$ 语言的掌握程度.

例 5.21　$f(x)$ 及 $f'(x)$ 在 $[0,\infty)$ 上连续, 且当 $x \geqslant 10^{10}$ 时 $f(x) = 0$, 试证:

$$\int_0^\infty f^2(x)\,\mathrm{d}x \leqslant 2\sqrt{\int_0^\infty x^2 f^2(x)\,\mathrm{d}x}\,\sqrt{\int_0^\infty f'^2(x)\,\mathrm{d}x}.$$

证明　由分部积分可得:

$$\int_0^\infty f^2(x)\,\mathrm{d}x = xf^2(x)\,\Big|_0^\infty - \int_0^\infty x \cdot 2f(x)f'(x)\,\mathrm{d}x$$

$$= -\int_0^\infty x \cdot 2f(x)f'(x)\,\mathrm{d}x.$$

由柯西 — 施瓦茨 (Cauchy-Schwarz) 不等式 $\left|\int_0^\infty xf(x)f'(x)\,\mathrm{d}x\right| \leqslant \sqrt{\int_0^\infty x^2 f^2(x)\,\mathrm{d}x}$

$\sqrt{\int_0^\infty f'^2(x)\,\mathrm{d}x}$ 即得结论.

评注 本题主要考察柯西 — 施瓦茨(Cauchy-Schwarz)不等式.

例 5.22 f 是从 $[0,\infty)$ 到 $[0,\infty)$ 上的严格递增的连续函数, 且 $g = f^{-1}$, 试证:

$\int_0^a f(x)\mathrm{d}x + \int_0^b g(x)\mathrm{d}x \geqslant ab$ 对所有正数 a 和 b 成立, 并确定等式成立的条件.

证明 不失一般性, 假设 $f(a) \leqslant b$, 有 $ab = \int_0^a f(x)\mathrm{d}x + \int_0^a [b - f(x)]\mathrm{d}x$,

又 $\int_0^a [b - f(x)]\mathrm{d}x = \lim_{n \to \infty} \frac{a}{n} \sum_{k=0}^{n-1} \left[b - f\left(\frac{(k+1)a}{n}\right) \right]$.

当 $0 \leqslant k \leqslant n-1$ 时, $\dfrac{a}{n} = \dfrac{(k+1)a}{n} - \dfrac{ka}{n} = g \circ f\left(\dfrac{(k+1)a}{n}\right) - g \circ f\left(\dfrac{ka}{n}\right)$.

代入上面极限得 $\lim_{n \to \infty} \sum_{k=0}^{n-1} \left[b - f\left(\dfrac{(k+1)a}{n}\right) \right]\left[g \circ f\left(\dfrac{(k+1)a}{n}\right) - g \circ f\left(\dfrac{ka}{n}\right) \right]$.

整理上式, 又 $f(0) = g(0) = 0$ 可得 $\lim_{n \to \infty} \sum_{k=0}^{n-1} g \circ f\left(\dfrac{ka}{n}\right)\left\{ \left[f\dfrac{(k+1)a}{n} \right] - f\left(\dfrac{ka}{n}\right) \right\} + ab - af(a)$.

由于 g 是连续函数, 因此上式等于 $\int_0^{f(a)} g(y)\mathrm{d}y + a(b - f(a))$,

由于对 $y \in (f(a), b)$ 有 $g(y) \geqslant a$, 便得 $a(b - f(a)) \leqslant \int_{f(a)}^b g(y)\mathrm{d}y$.

所以 $ab = \int_0^a f(x)\mathrm{d}x + \int_0^a (b - f(x))\mathrm{d}x$.

同时, 不难看到等式成立的充要条件是 $f(a) = b$.

例 5.23(浙江省首届竞赛试题) 证明 $\int_0^{\sqrt{2\pi}} \sin(x^2)\mathrm{d}x > 0$.

证明 作变换 $t = x^2$ 得

$$\int_0^{\sqrt{2\pi}} \sin(x^2)\mathrm{d}x = \int_0^{2\pi} \frac{\sin t}{2\sqrt{t}}\mathrm{d}t = \int_0^\pi \frac{\sin t}{2\sqrt{t}}\mathrm{d}t + \int_\pi^{2\pi} \frac{\sin t}{2\sqrt{t}}\mathrm{d}t$$

而 $\int_\pi^{2\pi} \dfrac{\sin t}{2\sqrt{t}}\mathrm{d}t \xrightarrow{t = u + \pi} \int_0^\pi \dfrac{\sin(u + \pi)}{2\sqrt{u + \pi}}\mathrm{d}u = -\int_0^\pi \dfrac{\sin u}{2\sqrt{u + \pi}}\mathrm{d}u$.

所以 $\int_0^{\sqrt{2\pi}} \sin(x^2)\mathrm{d}x = \int_0^\pi \dfrac{\sin t}{2}\left(\dfrac{1}{\sqrt{t}} - \dfrac{1}{\sqrt{t + \pi}} \right)\mathrm{d}t > 0$.

例 5.24(浙江省 2003 年试题) 证明 $\left| \int_{2003}^{2004} \sin(t^2)\mathrm{d}t \right| < \dfrac{1}{2003}$.

证明 作变换 $t^2 = u$, 得:

$$\left| \int_{2003}^{2004} \sin(t^2)\mathrm{d}t \right| = \frac{1}{2}\left| \int_{2003^2}^{2004^2} \frac{\sin u}{\sqrt{u}}\mathrm{d}u \right| = \frac{1}{2}\left| \int_{2003^2}^{2004^2} \frac{\mathrm{d}\cos u}{\sqrt{u}} \right|$$

$$\leqslant \frac{1}{2}\left| \frac{\cos u}{\sqrt{u}} \right|_{2003^2}^{2004^2} + \frac{1}{4}\left| \int_{2003^2}^{2004^2} \frac{\cos u}{u^{\frac{3}{2}}}\mathrm{d}u \right|$$

$$\leqslant \frac{1}{2}\left(\frac{1}{2004} + \frac{1}{2003} \right) + \frac{1}{2}\left| w^{-\frac{1}{2}} \right|_{2003^2}^{2004^2}$$

$$= \frac{2004 + 2003}{2004 \cdot 2003 \cdot 2} + \frac{1}{2 \cdot 2003 \cdot 2004} = \frac{1}{2003}.$$

例 5.25(浙江省 2004 年试题)　设函数 $f(x)$ 在 $[0,1]$ 上连续，证明：$\left(\displaystyle\int_0^1 \dfrac{f(x)}{t^2+x^2}\mathrm{d}x\right)^2 \leqslant$ $\dfrac{\pi}{2t}\displaystyle\int_0^1 \dfrac{f^2(x)}{t^2+x^2}\mathrm{d}x,\quad(t>0).$

解　由柯西 — 施瓦茨(Cauchy-Schwarz) 不等式得

$$\left(\int_0^1 \frac{f(x)}{t^2+x^2}\mathrm{d}x\right)^2 = \left[\int_0^1 \left(\frac{1}{\sqrt{t^2+x^2}}\cdot\frac{f(x)}{\sqrt{t^2+x^2}}\right)\mathrm{d}x\right]^2$$

$$\leqslant \int_0^1 \frac{\mathrm{d}x}{t^2+x^2}\cdot\int_0^1\frac{f^2(x)}{t^2+x^2}\mathrm{d}x = \frac{1}{t}\arctan\frac{1}{t}\int_0^1\frac{f^2(x)}{t^2+x^2}\mathrm{d}t \leqslant \frac{\pi}{2t}\int_0^1\frac{f^2(x)}{t^2+x^2}\mathrm{d}x.$$

例 5.26(浙江省 2005 年试题)　证明对任意连续函数 $f(x)$，有

$$\max\left\{\int_{-1}^1 |x-\sin^2 x-f(x)|\,\mathrm{d}x,\int_{-1}^1 |\cos^2 x-f(x)|\,\mathrm{d}x\right\}\geqslant 1.$$

证明　$|x-\sin^2 x-f(x)|+|\cos^2 x-f(x)|$

$$\geqslant |[x-\sin^2 x-f(x)]-[\cos^2 x-f(x)]| = |1-x|,$$

所以 $\displaystyle\int_{-1}^1 |x-\sin^2 x-f(x)|\,\mathrm{d}x + \int_{-1}^1|\cos^2 x-f(x)|\,\mathrm{d}x \geqslant \int_{-1}^1 |1-x|\,\mathrm{d}x$

$$= \int_{-1}^1 (1-x)\mathrm{d}x = 2.$$

因此 $\max\left\{\displaystyle\int_{-1}^1 |x-\sin^2 x-f(x)|\,\mathrm{d}x,\int_{-1}^1 |\cos^2 x-f(x)|\,\mathrm{d}x\right\}\geqslant 1.$

例 5.27(浙江省 2006 年试题)　求最小的实数 c，使得满足 $\displaystyle\int_0^1 |f(x)|\,\mathrm{d}x = 1$ 的连续函数 $f(x)$ 都有 $\displaystyle\int_0^1 f(\sqrt{x})\mathrm{d}x \leqslant c.$

解　$\displaystyle\int_0^1 |f(\sqrt{x})|\,\mathrm{d}x = \int_0^1 |f(t)|\cdot 2t\mathrm{d}t \leqslant 2\int_0^1 |f(t)|\,\mathrm{d}t = 2.$

另一方面，取 $f_n(x) = (n+1)x^n$，则有 $\displaystyle\int_0^1 |f_n(x)|\,\mathrm{d}x = \int_0^1 f_n(x)\mathrm{d}x = 1.$

而 $\displaystyle\int_0^1 f_n(\sqrt{x})\mathrm{d}x = 2\int_0^1 tf_n(t)\mathrm{d}t = 2(n+1)\int_0^1 t^{n+1}\mathrm{d}t = \frac{2(1+1)}{n+2}.$

因为 $\displaystyle\lim_{n\to\infty}\frac{2(n+1)}{n+2} = 2$，所以所求的最小实数 $c = 2$。

例 5.28(浙江省 2009 年试题)　设函数 f 满足 $f''(x)>0$，$\displaystyle\int_0^1 f(x)\mathrm{d}x = 0$，证明：$\forall\,x\in$ $[0,1]$，$|f(x)|\leqslant\max\{f(0),f(1)\}.$

证明　记 $\max\{f(0),f(1)\} = M$，因为 $f''>0$，所以 $y=f(x)$ 向上凹，

有 $\forall\,x\in(0,1)$，$f(x) < f(0)(1-x)+f(1)x \leqslant M(1-x)+Mx = M$

$\forall\,x_0\in(0,1)$，考察折线 $g(x) = \begin{cases} f(0)\dfrac{x_0-x}{x_0}+f(x_0)\dfrac{x}{x_0}, & x\in(0,x_0) \\[2mm] f(x_0)\dfrac{1-x}{1-x_0}+f(1)\dfrac{x-x_0}{1-x_0}, & x\in[x_0,1) \end{cases}.$

有 $g(x)\geqslant f(x)$，因此 $\displaystyle\int_0^1 g(x)\mathrm{d}x = \frac{1}{2}f(x_0)+\frac{1}{2}[f(0)x_0+f(1)(1-x_0)]>0.$

即：$f(x_0) > -[f(0)x_0 + f(1)(1-x_0)] \geqslant -M.$

总之：$\forall x \in (0,1), -M < f(x) < M.$

所以有：$\forall x \in [0,1], |f(x)| \leqslant \max\{f(0),f(1)\}.$

例 5.29(浙江省 2010 年试题) 设非负函数 f 在$[0,1]$上满足 $\forall x,y, f(x+y) \geqslant f(x) + f(y)$ 且 $f(1) = 1$，证明：

$(1) f(x) \leqslant 2x, \quad x \in [0,1]; \quad (2) \int_0^1 f(x)\mathrm{d}x \leqslant \dfrac{1}{2}.$

证明 (1) 因为 $x,y, f(x+y) \geqslant f(x) + f(y)$，所以 f 单调增加．

$\forall x \in (0,1), \exists n \in N,$ 使 $\dfrac{1}{2} < nx \leqslant 1$，因此有：

$$nf(x) \leqslant f(nx) \leqslant f(1) = 1.$$

于是 $\forall x \in (0,1), f(x) \leqslant \dfrac{1}{n} < 2x$，易知 $f(0) = 0$，所以

$$f(x) \leqslant 2x, \quad x \in [0,1].$$

$(2) \displaystyle\int_0^1 f(x)\mathrm{d}x = \int_0^{\frac{1}{2}} f(x)\mathrm{d}x + \int_{\frac{1}{2}}^1 f(x)\mathrm{d}x = \int_0^{\frac{1}{2}} f(x)\mathrm{d}x + \int_0^{\frac{1}{2}} f(1-x)\mathrm{d}x$

$\qquad = \displaystyle\int_0^{\frac{1}{2}} [f(x) + f(1-x)]\mathrm{d}x \leqslant \int_0^{\frac{1}{2}} f(x + 1 - x)\mathrm{d}x = \dfrac{1}{2}.$

三、广义积分

例 5.30 已知 $\displaystyle\int_0^{+\infty} \dfrac{\sin x}{x}\mathrm{d}x = \dfrac{\pi}{2}$，求 $\displaystyle\int_0^{+\infty} \dfrac{\sin^2 x}{x^2}\mathrm{d}x.$

解 令 $I(a) = \displaystyle\int_0^{+\infty} \dfrac{\sin^2 ax}{x^2}\mathrm{d}x, a \geqslant 0.$

上式两边对 a 求导得 $I'(a) = \displaystyle\int_0^{+\infty} \dfrac{2\sin ax \cos ax \cdot x}{x^2}\mathrm{d}x = \int_0^{+\infty} \dfrac{\sin 2ax}{x}\mathrm{d}x,$

令 $y = 2ax$，则 $\mathrm{d}y = 2a\mathrm{d}x$，所以 $I'(a) = \displaystyle\int_0^{+\infty} \dfrac{\sin y}{y}\mathrm{d}y = \dfrac{\pi}{2},$

将上式积分可得 $I(a) = \dfrac{\pi}{2}\alpha + C.$

由于 $I(0) = 0$，所以 $C = 0$，令 $a = 1$ 得到 $I(1) = \displaystyle\int_0^{+\infty} \dfrac{\sin^2 x}{x^2}\mathrm{d}x = \dfrac{\pi}{2}.$

评注 本题无法直接求得积分值，解决方法就是先构造一个函数，而所求积分是此函数的一种特殊情况，那么只要求出这个函数的一般表达式就可以求得积分．

例 5.31 计算 $\displaystyle\int_0^\infty \dfrac{\log x}{x^2 + a^2}\mathrm{d}x$，其中 $a > 0$ 是一常数．($\log x$ 表示底数可以是任意不为 1 的正数．)

解 令 $x = a^2/y,$

$\displaystyle\int_0^\infty \dfrac{\log x}{x^2 + a^2}\mathrm{d}x = \int_0^a \dfrac{\log x}{x^2 + a^2}\mathrm{d}x + \int_a^\infty \dfrac{\log x}{x^2 + a^2}\mathrm{d}x$

$\qquad = \displaystyle\int_0^a \dfrac{\log x}{x^2 + a^2}\mathrm{d}x + \int_a^0 \dfrac{\log(a^2/y)}{a^2 + (a^2/y)^2}\left(-\dfrac{a^2}{y^2}\right)\mathrm{d}y$

$$= \int_0^a \frac{\log x}{x^2 + a^2} \mathrm{d}x + \int_0^a \frac{2\log a - \log y}{a^2 + y^2} \mathrm{d}y$$

$$= \int_0^a \frac{2\log a}{a^2 + y^2} \mathrm{d}y = 2\frac{\log a}{a}\arctan\frac{y}{a}\Big|_0^a = \frac{\pi\log a}{2a}.$$

例 5.32　计算 $I = \int_0^\pi \log(\sin x)\mathrm{d}x$.

解　令 $x = 2u$,得

$$I = 2\int_0^{\frac{\pi}{2}} \log(\sin 2u)\mathrm{d}u = 2\left(\int_0^{\frac{\pi}{2}}\log 2\mathrm{d}u + \int_0^{\frac{\pi}{2}}\log(\sin u)\mathrm{d}u + \int_0^{\frac{\pi}{2}}\log(\cos u)\mathrm{d}u\right)$$

$$= 2\left(\frac{\pi}{2}\log 2 + \int_0^{\frac{\pi}{2}}\log(\sin u)\mathrm{d}u + \int_{\frac{\pi}{2}}^\pi \log(\sin u)\mathrm{d}u\right)$$

$$= \pi\log 2 + 2\int_0^\pi \log(\sin u)\mathrm{d}u = \pi\log 2 + 2I,$$

所以 $I = -\pi\log 2$.

例 5.33　设 a,b 均为常数,$a > -2$,$a \neq 0$,求 a,b 为何值时,使

$$\int_1^{+\infty}\left(\frac{2x^2 + bx + a}{x(2x + a)} - 1\right)\mathrm{d}x = \int_0^1 \ln(1 - x^2)\mathrm{d}x.$$

解　$\displaystyle\int_0^1 \ln(1 - x^2)\mathrm{d}x = \lim_{t \to 1^-}\int_0^t \ln(1 - x^2)\mathrm{d}x = \lim_{t \to 1^-}\left((x\ln(1 - x^2))\big|_0^t + \int_0^t \frac{2x^2}{1 - x^2}\mathrm{d}x\right)$

$$= \lim_{t \to 1^-}\left(t\ln(1 - t^2) - 2t + \ln\frac{1 + t}{1 - t}\right)$$

$$= \lim_{t \to 1^-}(t\ln(1 + t) + t\ln(1 - t) - 2t + \ln(1 + t) - \ln(1 - t))$$

$$= \ln 2 - 2,$$

而 $\displaystyle\int_1^{+\infty}\left(\frac{2x^2 + bx + a}{x(2x + a)} - 1\right)\mathrm{d}x = \int_1^{+\infty}\frac{(b - a)x + a}{x(2x + a)}\mathrm{d}x = \int_1^{+\infty}\left(\frac{1}{x} - \frac{2 - b + a}{2x + a}\right)\mathrm{d}x$

$$= \lim_{t \to +\infty}\left(\ln\frac{x}{(2x + a)^{1 - \frac{1}{2}(b - a)}}\right)\Big|_1^t,$$

若 $b - a \neq 0$,上述极限不存在,所以要使原等式成立,必须 $a = b$,那么

$$\int_1^{+\infty}\left(\frac{2x^2 + bx + a}{x(2x + a)}) - 1\right)\mathrm{d}x = \lim_{t \to +\infty}\left(\ln\frac{x}{(2x + a)}\right)\Big|_1^t = \ln\frac{1}{2} - \ln\frac{1}{a + 2},$$

所以
$$\ln\frac{1}{2} - \ln\frac{1}{a + 2} = \ln 2 - 2,$$

解得 $a = b = 4\mathrm{e}^{-2} - 2$.

评注　本题需要先求出右边的积分值,这个难度并不大.然后再求左边的积分值,使得左右相等就可以求出 a,b 的值了.

例 5.34　对 $x > 0$,令 $f(x) = \mathrm{e}^{x^2/2}\int_x^\infty \mathrm{e}^{-t^2/2}\mathrm{d}t$,试证:$0 < f(x) < \frac{1}{x}$.

证明　令 $t = x + s$,得 $f(x) = \mathrm{e}^{x^2/2}\int_0^\infty \mathrm{e}^{-(x + s)^2/2}\mathrm{d}s = \int_0^\infty \mathrm{e}^{(-sx - s^2)/2}\mathrm{d}s$.

因为 $s > 0$,$\mathrm{e}^{-s^2/2} < 1$,所以对所有的 $x > 0$ 有 $\mathrm{e}^{(-sx - s^2)/2} < \mathrm{e}^{-sx}$;所以 $0 < f(x) < \int_0^\infty \mathrm{e}^{-sx/2}\mathrm{d}s =$

$\dfrac{1}{x}$.

例 5.35 证明积分 $\displaystyle\int_0^\infty \sin(x^2)\mathrm{d}x$ 收敛.

证明 当 $n \geqslant 0$ 时,令 $S_n = \displaystyle\int_{\sqrt{n\pi}}^{\sqrt{(n+1)\pi}} \sin(x^2)\mathrm{d}x$. 显然如果级数 $\displaystyle\sum_{n=0}^\infty S_n$ 收敛,则原积分收敛.

不难知道 S_n 的符号是交错的,令 $u = x^2$,得

$$2\,|\,S_n\,| = \left|\int_{n\pi}^{(n+1)\pi} \frac{\sin(u)}{\sqrt{u}}\mathrm{d}u\right| > \left|\int_{n\pi}^{(n+1)\pi} \frac{\sin(u)}{\sqrt{u+\pi}}\mathrm{d}u\right|$$

$$= \left|\int_{(n+1)\pi}^{(n+2)\pi} \frac{\sin(u)}{\sqrt{u}}\mathrm{d}u\right| = 2\,|\,S_{n+1}\,|,$$

又

$$2\,|\,S_n\,| = \left|\int_{n\pi}^{(n+1)\pi} \frac{\sin(u)}{\sqrt{u}}\mathrm{d}u\right| < \frac{1}{\sqrt{n\pi}},$$

所以 $|\,S_n\,|$ 单调递减且趋向 0,由 Leibniz 准则知 $\displaystyle\sum_{n=0}^\infty S_n$ 收敛,所以

$$\int_0^\infty \sin(x^2)\mathrm{d}x = \sum_{n=0}^\infty S_n < \infty.$$

评注 本题主要把这个无限区间上的积分分成无穷段,构成一个级数求和的形式,然后通过对这个级数的分析,利用 Leibniz 准则知级数收敛,从而积分收敛. 这也是证明广义积分收敛的一种方法.

例 5.36(浙江省 2007 年试题) 计算 $\displaystyle\int_0^{+\infty} \frac{\mathrm{d}x}{(1+x^2)(1+x^\alpha)}, \alpha \neq 0$.

解 $I = \displaystyle\int_0^{+\infty} \frac{\mathrm{d}x}{(1+x^2)(1+x^\alpha)} \xlongequal{t=\frac{1}{x}} \int_0^{+\infty} \frac{t^\alpha \mathrm{d}t}{(1+t^2)(1+t^\alpha)}$,所以,

$$2I = \int_0^{+\infty} \frac{1+x^\alpha}{(1+x^2)(1+x^\alpha)}\mathrm{d}x = \int_0^{+\infty} \frac{\mathrm{d}x}{1+x^2} = \frac{\pi}{2}, \quad I = \frac{\pi}{4}.$$

例 5.37(浙江省 2010 年试题) 证明:$\forall\, x > 0, \displaystyle\int_x^{+\infty} \mathrm{e}^{-\frac{t^2}{2}}\mathrm{d}t < \frac{1}{x}\mathrm{e}^{-\frac{x^2}{2}}$.

证明 $x\displaystyle\int_x^{+\infty} \mathrm{e}^{-\frac{t^2}{2}}\mathrm{d}t = \int_x^{+\infty} x\mathrm{e}^{-\frac{t^2}{2}}\mathrm{d}t < \int_x^{+\infty} t\mathrm{e}^{-\frac{t^2}{2}}\mathrm{d}t = -\mathrm{e}^{-\frac{t^2}{2}}\Big|_x^{+\infty} = \mathrm{e}^{-\frac{x^2}{2}}$.

所以,$\forall\, x > 0, \displaystyle\int_x^{+\infty} \mathrm{e}^{-\frac{t^2}{2}}\mathrm{d}t < \frac{1}{x}\mathrm{e}^{-\frac{x^2}{2}}$.

四、定积分的应用

例 5.38 求由参数方程 $x = 2t - t^2, y = 2t^2 - t^3$ 所表示曲线围成的图形面积.

解 当 $t = 0$ 或 $t = 2$ 时,$x = 0, y = 0$;

当 $0 < t < 2$ 时,$x > 0, y > 0$;

当 $t < 0$ 时,$x < 0, y > 0$;

当 $t > 2$ 时,$x < 0, y < 0$;

如图所示,所求面积为

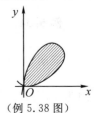

(例 5.38 图)

$$S = -\int_0^2 (2t^2 - t^3) \cdot 2(1-t)\mathrm{d}t = -2\int_0^2 (t^4 - 3t^3 + 2t^2)\mathrm{d}t = \frac{8}{15}.$$

评注 参数方程求曲线所围图形面积,可以利用公式.

例 5.39 求由曲线 $r = a(1+\cos\varphi)$ 围成图形的面积.

解 所求面积为

$$S = 2 \cdot \frac{1}{2}\int_0^\pi a^2(1+\cos\varphi)^2\mathrm{d}\varphi = \frac{3}{2}\pi a^2.$$

评注 极坐标方程求曲线所围图形面积,可以利用公式.

例 5.40 求曲线 $y = \mathrm{e}^x (0 \leqslant x \leqslant x_0)$ 的弧长.

解 所求弧长为

$$s = \int_0^{x_0} \sqrt{1+\mathrm{e}^{2x}}\mathrm{d}x = \left(\sqrt{1+\mathrm{e}^{2x}} + \frac{1}{2}\ln\frac{\sqrt{1+\mathrm{e}^{2x}}-1}{\sqrt{1+\mathrm{e}^{2x}}+1}\right)\Bigg|_0^{x_0}$$

$$= \sqrt{1+\mathrm{e}^{2x_0}} - \sqrt{2} + \frac{1}{2}\ln\frac{\sqrt{1+\mathrm{e}^{2x_0}}-1}{\sqrt{1+\mathrm{e}^{2x_0}}+1} - \frac{1}{2}\ln\frac{\sqrt{2}-1}{\sqrt{2}+1}$$

$$= x_0 - \sqrt{2} + \sqrt{1+\mathrm{e}^{2x_0}} - \ln\frac{1+\sqrt{1+\mathrm{e}^{2x_0}}}{1+\sqrt{2}}.$$

例 5.41 求由曲线 $x = a(t-\sin t), y = a(1-\cos t)(0 \leqslant t \leqslant 2\pi), y = 0$ 所围成曲面绕下面三条轴旋转所得旋转体的体积:(1) 绕 x 轴;(2) 绕 y 轴;(3) 绕直线 $y = 2a$.

解 所求体积为(1)$V_x = \pi\int_0^{2\pi} a^3(1-\cos t)^3\mathrm{d}t = 5\pi^2 a^3$;

(2)$V_y = 2\pi\int_0^{2\pi} a^3(1-\sin t)(1-\cos t)^2\mathrm{d}t = 6\pi^3 a^3$;

(3) 作平移:$y = \overline{y} + 2a, x = \overline{x}$,则曲线方程为 $\overline{x} = a(t-\sin t), \overline{y} = -a(1+\cos t)$,及 $\overline{y} = -2a$.

于是,所求体积为 $V_{\overline{x}} = \pi\int_0^{2\pi}[4a^2 - a^2(1+\cos t)^2]a(1-\cos t)\mathrm{d}t = 7\pi^2 a^3$.

评注 主要是(3)有点麻烦,需要先进行平移求出平移后的曲线方程,再来求体积.

例 5.42 求 $r = a(1+\cos\varphi)(0 \leqslant \varphi \leqslant 2\pi)$:(1) 绕极轴;(2) 绕直线 $r\cos\varphi = -\frac{a}{4}$ 的体积.

解 (1)$V = \frac{2\pi}{3}\int_0^\pi a^3(1+\cos\varphi)^3\sin\varphi\mathrm{d}\varphi = \frac{8\pi a^3}{3}.$

(2) 所求的旋转体的体积为

$$V = 2\pi\int_0^\pi r^2\left(\frac{2}{3}r\cos\varphi + \frac{a}{4}\right)\mathrm{d}\varphi$$

$$= \frac{4\pi a^3}{3}\int_0^\pi (1+\cos\varphi)^3\cos\varphi\mathrm{d}\varphi + \frac{\pi a^3}{3}\int_0^\pi (1+\cos\varphi)^2\mathrm{d}\varphi$$

$$= \left(4\pi a^3 + \frac{\pi a^3}{2}\right)\int_0^\pi \cos^2\varphi\mathrm{d}\varphi + \frac{4\pi a^3}{3}\int_0^\pi \cos^4\varphi\mathrm{d}\varphi + \frac{\pi^2 a^3}{2}$$

$$= \left(4\pi a^3 + \frac{\pi a^3}{2}\right)\frac{\pi}{2} + \frac{4\pi a^3}{3}\cdot\frac{3}{8}\pi + \frac{\pi^2 a^3}{2} = \frac{13}{4}\pi^2 a^3.$$

例 5.43 求 $y = \tan x \left(0 \leqslant x \leqslant \dfrac{\pi}{4} \right)$ 绕 Ox 轴所得图形的侧面积.

解 $\sqrt{1 + y'^2} = \sqrt{1 + \sec^4 x} = \dfrac{\sqrt{\cos^4 x + 1}}{\cos^2 x}.$

所求表面积为

$$P_x = 2\pi \int_0^{\frac{\pi}{4}} \tan x \cdot \dfrac{\sqrt{\cos^4 x + 1}}{\cos^2 x} \mathrm{d}x = \pi \int_0^{\frac{\pi}{4}} \sqrt{\cos^4 x + 1}\, \mathrm{d}\left(\dfrac{1}{\cos^2 x} \right)$$

$$= \pi \left[\dfrac{\sqrt{\cos^4 x + 1}}{\cos^2 x} - \ln\left(\cos^2 x + \sqrt{\cos^4 x + 1} \right) \right] \Bigg|_0^{\frac{\pi}{4}}$$

$$= \pi \left[\sqrt{5} - \sqrt{2} + \ln \dfrac{(\sqrt{2} + 1)(\sqrt{5} - 1)}{2} \right].$$

例 5.44 某闸门的形状大小如图所示,其中直线 l 为对称轴,闸门的上部为矩形 $ABCD$,下部由二次抛物线与线段 AB 所围成.当水面与闸门的上端相平时,欲使闸门矩形部分承受的水压力与闸门下部承受的水压力之比为 $5:4$,闸门矩形部分的高 h 为多少米?

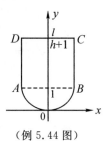

(例 5.44 图)

解 建立坐标系如图,则抛物线方程为 $y = x^2$.矩形部分受的水压力为

$$F_1 = 2 \int_1^{h+1} \rho g(h + 1 - y)\mathrm{d}y = 2\rho g \left[(h+1)y - \dfrac{1}{2}y^2 \right] \Bigg|_1^{h+1} = \rho g h^2,$$

其中,ρ 为水的密度,g 为重力加速度.

闸门下部承受的水压力为 $F_2 = 2 \int_0^1 \rho g(h + 1 - y) \sqrt{y}\, \mathrm{d}y = 4\rho g \left(\dfrac{1}{3}h + \dfrac{2}{15} \right).$

由题意 $\dfrac{F_1}{F_2} = \dfrac{5}{4}$,不难得到 $h = 2$.

评注 求液体静压力,难点在于用微元法写出压力的定积分表达式.

例 5.45 为清除井底淤泥,用缆绳将抓斗放入井底,抓起污泥后提出井口.已知井深 30m,抓斗自重 400N,缆绳每米重 50N,抓斗抓起的污泥重 2000N,提升速度为 3m/s,在提升过程中,污泥以 20N/s 的速率从抓斗缝隙中漏出.现在将抓起污泥的抓斗提升到井口,问重力需做多少焦耳的功?

解 以竖直方向为 x 轴,井底为原点建立坐标轴,将抓起污泥的抓斗提升至井口需做功为

$$W = W_1 + W_2 + W_3.$$

其中,W_1 是克服抓斗自重所做的功;W_2 是克服缆绳重力所做的功;W_3 为提升污泥所做的功,由题意知 $W_1 = 400 \times 30 = 12000 (\mathrm{N} \cdot \mathrm{m})$.

将抓斗从 x 处提升到 $x + \mathrm{d}x$ 处,克服缆绳重力所做的功为 $\mathrm{d}W_2 = 50(30 - x)\mathrm{d}x$,

从而 $W_2 = \int_0^{30} 50(30 - x)\mathrm{d}x = 22500 (\mathrm{N} \cdot \mathrm{m}).$

在时间间隔 $[t, t + \mathrm{d}t]$ 内提升污泥需做功为 $\mathrm{d}W_3 = 3(2000 - 20t)\mathrm{d}t$,

将污泥从井底提升至井口共需时间 10s,所以 $W_3 = \int_0^{10} 3(2000 - 20t)\mathrm{d}t = 57000 (\mathrm{N} \cdot \mathrm{m}).$

所以,总共需做功 $W = 12000 + 22500 + 57000 = 91500(\text{N} \cdot \text{m})$.

评注　定积分应用,要求能将实际中功的计算转化为定积分的问题,难点在于缆绳自身重量在变化,抓斗中的污泥重量也在变化.

例 5.46(浙江省 2003 年试题)　求满足下列性质的曲线 C. 设 $P_0(x_0, y_0)$ 为曲线 $y = 2x^2$ 上任一点,则由曲线 $y = 2x^2, y = x^2$ 和 $x = x_0$ 所围成区域的面积 A 与曲线 $y = 2x^2, y = y_0$ 和 C 所围成区域的面积 B 相等.

解　设曲线 $C: y = f(x)$,则 $x = f^{-1}(y)$,又 $y_0 = 2x_0^2$,

所以

$$A = \int_0^{x_0} (2x^2 - x^2) \mathrm{d}x = \frac{1}{3} x_0^3,$$

$$B = \int_0^{y_0} \left[\sqrt{\frac{y}{2}} - f^{-1}(y) \right] \mathrm{d}y = \frac{\sqrt{2}}{3} y_0^{\frac{3}{2}} - \int_0^{y_0} f^{-1}(y) \mathrm{d}y,$$

由 $A = B$ 得 $\int_0^{y_0} f^{-1}(y) \mathrm{d}y = \frac{\sqrt{2}}{4} y_0^{\frac{3}{2}}$,

两边求导(对 y_0)得 $f^{-1}(y_0) = \frac{3\sqrt{2}}{8} \sqrt{y_0}$,

即有 $f^{-1}(y) = \frac{3\sqrt{2}}{8} \sqrt{y}$,　因此所求曲线为 $y = \frac{32}{9} x^2$.

例 5.47(浙江省 2004 年试题)　求 $y = x(2 - x)$ 与 $2x + y = 3$ 所围成的平面图形面积及此平面图形绕直线 $x = 1$ 旋转一周所得的旋转体体积.

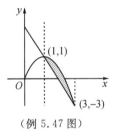

（例 5.47 图）

解　$y = x(2-x)$ 与 $2x + y = 3$ 的交点为 $(1,1)$ 和 $(3, -3)$,

所以所求平面图形的面积为:

$$S = \int_1^3 [x(2-x) - (3 - 2x)] \mathrm{d}x = \frac{4}{3}.$$

所求旋转体体积为(套筒法)

$$V = \int_1^3 2\pi(x - 1) \cdot [2(2-x) - (3 - 2x)] \mathrm{d}x = \frac{8\pi}{3}.$$

五、杂例

例 5.48　令 $0 \leqslant \alpha \leqslant 1$ 给定,试确定 $[0,1]$ 上所有满足下面三个条件的非负连续函数 $f: \int_0^1 f(x) \mathrm{d}x = 1, \int_0^1 x f(x) \mathrm{d}x = \alpha, \int_0^1 x^2 f(x) \mathrm{d}x = \alpha^2$.

解　由柯西 — 施瓦茨(Cauchy-Schwarz) 不等式得:

$$\alpha = \int_0^1 x f(x) \mathrm{d}x \leqslant \left(\int_0^1 x^2 f(x) \mathrm{d}x \int_0^1 f(x) \mathrm{d}x \right)^{1/2} \leqslant \alpha.$$

因此上面的不等式中等号必然成立. 为了使柯西 — 施瓦茨(Cauchy-Schwarz) 不等式中等号成立,必须有 $x\sqrt{f(x)} = k\sqrt{f(x)}$ 对某个 k 成立,所以 $\sqrt{f(x)} \equiv 0$,这显然与 $\int_0^1 f(x) \mathrm{d}x = 1$ 矛盾. 所以,这样的函数不存在.

例 5.49 设 $f(x),g(x)$ 在 $[a,b]$ 上连续，$f(x)+g(x)\neq 0$，且 $f(x)=g(a+b-x)$，求 $I=\int_a^b\dfrac{f(x)}{f(x)+g(x)}\mathrm{d}x$.

解 令 $x=a+b-t$，有

$$I=\int_a^b\frac{f(x)}{f(x)+g(x)}\mathrm{d}x$$

$$=\int_a^b\frac{f(a+b-t)}{f(a+b-t)+g(a+b-t)}\mathrm{d}(-t)$$

$$=\int_a^b\frac{g(t)}{g(t)+f(t)}\mathrm{d}t,$$

所以 $2I=\int_a^b\dfrac{f(x)+g(x)}{f(x)+g(x)}\mathrm{d}x=b-a,I=\dfrac{1}{2}(b-a).$

例 5.50 设 $f(x)$ 与 $g(x)$ 在 $[a,b]$ 上连续，证明柯西—施瓦茨(Cauchy-Schwarz)不等式成立：

$$\left[\int_a^b f(x)g(x)\mathrm{d}x\right]^2\leqslant\int_a^b f^2(x)\mathrm{d}x\cdot\int_a^b g^2(x)\mathrm{d}x.$$

证明 对于任何实数 u，都有 $[uf(x)-g(x)]^2\geqslant 0$，从而

$$u^2\int_a^b f^2(x)\mathrm{d}x-2u\int_a^b f(x)g(x)\mathrm{d}x+\int_a^b g^2(x)\mathrm{d}x\geqslant 0.$$

对任何实数 u，上面不等式总成立，所以其判别式

$$\left[\int_a^b f(x)g(x)\mathrm{d}x\right]^2-\int_a^b f^2(x)\mathrm{d}x\cdot\int_a^b g^2(x)\mathrm{d}x\leqslant 0.$$

即为所证.

练 习 题

1. 计算下列定积分：

$(1)\displaystyle\int_{-\frac{\pi}{4}}^{\frac{\pi}{4}}\frac{x}{1+\sin x}\mathrm{d}x$；

$(2)\displaystyle\int_0^{2\pi}x\sin^8 x\mathrm{d}x$；

$(3)\displaystyle\int_{-1}^1\frac{x+1}{1+\sqrt[3]{x^2}}\mathrm{d}x$；

$(4)\displaystyle\int_{-\frac{\pi}{4}}^{\frac{\pi}{4}}\frac{\sin^2 x}{1+\mathrm{e}^{-x}}\mathrm{d}x$；

$(5)\displaystyle\int_0^1\frac{\arcsin\sqrt{x}}{\sqrt{x(1-x)}}\mathrm{d}x$；

$(6)\displaystyle\int_0^{\frac{3}{4}}\frac{\mathrm{d}x}{(x+1)\sqrt{x^2+1}}$；

$(7)\displaystyle\int_1^{+\infty}\frac{\arctan x}{x^2}\mathrm{d}x$；

$(8)\displaystyle\int_2^4\frac{x\mathrm{d}x}{\sqrt{|x^2-q|}}$；

(9)（浙江省 2005 年试题）$\displaystyle\int_{-1}^1|1-2x|\mathrm{d}x$；

(10)（浙江省 2010 年试题）$\displaystyle\int_{-1}^1\frac{\mathrm{d}x}{(1+x^2)^2}$.

2.（浙江省 2004 年试题）计算 $\displaystyle\int_0^1 x^2|x-k|\mathrm{d}x$，其中 k 为常数.

3.（浙江省 2007 年试题）求 p 的值，使 $\displaystyle\int_a^b(x+p)^{2007}\mathrm{e}^{(x+p)^2}\mathrm{d}x=0$.

4.（浙江省 2010 年试题）设 f 连续，满足 $f(x)=\sqrt{x}+\displaystyle\int_0^x\mathrm{e}^{x^2-t^2}f(t)\mathrm{d}t$，求 $f'(1)-3f(1)$ 的值.

5. (浙江省 2010 年试题) 设 f 连续, 满足 $f(x) = x^2 + \int_0^x \mathrm{e}^{x-t} f(t) \mathrm{d}t$, 求 $f'(0)$.

6. 令 $f: R^+ \to R^+$ 为一个定义在实数上的单调减函数, 且有 $\int_0^\infty f(x) \mathrm{d}x < +\infty$. 证明: $\lim_{x \to \infty} x f(x) = 0$.

7. 是否存在满足下列条件的函数 $f(x)$, 若存在请找出来, 若不存在, 请给出理由.

$$\int_0^1 f(x) \mathrm{d}x = 1;$$

$$\int_0^1 x f(x) \mathrm{d}x = a;$$

$$\int_0^1 x^2 f(x) \mathrm{d}x = a^2;$$

其中, $0 \leqslant a \leqslant 1$ 给定.

8. 设 $f(x)$ 连续, 且 $\int_0^x t f(2x - t) \mathrm{d}t = \frac{1}{2} \arctan x^2$, $f(1) = 1$, 求 $\int_1^2 f(x) \mathrm{d}x$.

9. 设 $f(x)$ 在 $(-\infty, +\infty)$ 上连续, 且 $\varphi(x) = f(x) \int_0^x f(t) \mathrm{d}t$ 单调减少, 证明在 $(-\infty, +\infty)$ 内 $f(x) \equiv 0$.

10. 设 $f(x)$ 在 $[a, b]$ 上连续且单调增加, 求证: $\int_a^b x f(x) \mathrm{d}x \geqslant \frac{a+b}{2} \int_a^b f(x) \mathrm{d}x$.

11. 设 $f(x)$ 在 $[0, 1]$ 上连续, $\int_0^1 f(x) \mathrm{d}x = \int_0^1 x f(x) \mathrm{d}x = 0$. 试证明至少存在两个不同的点 $\xi_1 \in (0, 1), \xi_2 \in (0, 1)$, 使 $f(\xi_1) = f(\xi_2) = 0$.

12. (浙江省 2005 年试题) 设 $f(x)$ 在 $[-1, 1]$ 上二阶导数连续, 证明: $\exists \xi \in [-1, 1]$, 使 $\int_{-1}^1 x f(x) \mathrm{d}x = \frac{2}{3} f'(\xi) + \frac{1}{3} \xi f''(\xi)$.

13. (浙江省 2006 年试题) 设 f 有连续的二阶导数, 证明:
$$f(x) = f(0) + f'(0)x + \int_0^x t f''(x - t) \mathrm{d}t.$$

14. (浙江省 2008 年试题) 设 f 在 $[0, 2]$ 上可导, 且 $\int_0^1 f(x) \mathrm{d}x = f(2)$, 证明至少存在一点 $\xi \in (0, 2)$, 使 $f'(\xi) = 0$.

15. (浙江省 2009 年试题) 设 $F(t) = \int_0^\pi \ln[1 - 2t \cos x + t^2] \mathrm{d}x$, 证明: (1) $F(t)$ 为偶函数; (2) $F(t^2) = 2F(t)$.

16. (浙江省 2009 年试题) 设 f 为连续函数, 且 $0 \leqslant f(x) \leqslant 1$, 证明在 $[0, 1]$ 上方程 $2x - \int_0^x f(t) \mathrm{d}t = 1$ 有唯一解.

17. (浙江省 2008 年试题) 计算 $\int_2^{+\infty} \frac{\mathrm{d}x}{x \sqrt{x^2 - 1}}$.

18. (浙江省 2010 年试题) 计算 $\int_{-\infty}^{+\infty} \frac{\mathrm{d}x}{(1 + x^2)(2 - 2x + x^2)}$.

19. 过点 $p(1,0)$ 作抛物线 $y=\sqrt{x-2}$ 的切线,该切线与上述抛物线及 x 轴围成一个平面图形,求此图形绕 x 轴旋转一周所形成的旋转体的体积.

20. 两个相同直径的圆柱体,其中心线垂直并相交.求圆柱公共部分的体积.

21. 星形线 $\begin{cases} x=a\cos^3 t, \\ y=a\sin^3 t, \end{cases} a>0.$ 求:① 它所围成的图形的面积;② 它的全长;③ 绕 x 轴旋转而形成的旋转面的全面积;④ 绕 x 轴旋转而形成的旋转体的体积.

22. 求曲线 $\begin{cases} x=a(2\cos t-\cos 2t) \\ y=a(2\sin t-\sin 2t) \end{cases}$ 所围图形的面积.

23. 求曲线 $y^2=\dfrac{x^2}{2a-x}\left(0\leqslant x\leqslant\dfrac{5}{3}a\right)$ 的弧长.

24. 求下列曲面所围成图形的体积: $x^2+y^2+z^2+xy+yz+zx=a^2.$

25. 一半径为 R 比重正好与水的比重一样的球沉入水中,现将其取出正好完全脱离水面,问做功多少?

26. 设有一半径为 R 的球沉入密度为 R 的液体中,球心距液面为 $H(H\geqslant R)$,求球面所受总的静压力.

27. 用铁锤将铁钉打入木板,设木板对铁钉的阻力与铁钉进入木板深度成正比,在铁锤击第一次时能将铁钉击入木板内 1cm,如果铁锤每次打击所做的功相等,问铁锤击第二次时能将铁钉又击入多深?

28.(浙江省 2006 年试题)求由 $y=0,y=\dfrac{1}{e}\sqrt{x},y=\ln\sqrt{x}$ 围成的平面图形绕 x 轴旋转一周所得的旋转体体积.

29.(浙江省 2008 年试题)求曲线 $y=x\sin x,x\in[\pi,2\pi]$ 与 x 轴围成的平面图形绕 y 轴旋转一周所得的旋转体体积.

30.(浙江省首届竞赛试题)设 f 连续,且当 $x>-1$ 时,
$$f(x)\left[\int_0^x f(t)\mathrm{d}t+1\right]=\dfrac{x\mathrm{e}^x}{2(1+x)^2},\text{求 } f(x).$$

31. 证明:$\dfrac{1}{2}<\displaystyle\int_0^1\dfrac{\mathrm{d}x}{\sqrt{4-x^2+x^3}}\leqslant\dfrac{\pi}{6}.$

32. 设 $x>0.$ 证明 $\displaystyle\int_0^x t(1-t)\sin^{2n}t\,\mathrm{d}t<\dfrac{1}{(2n+2)(2n+3)}.$

33. 设 $\{f_n\}$ 为一个 $[0,1]\to\mathbf{R}$ 的连续映射序列,满足 $\displaystyle\int_0^1[f_n(x)-f_m(x)]^2\mathrm{d}x\to 0$,当 $n,m\to+\infty$,令 $K:[0,1]\times[0,1]\to\mathbf{R}$ 是连续的,令 $g_n(x)=\displaystyle\int_0^1 K(x,y)f_n(y)\mathrm{d}y.$ 定义 $g_n:[0,1]\to\mathbf{R}$,证明序列 $\{g_n\}$ 一致收敛.

第六讲　　无穷级数

 知识要点

一、正项级数收敛性的判别法

1. 柯西准则:数项级数

$$a_1 + a_2 + \cdots + a_n + \cdots = \sum_{n=1}^{+\infty} a_n \tag{6.1}$$

收敛的充要条件是对于任意的 $\varepsilon > 0$,都存在 $N = N(\varepsilon)$,使得当 $n > N$ 时,对于任意的 $p > 0$,都有不等式

$$|S_{n+p} - S_n| = \left| \sum_{i=n+1}^{n+p} a_i \right| < \varepsilon$$

成立.

2. 比较判别法 Ⅰ:设 $\sum_{n=1}^{+\infty} a_n$ 与 $\sum_{n=1}^{+\infty} b_n$ 均为正项级数,且存在 n_0,当 $n > n_0$ 时,都有 $a_n \leqslant b_n$ 成立,则

　(1) 若 $\sum_{n=1}^{+\infty} b_n$ 收敛,则 $\sum_{n=1}^{+\infty} a_n$ 收敛;

　(2) 若 $\sum_{n=1}^{+\infty} a_n$ 发散,则 $\sum_{n=1}^{+\infty} b_n$ 发散.

3. 比较判别法极限形式:对于正项级数 $\sum_{n=1}^{+\infty} a_n$, $\sum_{n=1}^{+\infty} b_n$,若 $\lim_{n \to +\infty} \dfrac{a_n}{b_n} = l$,则

　(1) 当 $0 < l < +\infty$ 时,级数 $\sum_{n=1}^{+\infty} a_n$, $\sum_{n=1}^{+\infty} b_n$ 有相同的敛散性;

　(2) 当 $l = 0$ 时,若 $\sum_{n=1}^{+\infty} b_n$ 收敛,则 $\sum_{n=1}^{+\infty} a_n$ 收敛;

　(3) 当 $l = +\infty$ 时,若 $\sum_{n=1}^{+\infty} a_n$ 收敛,则 $\sum_{n=1}^{+\infty} b_n$ 收敛.

4. 比较判别法 Ⅱ:

　(a) $a_n = O\left(\dfrac{1}{n^p}\right)$,当 $p > 1$ 时级数(6.1)收敛,

　(b) $a_n \geqslant \dfrac{1}{n^p}$,当 $p \leqslant 1$ 时级数(6.1)发散.

5. 达朗贝尔判别法:若 $a_n > 0 (n = 1, 2, \cdots)$ 及

$$\lim_{n \to +\infty} \frac{a_{n+1}}{a_n} = q,$$

则(a) 当 $q < 1$ 时级数(6.1) 收敛,(b) 当 $q > 1$ 时级数(6.1) 发散.

6. 柯西判别法:若 $a_n \geqslant 0 (n = 1, 2, \cdots)$ 及

$$\lim_{n \to +\infty} \sqrt[n]{a_n} = q,$$

则(a) 当 $q < 1$ 时级数(6.1) 收敛,(b) 当 $q > 1$ 时级数(6.1) 发散.

7. 拉阿伯判别法:若 $a_n > 0 (n = 1, 2, \cdots)$ 及

$$\lim_{n \to +\infty} n \left(\frac{a_n}{a_{n+1}} - 1 \right) = p,$$

则(a) 当 $p > 1$ 时级数(6.1) 收敛,(b) 当 $p < 1$ 时级数(6.1) 发散.

8. 柯西积分判别法:若 $f(x) (x > 0)$ 是非负的不增函数,则级数 $\sum_{n=1}^{+\infty} f(n)$ 与积分 $\int_1^{+\infty} f(x) \mathrm{d} x$ 同时收敛或同时发散.

二、变号级数收敛性的判别法

1. 莱布尼茨判别法:交错级数

$$b_1 - b_2 + b_3 - b_4 + \cdots + (-1)^{n-1} b_n + \cdots$$

$(b_n \geqslant 0)$ 收敛,若(a) $b_n \geqslant b_{n+1} (n = 1, 2, \cdots)$ 和(b) $\lim_{n \to \infty} b_n = 0$.

2. 阿贝尔判别法:级数

$$\sum_{n=1}^{+\infty} a_n b_n \tag{6.2}$$

收敛,若(a) 级数 $\sum_{n=1}^{+\infty} a_n$ 收敛,(b) $b_n (n = 1, 2, \cdots)$ 形成一单调并有界的序列.

3. 狄里克利判别法:级数(6.2) 收敛,若(a) 部分和序列 $A_n = \sum_{i=1}^{n} a_i$ 是有界的,(b) 当 $n \to +\infty$ 时,b_n 单调趋向于零.

三、幂级数

1. 幂级数的收敛区间:对于幂级数

$$a_0 + a_1(x-a) + \cdots + a_n(x-a)^n + \cdots \tag{6.3}$$

的收敛区间为 $|x - a| < R$,其中

$$R = (\overline{\lim_{n \to \infty}} \sqrt[n]{|a_n|})^{-1},$$

若 $\lim_{n \to \infty} \left| \frac{a_n}{a_{n+1}} \right|$ 存在,收敛半径 R 也为

$$R = \lim_{n \to \infty} \left| \frac{a_n}{a_{n+1}} \right|.$$

2. 和函数:设幂级数(6.3) 在收敛区间 $(a - R, a + R)$ 上的和函数为 $f(x)$,

$$f(x) = \sum_{n=1}^{\infty} a_n(x-a)^n,$$

若 x 为收敛区间内的任意一点,则

（a）f 在 x 点可导，且

$$f'(x) = \sum_{n=1}^{\infty} na_n (x-a)^{n-1};$$

（b）f 在区间 $[a,x]$ 上可积，且

$$\int_a^x f(x)\mathrm{d}x = \sum_{n=1}^{\infty} \frac{a_n}{n+1}(x-a)^{n+1}.$$

3. 泰勒级数：解析函数在 a 点可展开为幂级数

$$f(x) = \sum_{k=0}^{\infty} \frac{f^{(k)}(a)}{k!}(x-a)^k,$$

此级数的余项

$$R_n(x) = f(x) - \sum_{k=0}^{n} \frac{f^{(k)}(a)}{k!}(x-a)^k = \frac{f^{(n+1)}(a+\theta(x-a))}{(n+1)!}(x-a)^{n+1} \quad (0 < \theta < 1).$$

当 $a=0$ 时，称为马克劳林展开，即

$$f(x) = \sum_{k=0}^{\infty} \frac{f^{(k)}(0)}{k!}x^k.$$

4. 幂级数的运算法则：若级数 $\sum_{n=1}^{\infty} a_n x^n$ 与 $\sum_{n=1}^{\infty} b_n x^n$ 的收敛半径分别为 R_a 和 R_b，则

$$\lambda \sum_{n=1}^{\infty} a_n x^n = \sum_{n=1}^{\infty} \lambda a_n x^n, \quad |x| < R_a;$$

$$\sum_{n=1}^{\infty} a_n x^n \pm \sum_{n=1}^{\infty} b_n x^n = \sum_{n=1}^{\infty} (a_n \pm b_n) x^n, \quad |x| < R;$$

$$\left(\sum_{n=1}^{\infty} a_n x^n\right)\left(\sum_{n=1}^{\infty} b_n x^n\right) = \sum_{n=1}^{\infty} c_n x^n, \quad |x| < R;$$

其中 λ 为常数，$R = \min\{R_a, R_b\}$，$c_n = \sum_{k=1}^{n} a_k b_{n-k}$。

四、傅立叶级数

1. 傅立叶展开定理：若函数 $f(x)$ 在区间 $(-l,l)$ 内逐段连续并有逐段连续的导函数 $f'(x)$，并且一切不连续点 ξ 是正则的，即 $f(\xi) = \frac{1}{2}[f(\xi-0)+f(\xi+0)]$，则函数 $f(x)$ 在此区间上可用傅立叶级数表出

$$f(x) = \frac{a_0}{2} + \sum_{n=1}^{\infty}\left(a_n \cos\frac{n\pi x}{l} + b_n \sin\frac{n\pi x}{l}\right),$$

其中

$$a_n = \frac{1}{l}\int_{-l}^{l} f(x)\cos\frac{n\pi x}{l}\mathrm{d}x \quad (n=1,2,\cdots),$$

$$b_n = \frac{1}{l}\int_{-l}^{l} f(x)\sin\frac{n\pi x}{l}\mathrm{d}x \quad (n=1,2,\cdots).$$

特别是：（a）若函数 $f(x)$ 是偶函数，则有：

$$f(x) = \frac{a_0}{2} + \sum_{n=1}^{\infty} a_n \cos\frac{n\pi x}{l},$$

式中 $a_n = \dfrac{2}{l}\displaystyle\int_0^l f(x)\cos\dfrac{n\pi x}{l}\mathrm{d}x (n=1,2,\cdots)$;

（b）若函数 $f(x)$ 是奇函数，则：

$$f(x) = \sum_{n=1}^{\infty} b_n \sin\frac{n\pi x}{l},$$

式中 $b_n = \dfrac{2}{l}\displaystyle\int_0^l f(x)\sin\dfrac{n\pi x}{l}\mathrm{d}x (n=1,2,\cdots)$.

2. 帕塞瓦尔(Parseval)等式：设 $f(x)$ 可积和平方可积，则 $f(x)$ 的傅立叶系数 a_n 和 b_n 的平方构成的级数

$$\frac{a_0^2}{2} + \sum_{n=1}^{+\infty}(a_n^2 + b_n^2)$$

是收敛的，且成立等式

$$\frac{a_0^2}{2} + \sum_{n=1}^{+\infty}(a_n^2 + b_n^2) = \frac{1}{l}\int_{-l}^{l} f^2(x)\mathrm{d}x.$$

上式称为帕塞瓦尔(Parseval)等式.

五、有关级数的其他知识

1. 级数直接求和法：若

$$u_n = v_{n+1} - v_n (n=1,2,\cdots), \lim_{n\to\infty} v_n = v_\infty.$$

则 $\displaystyle\sum_{n=1}^{\infty} u_n = v_\infty - v_1$.

例如 $u_n = \dfrac{1}{a_n a_{n+1}\cdots a_{n+m}}$，其中 a_i 形成以 d 为公差的等差级数，则

$$v_n = -\frac{1}{md} \cdot \frac{1}{a_n a_{n+1}\cdots a_{n+m-1}}.$$

几个特殊级数的和：

$$\sum_{n=1}^{\infty} q^{n-1} = \frac{1}{1-q} \quad (|q|<1); \sum_{n=1}^{\infty}\frac{(-1)^{n+1}}{n} = \ln 2; \quad \sum_{n=1}^{\infty}\frac{1}{n^2} = \frac{\pi^2}{6}; \quad \sum_{n=1}^{\infty}\frac{(-1)^{n+1}}{n^2} = \frac{\pi^2}{12}.$$

2. 阿贝尔方法：若级数 $\displaystyle\sum_{n=0}^{\infty} a_n$ 收敛，则

$$\sum_{n=0}^{\infty} a_n = \lim_{x\to 1^-}\sum_{n=0}^{\infty} a_n x^n.$$

然后借助对幂级数 $\displaystyle\sum_{n=0}^{\infty} a_n x^n$ 的逐项微分法或积分法来求和.

3. 三角级数求和法：为了求级数

$$\sum_{n=0}^{\infty} a_n \cos nx, \quad \sum_{n=0}^{\infty} a_n \sin nx$$

的和，常把它们视为复数域内幂级数 $\displaystyle\sum_{n=0}^{\infty} a_n \mathrm{e}^{\mathrm{i}nx}$ 的实部和虚部的系数.

4. 斯特林公式

$$n! = \sqrt{2\pi n}\, n^n \mathrm{e}^{-n+\frac{\theta_n}{12n}}, 0 < \theta_n < 1,$$

利用上述公式可以分析估计当 n 充分大时的 $n!$.

例题分析

一、级数收敛性的判别

例 6.1　设正项数列 $\{a_n\}$ 单调减少,且 $\sum\limits_{n=1}^{\infty}(-1)^n a_n$ 发散,试问级数 $\sum\limits_{n=1}^{\infty}\left(\dfrac{1}{a_n+1}\right)^n$ 是否收敛?并说明理由.

解　由于正项级数 $\{a_n\}$ 单调减少有下界,故 $\lim\limits_{n\to\infty}a_n$ 存在,记这个极限为 a,则 $a \geqslant 0$,若 $a = 0$,则由莱布尼茨定理知 $\sum\limits_{n=1}^{\infty}(-1)^n a_n$ 收敛,故 $a > 0$,于是

$$\frac{1}{a_n+1} < \frac{1}{a+1} < 1,$$

从而

$$\left(\frac{1}{a_n+1}\right)^n < \left(\frac{1}{a+1}\right)^n,$$

而 $\sum\limits_{n=1}^{\infty}\left(\dfrac{1}{a+1}\right)^n$ 是公比为 $\dfrac{1}{a+1} < 1$ 的几何级数,故收敛.因此,由比较判别法知原级数收敛.

例 6.2　判断下列级数的收敛性:

(a) $\sum\limits_{n=1}^{\infty}\dfrac{(2n)!(3n)!}{n!(4n)!}$;　　(b) $\sum\limits_{n=1}^{\infty}\dfrac{1}{n^{1+1/n}}$.

解　(a) 使用比值判别法有

$$原式 = \frac{(2n+2)!(3n+3)!}{(n+1)!(4n+4)!}\Big/\frac{(2n)!(3n)!}{n!(4n)!},$$

$$= \frac{n!(4n)!(2n+2)(2n+1)(2n)!(3n+3)(3n+2)(3n+1)(3n)!}{(2n)!(3n)!(n+1)n!(4n+4)(4n+3)(4n+2)(4n+1)(4n)!},$$

$$= \frac{(2n+2)(2n+1)(3n+3)(3n+2)(3n+1)}{(n+1)(4n+4)(4n+3)(4n+2)(4n+1)} \to \frac{27}{64} < 1,$$

因而级数收敛.

(b) 使用积分判别法易知级数 $\sum\limits_{n=2}^{\infty}\dfrac{1}{n\ln n}$ 是发散的,而

$$\lim_{n\to+\infty}\frac{1/n^{1+1/n}}{1/(n\ln n)} = \lim_{n\to+\infty}\frac{\ln n}{n^{1/n}} = \infty,$$

因而由比较判别法的极限形式知此级数是发散的.

例 6.3　$a_1, a_2, a_3, \cdots$ 为正数,且 $\sum\limits_{n=1}^{\infty}a_n$ 收敛,则 $\sum\limits_{n=2}^{\infty}\sqrt{a_n a_{n+1}}$ 收敛. 反之不一定成立.

解　由于 $0 \leqslant (\sqrt{a_{n+1}} - \sqrt{a_n})^2 = a_{n+1} + a_n - 2\sqrt{a_n a_{n+1}}$,我们有

$$\sum_{n=1}^{\infty} \sqrt{a_n a_{n+1}} \leqslant \frac{1}{2} \sum_{n=1}^{\infty} (a_n + a_{n+1}) = \frac{1}{2} a_1 + \sum_{n=2}^{\infty} a_n < \infty,$$

从而 $\displaystyle\sum_{n=1}^{\infty} \sqrt{a_n a_{n+1}}$ 收敛.

取

$$a_n = \begin{cases} \dfrac{1}{n}, & n = 2k+1; \\ \dfrac{1}{n^2}, & n = 2k. \end{cases}$$

则 $\displaystyle\sum_{n=1}^{\infty} \sqrt{a_n a_{n+1}}$ 收敛,而 $\displaystyle\sum_{n=1}^{\infty} a_n$ 发散.

评注　根据算术平均大于几何平均就可以得到结论.

例 6.4(浙江省 2011 年试题)　设正项级数 $\displaystyle\sum_{n=1}^{\infty} a_n$ 收敛,证明 $\displaystyle\sum_{n=1}^{\infty} \sqrt[n]{a_1 a_2 \cdots a_n}$ 收敛.

解　由均值不等式和斯特林公式得

$$\sum_{n=1}^{m} \sqrt[n]{a_1 a_2 \cdots a_n} = \sum_{n=1}^{m} \frac{\sqrt[n]{a_1 2 a_2 \cdots n a_n}}{\sqrt[n]{n!}} \leqslant \sum_{n=1}^{m} \frac{1}{\sqrt[n]{n!}} \sum_{k=1}^{n} \frac{k a_k}{n}$$

$$\leqslant 3 \sum_{n=1}^{m} \frac{1}{n} \sum_{k=1}^{n} \frac{k a_k}{n} = 3 \sum_{k=1}^{m} k a_k \sum_{n=k}^{m} \frac{1}{n^2} \leqslant 6 \sum_{k=1}^{m} a_k$$

故 $\displaystyle\sum_{n=1}^{m} \sqrt[n]{a_1 a_2 \cdots a_n} \leqslant 6 \sum_{n=1}^{m} a_n$ 收敛.

评注　可以对部分和用比较判别法.

例 6.5(浙江省 2002 年试题)　设 $\{a_n\}, \{b_n\}$ 为满足 $\mathrm{e}^{a_n} = a_n + b^{b_n}, n \geqslant 1$ 的两个实数列,
已知 $a_n > 0(n \geqslant 1)$,且 $\displaystyle\sum_{n=1}^{\infty} a_n$ 收敛.证明:$\displaystyle\sum_{n=1}^{\infty} \frac{b_n}{a_n}$ 也收敛.

解　当 $x > 0, \mathrm{e}^x - x = 1 + \dfrac{x^2}{2} \mathrm{e}^{\xi}, \quad \xi \in (0, x)$,

所以 $1 < \mathrm{e}^{b_n} = \mathrm{e}^{a_n} - a_n < 1 + \dfrac{a_n^2}{2} \mathrm{e}^{a_n}$,

所以 $0 < b_n < \ln\left(1 + \dfrac{a_n^2}{2} \mathrm{e}^{a_n}\right) < \dfrac{a_n^2}{2} \mathrm{e}^{a_n}$,

因为 $\displaystyle\sum_{n=1}^{\infty} a_n$ 收敛,对充分大的 n 有 $a_n < \ln 2$,

即有 $0 < \dfrac{b_n}{a_n} < a_n$,所以 $\displaystyle\sum_{n=1}^{\infty} \frac{b_n}{a_n} < \sum_{n=1}^{\infty} a_n$ 收敛.

例 6.6(浙江省 2004 年试题)　判别级数 $\displaystyle\sum_{n=1}^{\infty} \frac{1}{\sqrt[n]{(n!)^{\alpha}}}$ 的敛散性,其中 $\alpha > 0$ 为常数.

解　由斯特林公式知 $n^{\alpha} > \sqrt[n]{(n!)^{\alpha}} = \sqrt[n]{(\sqrt{2\pi n} n^n \mathrm{e}^{-n} \mathrm{e}^{\frac{\theta_n}{12n}})^{\alpha}} > \sqrt[n]{(n^n \mathrm{e}^{-n})^{\alpha}} = (n \mathrm{e}^{-1})^{\alpha}$,
所以,当 $\alpha > 1$ 时,原级数收敛;当 $0 < \alpha \leqslant 1$ 时,原级数发散.

例 6.7（浙江省 2005 年试题）　判别级数 $\sum\limits_{n=1}^{\infty}(-1)^{[\sqrt{n}]}\dfrac{1}{n}$ 的敛散性.

解　当 $n=k^2,k^2+1,\cdots,k^2+2k$ 时，$[\sqrt{n}]=k$，

考虑交错级数 $\sum\limits_{k=1}^{\infty}(-1)^k u_k$，其中 $u_k=\sum\limits_{j=0}^{2k}\dfrac{1}{k^2+j}<\dfrac{2k+1}{k^2}\to 0$，因此 $\lim\limits_{k\to\infty}u_k=0.$

而当 $0\leqslant j<k$ 时，$(k^2+j)(k^2+2k-j)<(k^2+k)^2$，

$$\frac{1}{k^2+j}+\frac{1}{k^2+2k-j}>\frac{2}{k^2+k},\quad u_k>\frac{2k+1}{k^2+k}=\frac{2}{k+1}+\frac{1}{k^2+k},$$

$$u_{k+1}<\frac{2k+3}{(k+1)^2}=\frac{2}{k+1}+\frac{1}{(k+1)^2},$$

所以 u_k 单调下降，所以 $\sum\limits_{k=1}^{\infty}(-1)^k u_k$ 收敛.

记 $s_m=\sum\limits_{n=1}^{m}(-1)^{[\sqrt{n}]}\dfrac{1}{n}$，$[\sqrt{m}]=k$，则有 $\left|s_m-\sum\limits_{j=1}^{k}(-1)^j u_j\right|<u_k\to 0$，

所以 $\sum\limits_{n=1}^{\infty}(-1)^{[\sqrt{n}]}\dfrac{1}{n}$ 收敛，且 $\sum\limits_{n=1}^{\infty}(-1)^{[\sqrt{n}]}\dfrac{1}{n}=\sum\limits_{k=1}^{\infty}(-1)^k u_k.$

评注　有时也可把级数 $\sum\limits_{n=1}^{\infty}a_n$ 依原次序将其若干项加括号合并成一项 b_n 而构成新级数 $\sum\limits_{n=1}^{\infty}b_n$，由 $\sum\limits_{n=1}^{\infty}b_n$ 的敛散性来讨论 $\sum\limits_{n=1}^{\infty}a_n$ 的敛散性. 当括号中的项同号时，$\sum\limits_{n=1}^{\infty}a_n$ 与 $\sum\limits_{n=1}^{\infty}b_n$ 同敛散.

例 6.8（浙江省 2008 年试题）　分析级数 $\sum\limits_{n=1}^{\infty}\sin\left(\dfrac{n^3}{n^2+1}\pi\right)$ 的收敛性.

解　$\sin\left(\dfrac{n^3}{n^2+1}\pi\right)=\sin\left(\dfrac{n^3+n-n}{n^2+1}\pi\right)=(-1)^{n-1}\sin\dfrac{n\pi}{n^2+1}$，

当 $n\to 0$ 时，$\sin\dfrac{n\pi}{n^2+1}\sim\dfrac{\pi}{n}$，故 $\sum\limits_{n=1}^{\infty}\left|\sin\dfrac{n^3\pi}{n^2+1}\right|$ 发散，又因为 $\left\{\sin\dfrac{n\pi}{n^2+1}\right\}$ 单调减少趋于零，因此，原级数条件收敛.

例 6.9　求实数 x，使得 $\sum\limits_{n=1}^{\infty}\dfrac{\sqrt{n+1}-\sqrt{n}}{n^x}$ 收敛.

解　注意到 $\qquad\qquad \dfrac{\sqrt{n+1}-\sqrt{n}}{n^x}\sim\dfrac{1}{n^{x+1/2}}\ (n\to\infty)$，

所以给定级数与 $\sum\limits_{n=1}^{\infty}\dfrac{1}{n^{x+1/2}}$ 同时收敛同时发散. 当 $x>1/2$ 时它们收敛.

评注　主要是把级数一般项分子有理化，从而找出它的等价形式.

例 6.10　令 A 为整数的一个集合，这些数在它们的十进制表示中不包含数字 9，证明：$\sum\limits_{a\in A}\dfrac{1}{a}<\infty$，即 A 定义一个调和级数的收敛子列.

解　对于 $n=1,2,\cdots$，A 中数小于 10^n 的项数是 9^n-1，所以我们有

$$\sum_{a\in A}\frac{1}{a}=\sum_{n\geqslant 1}\sum_{10^{n-1}\leqslant a<10^n}\frac{1}{a}\leqslant\sum_{n\geqslant 1}\frac{9^n}{10^{n-1}}=10\sum_{n\geqslant 1}\left(\frac{9}{10}\right)^n<\infty.$$

评注 主要是确定在 10^{n-1} 到 10^n 之间不包含数字 9 的数的个数.

例 6.11 已知 $a_1, a_2, \cdots$ 为正数,且 $\sum\limits_{n=1}^{\infty} a_n$ 收敛,证明存在正数 $c_1, c_2, \cdots$,使得

$$\lim_{n\to\infty} c_n = \infty, \quad \sum_{n=1}^{\infty} c_n a_n < \infty.$$

解 由于 $\sum\limits_{n=1}^{\infty} a_n$ 收敛,则存在一个正整数递增子列 $\{N_k\}$,对每个 k 满足 $\sum\limits_{n=N_k}^{\infty} a_n < \dfrac{1}{k^3}$,令

$$c_n = \begin{cases} 1, & n < N_1; \\ k, & N_k \leqslant n < N_{k+1}. \end{cases}$$

于是 $c_n \to \infty$,且

$$\sum_{n=1}^{\infty} c_n a_n \leqslant \sum_{n=1}^{N_1-1} a_n + \sum_{k=1}^{\infty} k \sum_{n=N_k}^{\infty} a_k \leqslant \sum_{n=1}^{\infty} a_n + \sum_{k=1}^{\infty} \frac{k}{k^3} \leqslant \sum_{n=1}^{\infty} a_n + \sum_{k=1}^{\infty} \frac{1}{k^2} < \infty.$$

二、幂级数

例 6.12 求幂级数 $\sum\limits_{n=1}^{\infty} \dfrac{1}{3^n+(-2)^n} \dfrac{x^n}{n}$ 的收敛区间,并讨论该区间端点处的收敛性.

解 记 $a_n = \dfrac{1}{3^n+(-2)^n} \dfrac{1}{n}$,由 $\lim\limits_{n\to\infty} \left| \dfrac{a_{n+1}}{a_n} \right| = \dfrac{1}{3}$ 知,收敛半径为 3,收敛区间为 $(-3,3)$.

在 $x=3$ 处,级数通项为

$$\frac{3^n}{3^n+(-2)^n} \frac{1}{n} = \frac{1}{1+\left(-\dfrac{2}{3}\right)^n} \frac{1}{n} > \frac{1}{2n}.$$

而 $\sum\limits_{n=1}^{\infty} \dfrac{1}{2n}$ 发散,所以原级数在 $x=3$ 处发散. 在 $x=-3$ 处,将通项拆成

$$\frac{(-3)^n}{3^n+(-2)^n} \frac{1}{n} = (-1)^n \frac{1}{n} - \frac{2^n}{3^n+(-2)^n} \frac{1}{n},$$

由于 $\sum\limits_{n=1}^{\infty} \dfrac{(-1)^n}{n}$ 与 $\sum\limits_{n=1}^{\infty} \dfrac{2^n}{3^n+(-2)^n} \dfrac{1}{n}$ 都收敛,从而在 $x=-3$ 处收敛.

评注 利用达朗贝尔判别法很容易得到结果.

例 6.13 设 $b_n = 1 + \dfrac{1}{2} + \dfrac{1}{3} + \cdots + \dfrac{1}{n}$,求幂级数 $\sum\limits_{n=1}^{\infty} \dfrac{x^n}{b_n}$ 的收敛半径、收敛区间和收敛域.

解 不难得到

$$\lim_{n\to\infty} \frac{1}{b_{n+1}} \bigg/ \frac{1}{b_n} = \lim_{n\to\infty} \frac{b_n}{b_{n+1}} = 1,$$

所以收敛半径为 $R=1$,收敛区间为 $(-1,1)$.

在 $x=-1$ 处,$\sum\limits_{n=1}^{\infty} \dfrac{(-1)^n}{b_n}$ 为交错级数,且 $\lim\limits_{n\to\infty} \dfrac{1}{b_n} = 0, \dfrac{1}{b_n} > \dfrac{1}{b_{n+1}}$,由莱布尼茨定理可知,该级数收敛.

在 $x=1$ 处,由于 $b_n < n$,即有 $\dfrac{1}{b_n} > \dfrac{1}{n}$,所以级数 $\displaystyle\sum_{n=1}^{\infty}\dfrac{1}{b_n}$ 发散.

所以,幂级数 $\displaystyle\sum_{n=1}^{\infty}\dfrac{x^n}{b_n}$ 的收敛域为 $[-1,1)$.

评注　利用达朗贝尔判别法很容易得到结果.

例 6.14　求 $\displaystyle\sum_{n=0}^{\infty}\dfrac{n^2+1}{2^n n!}x^n$ 的收敛域及和函数.

解　$\displaystyle\lim_{x\to\infty}\dfrac{(n+1)^2+1}{2^{n+1}(n+1)!}\bigg/\dfrac{n^2+1}{2^n n!}=0$,所以收敛区间为 $(-\infty,+\infty)$,

令 $u=\dfrac{x}{2}$,则

$$S(u)=\sum_{n=0}^{\infty}\frac{n^2+1}{n!}u^n=\sum_{n=0}^{\infty}\frac{n^2}{n!}u^n+\sum_{n=0}^{\infty}\frac{u^n}{n!},易知\sum_{n=0}^{\infty}\frac{u^n}{n!}=\mathrm{e}^u,$$

又

$$\sum_{n=0}^{\infty}\frac{n^2}{n!}u^n=\sum_{n=1}^{\infty}\frac{nu^n}{(n-1)!}=u\sum_{n=1}^{\infty}\frac{nu^{n-1}}{(n-1)!}$$

$$=u\left(\int_0^u\left(\sum_{n=1}^{\infty}\frac{nu^{n-1}}{(n-1)!}\right)\mathrm{d}u\right)'=u\left(\sum_{n=1}^{\infty}\int_0^u\frac{nu^{n-1}}{(n-1)!}\mathrm{d}u\right)'$$

$$=u\left(\sum_{n=1}^{\infty}\frac{u^n}{(n-1)!}\right)'=u\left(u\sum_{n=1}^{\infty}\frac{u^{n-1}}{(n-1)!}\right)'=u\left(u\sum_{n=0}^{\infty}\frac{u^n}{n!}\right)'$$

$$=u(u\mathrm{e}^u)'=u^2\mathrm{e}^u+u\mathrm{e}^u$$

所以

$$\sum_{n=0}^{\infty}\frac{n^2+1}{2^n n!}x^n=\mathrm{e}^{\frac{x}{2}}\left(\frac{x^2}{4}+\frac{x}{2}+1\right),\ -\infty<x<+\infty.$$

例 6.15　求幂级数 $\displaystyle\sum_{n=2}^{\infty}\dfrac{\left(1+2\cos\dfrac{n\pi}{4}\right)^n}{\ln n}x^n$ 的收敛区间,并讨论该区间端点处的收敛性.

解　记 $a_n=\dfrac{\left(1+2\cos\dfrac{n\pi}{4}\right)^n}{\ln n}$,由于 $\displaystyle\lim_{n\to\infty}\sqrt[n]{|a_n|}=3$,故收敛半径 $R=\dfrac{1}{3}$;收敛区间为 $\left(-\dfrac{1}{3},\dfrac{1}{3}\right)$.

当 $|x|=\dfrac{1}{3}$ 时,对于 $n=8k$,由于

$$\sum_{k=1}^{\infty}\frac{(1+2\cos 2k\pi)^{8k}}{\ln 8k}\cdot\frac{1}{3^{8k}}=\sum_{k=1}^{\infty}\frac{1}{\ln k+\ln 8}.$$

及

$$\frac{1}{\ln k+\ln 8}>\frac{1}{k+\ln 8}>0,$$

且 $\displaystyle\sum_{k=1}^{\infty}\dfrac{1}{k+\ln 8}$ 发散,故级数 $\displaystyle\sum_{k=1}^{\infty}\dfrac{1}{\ln k+\ln 8}$ 发散.

不难证明,当 $n=8k+1,8k+2,\cdots,8k+7(k=1,2,\cdots)$ 时,级数

$$\sum_{n=2}^{\infty}\frac{\left(1+2\cos\dfrac{n\pi}{4}\right)^n}{\ln n}\left(\pm\frac{1}{3}\right)^n 收敛.$$

事实上,$\dfrac{1}{\ln n}$ 单调趋于零,且

$$\sum_{n=2}^{m}\left|\left(1+2\cos\frac{n\pi}{4}\right)^{n}\right|\cdot\frac{1}{3^n}\leqslant\sum_{n=2}^{m}\left(\frac{1+\sqrt{2}}{3}\right)^{n}<\sum_{n=1}^{m}\left(\frac{1+\sqrt{2}}{3}\right)^{n}$$

$$<\frac{1+\sqrt{2}}{3}\cdot\frac{1}{1-\dfrac{1+\sqrt{2}}{3}}=\frac{1+\sqrt{2}}{1-\sqrt{2}}<5. \tag{5.4}$$

由狄里克利判别法知,级数 $\displaystyle\sum_{n=2}^{\infty}\frac{\left(1+2\cos\dfrac{n\pi}{4}\right)^{n}}{\ln n}\left(\pm\frac{1}{3}\right)^{n}$ 收敛.

于是,当 $|x|=\dfrac{1}{3}$ 时,原级数是由一个发散级数与几个收敛级数依次相加而成,因此,它是发散的.

评注　利用柯西判别法就可以得到收敛半径,判断端点是否收敛需要把级数分成几个子列来考虑,发现其中存在子列发散,所以端点发散.

例 6.16(浙江省 2006 年试题)　求级数 $\left(\displaystyle\sum_{n=1}^{\infty}x^n\right)^{3}$ 中 x^{20} 的系数.

解　$\left(\displaystyle\sum_{n=1}^{\infty}x^n\right)^{3}=x^3\left(\displaystyle\sum_{n=1}^{\infty}x^{n-1}\right)^{3}=x^3\left(\displaystyle\sum_{n=0}^{\infty}x^{n}\right)^{3}=\left(\dfrac{1}{1-x}\right)^{3}x^{3}$,

而 $\dfrac{1}{(1-x)^3}=\dfrac{1}{2}\left(\dfrac{1}{1-x}\right)''=\displaystyle\sum_{n=2}^{\infty}\frac{n(n-1)}{2}x^{n-2}=\sum_{n=0}^{\infty}\frac{(n+1)(n+2)}{2}x^{n}$

故 $\left(\displaystyle\sum_{n=1}^{\infty}x^n\right)^{3}=\sum_{n=0}^{\infty}\frac{(n+1)(n+2)}{2}x^{n+3}$,因此 x^{20} 的系数为 $\dfrac{19\times 18}{2}=171$.

例 6.17(浙江省 2007 年试题)　设幂级数 $\displaystyle\sum_{n=0}^{\infty}a_n x^n$ 的系数满足 $a_0=2$,$na_n=a_{n-1}+n-1$,$n=1,2,3,\cdots$,求此幂级数的和函数 $S(x)$.

解　(方法一)

$$na_n=a_{n-1}+n-1,\quad a_n-1=\frac{1}{n}(a_{n-1}-1),$$

$$a_n-1=\frac{1}{n!}(a_0-1),\quad a_n=\frac{1}{n!}+1,$$

所以 $S(x)=\displaystyle\sum_{n=0}^{\infty}a_n x^n=\sum_{n=0}^{\infty}\left(\frac{1}{n!}+1\right)x^n=\mathrm{e}^x+\frac{1}{1-x}$.

(方法二)　$S(x)=\displaystyle\sum_{n=0}^{+\infty}a_n x^n$,则

$$S'(x)=\sum_{n=1}^{+\infty}na_n x^{n-1}=\sum_{n=1}^{+\infty}a_{n-1}x^{n-1}+\sum_{n=1}^{+\infty}(n-1)x^{n-1}$$

$$=S(x)+\sum_{n=0}^{+\infty}(n+1)x^{n+1}=S(x)+\frac{x}{(1-x)^2},$$

即 $S'(x)=S(x)+\dfrac{x}{(1-x)^2}$,且 $S(0)=a_0=2$,

解方程 $S(x) = c\mathrm{e}^x + \dfrac{1}{1-x}$,由 $S(0) = 1$ 可得 $S(x) = \mathrm{e}^x + \dfrac{1}{1-x}$.

例 6.18（浙江省 2002 年试题）　设 $a_1 = 1, a_2 = 1, a_{n+2} = 2a_{n+1} + 3a_n, a \geqslant 1$,求 $\displaystyle\sum_{n=1}^{\infty} a_n x^n$ 的收敛半径、收敛域及和函数.

解　把 $a_{n+2} = 2a_{n+1} + 3a_n$ 化为 $a_{n+2} - 3a_{n+1} = -(a_{n+1} - 3a_n)$,则 $\{a_{n+1} - 3a_n\}$ 是以 -2 为首项、-1 为公比的等比数列,所以 $a_{n+1} - 3a_n = 2(-1)^n$. 此式又可化为

$$\left[a_{n+1} + \frac{1}{2}(-1)^{n+1} \right] = 3\left[a_n + \frac{1}{2}(-1)^n \right]$$

则 $a_n + \dfrac{1}{2}(-1)^n$ 是以 $\dfrac{1}{2}$ 为首项、3 为公比的等比数列,所以 $a_n = -\dfrac{1}{2}(-1)^n + \dfrac{1}{2}3^{n-1}$. 由于 $\displaystyle\lim_{n\to\infty} \sqrt[n]{a_n} = 3$,所以 $\displaystyle\sum_{n=1}^{\infty} a_n x^n$ 的收敛半径 $\dfrac{1}{3}$,收敛域是 $\left(-\dfrac{1}{3}, \dfrac{1}{3} \right)$,和函数是 $\displaystyle\sum_{n=1}^{\infty} a_n x^n =$

$$-\frac{1}{2}\sum_{n=1}^{\infty}(-x)^n + 6\sum_{n=1}^{\infty}(3x)^n = -\frac{1}{2}\cdot\frac{-x}{1+x} + \frac{1}{6}\cdot\frac{3x}{1-3x} = \frac{x(1-x)}{(1+x)(1-3x)}.$$

三、傅立叶级数

例 6.19　令 $f: \mathbf{R} \to \mathbf{R}$ 是周期为 2π 的函数,当 $-\pi \leqslant x < \pi$ 时满足 $f(x) = x^3$.

（a）证明 f 的傅立叶级数具有形式 $\displaystyle\sum_{n=1}^{\infty} b_n \sin nx$,并写出一个关于 b_n 的积分公式.

（b）证明该傅立叶级数对所有 x 收敛.

证明　（a）由于 $f(x)$ 是一个奇函数,对于 $n \in \mathbf{R}$ 积分

$$\frac{1}{\pi}\int_{-\pi}^{\pi} f(x)\cos nx\,\mathrm{d}x$$

为零,傅立叶级数只含有 $\sin nx$ 的项,系数由

$$b_n = \frac{1}{\pi}\int_{-\pi}^{\pi} x^3 \sin nx\,\mathrm{d}x$$

给出.

（b）由于 f 及 f' 是分段连续,我们有

$$\sum_{n=1}^{\infty} b_n \sin nx = \frac{f(x^-) + f(x^+)}{2} = \begin{cases} f(x), & x \neq (2n+1)\pi; \\ 0, & x = (2n+1)\pi. \end{cases}$$

例 6.20　设 f 为 $\mathbf{R}$ 上的连续可微实值函数,对所有 x 满足 $f(x) = f(x+1) = f(x+\sqrt{2})$,证明 f 是一个常数. $f(x) = \displaystyle\sum_{n=-\infty}^{+\infty} \hat{f}(n)\mathrm{e}^{-\mathrm{i}2n\pi x}$.

证明　由于 f 是 $\sqrt{2}$ 周期的,我们有

$$\hat{f}(n) = \int_0^1 f(x)\mathrm{e}^{-2n\pi\mathrm{i}x}\,\mathrm{d}x = \int_0^1 f(x+\sqrt{2})\mathrm{e}^{-2n\pi\mathrm{i}x}\,\mathrm{d}x.$$

令 $y = x + \sqrt{2}$,我们看到

$$\hat{f}(n) = \mathrm{e}^{2n\pi\mathrm{i}\sqrt{2}}\int_{\sqrt{2}}^{1+\sqrt{2}} f(y)\mathrm{e}^{-2n\pi\mathrm{i}y}\,\mathrm{d}y.$$

由于 f 同时也是 1 周期的,我们有

$$\hat{f}(n) = e^{2n\pi i\sqrt{2}}\int_0^1 f(y)e^{-2n\pi i y}\mathrm{d}y = e^{2n\pi i\sqrt{2}}\hat{f}(n).$$

当 $n \neq 0$ 时,$e^{2n\pi i\sqrt{2}} \neq 1$,所以当 $n \neq 0$ 时,$\hat{f}(n) = 0$,且 f 为常数.

评注 由于 $f(x)$ 既以 1 为周期,又以 $\sqrt{2}$ 为周期,从而可以推出结论.

例 6.21 是否存在一个连续的实值函数 $f(x), 0 \leqslant x \leqslant 1$,使 $\int_0^1 xf(x)\mathrm{d}x = 1$,$\int_0^1 x^n f(x)\mathrm{d}x = 0$ 对 $n = 0,1,2,\cdots$ 成立?给出一个例子或证明 f 不存在.

解 假设存在着一个 f,由于 e^x 的幂级数一致收敛,当 $n > 0$ 时我们有

$$\hat{f}(n) = \int_0^1 f(x)e^{-2n\pi i x}\mathrm{d}x = \sum_{k=0}^\infty \frac{(-2\pi ink)}{k!}\int_0^1 f(x)x^k\mathrm{d}x = -2\pi ni.$$

这一等式与 Riemann-Lebesgue 引理相矛盾,该引理表明 $\lim_{n\to\infty}\hat{f}(n) = 0$,所以这样的函数不存在.

例 6.22 令 f 是 $[0,2\pi]$ 上的连续可微实值函数,具有 $\int_0^{2\pi}f(x)\mathrm{d}x = 0 = f(2\pi)-f(0)$,证明 $\int_0^{2\pi}(f(x))^2\mathrm{d}x \leqslant \int_0^{2\pi}(f'(x))^2\mathrm{d}x$.

证明 考虑 f 的傅立叶级数

$$f(x) = \frac{a_0}{2} + \sum_{n=1}^\infty (a_n\cos nx + b_n\sin nx),$$

我们有 $a_0 = 0$,并由 Parseval 恒等式可得

$$\int_0^{2\pi}f^2(x)\mathrm{d}x = \pi\sum_{n=1}^\infty(a_n^2+b_n^2) \leqslant \pi\sum_{n=1}^\infty(n^2a_n^2+n^2b_n^2) = \int_0^{2\pi}[f'(x)]^2\mathrm{d}x.$$

四、其他例题

例 6.23(浙江省 2005 年试题) 设 $a_n = \int_0^{\frac{\pi}{4}}\tan^n x\,\mathrm{d}x$,

(a) 求 $\sum_{n=1}^\infty \frac{1}{n}(a_n + a_{n+2})$ 的值;

(b) 试证:对任意的常数 $\lambda > 0$,级数 $\sum_{n=1}^\infty \frac{a_n}{n^\lambda}$ 收敛.

解 (a) 因为

$$\frac{1}{n}(a_n+a_{n+2}) = \frac{1}{n}\int_0^{\frac{\pi}{4}}\tan^n x(1+\tan^2 x)\mathrm{d}x = \frac{1}{n}\int_0^{\frac{\pi}{4}}\tan^n x\sec^2 x\,\mathrm{d}x$$

$$= \frac{1}{n}\int_0^1 t^n\mathrm{d}t \quad (\tan x = t)$$

$$= \frac{1}{n(n+1)},$$

$$S_n = \sum_{i=1}^{n} \frac{1}{i}(a_i + a_{i+2}) = \sum_{i=1}^{n} \frac{1}{i(i+1)} = 1 - \frac{1}{n+1},$$

所以

$$\sum_{n=1}^{\infty} \frac{1}{n}(a_n + a_{n+2}) = \lim_{n \to \infty} S_n = 1.$$

（b）因为对于一切 $n, a_n > 0$，所以

$$\frac{a_n}{n^\lambda} < \frac{1}{n^\lambda}(a_n + a_{n+2}) = \frac{1}{n^\lambda(n+1)} < \frac{1}{n^{\lambda+1}},$$

由比较收敛法知 $\sum_{n=1}^{\infty} \frac{a_n}{n^\lambda}$ 收敛.

例 6.24　将函数 $f(x) = \arctan \dfrac{1-2x}{1+2x}$ 展开成 x 的幂级数，并求级数 $\sum_{n=0}^{\infty} \dfrac{(-1)^n}{2n+1}$ 的和.

解　$f'(x) = -\dfrac{2}{1+4x^2} = -2 \sum_{n=0}^{\infty} (-1)^n 4^n x^{2n}, x \in \left(-\dfrac{1}{2}, \dfrac{1}{2}\right),$

$$f(x) = f(0) + \int_0^x f'(t)\mathrm{d}t = \frac{\pi}{4} - 2 \int_0^x \left(\sum_{n=0}^{\infty} (-1)^n 4^n t^{2n}\right)\mathrm{d}t$$

$$= \frac{\pi}{4} - 2 \sum_{n=0}^{\infty} (-1)^n 4^n \int_0^x t^{2n}\mathrm{d}t$$

$$= \frac{\pi}{4} - \sum_{n=0}^{\infty} \frac{(-1)^n}{2n+1}(2x)^{2n+1}, x \in \left(-\frac{1}{2}, \frac{1}{2}\right).$$

因为当 $x = \dfrac{1}{2}$ 时，上述级数 $\dfrac{\pi}{4} - \sum_{n=0}^{\infty} \dfrac{(-1)^n}{2n+1}$ 收敛，所以该级数所表示的函数在 $x = \dfrac{1}{2}$ 处连续，而 $f(x) = \arctan \dfrac{1-2x}{1+2x}$ 在 $x = \dfrac{1}{2}$ 处也连续，从而有

$$0 = f\left(\frac{1}{2}\right) = \lim_{x \to \frac{1}{2}} \arctan \frac{1-2x}{1+2x} = \lim_{x \to \frac{1}{2}^-} \left[\frac{\pi}{4} - \sum_{n=0}^{\infty} \frac{(-1)^n}{2n+1}(2x)^{2n+1}\right]$$

$$= \frac{\pi}{4} - \sum_{n=0}^{\infty} \frac{(-1)^n}{2n+1},$$

$f(x)$ 的展开式成立的区间可以扩大到 $\left(-\dfrac{1}{2}, \dfrac{1}{2}\right]$，即

$$f(x) = \frac{\pi}{4} - \sum_{n=0}^{\infty} \frac{(-1)^n}{2n+1}(2x)^{2n+1},$$

得

$$\sum_{n=0}^{\infty} \frac{(-1)^n}{2n+1} = \frac{\pi}{4}.$$

例 6.25　求 $\sum_{k=1}^{n} \dfrac{k^2}{2^k}$ 的和.

解　我们先求 $S(x) = \sum_{k=1}^{n} k^2 x^k$，然后求 $S\left(\dfrac{1}{2}\right)$，

$$\sum_{k=1}^{n} x^k = x \frac{1-x^n}{1-x}, x \neq 1.$$

对上式两边求导得到

$$\sum_{k=1}^{n} kx^{k-1} = \frac{1-(n+1)x^n + nx^{n+1}}{(1-x)^2},$$

两边乘 x 后再次对两边求导,然后再对求导的结果两边乘 x,得到

$$S(x) = \sum_{k=1}^{n} \frac{k^2}{x^k} = \frac{x(1+x) - x^{n+1}(nx-n-1)^2 - x^{n+2}}{(1-x)^3}.$$

所以

$$S\left(\frac{1}{2}\right) = \sum_{k=1}^{n} \frac{k^2}{2^k} = 6 - \left(\frac{n^2+4n+6}{2^n}\right).$$

例 6.26 求 $\lim\limits_{n\to\infty} \dfrac{n}{\sqrt[n]{(2n-1)!!}}$.

解 由于 $(2n-1)!! = \dfrac{(2n)!}{2^n \cdot n!} = \dfrac{\sqrt{2\pi \cdot 2n} \cdot (2n)^{2n} \cdot e^{-2n} \cdot e^{\frac{\theta_1}{24n}}}{2^n \cdot \sqrt{2\pi n} \cdot n^n \cdot e^{-n} \cdot e^{\frac{\theta_2}{12n}}}$

$$= \sqrt{2}(2n)^n e^{-n+\frac{\theta}{12n}} (其中 |\theta| < 1, 0 < \theta_1 < 1, 0 < \theta_2 < 1).$$

所以

$$\lim_{n\to\infty} \frac{n}{\sqrt[n]{(2n-1)!!}} = \lim_{n\to\infty} \frac{n}{\sqrt[2n]{2} \cdot 2ne^{-1} \cdot e^{\frac{\theta}{12n^2}}} = \frac{e}{2}.$$

练习题

1. 判断下列级数的敛散性:

(1) $\sum\limits_{n=1}^{\infty} \dfrac{n+\dfrac{1}{n}}{\left(n+\dfrac{1}{n}\right)^n}$;

(2) $\sum\limits_{n=1}^{\infty} \dfrac{n+1}{\sqrt{n^5-n+2}}$;

(3) $\sum\limits_{n=1}^{\infty} \left(\dfrac{1}{n} - \ln\left(1+\dfrac{1}{n}\right)\right)$;

(4) $\sum\limits_{n=1}^{\infty} \dfrac{\ln n}{n^{5/4}}$.

2. 判断下列级数的敛散性,是条件收敛还是绝对收敛:

(1) $\sum\limits_{n=1}^{\infty} \dfrac{(-1)^n}{\sqrt{n} + (-1)^n}$;

(2) $\sum\limits_{n=1}^{\infty} \dfrac{(-1)^{[\sqrt{n}]}}{n}$;

(3) $\sum\limits_{n=1}^{\infty} (-1)^{n-1}\left(\tan\dfrac{1}{n^p} - \dfrac{1}{n^p}\right)$;

(4) $\sum\limits_{n=1}^{\infty} (-1)^{n-1}\dfrac{2^n \sin^{2n} x}{n}$.

3. 设 $a_n = \int_0^n \sqrt[4]{1+x^4}\,dx$,讨论 $\sum\limits_{n=1}^{\infty} \dfrac{1}{a_n}$ 的敛散性.

4. 求幂级数 $\sum\limits_{n=0}^{\infty} \dfrac{2n+1}{n!} x^{2n}$ 的收敛域及和函数.

5. 求幂级数 $\sum\limits_{n=1}^{\infty} [(-1)^n + \sin n] x^{2n}$ 的收敛域.

6. 将 $f(x) = \dfrac{1}{(1+x)(1+x^2)(1+x^4)(1+x^8)}$ 展开为麦克劳林级数.

7. 证明:当 $0 < x < \pi$ 时,$\sum\limits_{n=1}^{\infty} \dfrac{1}{2n-1}\sin(2n-1)x = \dfrac{\pi}{4}$.

8. 求下列级数的和：

(1) $\displaystyle\sum_{n=1}^{\infty}(-1)^{n-1}\frac{\sin nx}{n(n+1)}$；

(2) $\displaystyle\sum_{n=0}^{\infty}\frac{\cos nx}{n!}$.

9. 利用级数求下列定积分的值：

(1) $\displaystyle\int_{0}^{+\infty}\frac{x\mathrm{d}x}{\mathrm{e}^{x}+1}$；

(2) $\displaystyle\int_{0}^{1}\ln x\cdot\ln(1-x)\mathrm{d}x$.

10. 证明 $\displaystyle\int_{0}^{1}\frac{\mathrm{d}x}{x^{x}}=\sum_{n=1}^{\infty}\frac{1}{n^{n}}$.

11. 证明 $\displaystyle\sum_{n=0}^{\infty}\frac{\sin(n\theta)}{n!}=\sin(\sin\theta)\mathrm{e}^{\cos\theta}$.

12. 求级数 $\displaystyle\sum_{n=1}^{\infty}\left(1+\frac{1}{n}\right)^{-n^{2}}\mathrm{e}^{-nx}$ 的收敛域.

第七讲　　向量运算和空间解析几何

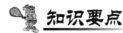 **知识要点**

一、向量的运算及性质

1. 向量的数量积:已知向量 $\boldsymbol{a}$,$\boldsymbol{b}$,设其夹角为 θ,乘积 $|a||b|\cos\theta$ 称为向量 $\boldsymbol{a}$ 与 $\boldsymbol{b}$ 的数量积,记为 $\boldsymbol{a}\cdot\boldsymbol{b}$,即 $\boldsymbol{a}\cdot\boldsymbol{b}=|a||b|\cos\theta$.

数量积的运算规律:

(a)$\boldsymbol{a}\cdot\boldsymbol{b}=\boldsymbol{b}\cdot\boldsymbol{a}$;

(b)$m(\boldsymbol{a}\cdot\boldsymbol{b})=(m\boldsymbol{a})\cdot\boldsymbol{b}=\boldsymbol{a}\cdot(m\boldsymbol{b})$;

(c)$\boldsymbol{a}\cdot(\boldsymbol{b}+\boldsymbol{c})=\boldsymbol{a}\cdot\boldsymbol{b}+\boldsymbol{a}\cdot\boldsymbol{c}$.

其中 m 为数.

2. 向量的向量积:已知向量 $\boldsymbol{a}$,$\boldsymbol{b}$,夹角为 θ,则它们的向量积 $\boldsymbol{c}$ 满足以下条件:

(a)$\boldsymbol{c}$ 与 $\boldsymbol{a}$,$\boldsymbol{b}$ 都垂直,其方向按从 $\boldsymbol{a}$ 经角 θ 到 $\boldsymbol{b}$ 的右手定则所确定;

(b)$\boldsymbol{c}$ 的大小为 $|c|=|a||b|\sin\theta$;记 $\boldsymbol{c}=\boldsymbol{a}\times\boldsymbol{b}$;向量积又称外积或叉积.

向量积的运算规律:

(a)$m(\boldsymbol{a}\times\boldsymbol{b})=(m\boldsymbol{a})\times\boldsymbol{b}=\boldsymbol{a}\times(m\boldsymbol{b})$;

(b)$\boldsymbol{a}\times(\boldsymbol{b}+\boldsymbol{c})=\boldsymbol{a}\times\boldsymbol{b}+\boldsymbol{a}\times\boldsymbol{c}$.

其中 m 为数.

定理 6.1　两向量 $\boldsymbol{a}$,$\boldsymbol{b}$ 相互垂直的充要条件是它们的数量积等于零,即
$$\boldsymbol{a}\perp\boldsymbol{b}\Leftrightarrow\boldsymbol{a}\cdot\boldsymbol{b}=0.$$

定理 6.2　两向量 $\boldsymbol{a}$,$\boldsymbol{b}$ 相互平行的充要条件是它们的向量积等于零向量,即
$$\boldsymbol{a}\ /\!/\ \boldsymbol{b}\Leftrightarrow\boldsymbol{a}\times\boldsymbol{b}=0.$$

二、直线、平面方程

1. 直线方程

(a) 一般形式(面交式):$\begin{cases} A_1x+B_1y+C_1z+D_1=0 \\ A_2x+B_2y+C_2z+D_2=0 \end{cases}$,两平面的法向量分别为 $\boldsymbol{n}_1=\{A_1,B_1,C_1\}$,$\boldsymbol{n}_2=\{A_2,B_2,C_2\}$,$\boldsymbol{n}_1$ 与 $\boldsymbol{n}_2$ 不平行;该直线的方向向量 $\boldsymbol{T}=\begin{vmatrix} \boldsymbol{i} & \boldsymbol{j} & \boldsymbol{k} \\ A_1 & B_1 & C_1 \\ A_2 & B_2 & C_2 \end{vmatrix}$.

(b) 点向式(对称式):$\dfrac{x-x_0}{l}=\dfrac{y-y_0}{m}=\dfrac{z-z_0}{n}$,$(x_0,y_0,z_0)$ 为直线上一点,$\boldsymbol{T}=$

$\{l,m,n\}$ 为直线的方向向量，l,m,n 不全为零.

(c) 参数式：$x = x_0 + lt, y = y_0 + mt, z = z_0 + nt, t \in (-\infty, +\infty)$ 为参数，(x_0, y_0, z_0) 与 $\{l,m,n\}$ 意义见点向式.

(d) 两点式：$\dfrac{x - x_1}{x_2 - x_1} = \dfrac{y - y_1}{y_2 - y_1} = \dfrac{z - z_1}{z_2 - z_1}$，$P_i(x_i, y_i, z_i)$，$i = 1,2$ 为直线上两点.

2. 平面方程

(a) 一般式：$Ax + By + Cz + D = 0$，$\boldsymbol{n} = \{A,B,C\}$ 为平面的法向量. 若 $A = 0$，平面平行于 x 轴；$A = B = 0$，平面平行于 xOy 平面；$D = 0$，平面经过原点.

(b) 点法式：$A(x - x_0) + B(y - y_0) + C(z - z_0) = 0$，$\boldsymbol{n} = \{A,B,C\}$ 为平面法向量，(x_0, y_0, z_0) 为平面上一个点.

(c) 三点式：$\begin{vmatrix} x - x_1 & y - y_1 & z - z_1 \\ x_2 - x_1 & y_2 - y_1 & z_2 - z_1 \\ x_3 - x_1 & y_3 - y_1 & z_3 - z_1 \end{vmatrix} = 0$，$P_i(x_i, y_i, z_i)(i = 1,2,3)$ 为平面上不共线的三个点.

(d) 截距式：$\dfrac{x}{a} + \dfrac{y}{b} + \dfrac{z}{c} = 1$，$a,b,c$ 均不为 0，分别为平面在 x,y,z 轴上的截距.

3. 重要公式

(a) 点到直线距离公式：点 $P_0(x_0, y_0, z_0)$ 到直线 $\dfrac{x - x_0}{l} = \dfrac{y - y_0}{m} = \dfrac{z - z_0}{n}$ 的距离

$$d = \frac{\left\| \begin{matrix} \boldsymbol{i} & \boldsymbol{j} & \boldsymbol{k} \\ x_1 - x_0 & y_1 - y_0 & z_1 - z_0 \\ l & m & n \end{matrix} \right\|}{\sqrt{l^2 + m^2 + n^2}}$$

其中，外层 $|\cdot|$ 表示绝对值，内层 $|\cdot|$ 表示行列式.

(b) 不平行直线间距离公式：两不平行直线 $\dfrac{x - x_1}{l_1} = \dfrac{y - y_1}{m_1} = \dfrac{z - z_1}{n_1}$ 与 $\dfrac{x - x_2}{l_2} = \dfrac{y - y_2}{m_2} = \dfrac{z - z_2}{n_2}$ 间的（最短）距离

$$d = \frac{|\boldsymbol{M_1 M_2} \cdot (\boldsymbol{T_1} \times \boldsymbol{T_2})|}{|\boldsymbol{T_1} \times \boldsymbol{T_2}|}.$$

其中 M_1, M_2 分别为两直线上各任取一点，$\boldsymbol{T_1} = \{l_1, m_1, n_1\}$，$\boldsymbol{T_2} = \{l_2, m_2, n_2\}$.

(c) 点到平面距离公式：点 $P_0(x_0, y_0, z_0)$ 到平面 $Ax + By + Cz + D = 0$ 的距离为

$$d = \frac{|Ax_0 + By_0 + Cz_0 + D|}{\sqrt{A^2 + B^2 + C^2}}.$$

(d) 平行平面间距离公式：两平行平面 $Ax + By + Cz + D_1 = 0$ 与 $Ax + By + Cz + D_2 = 0$ 间的距离

$$d = \frac{|D_1 - D_2|}{\sqrt{A^2 + B^2 + C^2}}.$$

三、曲线、曲面方程

1. 空间曲线

（a）一般式（面交式）：若两曲面 $F(x,y,z)=0$ 与 $G(x,y,z)=0$ 交成曲线 L，则 L 可用 $\begin{cases} F(x,y,z)=0 \\ G(x,y,z)=0 \end{cases}$ 表示，称为曲线的一般式.

（b）参数式：把空间曲线上的任何点的直角坐标 (x,y,z) 分别表示为 t 的函数，其形式为

$$\begin{cases} x=\varphi(t), \\ y=\psi(t), \\ z=\omega(t). \end{cases}$$

2. 曲面方程

（a）二次曲面的标准形式：

椭球面：$\dfrac{x^2}{a^2}+\dfrac{y^2}{b^2}+\dfrac{z^2}{c^2}=1(+++)$；

单叶双曲面：$\dfrac{x^2}{a^2}+\dfrac{y^2}{b^2}-\dfrac{z^2}{c^2}=1(++-)$；

双叶双曲面：$-\dfrac{x^2}{a^2}-\dfrac{y^2}{b^2}+\dfrac{z^2}{c^2}=1(--+)$；

椭圆抛物面：$\dfrac{x^2}{a^2}+\dfrac{y^2}{b^2}=2pz(++0)$；

双曲抛物面：$\dfrac{x^2}{a^2}-\dfrac{y^2}{b^2}=2pz(+-0)$；

二次锥面：$\dfrac{x^2}{a^2}+\dfrac{y^2}{b^2}-\dfrac{z^2}{c^2}=0(++-)$，

其中 a,b,c 均为正常数，括号里的符号表示二次项前的系数的符号.

（b）球面：球心在点 (a,b,c)、半径为 R 的球面方程一般式为：
$$(x-a)^2+(y-b)^2+(z-c)^2=R^2.$$

（c）空间曲线绕坐标轴旋转的旋转面方程：曲线 $x=x(t),y=y(t),z=z(t)$ 绕 z 轴旋转的旋转面方程为
$$x^2+y^2=[x(\varphi(z))]^2+[y(\varphi(z))]^2.$$
其中，设 $z=z(t)$ 存在单值的反函数 $t=\varphi(z),z\in Z$ 为 $z(t)$ 的值域.

（d）柱面：以曲线 $\begin{cases} F(x,y)=0 \\ z=0 \end{cases}$ 为准线、母线平行于 z 轴的柱面方程为 $F(x,y)=0$. 母线平行于 y 轴或平行于 x 轴的类似.

例题分析

例 7.1 求过直线 $L:\begin{cases} x+5y+z=0 \\ x-z+4=0 \end{cases}$ 并且与平面 $x-4y-8z+12=0$ 交成二面角为 $\dfrac{\pi}{4}$ 的平面方程.

解 经过直线 $L: \begin{cases} x+5y+z=0 \\ x-z+4=0 \end{cases}$ 的平面束方程可写成

$$(x+5y+z)+\lambda(x-z+4)=0.$$

改写成

$$(1+\lambda)x+5y+(1-\lambda)z+4\lambda=0.$$

它与另一平面 $x-4y-8z+12=0$ 交成的二面角为 $\dfrac{\pi}{4}$，于是有

$$\cos\frac{\pi}{4}=\frac{|\{(1+\lambda),5,(1-\lambda)\}\cdot\{1,-4,-8\}|}{\sqrt{(1+\lambda)^2+5^2+(1-\lambda)^2}\sqrt{1+16+64}}.$$

即

$$\frac{\sqrt{2}}{2}=\frac{9|\lambda-3|}{9\sqrt{2\lambda^2+27}}.$$

解得 $\lambda=-\dfrac{3}{4}$，得平面方程 $x+20y+7z-12=0$.

由于按几何意义,这种平面应该有两个,而平面束方程 $(x+5y+z)+\lambda(x-z+4)=0$ 中不包含 $x-z+4=0$ 这个平面,而经过验证,这个平面恰好与平面 $x-4y-8z+12=0$ 的交角是 $\dfrac{\pi}{4}$,所以所求平面方程为

$$x+20y+7z-12=0, \qquad x-4y-8z+12=0.$$

例 7.2 求过点 $M(2,1,3)$ 且与直线 $L:\dfrac{x+1}{3}=\dfrac{y-1}{2}=\dfrac{z}{-1}$ 垂直并相交的直线方程.

解 过点 M 作平面 P,它与 L 垂直:
$$3(x-2)+2(y-1)-(z-3)=0.$$
即 P:
$$3x+2y-z-5=0.$$

P 与 L 的交点 $P_1\left(\dfrac{2}{7},\dfrac{13}{7},-\dfrac{3}{7}\right)$,由两点式得所求直线方程为

$$\frac{x-2}{2}=\frac{y-1}{-1}=\frac{z-3}{4}.$$

例 7.3 求直线 $l:\dfrac{x-1}{1}=\dfrac{y}{1}=\dfrac{z-1}{-1}$ 在平面 $\pi:x-y+2z-1=0$ 上的投影直线 l_0 的方程,并求 l_0 绕 y 轴旋转一周所成曲面的方程.

解 作经过 l 并垂直于 π 的平面,与 π 的交线便是 l 在 π 上的投影线 l_0. l 的方程可写成
$$\begin{cases} x-y-1=0 \\ y+z-1=0 \end{cases},$$
经过 l 的平面束方程为
$$x-y-1+\lambda(y+z-1)=0.$$
即
$$x+(\lambda-1)y+\lambda z-(1+\lambda)=0.$$

它与 π 垂直,故

$$1 \cdot 1 - (\lambda - 1) + 2\lambda = 0, \quad \lambda = -2.$$

所求 l_0 为 $\begin{cases} x - y + 2z - 1 = 0 \\ x - 3y - 2z + 1 = 0 \end{cases}$,将 l_0 改写成 $\begin{cases} x = 2y \\ z = -\dfrac{1}{2}(y - 1) \end{cases}$;绕 y 轴旋转,则 y 坐标不变,

$\sqrt{x^2 + z^2}$ 为旋转半径,从而有

$$\sqrt{x^2 + z^2} = \sqrt{(2y)^2 + \frac{1}{4}(y - 1)^2}.$$

即所求旋转面方程为

$$4x^2 - 17y^2 + 4z^2 + 2y - 1 = 0.$$

例 7.4　求经过点 $M(2, -1, 3)$,平行于平面 $P: x - y + z = 1$,并且与直线 L：$x = -1 + t, y = 3 + t, z = 2t$ 相交的直线方程(t 为参数).

解　经过点 M 且平行于 P 的平面方程为

$$P_1: (x - 2) - (y + 1) + (z - 3) = 0.$$

即

$$x - y + z - 6 = 0.$$

所求直线必须在此平面上,并且与 L 相交,故交点必是 P_1 与 L 的交点,将 L 的参数式代入 P_1 方程,得 $t = 5$,故交点坐标 $M_1(4, 8, 10)$,经过 M_1, M 的直线方程为

$$\frac{x - 2}{4 - 2} = \frac{y + 1}{8 + 1} = \frac{z - 3}{10 - 3}.$$

即所求直线方程为

$$\frac{x - 2}{2} = \frac{y + 1}{9} = \frac{z - 3}{7}.$$

例 7.5　求曲线 $(x + 2)^2 - z^2 = 4, (x - 2)^2 + y^2 = 4$ 在 yOz 平面上的投影曲线方程.

解　两方程消去 x 即得投影柱面,再与 $x = 0$ 联立便得投影于 yOz 平面的投影曲线方程.

两式相减便得 $x = (y^2 + z^2)/8$,代入第一式便得

$$\frac{(y^2 + z^2 + 16)^2}{64} - z^2 = 4.$$

化简后得 $(y^2 + z^2)^2 + 32(y^2 - z^2) = 0$,因而在 yOz 平面上的投影曲线为双扭线：

$$\begin{cases} (y^2 + z^2)^2 = 32(z^2 - y^2) \\ x = 0 \end{cases}$$

例 7.6　求过 $A(1, 0, 0)$ 和 $B(0, 1, 1)$ 两点的直线绕 Oz 轴旋转生成的旋转曲面方程.

解　过 $A(1, 0, 0)$ 和 $B(0, 1, 1)$ 两点的直线的参数方程是 $\begin{cases} x = 1 - t \\ y = t \\ z = t \end{cases}$,消去 t,解出 x, y

得 $x = 1 - z, y = z$,于是得

$$x^2 + y^2 = (1 - z)^2 + z^2.$$

这就是所求旋转曲面方程.

例 7.7 求两直线 $L_1: \dfrac{x-1}{1} = \dfrac{y-2}{0} = \dfrac{z-3}{-1}, L_2: \dfrac{x+2}{2} = \dfrac{y-1}{1} = \dfrac{z}{1}$ 的公垂线 L 的方程.

解 $L \perp L_1, L \perp L_2$，所以 L 的方向向量 $\boldsymbol{T} = \{1,0,-1\} \times \{2,1,1\} = \{1,-3,1\}$.
L 与 L_1 是共面的，此平面记为 P_1，其法向量 $\boldsymbol{n}_1 = \{1,-3,1\} \times \{1,0,-1\} = \{3,2,3\}$.
同理，L 与 L_2 决定的平面记为 P_2，其法向量 $\boldsymbol{n}_2 = \{1,-3,1\} \times \{2,1,1\} = \{-4,1,7\}$.
分别在 L_1, L_2 各取一点 $(1,2,3)$ 与 $(-2,1,0)$，于是得 P_1, P_2 方程如下，联立即为公垂线方程

$$\begin{cases} 3x + 2y + 3z - 16 = 0 \\ 4x - y - 7z + 9 = 0 \end{cases}$$

例 7.8 求曲线 $L: x^2 + y^2 + z^2 = a^2, x + y + z = a$ 的一个参数方程.

解 两式消去 z 得

$$x^2 + xy + y^2 - ax - ay = 0,$$

由几何意义知，投影曲线是一个椭圆，为求其参数式，作变换

$$\begin{cases} x = \dfrac{\sqrt{2}}{2}(\xi + \eta), \\ y = \dfrac{\sqrt{2}}{2}(\xi - \eta). \end{cases}$$

由线性代数知，它是正交变换，相当于坐标轴旋转，代入经简单计算，化为

$$\dfrac{\left(\xi - \dfrac{\sqrt{2}a}{3}\right)^2}{\left(\dfrac{\sqrt{2}a}{3}\right)^2} + \dfrac{\eta^2}{\left(\sqrt{\dfrac{2}{3}}a\right)^2} = 1,$$

于是引入参数 t，命

$$\begin{cases} \xi = \dfrac{\sqrt{2}}{3}a + \dfrac{\sqrt{2}}{3}a\cos t, \\ \eta = \sqrt{\dfrac{2}{3}}a\sin t. \end{cases}$$

从而可得 x, y，再代入 $x + y + z = a$，便得 L 的参数方程：

$$\begin{cases} x = \dfrac{a}{3} + \dfrac{a}{3}\cos t + \dfrac{a}{\sqrt{3}}\sin t, \\ y = \dfrac{a}{3} + \dfrac{a}{3}\cos t - \dfrac{a}{\sqrt{3}}\sin t, \\ z = \dfrac{a}{3} - \dfrac{2}{3}a\cos t. \end{cases}$$

例 7.9（浙江省 2006 年试题） 求过 $(1,2,3)$ 且与曲面 $z = x + (y-z)^3$ 的所有切平面皆垂直的平面方程.

解 曲面上经一点的切平面的法向为 $(-1, -3(y-z)^2, 1 + 3(y-z)^2)$，与这些方向垂直的方向为 $(1,1,1)$，

因此所求平面方程为 $(x-1) + (y-2) + (z-3) = 0$，

即 $x + y + z - 6 = 0$.

评注 对于曲面的切平面、法向、平面方程的构成这些基本概念要清晰.

例 7.10(浙江省 2007 年试题) 有一张边长为 4π 的正方形纸(如图),C,D 分别为 AA',BB' 的中点,E 为 DB' 的中点,现将纸卷成圆柱形,使 A 与 A' 重合,B 与 B' 重合,并将圆柱垂直放在 xOy 平面上,且 B 与原点 O 重合,D 落在 Y 轴正向上,此时,求:

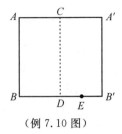

(例 7.10 图)

(1) 通过 C,E 两点的直线绕 Z 轴旋转所得的旋转曲面方程;

(2) 此旋转曲面、xOy 平面和过 A 点垂直于 Z 轴的平面所围成的立体体积.

解 圆柱面为 $S:\{(x,y,z) \mid x^2+(y-2)^2=4,0 \leqslant z \leqslant 4\pi\}$,

D 点坐标为 $(0,4,0)$,E 点坐标可取为 $(2,2,0)$.

(1)C 点坐标为 $(0,4,4\pi)$,过 C,E 两点的直线方程为 $\dfrac{x-2}{-2}=\dfrac{y-2}{2}=\dfrac{z}{4\pi}$,

因此,旋转曲面方程 $x^2+y^2=8+\dfrac{1}{2\pi^2}z^2$.

(2) 垂直于 z 轴的平面 $z=z_0 (0 \leqslant z_0 \leqslant 4\pi)$ 截此旋转体,其截面面积为 $\pi(x^2+y^2)=\pi\left(8+\dfrac{1}{2\pi^2}z^2\right)$,故 $V=\displaystyle\int_0^{4\pi}\pi\left(8+\dfrac{1}{2\pi^2}z^2\right)\mathrm{d}z=\dfrac{128}{3}\pi^2$.

评注 这类题目的难点在于对空间的认识,准确得到 D,E,C 点的坐标,再求得直线方程和曲面方程,以及利用定积分求得体积值.

练习题

1. 求原点到直线 $\dfrac{x-2}{3}=\dfrac{y-1}{4}=\dfrac{z-2}{5}$ 的距离.

2. 求直线 $L_1:\begin{cases} x+y-z-1=0 \\ 2x+y-z-2=0 \end{cases}$ 与 $L_2:\begin{cases} x+2y-z-2=0 \\ x+2y+2z+4=0 \end{cases}$ 之间的距离.

3. 求平行于平面 $4x-2y+z=8$ 且与三坐标平面围成的四面体的体积为 $a^3(a>0)$ 的平面方程.

4. 设球面 $x^2+y^2+z^2-2ax+2y-2z+a^2+2-R^2=0$ 与平面 $x+2y-2z+7=0$,$2x-y+2z+9=0$ 都相切,求 a 和 R.

5. 试求通过点 $(-2,0,0)$ 和 $(0,-2,0)$ 且与锥面 $x^2+y^2=z^2$ 交成抛物线的平面方程.

6. 求锥面 $z=\sqrt{x^2+y^2}$ 与柱面 $z^2=2x$ 所围成立体在三个坐标面上的投影.

第八讲　多元函数的可微性与偏导数

 知识要点

一、可微与偏导

1. **定义 7.1**　设函数 $z = f(x,y)$ 在点 $P_0(x_0,y_0)$ 的某邻域 $U(P_0)$ 内有定义,对于 $U(P_0)$ 中的点 $P(x,y) = (x_0 + \Delta x, y_0 + \Delta y)$,若函数 f 在点 P_0 处的全增量 Δz 可表示为:

$$\Delta z = f(x_0 + \Delta x, y_0 + \Delta y) - f(x_0, y_0)$$
$$= A\Delta x + B\Delta y + o(\rho)$$

其中 A,B 是仅与点 P_0 有关的常数,$\rho = \sqrt{(\Delta x)^2 + (\Delta y)^2}$,$o(\rho)$ 是 ρ 的高阶无穷小量,则称**函数 f 在点 P_0 可微**.

称上面式中关于 $\Delta x, \Delta y$ 的线性函数 $A\Delta x + B\Delta y$ 为**函数 f 在点 P_0 的全微分**,记作:

$$\mathrm{d}z \mid_{P_0} = \mathrm{d}f(x_0, y_0) = A\Delta x + B\Delta y.$$

2. **定义 7.2**　设函数 $z = f(x,y)$,$(x,y) \in D$,若 $(x_0, y_0) \in D$,且 $f(x, y_0)$ 在 x_0 的某邻域内有定义,则当极限

$$\lim_{\Delta x \to 0} \frac{f(x_0 + \Delta x, y_0) - f(x_0, y_0)}{\Delta x}$$

存在时,称这个极限为**函数 f 在点 (x_0, y_0) 关于 x 的偏导数**,记作

$$f_x(x_0, y_0) \text{ 或} \frac{\partial f}{\partial x}\bigg|_{(x_0, y_0)}$$

同理,可定义 f 关于 y 的偏导数:若 $f(x_0, y)$ 在 y_0 的某邻域内有定义,则

$$\frac{\partial f}{\partial y}\bigg|_{(x_0, y_0)} = \lim_{\Delta y \to 0} \frac{f(x_0, y_0 + \Delta y) - f(x_0, y_0)}{\Delta y}.$$

3. **定义 7.3**　如果函数 $f(x,y)$ 的偏导数 $f_x(x,y)$,$f_y(x,y)$(仍是 x,y 的函数)继续可求偏导数,则称 $f_x(x,y)$,$f_y(x,y)$ 的偏导数为 $f(x,y)$ 的**二阶偏导数**;类似可定义 $k(k \geqslant 3)$ 阶偏导数的概念. 二阶及二阶以上的偏导数统称为**高阶偏导数**. 在高阶偏导数中,相继对两个(或多于两个)自变量求偏导数所得的高阶偏导数统称为**混合偏导数**.

二、复合函数微分法

1. **复合函数求导法则**:设函数 $x = \phi(s,t)$,$y = \psi(s,t)$ 在点 $(s,t) \in D$ 可微,函数 $z = f(x,y)$ 在点 $(x,y) = (\phi(s,t), \psi(s,t))$ 可微,则复合函数 $z = f(\phi(s,t), \psi(s,t))$ 在点 (s,t) 可微,且它关于 s 与 t 的偏导数分别为

$$\frac{\partial z}{\partial s}\bigg|_{(s,t)} = \frac{\partial z}{\partial x}\bigg|_{(x,y)} \frac{\partial x}{\partial s}\bigg|_{(s,t)} + \frac{\partial z}{\partial y}\bigg|_{(x,y)} \frac{\partial y}{\partial s}\bigg|_{(s,t)},$$

$$\frac{\partial z}{\partial t}\bigg|_{(s,t)} = \frac{\partial z}{\partial x}\bigg|_{(x,y)} \frac{\partial x}{\partial t}\bigg|_{(s,t)} + \frac{\partial z}{\partial y}\bigg|_{(x,y)} \frac{\partial y}{\partial t}\bigg|_{(s,t)}.$$

2. 一阶全微分形式不变性:设函数 $z = f(u,v)$ 具有连续偏导数,则它有全微分 $\mathrm{d}z = \frac{\partial z}{\partial u}\mathrm{d}u + \frac{\partial z}{\partial v}\mathrm{d}v$,当函数 $z = f(u,v), u = u(x,y), v = v(x,y)$ 均有连续偏导数时,则有全微分

$$\mathrm{d}z = \frac{\partial z}{\partial x}\mathrm{d}x + \frac{\partial z}{\partial y}\mathrm{d}y = \frac{\partial z}{\partial u}\mathrm{d}u + \frac{\partial z}{\partial v}\mathrm{d}v.$$

三、方向导数与梯度

1. **定义 7.4**   设三元函数 f 在点 $P_0(x_0,y_0,z_0)$ 的某邻域 $U(P_0) \subset \mathbf{R}^3$ 内有定义. l 为从点 P_0 出发的射线, $P(x,y,z)$ 为 l 上且包含于 $U(P_0)$ 内的任一点,以 ρ 表示 P 与 P_0 两点间的距离. 若极限

$$\lim_{\rho \to 0^+} \frac{f(P) - f(P_0)}{\rho} = \lim_{\rho \to 0^+} \frac{\Delta_l f}{\rho}$$

存在,则称此极限为**函数 f 在点 P_0 沿方向 l 的方向导数**,记为 $\frac{\partial f}{\partial l}\bigg|_{P_0}$, $f_l(P_0)$ 或 $f_l(x_0, y_0, z_0)$.

2. 方向导数的计算:若函数 f 在点 $P_0(x_0,y_0,z_0)$ 可微,则 f 在点 P_0 处沿任一方向 l 的方向导数都存在,且

$$f_l(P_0) = f_x(P_0)\cos\alpha + f_y(P_0)\cos\beta + f_z(P_0)\cos\gamma,$$

其中 $\cos\alpha, \cos\beta$ 和 $\cos\gamma$ 为 l 的方向余弦.

3. **定义 7.5**   若函数 $f(x,y,z)$ 在点 $P_0(x_0,y_0,z_0)$ 存在对所有自变量的偏导数,称向量 $(f_x(P_0), f_y(P_0), f_z(P_0))$ 为**函数 f 在点 P_0 的梯度**,记作

$$\mathrm{grad}f = (f_x(P_0), f_y(P_0), f_z(P_0)).$$

注   若记 l 方向上的单位向量为 $(\cos\alpha, \cos\beta, \cos\gamma)$,

梯度的大小为 $|\mathrm{grad}f| = \sqrt{[f_x(P_0)]^2 + [f_y(P_0)]^2 + [f_z(P_0)]^2}$.

方向导数又可写成 $f_l(P_0) = \mathrm{grad}f \cdot l = |\mathrm{grad}f(P_0)| \cos\theta$,

其中,θ 是 l 与 $\mathrm{grad}f(P_0)$ 的夹角.

例题分析

例 8.1   求函数的全微分:

(1) $f(x,y) = x^2 + y^2 - xy$; (2) $f(x,y,z) = xyz$.

解   (1) $\frac{\partial f}{\partial x} = 2x - y, \frac{\partial f}{\partial y} = 2y - x$,

故 $\mathrm{d}f(x,y) = \frac{\partial f}{\partial x}\mathrm{d}x + \frac{\partial f}{\partial y}\mathrm{d}y = (2x - y)\mathrm{d}x + (2y - x)\mathrm{d}y$.

(2) $\frac{\partial f}{\partial x} = yz, \frac{\partial f}{\partial y} = xz, \frac{\partial f}{\partial z} = xy$,

故 $\mathrm{d}f(x,y,z) = \frac{\partial f}{\partial x}\mathrm{d}x + \frac{\partial f}{\partial y}\mathrm{d}y + \frac{\partial f}{\partial z}\mathrm{d}z = yz\mathrm{d}x + xz\mathrm{d}y + xy\mathrm{d}z$.

例 8.2　求函数的一阶和二阶偏导数：$f(x,y,z) = \dfrac{1}{\sqrt{x^2 + y^2 + z^2}}$.

解　$\dfrac{\partial f}{\partial x} = -\dfrac{x}{(x^2 + y^2 + z^2)^{\frac{3}{2}}}, \dfrac{\partial f}{\partial y} = -\dfrac{y}{(x^2 + y^2 + z^2)^{\frac{3}{2}}}, \dfrac{\partial f}{\partial z} = -\dfrac{z}{(x^2 + y^2 + z^2)^{\frac{3}{2}}}.$

$\dfrac{\partial^2 f}{\partial x^2} = -\dfrac{1}{(x^2 + y^2 + z^2)^{\frac{3}{2}}} + \dfrac{3x^2}{(x^2 + y^2 + z^2)^{\frac{5}{2}}} = \dfrac{2x^2 - y^2 - z^2}{(x^2 + y^2 + z^2)^{\frac{5}{2}}},$

$\dfrac{\partial^2 f}{\partial x \partial y} = \dfrac{3xy}{(x^2 + y^2 + z^2)^{\frac{5}{2}}}.$

由对称性,可得：

$\dfrac{\partial^2 f}{\partial y^2} = \dfrac{2y^2 - x^2 - z^2}{(x^2 + y^2 + z^2)^{\frac{5}{2}}}, \dfrac{\partial^2 f}{\partial z^2} = \dfrac{2z^2 - x^2 - y^2}{(x^2 + y^2 + z^2)^{\frac{5}{2}}},$

$\dfrac{\partial^2 f}{\partial y \partial z} = \dfrac{3yz}{(x^2 + y^2 + z^2)^{\frac{5}{2}}}, \dfrac{\partial^2 f}{\partial z \partial x} = \dfrac{3xz}{(x^2 + y^2 + z^2)^{\frac{5}{2}}}.$

例 8.3　$f(x,y) = \begin{cases} \dfrac{x^3 + y^2}{\sqrt{x^2 + y^2}}, & x^2 + y^2 \neq 0; \\ 0, & x^2 + y^2 = 0. \end{cases}$

证明：$f(x,y)$ 在 $(0,0)$ 连续,并求 $f_x(0,0)$ 和 $f_y(0,0)$.

解　令 $x = \rho\cos\theta, y = \rho\sin\theta$,则

$\lim\limits_{(x,y) \to (0,0)} f(x,y) = \lim\limits_{\rho \to 0} \dfrac{\rho^2(\rho\cos^3\theta + \sin^2\theta)}{\rho} = \lim\limits_{\rho \to 0}\rho(\rho\cos^3\theta + \sin^2\theta) = 0 = f(0,0),$

故 f 在 $(0,0)$ 连续.

$f_x(0,0) = \lim\limits_{x \to 0}\dfrac{f(x,0) - f(0,0)}{x} = \lim\limits_{x \to 0}\dfrac{x^3}{x \cdot |x|} = 0,$

$f_y(0,0) = \lim\limits_{y \to 0}\dfrac{f(0,y) - f(0,0)}{y} = \lim\limits_{y \to 0}\dfrac{y^2}{y \cdot |y|}$,不存在.

评注　分段函数在分段点的偏导数要利用定义求.

例 8.4　证明：$f(x,y) = \begin{cases} (x^2 + y^2) \cdot \sin\dfrac{1}{\sqrt{x^2 + y^2}}, & x^2 + y^2 \neq 0; \\ 0, & x^2 + y^2 = 0 \end{cases}$ 在 $(0,0)$ 处连

续且偏导数存在,但偏导数在 $(0,0)$ 处不连续,而 f 在原点 $(0,0)$ 可微.

证明　(1) $\lim\limits_{(x,y) \to (0,0)} (x^2 + y^2) = 0$, $\sin\dfrac{1}{\sqrt{x^2 + y^2}}$ 为有界量,

故 $\lim\limits_{(x,y) \to (0,0)} f(x,y) = 0 = f(0,0)$,所以在 $(0,0)$ 点连续.

(2) $(x,y) \neq (0,0)$ 时,

$f_x(x,y) = 2x\sin\dfrac{1}{\sqrt{x^2 + y^2}} - \dfrac{x}{\sqrt{x^2 + y^2}}\cos\dfrac{1}{\sqrt{x^2 + y^2}},$

$f_y(x,y) = 2y\sin\dfrac{1}{\sqrt{x^2 + y^2}} - \dfrac{y}{\sqrt{x^2 + y^2}}\cos\dfrac{1}{\sqrt{x^2 + y^2}},$

$f_x(0,0) = \lim\limits_{x \to 0}\dfrac{f(x,0) - f(0,0)}{x} = \lim\limits_{x \to 0}\dfrac{x^2\sin\dfrac{1}{|x|}}{x} = 0,$

$$f_y(0,0) = \lim_{y \to 0} \frac{f(0,y) - f(0,0)}{y} = \lim_{y \to 0} \frac{y^2 \sin \frac{1}{|y|}}{y} = 0.$$

而 $\lim_{(x,y) \to (0,0)} f_x(x,y) = \lim_{(x,y) \to (0,0)} \left(2x\sin \frac{1}{\sqrt{x^2 + y^2}} - \frac{x}{\sqrt{x^2 + y^2}} \cos \frac{1}{\sqrt{x^2 + y^2}} \right).$

考虑沿 $y = kx$，$\lim_{x \to 0} \frac{x}{\sqrt{x^2 + y^2}} = \lim_{x \to 0} \frac{x}{|x|\sqrt{1 + k^2}}$，不存在.

故 $\lim_{(x,y) \to (0,0)} f_x(x,y)$ 不存在，同理，$\lim_{(x,y) \to (0,0)} f_y(x,y)$ 也不存在.

所以，f 在 $(0,0)$ 处偏导数存在但偏导数在该点不连续.

(3) $\lim_{(x,y) \to (0,0)} \dfrac{f(x,y) - f(0,0) - f_x(0,0)x - f_y(0,0)y}{\sqrt{x^2 + y^2}}$

$$= \lim_{(x,y) \to (0,0)} \frac{(x^2 + y^2)\sin \dfrac{1}{\sqrt{x^2 + y^2}}}{\sqrt{x^2 + y^2}}$$

$$= \lim_{(x,y) \to (0,0)} \sqrt{x^2 + y^2} \sin \frac{1}{\sqrt{x^2 + y^2}} = 0.$$

故 $f(x,y) - f(0,0) = 0 \cdot \Delta x + 0 \cdot \Delta y + o(\rho)$

所以 f 在 $(0,0)$ 处可微.

评注 函数的连续性、可微性，偏导数的存在性、连续性之间的关系如下图所示：

例 8.5 证明：若二元函数 f 在 $P(x_0, y_0)$ 的某邻域 $U(P)$ 内偏导数 f_x 与 f_y 有界，则 f 在 $U(P)$ 内连续.

证明 $\forall (x,y) \in U(P)$，

因有界，$\exists M > 0$，$|f_x(x,y)| \leqslant M$，$|f_y(x,y)| \leqslant M$.

$|f(x + \Delta x, y + \Delta y) - f(x,y)|$

$\qquad \leqslant |f(x + \Delta x, y + \Delta y) - f(x, y + \Delta y)| + |f(x, y + \Delta y) - f(x,y)|.$

由中值定理，存在 ζ 介于 x 与 $x + \Delta x$ 之间，η 介于 y 与 $y + \Delta y$ 之间，

$|f(x + \Delta x, y + \Delta y) - f(x,y)| \leqslant |f_x(\zeta, y + \Delta y)| \cdot |\Delta x| + |f_y(x, \eta)| \cdot |\Delta y|$

$$\leqslant M(|\Delta x| + |\Delta y|).$$

$(\Delta x, \Delta y) \to (0,0)$ 时，$M(|\Delta x| + |\Delta y|) \to 0$.

故 $\lim_{(\Delta x, \Delta y) \to (0,0)} f(x + \Delta x, y + \Delta y) = f(x,y)$，即 f 在 $U(P)$ 内连续.

例 8.6 设 $f(x,y) = xy \dfrac{x^2 - y^2}{x^2 + y^2}$，若 $x^2 + y^2 \neq 0$ 及 $f(0,0) = 0$.

证明：$f_{xy}(0,0) \neq f_{yx}(0,0)$.

证明   由于 $\lim\limits_{x\to 0}\dfrac{f(x,y)-f(0,y)}{x}=\lim\limits_{x\to 0}\dfrac{xy\dfrac{x^2-y^2}{x^2+y^2}-0}{x}=-y$,

故 $f_x(0,y)=-y$,

从而 $f_{xy}(0,0)=\dfrac{\mathrm{d}[f_x(0,y)]}{\mathrm{d}y}\Big|_{y=0}=-1$;

同法可得 $f_{yx}(0,0)=\dfrac{\mathrm{d}[f_y(x,0)]}{\mathrm{d}x}\Big|_{x=0}=1$.

因此, $f_{xy}(0,0)\neq f_{yx}(0,0)$.

评注   混合偏导数相等的充分条件为: $f_{xy}(x,y)$ 与 $f_{yx}(x,y)$ 都在 (x_0,y_0) 处连续.

例 8.7   设 $f(u,v,w)$ 可微, $F(x,y,z)=f(x,xy,xyz)$. 求 F_x,F_y,F_z.

解 $u=x,v=xy,w=xyz$,

$F_x=f_u(x,xy,xyz)+y\cdot f_v(x,xy,xyz)+yz\cdot f_w(x,xy,xyz)$,

$F_y=xf_v(x,xy,xyz)+xz\cdot f_w(x,xy,xyz)$,

$F_z=xyf_w(x,xy,xyz)$.

评注   对抽象函数求导,可设中间变量,以简化计算.

例 8.8   用复合函数微分法计算 $y=x^{x^x}$ 的导数.

解   令 $y=u^v,v=w^x,u=x,w=x$,

$\dfrac{\mathrm{d}y}{\mathrm{d}x}=\dfrac{\partial y}{\partial u}\cdot\dfrac{\mathrm{d}u}{\mathrm{d}x}+\dfrac{\partial y}{\partial v}\Big[\dfrac{\partial v}{\partial w}\cdot\dfrac{\mathrm{d}w}{\mathrm{d}x}+\dfrac{\partial v}{\partial x}\Big]=v\cdot u^{v-1}+u^v\ln u[xw^{x-1}+w^x\ln w]$

$=x^x\cdot x^{x^x-1}+x^{x^x}\ln x[x\cdot x^{x-1}+x^x\ln x]=x^x\cdot x^{x^x}\cdot\Big[\dfrac{1}{x}+\ln x+(\ln x)^2\Big].$

例 8.9 $u=f(x,y,z),x=\varphi(z,s,t),y=\psi(x,s),z=w(s,t)$. 求 $\dfrac{\partial u}{\partial s},\dfrac{\partial u}{\partial t}$.

解 $\dfrac{\partial u}{\partial s}=\dfrac{\partial u}{\partial x}\cdot\dfrac{\partial x}{\partial z}\cdot\dfrac{\partial z}{\partial s}+\dfrac{\partial u}{\partial x}\cdot\dfrac{\partial x}{\partial s}+\dfrac{\partial u}{\partial y}\cdot\dfrac{\partial y}{\partial x}\cdot\dfrac{\partial x}{\partial z}\cdot\dfrac{\partial z}{\partial s}+\dfrac{\partial u}{\partial y}\cdot\dfrac{\partial y}{\partial x}\cdot\dfrac{\partial x}{\partial s}$

$\qquad+\dfrac{\partial u}{\partial y}\cdot\dfrac{\partial y}{\partial s}+\dfrac{\partial u}{\partial z}\cdot\dfrac{\partial z}{\partial s}$,

$\dfrac{\partial u}{\partial t}=\dfrac{\partial u}{\partial x}\cdot\dfrac{\partial x}{\partial z}\cdot\dfrac{\partial z}{\partial t}+\dfrac{\partial u}{\partial x}\cdot\dfrac{\partial x}{\partial t}+\dfrac{\partial u}{\partial y}\cdot\dfrac{\partial y}{\partial x}\cdot\dfrac{\partial x}{\partial z}\cdot\dfrac{\partial z}{\partial t}+\dfrac{\partial u}{\partial y}\cdot\dfrac{\partial y}{\partial x}\cdot\dfrac{\partial x}{\partial t}+\dfrac{\partial u}{\partial z}\cdot\dfrac{\partial z}{\partial t}.$

评注   复杂的多元复合函数求偏导,可借助复合结构图,如本题的复合结构图为:

例 8.10   设 $\varphi(x),\psi(x)$ 都有连续二阶导数,证明函数 $u=\varphi\Big(\dfrac{y}{x}\Big)+x\psi\Big(\dfrac{y}{x}\Big)$ 满足方程:

$x^2\dfrac{\partial^2 u}{\partial x^2}+2xy\dfrac{\partial^2 u}{\partial x\partial y}+y^2\dfrac{\partial^2 u}{\partial y^2}=0.$

证明 $\dfrac{\partial u}{\partial x}=-\dfrac{y}{x^2}\varphi'+\psi-\dfrac{y}{x}\psi',\dfrac{\partial u}{\partial y}=\dfrac{1}{x}\varphi'+\psi',\dfrac{\partial^2 u}{\partial x^2}=\dfrac{y^2}{x^4}\varphi''+\dfrac{2y}{x^3}\varphi'+\dfrac{y^2}{x^3}\psi'',$

$$\frac{\partial^2 u}{\partial x \partial y} = -\frac{y}{x^3}\varphi'' - \frac{1}{x^2}\varphi' - \frac{y}{x^2}\psi'', \frac{\partial^2 u}{\partial y^2} = \frac{1}{x^2}\varphi'' + \frac{1}{x}\psi''.$$

代入即得：$x^2 \dfrac{\partial^2 u}{\partial x^2} + 2xy \dfrac{\partial^2 u}{\partial x \partial y} + y^2 \dfrac{\partial^2 u}{\partial y^2} = 0.$

例 8.11　证明：若 $u = \sqrt{x^2 + y^2 + z^2}$，则 $\mathrm{d}^2 u \geqslant 0.$

证明　$\mathrm{d}u = \dfrac{x\mathrm{d}x + y\mathrm{d}y + z\mathrm{d}z}{u},$

$$\frac{\partial}{\partial x}\Big[\frac{1}{u}(x\mathrm{d}x + y\mathrm{d}y + z\mathrm{d}z)\Big] = \frac{1}{u}\mathrm{d}x^2 - \frac{x}{u^2}\mathrm{d}x\mathrm{d}u.$$

$$\frac{\partial}{\partial y}\Big[\frac{1}{u}(x\mathrm{d}x + y\mathrm{d}y + z\mathrm{d}z)\Big] = \frac{1}{u}\mathrm{d}y^2 - \frac{y}{u^2}\mathrm{d}y\mathrm{d}u.$$

$$\frac{\partial}{\partial z}\Big[\frac{1}{u}(x\mathrm{d}x + y\mathrm{d}y + z\mathrm{d}z)\Big] = \frac{1}{u}\mathrm{d}z^2 - \frac{z}{u^2}\mathrm{d}z\mathrm{d}u.$$

$$\mathrm{d}^2 u = \frac{1}{u^2}\big[u(\mathrm{d}x^2 + \mathrm{d}y^2 + \mathrm{d}z^2) - (x\mathrm{d}x + y\mathrm{d}y + z\mathrm{d}z)\mathrm{d}u\big]$$

$$= \frac{1}{u^3}\big[(x\mathrm{d}y - y\mathrm{d}x)^2 + (y\mathrm{d}z - z\mathrm{d}y)^2 + (z\mathrm{d}x - x\mathrm{d}z)^2\big].$$

由于 $u > 0$（在原点处 $\mathrm{d}u$ 不存在），故 $\mathrm{d}^2 u \geqslant 0.$

例 8.12　设 $f(x,y,z) \in C^1$，满足关系式 $f(tx,ty,tz) = t^n f(x,y,z)(t > 0)$，则称 $f(x,y,z)$ 为 n 次齐次函数，求证：$f(x,y,z)$ 是 n 次齐次函数的充要条件是

$$xf_x'(x,y,z) + yf_y'(x,y,z) + zf_z'(x,y,z) = nf(x,y,z). \tag{7.1}$$

证明　必要性：

$f(tx,ty,tz) = t^n f(x,y,z)$，两边对 t 求导，得

$xf_{tx}'(tx,ty,tz) + yf_{ty}'(tx,ty,tz) + zf_{tz}'(tx,ty,tz) = nt^{n-1}f(x,y,z).$

令 $t = 1$，即得式(7.1)。

充分性：

方法一：令 $g(t) = f(tx,ty,tz)$，对 t 求导，得

$$\frac{\mathrm{d}g(t)}{\mathrm{d}t} = xf_{tx}'(tx,ty,tz) + yf_{ty}'(tx,ty,tz) + zf_{tz}'(tx,ty,tz)$$

$$= \frac{1}{t}\big[txf_{tx}'(tx,ty,tz) + tyf_{ty}'(tx,ty,tz) + tzf_{tz}'(tx,ty,tz)\big]$$

$$= \frac{1}{t}nf(tx,ty,tz) = \frac{n}{t}g(t),$$

$\dfrac{\mathrm{d}g(t)}{g(t)} = n\dfrac{\mathrm{d}t}{t}$，故 $g(t) = Ct^n.$

而 $C = g(1) = f(x,y,z)$，　故 $f(tx,ty,tz) = t^n f(x,y,z).$

方法二：令 $\varphi(t) = \dfrac{f(tx,ty,tz)}{t^n}$，对 t 求导，得

$$\frac{\mathrm{d}\varphi(t)}{\mathrm{d}t} = \frac{1}{t^n}\big[xf_{tx}'(tx,ty,tz) + yf_{ty}'(tx,ty,tz) + zf_{tz}'(tx,ty,tz)\big] - \frac{n}{t^{n+1}}f(tx,ty,tz)$$

$$= \frac{1}{t^{n+1}}\big[txf_{tx}'(tx,ty,tz) + tyf_{ty}'(tx,ty,tz) + tzf_{tz}'(tx,ty,tz) - nf(tx,ty,tz)\big]$$

$= 0$,

所以 $\varphi(t) = C$,　则 $\varphi(t) = \varphi(1) = f(x,y,z)$,

即 $f(tx,ty,tz) = t^n f(x,y,z)$.

例 8.13 求函数 $f(x,y) = x^2 - xy + y^2$ 在点 $M(1,1)$ 沿与 Ox 轴的正向组成 α 角的方向 l 上的方向导数,在怎样的方向上此导数:(1) 有最大的值;(2) 有最小的值;(3) 等于 0.

解 $\left. \dfrac{\partial f}{\partial x} \right|_{(1,1)} = 1$,　$\left. \dfrac{\partial f}{\partial y} \right|_{(1,1)} = 1$,

$\left. \dfrac{\partial f}{\partial l} \right|_{(1,1)} = \cos\alpha + \cos\left(\dfrac{\pi}{2} - \alpha \right) = \cos\alpha + \sin\alpha = \sqrt{2} \sin\left(\alpha + \dfrac{\pi}{4} \right)$.

(1) 当 $\sin\left(\alpha + \dfrac{\pi}{4} \right) = 1$,即 $\alpha = \dfrac{\pi}{4}$ 时,$\dfrac{\partial f}{\partial l}$ 最大;

(2) 当 $\sin\left(\alpha + \dfrac{\pi}{4} \right) = -1$,即 $\alpha = \dfrac{5}{4}\pi$ 时,$\dfrac{\partial f}{\partial l}$ 最小;

(3) 当 $\sin\left(\alpha + \dfrac{\pi}{4} \right) = 0$,即 $\alpha = \dfrac{3}{4}\pi$ 或 $\alpha = \dfrac{7}{4}\pi$ 时,$\dfrac{\partial f}{\partial l} = 0$.

例 8.14 求函数 $u = \dfrac{1}{r}$(式中 $r = \sqrt{x^2 + y^2 + z^2}$) 在点 $M_0(x_0,y_0,z_0)$ 处梯度的大小和方向.

解 $\dfrac{\partial u}{\partial x} = -\dfrac{x}{r^3}$,　$\dfrac{\partial u}{\partial y} = -\dfrac{y}{r^3}$,　$\dfrac{\partial u}{\partial z} = -\dfrac{z}{r^3}$,

于是,$\mathrm{grad}u = \left(-\dfrac{x}{r^3}, -\dfrac{y}{r^3}, -\dfrac{z}{r^3} \right)$.

在 M_0 处梯度为 $\mathrm{grad}u = \left(-\dfrac{x_0}{r_0{}^3}, -\dfrac{y_0}{r_0{}^3}, -\dfrac{z_0}{r_0{}^3} \right)$,

其中 $r_0 = \sqrt{x_0{}^2 + y_0{}^2 + z_0{}^2}$,则有

$| \mathrm{grad}u | = \sqrt{ \left(-\dfrac{x_0}{r_0{}^3} \right)^2 + \left(-\dfrac{y_0}{r_0{}^3} \right)^2 + \left(-\dfrac{z_0}{r_0{}^3} \right)^2 } = \dfrac{1}{r_0{}^2}$.

$\cos(\mathrm{grad}\widehat{u\,x}) = -\dfrac{\dfrac{x_0}{r_0{}^3}}{\dfrac{1}{r_0{}^2}} = -\dfrac{x_0}{r_0}$,

$\cos(\mathrm{grad}\widehat{u\,y}) = \dfrac{-\dfrac{y_0}{r_0{}^3}}{\dfrac{1}{r_0{}^2}} = -\dfrac{y_0}{r_0}$,

$\cos(\mathrm{grad}\widehat{u\,z}) = \dfrac{-\dfrac{z_0}{r_0{}^3}}{\dfrac{1}{r_0{}^2}} = -\dfrac{z_0}{r_0}$.

例 8.15 设 $f(x,y)$ 可微,l_1 与 l_2 是 $\mathbf{R}^2$ 上一组线性无关向量.

试证明:若 $f_{l_i}(x,y) \equiv 0 \,(i = 1,2)$,则 $f(x,y) \equiv$ 常数.

证明 先证:若处处有 $f_l(x,y) = 0$,l 是 $\mathbf{R}^2$ 上一确定向量,

则 f 在任一平行于 l 的直线上恒为常数.

不妨设 $l = (\cos\alpha, \sin\alpha)$,考察函数

$$g(t) = f(x_0 + t\cos\alpha, y_0 + t\sin\alpha),$$

其中 (x_0, y_0) 为任一固定点,则

$$\begin{aligned}
g'(t) &= f_x(x_0 + t\cos\alpha, y_0 + t\sin\alpha) \cdot \cos\alpha + f_y(x_0 + t\cos\alpha, y_0 + t\sin\alpha) \cdot \sin\alpha \\
&= f_l(x_0 + t\cos\alpha, y_0 + t\sin\alpha) \\
&\equiv 0 (t \in \mathbf{R}),
\end{aligned}$$

则 $g(t)$ 恒为常数,即 $f(x_0 + t\cos\alpha, y_0 + t\sin\alpha) \equiv f(x_0, y_0)$.

可知 f 在任一平行于 l 的直线上恒为常数.

再证本题:不妨设 l_1 与 l_2 为单位向量,则

$$f_{l_i} = \operatorname{grad}f \cdot l_i = 0 \quad (i = 1, 2),$$

且因 l_1 与 l_2 线性无关,故对任一单位向量 l,存在不全为 0 的数 a 与 b,使 $l = al_1 + bl_2$,从而对 l 有

$$f_l = \operatorname{grad}f \cdot l = \operatorname{grad}f \cdot (al_1 + bl_2) = a \cdot \operatorname{grad}f \cdot l_1 + b \cdot \operatorname{grad}f \cdot l_2 \equiv 0.$$

由前证的结果可知,$f(x, y)$ 在任一直线上的值均为常数.

亦即 $f(x, y) \equiv$ 常数,$(x, y) \in \mathbf{R}^2$.

例 8.16(浙江省 2002 年试题) 设二元函数 $f(x, y)$ 有一阶连续的偏导数,且 $f(0,1) = f(1,0)$. 证明:单位圆周上至少存在两点满足方程

$$y \frac{\partial}{\partial x} f(x, y) - x \frac{\partial}{\partial y} f(x, y) = 0.$$

证明 令 $x = \cos\theta, y = \sin\theta$,令 $g(\theta) = f(\cos\theta, \sin\theta) = f(x, y)$,

由题意有 $g(2\pi) = g\left(\dfrac{\pi}{2}\right) = g(0)$,

所以存在 $\theta_1 \in \left(0, \dfrac{\pi}{2}\right)$ 和 $\theta_2 \in \left(\dfrac{\pi}{2}, 2\pi\right)$,使得

$$\frac{\mathrm{d}g(\theta_1)}{\mathrm{d}\theta} = \frac{\mathrm{d}g(\theta_2)}{\mathrm{d}\theta} = 0,$$

取 $x_1 = \cos\theta_1, y_1 = \sin\theta_1, x_2 = \cos\theta_2, y_2 = \sin\theta_2$,则有

$$y_1 \frac{\partial}{\partial x} f(x_1, y_1) - x_1 \frac{\partial}{\partial y} f(x_1, y_1) = y_2 \frac{\partial}{\partial x} f(x_2, y_2) - x_2 \frac{\partial}{\partial y} f(x_2, y_2) = 0.$$

评注 巧妙地将二元问题转变为一元问题,应用中值定理完成证明.

例 8.17(浙江省 2005 年试题) 设 $z = f(x-y, x+y) + g(x+ky)$,$f, g$ 具有二阶连续偏导数,且 $g'' \not\equiv 0$,如果 $\dfrac{\partial^2 z}{\partial x^2} + 2\dfrac{\partial^2 z}{\partial x \partial y} + \dfrac{\partial^2 z}{\partial y^2} \equiv 4f''_{22}$,求常数 k 的值.

解 $\dfrac{\partial z}{\partial x} = f'_1 + f'_2 + g'$, $\dfrac{\partial z}{\partial y} = -f'_1 + f'_2 + kg'$,

$\dfrac{\partial^2 z}{\partial x^2} = f''_{11} + 2f''_{12} + f''_{22} + g''$, $\dfrac{\partial^2 z}{\partial y^2} = f''_{11} - 2f''_{12} + f''_{22} + k^2 g''$,

$\dfrac{\partial^2 z}{\partial x \partial y} = -f''_{11} + f''_{22} + kg''$, $\dfrac{\partial^2 z}{\partial x^2} + 2\dfrac{\partial^2 z}{\partial x \partial y} + \dfrac{\partial^2 z}{\partial y^2} = 4f''_{22} + (1 + 2k + k^2)g''$,

又因为 $g'' \not\equiv 0$，所以 $1 + 2k + k^2 = 0, k = -1$.

评注 本题需注意复合函数求偏导数时要仔细，不要漏项.

例 8.18（浙江省 2009 年试题） 设 g 二阶可导, f 有二阶连续偏导数, $z = g[xf(x+y,2y)]$, 求 $\dfrac{\partial^2 z}{\partial x \partial y}$.

解 $\dfrac{\partial z}{\partial x} = g'[f + xf'_1]$,

$$\dfrac{\partial^2 z}{\partial x \partial y} = xg''[f'_1 + 2f'_2][f_1 + xf'_1] + g'[f'_1 + 2f'_2 + x(f''_{11} + 2f''_{12})].$$

评注 本题为抽象函数和复合函数的求偏导问题，仔细计算，注意符号.

练习题

1. $u = e^{xy}$，求一阶和二阶微分.

2. 设 $z = (x + e^y)^x$，求 $\dfrac{\partial z}{\partial x}\Big|_{(1,0)}$.

3. 已知 $z = \left(\dfrac{y}{x}\right)^{\frac{x}{y}}$，求 $\dfrac{\partial z}{\partial x}\Big|_{(1,2)}$.

4. $f(x,y,z) = \sin(x\sin(y\sin z))$，求 f_x, f_y, f_z.

5. 设 $z = f(x+y, x-y, xy)$，其中 f 具有二阶连续偏导数，求 dz 与 $\dfrac{\partial^2 z}{\partial x \partial y}$.

6. 设 $z = z(x,y)$ 是由 $x^2 + y^2 - z = \varphi(x+y+z)$ 所确定的函数，其中 φ 具有 2 阶导数且 $\varphi' \neq -1$. (1) 求 dz；(2) 记 $u(x,y) = \dfrac{1}{x-y}\left(\dfrac{\partial z}{\partial x} - \dfrac{\partial z}{\partial y}\right)$，求 $\dfrac{\partial u}{\partial x}$.

7. 设 $z = f(x,y), x = \varphi(y,z)$，求 $\dfrac{dz}{dy}$.

8. 设 $2\sin(x+2y-3z) = x + 2y - 3z$，求 $\dfrac{\partial z}{\partial x} + \dfrac{\partial z}{\partial y}$.

9. 设函数 $u(x,y)$ 满足 $u_{xx} - u_{yy} = 0$ 与 $u(x,2x) = x, u_x(x,2x) = x^2$，求 $u_{xx}(x,2x)$, $u_{xy}(x,2x), u_{yy}(x,2x)$.

10. 已知 $x + y^2 = u, y + z^2 = v, x^2 + z = w$，求 $\dfrac{\partial x}{\partial u}$ 及 $\dfrac{\partial x}{\partial v}$.

11. 设 $f(x,y) = e^{\sqrt{x^2+y^4}}$，考虑函数在原点偏导数的存在性.

12. 设 $f(x,y)$ 可微, $f(0,0) = 0, f'_x(0,0) = m, f'_y(0,0) = n, \varphi(t) = f(t, f(t,t))$，求 $\varphi'(0)$.

13. 当 $u > 0$ 时 $f(u)$ 有一阶连续导数, $f(1) = 0$，又 $z = f(e^x - e^y)$ 满足 $\dfrac{\partial z}{\partial x} + \dfrac{\partial z}{\partial y} = 1$，求 $f(u)$.

14. 设 $z = f(x,y)$，满足 $\dfrac{\partial^2 z}{\partial x \partial y} = x + y$，且 $f(x,0) = x^2, f(0,y) = y$，求 $f(x,y)$.

15. 若 $u = f(xyz), f(0) = 0, f'(1) = 1$，且 $\dfrac{\partial^3 u}{\partial x \partial y \partial z} = x^2 y^2 z^2 f'''(xyz)$，求 u.

16. 设 $f(x), g(x)$ 为连续可微函数, 且 $w = yf(xy)\mathrm{d}x + xg(xy)\mathrm{d}y$.

(1) 若存在 u 使得 $\mathrm{d}u = w$, 求 $f(x) - g(x)$;

(2) 若 $f(x) = \varphi'(x)$, 求 u 使得 $\mathrm{d}u = w$.

17. 试证: 可微函数 $z = f(x, y)$ 是 $ax + by(ab \neq 0)$ 的函数的充要条件为 $b\dfrac{\partial z}{\partial x} = a\dfrac{\partial z}{\partial y}$.

18. 设 $f(x, y) = |x - y| \varphi(x, y)$, 其中 $\varphi(x, y)$ 在 $(0, 0)$ 的一个邻域内连续, 试证 $f(x, y)$ 在 $(0, 0)$ 处可微的充要条件是 $\varphi(0, 0) = 0$.

19. 设 $u(x, y)$ 具有二阶偏导数, 且 $u(x, y) \neq 0$, 证明 $u(x, y) = f(x)g(y)$ 的充要条件为 $u\dfrac{\partial^2 u}{\partial x \partial y} = \dfrac{\partial u}{\partial x} \cdot \dfrac{\partial u}{\partial y}$.

20. 设 $F(x, y)$ 是二次齐次函数, 试证 $x^2\dfrac{\partial^2 F}{\partial x^2} + 2xy\dfrac{\partial^2 F}{\partial x \partial y} + y^2\dfrac{\partial^2 F}{\partial y^2} = 2F$.

21. 设 $f(x, y, z)$ 为 n 次齐次函数, 试证:
$$\left(x\dfrac{\partial}{\partial x} + y\dfrac{\partial}{\partial y} + z\dfrac{\partial}{\partial z}\right)^2 f(x, y, z) = n(n-1)f(x, y, z).$$

22. $z = z(x, y)$ 满足 $x^2\dfrac{\partial z}{\partial x} + y^2\dfrac{\partial z}{\partial y} = z^2$, 设 $\begin{cases} u = x, \\ v = \dfrac{1}{y} - \dfrac{1}{x}, \\ \psi = \dfrac{1}{z} - \dfrac{1}{x}, \end{cases}$ 对函数 $\psi = \psi(u, v)$, 求证 $\dfrac{\partial \psi}{\partial u} = 0$.

23. 已知 $u = u(x, y)$, 满足 $\dfrac{\partial^2 u}{\partial x^2} - \dfrac{\partial^2 u}{\partial y^2} + a\left(\dfrac{\partial u}{\partial x} + \dfrac{\partial u}{\partial y}\right) = 0$, 选择参数 α, β 的值, 利用 $u(x, y) = v(x, y)\mathrm{e}^{\alpha x + \beta y}$ 将原方程变形, 使新方程中不出现一阶偏导数.

24. 设 $f(x, y)$ 有一阶连续偏导数, $f(0, 1) = f(1, 0)$, 证明在 $x^2 + y^2 = 1$ 上至少存在两个不同的点满足 $y\dfrac{\partial f}{\partial x} = x\dfrac{\partial f}{\partial y}$.

25. 求常数 a, b, c 的值, 使 $f(x, y, z) = axy^2 + byz + cx^3z^2$ 在点 $M(1, 2, -1)$ 处沿 z 轴正向的方向导数有最大值 64.

第九讲　　隐函数的微分法

 知识要点

一、隐函数

1. 隐函数存在唯一性定理:若满足下列条件:

（ⅰ）函数 $F(x,y)$ 在以 $P_0(x_0,y_0)$ 为内点的一某区域 $D \subset \mathbf{R}^2$ 上连续;

（ⅱ）$F(x_0,y_0) = 0$;（通常称这一条件为初始条件）

（ⅲ）在 D 内存在连续的偏导数 $F_y(x,y)$;

（ⅳ）$F_y(x_0,y_0) \neq 0$.

则在点 P_0 的某邻域 $U(P_0) \subset D$ 内,方程 $F(x,y) = 0$ 唯一地确定一个定义在某区间 $(x_0 - \alpha, x_0 + \alpha)$ 内的隐函数 $y = f(x)$,使得

(1) $f(x_0) = y_0$,当 $x \in (x_0 - \alpha, x_0 + \alpha)$ 时,$(x, f(x)) \in U(P_0)$ 且 $F(x, f(x)) \equiv 0$.

(2) 函数 $f(x)$ 在区间 $(x_0 - \alpha, x_0 + \alpha)$ 内连续.

2. 隐函数可微性定理:设函数 $F(x,y)$ 满足隐函数存在唯一性定理的条件,又设在 D 内 $F_x(x,y)$ 存在且连续,则隐函数 $y = f(x)$ 在区间 $(x_0 - \alpha, x_0 + \alpha)$ 内可导,且

$$f'(x) = -\frac{F_x(x,y)}{F_y(x,y)}.$$

二、隐函数组

1. 隐函数组定理:若

（ⅰ）$F(x,y,u,v), G(x,y,u,v)$ 在 $P_0(x_0, y_0, u_0, v_0)$ 为内点的区域 $V \subset \mathbf{R}^4$ 内连续;

（ⅱ）在 V 内 F,G 具有一阶连续偏导数;

（ⅲ）$F(x_0, y_0, u_0, v_0) = 0, G(x_0, y_0, u_0, v_0) = 0$;

（ⅳ）$\left.\dfrac{\partial(F,G)}{\partial(u,v)}\right|_{P_0} \neq 0$,则在 P 的某一邻域内,方程组 $\begin{cases} F(x,y,u,v) = 0 \\ G(x,y,u,v) = 0 \end{cases}$ 唯一确定两个在

$Q(x_0, y_0)$ 的某邻域内的二元隐函数组 $\begin{cases} u = f(x,y), \\ v = g(x,y). \end{cases}$ 使得:

(1) $(x, y, f(x,y), g(x,y)) \in U(P), (x,y) \in U(Q)$.

$$\begin{cases} F(x,y,f(x,y),g(x,y)) = 0 \\ G(x,y,f(x,y),g(x,y)) = 0 \end{cases}, (x,y) \in U(Q), u_0 = f(x_0, y_0), v_0 = g(x_0, y_0).$$

(2) $f(x,y), g(x,y)$ 在 $U(Q)$ 内连续;

(3) $f(x,y), g(x,y)$ 在 $U(Q)$ 内有一阶连续偏导数:

$$u_x = -\frac{\partial(F,G)}{\partial(x,v)} \Big/ \frac{\partial(F,G)}{\partial(u,v)}, \quad u_y = -\frac{\partial(F,G)}{\partial(y,v)} \Big/ \frac{\partial(F,G)}{\partial(u,v)};$$

$$v_x = -\frac{\partial(F,G)}{\partial(u,x)} \bigg/ \frac{\partial(F,G)}{\partial(u,v)}, \quad v_y = -\frac{\partial(F,G)}{\partial(u,y)} \bigg/ \frac{\partial(F,G)}{\partial(u,v)}.$$

2. 反函数组定理:设函数组 $u = u(x,y)$, $v = v(x,y)$ 及其一阶偏导数在某区域 $D \subset \mathbf{R}^2$ 上连续,点 $P_0(x_0,y_0)$ 是 D 的内点,且

$$u_0 = u(x_0,y_0), \quad v_0 = v(x_0,y_0), \quad \frac{\partial(u,v)}{\partial(x,y)}\bigg|_{P_0} \neq 0.$$

则在点 $P_0{}'(x_0,y_0)$ 的某邻域 $U(P_0')$ 内存在唯一的一组反函数

$$x = x(u,v), \quad y = y(u,v).$$

使得 $x_0 = x(u_0,v_0)$, $y_0 = y(u_0,v_0)$.

且当 $(u,v) \in U(P_0')$ 时,有

$$(x(u,v),y(u,v)) \in U(P_0).$$

$$u \equiv u(x(u,v),y(u,v)), v \equiv v(x(u,v),y(u,v)).$$

$$\frac{\partial x}{\partial u} = \frac{\partial v}{\partial y} \bigg/ \frac{\partial(u,v)}{\partial(x,y)}, \quad \frac{\partial x}{\partial v} = -\frac{\partial u}{\partial y} \bigg/ \frac{\partial(u,v)}{\partial(x,y)};$$

$$\frac{\partial y}{\partial u} = -\frac{\partial v}{\partial x} \bigg/ \frac{\partial(u,v)}{\partial(x,y)}, \quad \frac{\partial y}{\partial v} = \frac{\partial u}{\partial x} \bigg/ \frac{\partial(u,v)}{\partial(x,y)}.$$

三、几何应用

1. 平面曲线的切线与法线:设平面曲线方程为 $F(x,y) = 0$,有 $f'(x) = -\dfrac{F_x}{F_y}$.

切线方程为 $F_x(x_0,y_0)(x-x_0) + F_y(x_0,y_0)(y-y_0) = 0$,

法线方程为 $F_y(x_0,y_0)(x-x_0) - F_x(x_0,y_0)(y-y_0) = 0$.

2. 空间曲线的切线与法平面:

(1) 曲线由参数式给出:

$L: x = x(t), y = y(t), z = z(t), \alpha \leqslant t \leqslant \beta$. 点 $P_0(x_0,y_0,z_0)$ 在 L 上.

切线方程为 $\dfrac{x-x_0}{x'(t_0)} = \dfrac{y-y_0}{y'(t_0)} = \dfrac{z-z_0}{z'(t_0)}$.

法平面方程为 $x'(t_0)(x-x_0) + y'(t_0)(y-y_0) + z'(t_0)(z-z_0) = 0$.

(2) 曲线由两面交线式给出:

设曲线 L 的方程为 $\begin{cases} F(x,y,z) = 0, \\ G(x,y,z) = 0. \end{cases}$ 点 $P_0(x_0,y_0,z_0)$ 在 L 上.

切线方程为 $\dfrac{x-x_0}{\dfrac{\partial(F,G)}{\partial(y,z)}\big|_{P_0}} = \dfrac{y-y_0}{\dfrac{\partial(F,G)}{\partial(z,x)}\big|_{P_0}} = \dfrac{z-z_0}{\dfrac{\partial(F,G)}{\partial(x,y)}\big|_{P_0}}$.

法平面方程为 $\dfrac{\partial(F,G)}{\partial(y,z)}\big|_{P_0}(x-x_0) + \dfrac{\partial(F,G)}{\partial(z,x)}\big|_{P_0}(y-y_0) + \dfrac{\partial(F,G)}{\partial(x,y)}\big|_{P_0}(z-z_0) = 0$.

3. 曲面的切平面与法线:

设曲面 Σ 的方程为 $F(x,y,z) = 0$,点 $P_0(x_0,y_0,z_0)$ 在 Σ 上.

切平面方程为 $F_x(P_0)(x-x_0) + F_y(P_0)(y-y_0) + F_z(P_0)(z-z_0) = 0$.

法线方程为 $\dfrac{x-x_0}{F_x(P_0)} = \dfrac{y-y_0}{F_y(P_0)} = \dfrac{z-z_0}{F_z(P_0)}$.

例题分析

例 9.1　设 $y = f(x)$ 是由方程 $y = x + \arctan y$ 确定的函数,求 $\dfrac{\mathrm{d}y}{\mathrm{d}x}$ 及 $\dfrac{\mathrm{d}^2 y}{\mathrm{d}x^2}$.

解　方法一

按复合函数求导法则对方程两边关于 x 求导:

$$\frac{\mathrm{d}y}{\mathrm{d}x} = 1 + \frac{1}{1+y^2} \cdot \frac{\mathrm{d}y}{\mathrm{d}x}, \qquad \frac{\mathrm{d}y}{\mathrm{d}x} = 1 + \frac{1}{y^2}.$$

再两边对 x 求导:

$$\frac{\mathrm{d}^2 y}{\mathrm{d}x^2} = -\frac{2}{y^3} \cdot \frac{\mathrm{d}y}{\mathrm{d}x} = -\frac{2(1+y^2)}{y^5}.$$

方法二

设 $F(x,y) = y - x - \arctan y$,

$$F_x = -1, \quad F_y = 1 - \frac{1}{1+y^2} = \frac{y^2}{1+y^2},$$

$$F_{xx} = 0, \quad F_{xy} = F_{yx} = 0, F_{yy} = \frac{2y}{(1+y^2)^2}.$$

故 $\dfrac{\mathrm{d}y}{\mathrm{d}x} = -\dfrac{F_x}{F_y} = \dfrac{1+y^2}{y^2}$,

$$\frac{\mathrm{d}^2 y}{\mathrm{d}x^2} = -\frac{F_{xx}F_y{}^2 + F_{yy}F_x{}^2 - 2F_{xy}F_x F_y}{F_y{}^3} = -\frac{2(1+y^2)}{y^5}.$$

例 9.2　证明由方程 $xy - \ln y = 1$ 所定义的隐函数满足关系式 $y^2 \mathrm{d}x + (xy-1)\mathrm{d}y = 0$.

证明　方法一

对 $xy - \ln y = 1$ 两边求全微分:

$$y\mathrm{d}x + x\mathrm{d}y - \frac{1}{y}\mathrm{d}y = 0,$$

化简: $y^2 \mathrm{d}x + (xy-1)\mathrm{d}y = 0$.

方法二

设 $F(x,y) = xy - \ln y - 1$,

因 $F_x = y > 0$,

由隐函数定理,在满足初始条件的点的某邻域内唯一确定隐函数 $x = f(y)$.

由公式 $\dfrac{\mathrm{d}x}{\mathrm{d}y} = -\dfrac{F_y}{F_x} = -\dfrac{x - \dfrac{1}{y}}{y} = \dfrac{1-xy}{y^2}$,

即 $y^2 \mathrm{d}x + (xy-1)\mathrm{d}y = 0$.

例 9.3　设 $y = f(x,t)$,而 t 是由方程 $F(x,y,t) = 0$ 所确定的 x,y 的函数,试求 $\dfrac{\mathrm{d}y}{\mathrm{d}x}$.

解　方法一

两个方程三个变量隐函数组,确定了两个一元函数,$y = y(x), t = t(x)$,方程组 $y = f(x,t), F(x,y,t) = 0$.

两边对 x 求导得 $\begin{cases} \dfrac{dy}{dx} = f_x + f_t \dfrac{dt}{dx}, \\ F_x + F_y \dfrac{dy}{dx} + F_t \dfrac{dt}{dx} = 0. \end{cases}$

解得：$\dfrac{dy}{dx} = \dfrac{f_x F_t - f_t F_x}{F_t + F_y f_t}$.

方法二

按题设 $F(x,y,t) = 0$ 确定了一个二元函数 $t = t(x,y)$，$F(x,y,t) = 0$，两边对 x 求导得

$$F_x + F_t \cdot t_x = 0, \quad 即 \ t_x = -\frac{F_x}{F_t}. \tag{9.1}$$

$F(x,y,t) = 0$ 两边对 y 求导得

$$F_y + F_t \cdot t_y = 0, \quad 即 \ t_y = -\frac{F_y}{F_t}. \tag{9.2}$$

将 $t = t(x,y)$ 代入 $y = f(x,t)$ 中，有 $y = f(x,t(x,y))$.

此方程又确定了一个一元函数 $y = y(x)$，将方程 $y = f(x,t(x,y))$ 两边对自变量 x 求导，得

$$y_x = f_x + f_t \cdot (t_x + t_y y_x),$$

将式(9.1)和式(9.2)代入上式得：

$$y_x = f_x + f_t \cdot \left[\left(-\frac{F_x}{F_t} \right) + \left(-\frac{F_y}{F_t} \right) \cdot y_x \right],$$

所以 $y_x F_t = f_x F_t - f_t F_x - f_t F_y y_x$，

因此，$y_x = \dfrac{f_x F_t - f_t F_x}{F_t + F_y f_t}$.

评注 对隐函数求导问题，关键是分析出隐函数的关系. 从本题两个解法可知，隐函数分析可有不同分析方式，方法一是对题目所给多个方程整体分析，方法二是单独分析. 若求导前不分析变量关系，极易出错.

例9.4 设 $y = y(x)$ 为由方程 $x = ky + \varphi(y)$ 所定义的隐函数，其中常数 $k \neq 0$ 且 $\varphi(y)$ 是以 w 为周期的可微周期函数，且 $|\varphi'(y)| < |k|$. 证明：$y = \dfrac{x}{k} + \psi(x)$，其中 $\psi(x)$ 是以 $|k|w$ 为周期的周期函数.

证明 由于 $x = ky + \varphi(y)$，故 $\dfrac{dx}{dy} = k + \varphi'(y)$.

又 $|\varphi'(y)| < |k|$，故 $\dfrac{dx}{dy}$ 与 k 同号，即 x 为 y 的严格单调函数，且为连续的. 由于 $\varphi(y)$ 是连续的且以 w 为周期的函数，故有界.

从而，当 $k > 0$ 时，$\lim\limits_{y \to -\infty} x = -\infty$，$\lim\limits_{y \to +\infty} x = +\infty$；

当 $k < 0$ 时，$\lim\limits_{y \to -\infty} x = +\infty$，$\lim\limits_{y \to +\infty} x = -\infty$.

由此可知，其反函数 $y = y(x)$ 存在唯一，且是 $-\infty < x < +\infty$ 上有定义的严格单调可微函数.

令
$$y(x) - \frac{x}{k} = \psi(x) \tag{9.3}$$

则 $x = ky(x) + \varphi[y(x)]$, $\quad \varphi[y(x) + w] = \varphi[y(x)]$,

$x + kw = ky(x) + \varphi[y(x)] + kw = k[y(x) + w] + \varphi[y(x) + w]$.

根据反函数的唯一性,可得

$$y(x + kw) = y(x) + w. \tag{9.4}$$

由式(9.3)和式(9.4)知

$$\psi(x + kw) = y(x + kw) - \frac{x + kw}{k} = y(x) - \frac{x}{k} = \psi(x).$$

同理可证 $\psi(x - kw) = \psi(x)$.

故 $\psi(x)$ 是以 $|k|w$ 为周期的可微周期函数. 由式(9.3)得

$$y = y(x) = \frac{1}{k}x + \psi(x).$$

例 9.5　设 $\mathrm{e}^z = xyz$,求 $\dfrac{\partial^2 z}{\partial x^2}$.

解　方程两边对 x 求导得:$\mathrm{e}^z \dfrac{\partial z}{\partial x} = yz + xy \dfrac{\partial z}{\partial x}$,

解得,$\dfrac{\partial z}{\partial x} = \dfrac{yz}{\mathrm{e}^z - xy} = \dfrac{yz}{xyz - xy} = \dfrac{z}{xz - x}$,

所以,$\dfrac{\partial^2 z}{\partial x^2} = \dfrac{\partial}{\partial x}\left(\dfrac{z}{xz - x}\right) = \dfrac{z_x \cdot (xz - x) - z(z + xz_x - 1)}{(xz - x)^2}$ (将 $z_x = \dfrac{z}{xz - x}$ 代入)

$\qquad = \dfrac{z(xz - x) - z(z^2 x - zx + x - xz + x)}{(xz - x)^3}$

$\qquad = \dfrac{-xz^3 + xz^2 - 3xz}{(xz - x)^3} = \dfrac{-z^3 + z^2 - 3z}{x^2(z - 1)^3}$.

评注　利用原方程化简计算或化简结果,是隐函数计算中常用的解题方法.

例 9.6　设 $\dfrac{x^2}{a^2} + \dfrac{y^2}{b^2} + \dfrac{z^2}{c^2} = 1$,求 $\mathrm{d}z$ 和 $\mathrm{d}^2 z$.

解　等式两边微分一次,可得

$$\frac{2x}{a^2}\mathrm{d}x + \frac{2y}{b^2}\mathrm{d}y + \frac{2z}{c^2}\mathrm{d}z = 0.$$

于是,$\mathrm{d}z = -\dfrac{c^2}{z}\left(\dfrac{x\mathrm{d}x}{a^2} + \dfrac{y\mathrm{d}y}{b^2}\right)$,

再将 $\mathrm{d}z$ 微分一次,得

$\mathrm{d}^2 z = -\dfrac{c^2}{z^2}\left[z\left(\dfrac{\mathrm{d}x^2}{a^2} + \dfrac{\mathrm{d}y^2}{b^2}\right) - \left(\dfrac{x\mathrm{d}x}{a^2} + \dfrac{y\mathrm{d}y}{b^2}\right)\mathrm{d}z\right]$

$\qquad = -\dfrac{c^4}{z^3}\left[\left(\dfrac{x^2}{a^2} + \dfrac{z^2}{c^2}\right)\dfrac{\mathrm{d}x^2}{a^2} + \dfrac{2xy}{a^2 b^2}\mathrm{d}x\mathrm{d}y + \left(\dfrac{y^2}{b^2} + \dfrac{z^2}{c^2}\right)\dfrac{\mathrm{d}y^2}{b^2}\right]$.

例 9.7　设 $x + y + z = 0$,$x^2 + y^2 + z^2 = 1$,求 $\dfrac{\mathrm{d}x}{\mathrm{d}z}$ 和 $\dfrac{\mathrm{d}y}{\mathrm{d}z}$.

解　对 z 求导数,得

$$\begin{cases} \dfrac{\mathrm{d}x}{\mathrm{d}z} + \dfrac{\mathrm{d}y}{\mathrm{d}z} + 1 = 0, \\ 2x\dfrac{\mathrm{d}x}{\mathrm{d}z} + 2y\dfrac{\mathrm{d}y}{\mathrm{d}z} + 2z = 0. \end{cases}$$

联立求解,得

$$\frac{\mathrm{d}x}{\mathrm{d}z} = \frac{y-z}{x-y}, \frac{\mathrm{d}y}{\mathrm{d}z} = \frac{z-x}{x-y}.$$

例 9.8　设 $u+v = x+y, \dfrac{\sin u}{\sin v} = \dfrac{x}{y}$,求 $\mathrm{d}u, \mathrm{d}v, \mathrm{d}^2 u$ 和 $\mathrm{d}^2 v$.

解　原式改写为 $\begin{cases} u+v = x+y, \\ y\sin u = x\sin v. \end{cases}$

微分得 $\begin{cases} \mathrm{d}u + \mathrm{d}v = \mathrm{d}x + \mathrm{d}y, & (9.5) \\ \sin u \mathrm{d}y + y\cos u \mathrm{d}u = \sin v \mathrm{d}x + x\cos v \mathrm{d}v. & (9.6) \end{cases}$

联立求解,

$$\mathrm{d}u = \frac{1}{x\cos v + y\cos u}\left[(\sin v + x\cos v)\mathrm{d}x - (\sin u - x\cos v)\mathrm{d}y\right],$$

$$\mathrm{d}v = \frac{1}{x\cos v + y\cos u}\left[-(\sin v - y\cos u)\mathrm{d}x + (\sin u + y\cos u)\mathrm{d}y\right],$$

对式(9.5)和式(9.6)再微分一次,得

$$\begin{cases} \mathrm{d}^2 u + \mathrm{d}^2 v = 0, \\ y\cos u \cdot \mathrm{d}^2 u + 2\cos u \cdot \mathrm{d}y\mathrm{d}u - y\sin u \cdot \mathrm{d}u^2 = x\cos v \cdot \mathrm{d}^2 v + 2\cos v \cdot \mathrm{d}x\mathrm{d}v - x\sin v \cdot \mathrm{d}v^2. \end{cases}$$

联立求解,

$$\mathrm{d}^2 u = -\mathrm{d}^2 v = \frac{1}{x\cos v + y\cos u}\left[(2\cos v\mathrm{d}x - x\sin v\mathrm{d}v)\mathrm{d}v - (2\cos u\mathrm{d}y - y\sin u\mathrm{d}u)\mathrm{d}u\right].$$

例 9.9　设变换 $u = x - 2y, v = x + ay$,把方程 $6\dfrac{\partial^2 z}{\partial x^2} + \dfrac{\partial^2 z}{\partial x\partial y} - \dfrac{\partial^2 z}{\partial y^2} = 0$ 化简为 $\dfrac{\partial^2 z}{\partial u\partial v}$ $= 0$.试求常数 a.

解　将 z 看作中间变量 u, v 的函数,而 u, v 又是自变量 x, y 的函数,则

$z_x = z_u \cdot u_x + z_v \cdot v_x = z_u + z_v,$

$z_y = z_u \cdot u_y + z_v \cdot v_y = -2z_u + az_v,$

$z_{xx} = z_{uu} + 2z_{uv} + z_{vv},$

$z_{xy} = -2z_{uu} + (a-2)z_{uv} + az_{vv},$

$z_{yy} = 4z_{uu} - 4az_{uv} + a^2 z_{vv}.$

代入原方程得

$(10 + 5a)z_{uv} + (6 + a - a^2)z_{vv} = 0.$

则应使 $10 + 5a \neq 0, 6 + a - a^2 = 0$,则 $a = 3$.

例 9.10　设 $z = z(x,y)$ 在 $\mathbf{R}^2$ 上有连续一阶偏导数,$w = w(u,v)$ 是由方程组 $u = x^2$ $+ y^2, v = \dfrac{1}{x} + \dfrac{1}{y}, z = \mathrm{e}^{w+x+y}$ 所确定的隐函数,试将方程 $y \cdot \dfrac{\partial z}{\partial x} - x \dfrac{\partial z}{\partial y} = (y-x) \cdot z$ $(x \neq y)$ 化为 $\dfrac{\partial w}{\partial u}, \dfrac{\partial w}{\partial v}$ 所满足的一个关系式.

解　将 $z(x,y)$ 看作由函数

$z = z(x,y,w) = \mathrm{e}^{w+x+y}, w = w(u,v),$

$u = u(x,y) = x^2 + y^2, v = v(x,y) = \dfrac{1}{x} + \dfrac{1}{y}$

复合而成,则有

$$\frac{\partial z}{\partial x} = z_1 + z_3\left(\frac{\partial w}{\partial u}\cdot\frac{\partial u}{\partial x} + \frac{\partial w}{\partial v}\cdot\frac{\partial v}{\partial x}\right) = z\left(1 + 2x\frac{\partial w}{\partial u} - \frac{1}{x^2}\frac{\partial w}{\partial v}\right),$$

$$\frac{\partial z}{\partial y} = z_2 + z_3\left(\frac{\partial w}{\partial u}\cdot\frac{\partial u}{\partial y} + \frac{\partial w}{\partial v}\cdot\frac{\partial v}{\partial y}\right) = z\left(1 + 2y\frac{\partial w}{\partial u} - \frac{1}{y^2}\frac{\partial w}{\partial v}\right).$$

代入原方程化简得,$z\left(\dfrac{x}{y^2} - \dfrac{y}{x^2}\right)\cdot\dfrac{\partial w}{\partial v} = 0.$

由题设知,$z\left(\dfrac{x}{y^2} - \dfrac{y}{x^2}\right) = \dfrac{z(x^3 - y^3)}{x^2 y^2} \neq 0,$

故可化为 $\dfrac{\partial w}{\partial v} = 0.$

例 9.11　设有方程 $\dfrac{x^2}{a^2 + u} + \dfrac{y^2}{b^2 + u} + \dfrac{z^2}{c^2 + u} = 1,$ 　　　　(9.7)

试证:$|\operatorname{grad}u|^2 = 2\boldsymbol{A}\cdot\operatorname{grad}u$,其中 $\boldsymbol{A} = (x, y, z).$ 　　　　(9.8)

证明　式(9.8)等价于

$$u_x^2 + u_y^2 + u_z^2 = 2(xu_x + yu_y + zu_z). \qquad (9.9)$$

因此本题转化为由式(9.7)证明式(9.9)成立.

由式(9.7)定义了一个三元函数 $u = u(x, y, z)$,将式(9.7)对 x 求导得

$$\frac{(a^2 + u)2x - x^2 u_x}{(a^2 + u)^2} - \frac{y^2 u_x}{(b^2 + u)^2} - \frac{z^2 u_x}{(c^2 + u)^2} = 0,$$

$$\frac{2x}{a^2 + u} = \left[\frac{x^2}{(a^2 + u)^2} + \frac{y^2}{(b^2 + u)^2} + \frac{z^2}{(c^2 + u)^2}\right]u_x. \qquad (9.10)$$

由轮换对称性,有

$$\frac{2y}{b^2 + u} = \left[\frac{x^2}{(a^2 + u)^2} + \frac{y^2}{(b^2 + u)^2} + \frac{z^2}{(c^2 + u)^2}\right]u_y, \qquad (9.11)$$

$$\frac{2z}{c^2 + u} = \left[\frac{x^2}{(a^2 + u)^2} + \frac{y^2}{(b^2 + u)^2} + \frac{z^2}{(c^2 + u)^2}\right]u_z. \qquad (9.12)$$

将式(9.10)至式(9.12)平方后相加,并在等式两端约去公因子,得

$$4 = \left[\frac{x^2}{(a^2 + u)^2} + \frac{y^2}{(b^2 + u)^2} + \frac{z^2}{(c^2 + u)^2}\right](u_x^2 + u_y^2 + u_z^2). \qquad (9.13)$$

将式(9.10)至式(9.12)分别乘以 x, y, z 后相加,结合式(9.7),得

$$2 = \left[\frac{x^2}{(a^2 + u)^2} + \frac{y^2}{(b^2 + u)^2} + \frac{z^2}{(c^2 + u)^2}\right](xu_x + yu_y + zu_z). \qquad (9.14)$$

将式(9.13)和式(9.14)联立,即得式(9.9),从而式(9.8)成立.

评注　梯度计算与隐函数求导结合,增加难度.

例 9.12　求函数 $u = \dfrac{x}{\sqrt{x^2 + y^2 + z^2}}$ 在点 $M(1, 2, -2)$ 处沿曲线 $x = t, y = 2t^2,$ $z = -2t^4$ 在该点切线方向的方向导数.

解　$u_x(1, 2, -2) = \dfrac{8}{27},$ 　$u_y(1, 2, -2) = -\dfrac{2}{27},$ 　$u_z(1, 2, -2) = \dfrac{2}{27},$

M 代入曲线方程,则 $t = 1.$

则曲线在 M 处的切向量为 $\boldsymbol{\tau} = \pm(1,4t,-8t^2) = \pm(1,4,-8)$,

单位化可得 $\boldsymbol{\tau}^0 = \pm\dfrac{1}{9}(1,4,-8)$.

方向导数为 $\dfrac{\partial u}{\partial \tau}\bigg|_M = \operatorname{grad} u\bigg|_M \cdot \boldsymbol{\tau}^0 = \mp\dfrac{16}{243}$.

例 9.13 求证曲面 $f\left(\dfrac{x-a}{z-c},\dfrac{y-b}{z-c}\right) = 0$ 的切平面通过一定点.

证明 由方程 $f\left(\dfrac{x-a}{z-c},\dfrac{y-b}{z-c}\right) = 0$,令 $F(x,y,z) = f\left(\dfrac{x-a}{z-c},\dfrac{y-b}{z-c}\right)$,

有 $F_x = f_1 \cdot \dfrac{1}{z-c}$, $F_y = f_2 \cdot \dfrac{1}{z-c}$,

$$F_z = -\dfrac{1}{(z-c)^2}\left[f_1 \cdot (x-a) + f_2 \cdot (y-b)\right],$$

其切平面方程为

$$\dfrac{f_1}{z-c}(X-x) + \dfrac{f_2}{z-c}(Y-y) - \dfrac{(x-a)f_1 + (y-b)f_2}{(z-c)^2}(Z-z) = 0,$$

即 $[(z-c)(X-x) - (x-a)(Z-z)]f_1 + [(z-c)(Y-y) - (y-b)(Z-z)]f_2 = 0$,

显然,当 $(X,Y,Z) = (a,b,c)$ 时,上式恒成立.

评注 所谓定点就是三个坐标均为常数的点;对抽象函数求导可把中间变量按顺序简记为 $1,2,3$ 等,以简化计算.

例 9.14 确定正数 λ,使曲面 $xyz = \lambda$ 与椭球面 $\dfrac{x^2}{a^2} + \dfrac{y^2}{b^2} + \dfrac{z^2}{c^2} = 1$ 在某点相切(即有公共切平面).

解 设 $P_0(x_0,y_0,z_0)$ 为相切点,则它们在 P_0 处法向量

$\boldsymbol{n}_1 = (y_0z_0, z_0x_0, x_0y_0)$, $\boldsymbol{n}_2 = \left(\dfrac{x_0}{a^2}, \dfrac{y_0}{b^2}, \dfrac{z_0}{c^2}\right)$ 互相平行,

故 $\dfrac{x_0}{a^2}\bigg/ y_0z_0 = \dfrac{y_0}{b^2}\bigg/ z_0x_0 = \dfrac{z_0}{c^2}\bigg/ x_0y_0$,

即 $\dfrac{x_0^2}{a^2} = \dfrac{y_0^2}{b^2} = \dfrac{z_0^2}{c^2}$,

代入方程 $\dfrac{x_0^2}{a^2} + \dfrac{y_0^2}{b^2} + \dfrac{z_0^2}{c^2} = 1$,

得 $P_0(x_0,y_0,z_0) = \pm\left(\dfrac{a}{\sqrt{3}}, \dfrac{b}{\sqrt{3}}, \dfrac{c}{\sqrt{3}}\right)$,

$\lambda = x_0y_0z_0 = \pm\dfrac{abc}{3\sqrt{3}}$.

例 9.15 证明:曲面 $xyz = a^3 (a > 0)$ 的切平面与坐标面形成体积一定的四面体.

证明 在曲面上任取一点 $P_0(x_0,y_0,z_0)$,则曲面在该点的切平面方程为

$$y_0z_0(x-x_0) + x_0z_0(y-y_0) + x_0y_0(z-z_0) = 0.$$

它与各坐标面的交点为 $A(3x_0,0,0), B(0,3y_0,0), C(0,0,3z_0)$,

注意到各坐标轴的垂直关系,即知以 A,B,C,O 诸点为顶点的四面体的体积为

$$V_{ABCO} = \frac{1}{3}OC \cdot \left(\frac{1}{2}OA \cdot OB\right) = \frac{1}{6} 3z_0 \cdot 3x_0 \cdot 3y_0 = \frac{9}{2} x_0 y_0 z_0 = \frac{9}{2} a^3.$$

上式为一个常数,得证.

例 9.16(浙江省 2003 年试题) 已知 $xe^y + y + \sin x = 0$,求 $y'(0)$.

解 $e^y + xe^y y' + y' + \cos x = 0$,所以 $y' = \dfrac{\cos x + e^y}{xe^y + 1}$,所以 $y'(0) = -2$.

评注 隐函数求导的基本应用.

例 9.17(浙江省 2004 年试题) 设函数 $y = f(x)$ 由方程 $x^3 - 3xy^2 + 2y^3 - 32 = 0$ 确定,且 $f(x)$ 可导,试求 $f(x)$ 的极值.

解 方程两边对 x 求导得,$3x^2 - 3y^2 - 6xy \cdot y' + 6y^2 \cdot y' = 0$.

令 $y' = f'(x) = 0$ 得 $y^2 = x^2$,即 $y = \pm x$,而 $y = x$ 不满足方程,所以,将 $y = -x$ 代入方程得 $y = f(x)$ 的驻点为 $(-2, 2)$.

由 $y' = \dfrac{y + x}{y}$,设 $y'' = f''(x) = \dfrac{(y'+1)y - y'(y+x)}{y^2}$,

将 $x = -2, y = 2$ 代入得 $y''\Big|_{\substack{x=-2\\y=2}} = f''(-2) = \dfrac{1}{2} > 0$.

所以,$f(-2) = 2$ 为 $y = f(x)$ 的极小值.

评注 本题难点在于在隐函数求导的过程中求驻点,方法为令 $y' = 0$,得到 y 与 x 的关系后,代入原方程可得.

练习题

1. 设 $\cos^2 x + \cos^2 y + \cos^2 z = 1$,$z$ 是 x, y 的函数,求 dz.

2. 设 $z = f(x, y)$,$u = \dfrac{y^2}{x}$,$v = xy$,且 f 的一阶偏导连续,求 $\dfrac{\partial z}{\partial u}$,$\dfrac{\partial z}{\partial v}$.

3. 设 $y = y(x)$ 是 $xy + e^y = x + 1$ 所确定的隐函数,求 $\dfrac{d^2 y}{dx^2}\Big|_{x=0}$.

4. 设 y 是由 $y^3(x + y) = x^3$ 所确定的隐函数,求 $\displaystyle\int \dfrac{dx}{y^3}$.

5. 设 $y = y(x)$ 由参数方程 $\begin{cases} x = x(t), \\ y = \displaystyle\int_0^{t^2} \ln(1+u)du \end{cases}$ 确定,其中 $x(t)$ 是初值问题

$\begin{cases} \dfrac{dx}{dt} - 2te^{-x} = 0 \\ x\big|_{t=0} = 0 \end{cases}$ 的解,求 $\dfrac{d^2 y}{dx^2}$.

6. 求曲线 $\sin xy + \ln(y - x) = x$ 点 $(0, 1)$ 处的切线方程.

7. 试证曲面 $z = x + f(y - z)$ 的所有切平面恒与一定直线平行(其中 f 可微).

8. 证明:曲面 $z + \sqrt{x^2 + y^2 + z^2} = x^3 f\left(\dfrac{y}{x}\right)$ 任意点处的切平面在 Oz 轴上的截距与切点到坐标原点的距离之比为常数,并求此常数.

9. 在 $\dfrac{x^2}{a^2} + \dfrac{y^2}{a^2} + \dfrac{z^2}{c^2} = 1$ 上求一点,使椭球面在此点的法线与三个坐标轴的正向成等角.

10. 求过直线 $L: \begin{cases} 3x - 2y - z = 5, \\ x + y + z = 0, \end{cases}$ 且与曲面 $2x^2 - 2y^2 + 2z = \dfrac{5}{8}$ 相切的平面 π 的方程.

第十讲　极值问题

一、泰勒(Taylor) 公式

1. **中值定理**：设二元函数 f 在凸区域 $D \subset \mathbf{R}^2$ 上连续，在 D 的所有内点处可微. 则对 D 内任意两点 $P(a, b), Q(a+h, b+k) \in D$，存在 $\theta(0 < \theta < 1)$，使
$$f(a+h, b+k) - f(a, b) = f_x(a+\theta h, b+\theta k)h + f_y(a+\theta h, b+\theta k)k.$$

2. **泰勒公式**：若函数 f 在点 $P_0(x_0, y_0)$ 的某邻域 $U(P_0)$ 内有直到 $n+1$ 阶连续偏导数，则对 $U(P_0)$ 内任一点 $(x_0 + h, y_0 + k)$，存在相应的 $\theta \in (0, 1)$，使
$$f(x_0 + h, y_0 + k) =$$
$$\sum_{i=0}^{n} \frac{1}{i!}\left(h\frac{\partial}{\partial x} + k\frac{\partial}{\partial y}\right)^i f(x_0, y_0) + \frac{1}{(n+1)!}\left(h\frac{\partial}{\partial x} + k\frac{\partial}{\partial y}\right)^{n+1} f(x_0+\theta h, y_0+\theta k)$$
其中等号右边加式的后一项可简记为 $R_n(x, y)$.

二、极值存在条件

1. **定义 10.1**　若函数 f 在点 $P_0(x_0, y_0)$ 的某邻域 $U(P_0)$ 内有定义，若对于任何点 $P(x, y) \in U(P_0)$，成立不等式：$f(P) \leqslant f(P_0)$ [或 $f(P) \geqslant f(P_0)$]，则称函数 f 在点 P_0 取得**极大**(或**极小**) 值，点 P_0 称为 f 的**极大**(或**极小**) **值点**. 极大值、极小值统称为**极值**. 极大值点、极小值点统称为**极值点**.

2. **极值的必要条件**：设 P_0 为函数 $f(P)$ 的极值点，则当 f 在点 P_0 存在偏导数时，有
$$f_x(P_0) = f_y(P_0) = 0.$$

3. **极值的充分条件**：设函数 $f(x, y)$ 在点 $P_0(x_0, y_0)$ 某邻域有二阶连续偏导数，当 P_0 为稳定点(即驻点)时，则

(1) $f_{xx}(P_0) > 0, (f_{xx}f_{yy} - f_{xy}^2)(P_0) > 0$ 时，P_0 为极小值点；

(2) $f_{xx}(P_0) < 0, (f_{xx}f_{yy} - f_{xy}^2)(P_0) > 0$ 时，P_0 为极大值点；

(3) $(f_{xx}f_{yy} - f_{xy}^2)(P_0) < 0$ 时，P_0 不是极值点；

(4) $(f_{xx}f_{yy} - f_{xy}^2)(P_0) = 0$ 时，P_0 可能是极值点，也可能不是极值点.

三、最值问题

最值问题：和一元函数一样，最值只可能出现在稳定点、偏导不存在点以及属于区域的界点上，一起比较这些点处的函数值，其中最大者(最小者)为最大值(最小值).

四、条件极值问题

1. **条件极值问题**：条件极值问题的一般形式是在条件组 $\varphi_k(x_1, x_2, \cdots, x_n) = 0, k = 1, 2,$

$\cdots,m(m<n)$ 的约束下,求目标函数 $y=f(x_1,x_2,\cdots,x_n)$ 的极值.

2. 拉格朗日(Lagrange)乘数法:将求 $f(x_1,x_2,\cdots,x_n)$ 的条件极值问题化为求下面拉格朗日函数

$$L(x_1,x_2,\cdots,x_n;\lambda_1,\lambda_2,\cdots,\lambda_m)=f(x_1,x_2,\cdots,x_n)+\sum_{k=1}^{m}\lambda_k\varphi_k(x_1,x_2,\cdots,x_n)$$

的稳定点问题,然后根据所讨论的实际问题的特性判断出哪些稳定点是所求的极值.

例题分析

例 10.1　设在区域 D 上函数 f 存在偏导数,且 $f_x=f_y\equiv 0$.

证明:在 D 上,$f(x,y)\equiv C$.

证明　$f_x=f_y=0$,由中值定理,对(x_0,y_0),$\forall(x,y)\in D$,$\exists\zeta,\eta$ 使得

$$f(x,y)-f(x_0,y_0)=f_x(\zeta,y)(x-x_0)+f_y(x_0,\eta)(y-y_0)=0,$$

故 $f(x,y)=f(x_0,y_0)$ 为常值函数.

例 10.2　设函数 $f(x,y)$ 在 $\mathbf{R}^2$ 上有连续的二阶偏导数且满足方程 $f\dfrac{\partial^2 f}{\partial x\partial y}=\dfrac{\partial f}{\partial x}\cdot\dfrac{\partial f}{\partial y}$.

证明:如果 $f(x,y)\neq 0,(x,y)\in\mathbf{R}^2$,则存在一元函数 $\varphi(x)$ 与 $\psi(y)$,使 $f(x,y)=\varphi(x)\cdot\psi(y)$.

证明　令 $g(x)=\dfrac{f(x,y)}{f(x,0)}$,则

$$
\begin{aligned}
g(x)-g(0)&=\frac{f(x,y)}{f(x,0)}-\frac{f(0,y)}{f(0,0)}\\
&=\frac{f_x(\theta x,y)f(\theta x,0)-f_x(\theta x,0)f(\theta x,y)}{f^2(\theta x,0)}\cdot x\quad(0<\theta<1)\\
&=\frac{f(\theta x,y)}{f(\theta x,0)}\left[\frac{f_x(\theta x,y)}{f(\theta x,y)}-\frac{f_x(\theta x,0)}{f(\theta x,0)}\right]\cdot x\\
&=\frac{f(\theta x,y)}{f(\theta x,0)}\left[\frac{f_{xy}(\theta x,\theta_1 y)f(\theta x,\theta_1 y)-f_x(\theta x,\theta_1 y)f_y(\theta x,\theta_1 y)}{f^2(\theta x,\theta_1 y)}\right]xy\\
&=0,\quad(0<\theta_1<1)
\end{aligned}
$$

由此得

$$f(x,y)=f(x,0)\cdot\frac{f(0,y)}{f(0,0)}=\varphi(x)\psi(y).$$

例 10.3　令 $f(x,t)$ 有一阶偏导数,且 $\dfrac{\partial f}{\partial x}=\dfrac{\partial f}{\partial t}$,假设对所有的 x 有 $f(x,0)>0$,证明:对所有 x 及 t 有 $f(x,t)>0$.

证明　令 $(x,t)\in\mathbf{R}^2$,由中值定理,存在 ζ 介于 x 与 $x+t$ 之间,η 介于 t 和 0 之间,有

$$f(x,t)-f(x+t,0)=\frac{\partial f}{\partial x}(\zeta,\eta)[x-(x+t)]+\frac{\partial f}{\partial t}(\zeta,\eta)(t-0),$$

$$=t\left(\frac{\partial f}{\partial t}(\zeta,\eta)-\frac{\partial f}{\partial x}(\zeta,\eta)\right)=0.$$

因而 $f(x,t)=f(x+t,0)>0$.

例 10.4　在点 $A(1,1,1)$ 的邻域内根据泰勒公式展开函数 $f(x,y,z)=x^3+y^3+z^3-3xyz$.

解 $\quad \dfrac{\partial f}{\partial x} = 3x^2 - 3yz, \quad \dfrac{\partial f}{\partial y} = 3y^2 - 3xz, \quad \dfrac{\partial f}{\partial z} = 3z^2 - 3xy,$

$\dfrac{\partial^2 f}{\partial x^2} = 6x, \quad \dfrac{\partial^2 f}{\partial y^2} = 6y, \quad \dfrac{\partial^2 f}{\partial z^2} = 6z,$

$\dfrac{\partial^2 f}{\partial x \partial y} = -3z, \quad \dfrac{\partial^2 f}{\partial y \partial z} = -3x, \quad \dfrac{\partial^2 f}{\partial x \partial z} = -3y,$

$\dfrac{\partial^3 f}{\partial x^3} = \dfrac{\partial^3 f}{\partial y^3} = \dfrac{\partial^3 f}{\partial z^3} = 6, \quad \dfrac{\partial^3 f}{\partial x \partial y \partial z} = -3,$

其余三阶混合偏导数均为 0,所有四阶偏导数均为 0.

因此,$R_3(x,y,z) = 0$,在点 $A(1,1,1)$ 处,

$f(1,1,1) = 0, \quad \dfrac{\partial f}{\partial x} = \dfrac{\partial f}{\partial y} = \dfrac{\partial f}{\partial z} = 0,$

$\dfrac{\partial^2 f}{\partial x \partial y} = \dfrac{\partial^2 f}{\partial y \partial z} = \dfrac{\partial^2 f}{\partial x \partial z} = -3, \quad \dfrac{\partial^3 f}{\partial x^3} = \dfrac{\partial^3 f}{\partial y^3} = \dfrac{\partial^3 f}{\partial z^3} = 6, \quad \dfrac{\partial^3 f}{\partial x \partial y \partial z} = -3,$

于是

$$f(x,y,z) = f(1,1,1) + \sum_{i=1}^{3} \frac{1}{i!} \left[(x-1)\frac{\partial}{\partial x} + (y-1)\frac{\partial}{\partial y} + (z-1)\frac{\partial}{\partial z} \right]^i f(1,1,1)$$

$$= 3\left[(x-1)^2 + (y-1)^2 + (z-1)^2 - (x-1)(y-1) - (x-1)(z-1) \right.$$

$$\left. - (y-1)(z-1) \right] + (x-1)^3 + (y-1)^3 + (z-1)^3$$

$$- 3(x-1)(y-1)(z-1).$$

例 10.5 若 $|x|$ 和 $|y|$ 同 1 比较为很小的量,对于下列二式推出准确到二次项的近似公式:

(a) $\dfrac{\cos x}{\cos y}$; (b) $\arctan \dfrac{1+x+y}{1-x+y}$.

解 (a) $\dfrac{\cos x}{\cos y} = \cos x \cdot (1 - \sin^2 y)^{-\frac{1}{2}}$

$$= \left(1 - \frac{x^2}{2} + \cdots \right) \cdot \left(1 + \frac{1}{2}\sin^2 y + \cdots \right)$$

$$\approx \left(1 - \frac{x^2}{2} \right)\left(1 + \frac{1}{2}\sin^2 y \right) \approx \left(1 - \frac{x^2}{2} \right)\left(1 + \frac{1}{2}y^2 \right)$$

$$\approx 1 - \frac{1}{2}(x^2 - y^2).$$

(b) $\arctan \dfrac{1+x+y}{1-x+y} = \arctan \dfrac{1 + \dfrac{x}{1+y}}{1 - \dfrac{x}{1+y}} = \dfrac{\pi}{4} + \arctan \dfrac{x}{1+y}$

$$= \frac{\pi}{4} + \left(\frac{x}{1+y} \right) - \frac{1}{3}\left(\frac{x}{1+y} \right)^3 + \cdots$$

$$\approx \frac{\pi}{4} + x(1 - y + y^2) \approx \frac{\pi}{4} + x - xy.$$

例 10.6 求函数 $f(x,y) = \dfrac{1}{y^2} e^{-\frac{1}{2y^2}[(x-a)^2 + (y-b)^2]}$ 的极值点与极值$(a, b \neq 0)$.

解 偏导数存在的点为极值点,其必为驻点,故先求驻点.

对函数变形,可使求解较简单,令

$$F(x,y) = \ln f(x,y) = -2\ln|y| - \frac{1}{2y^2}\big[(x-a)^2 + (y-b)^2\big],$$

$F(x,y)$ 与 $f(x,y)$ 有相同的极值点,令

$$\begin{cases} F_x = -\dfrac{1}{y^2}(x-a) = 0, \\ F_y = -\dfrac{2}{y} - \dfrac{y-b}{y^2} + \dfrac{1}{y^3}\big[(x-a)^2 + (y-b)^2\big] = 0. \end{cases}$$

解得驻点 $x=a, y=-b$ 或 $\dfrac{b}{2}$,判断驻点是否为极值点.

$$F_{xx} = -\frac{1}{y^2}, \quad F_{xy} = \frac{2(x-a)}{y^3},$$

$$F_{yy} = \frac{3}{y^2} - \frac{2b}{y^3} + \frac{2(y-b)}{y^3} - \frac{3}{y^4}\big[(x-a)^2 + (y-b)^2\big].$$

当 $x=a, y=-b$ 时,$F_{xx} = -\dfrac{1}{b^2}, F_{xy} = 0, F_{yy} = -\dfrac{3}{b^2}$,$(a,-b)$ 为极大值点,

当 $x=a, y=\dfrac{b}{2}$ 时,$F_{xx} = -\dfrac{4}{b^2}, F_{xy} = 0, F_{yy} = -\dfrac{24}{b^2}$,$\left(a, \dfrac{b}{2}\right)$ 为极大值点,

极大值为 $f(a,-b) = \dfrac{1}{b^2}\mathrm{e}^{-2}, f\left(a, \dfrac{b}{2}\right) = \dfrac{4}{b^2}\mathrm{e}^{-\frac{1}{2}}$.

评注　通过变形(如取对数,去根号等),将复杂函数转化为简单函数是极值问题中常用技巧.

例 10.7　求变量 x 和 y 的隐函数 z 的极值:$x^2 + y^2 + z^2 - 2x + 2y - 4z - 10 = 0$.

解　微分得 $(x-1)\mathrm{d}x + (y+1)\mathrm{d}y + (z-2)\mathrm{d}z = 0$,

显见,当 $x=1, y=-1$ 时,$\mathrm{d}z = 0$,代入原方程可解得 $z=6$ 及 $z=-2$.

又 $z=2$ 时为不可微的,为判断极值,求二阶微分,得

$$\mathrm{d}x^2 + \mathrm{d}y^2 + (z-2)\mathrm{d}^2z + \mathrm{d}z^2 = 0.$$

以 $x=1, y=-1, z=6$ 代入,并 $\mathrm{d}z = 0$,得

$$\mathrm{d}^2z = -\frac{1}{4}(\mathrm{d}x^2 + \mathrm{d}y^2) < 0,\text{当 } \mathrm{d}x^2 + \mathrm{d}y^2 \neq 0 \text{ 时}.$$

故 $x=1, y=-1$ 时,z 取得极大值 $z=6$,

同法可得,$x=1, y=-1$ 时,z 也取得极小值,且值为 $z=-2$.

评注　求隐函数的极值与求显函数的极值是一样的,只是要用隐函数的求导法求导数.

例 10.8　证明:函数 $z = (1+\mathrm{e}^y)\cos x - y\mathrm{e}^y$ 有无穷多个极大值而无一极小值.

证明　解方程组 $\begin{cases} \dfrac{\partial z}{\partial x} = -(1+\mathrm{e}^y)\sin x = 0, \\ \dfrac{\partial z}{\partial y} = \mathrm{e}^y(\cos x - 1 - y) = 0, \end{cases}$

得 $x = k\pi, \quad y = (-1)^k - 1 \, (k = 0, \pm 1, \pm 2, \cdots)$,

由于 $\dfrac{\partial^2 z}{\partial x^2} = -(1+\mathrm{e}^y)\cos x, \quad \dfrac{\partial^2 z}{\partial x \partial y} = -\mathrm{e}^y\sin x, \quad \dfrac{\partial^2 z}{\partial y^2} = \mathrm{e}^y(\cos x - 2 - y)$,

故在点$(2m\pi,0)(m=0,\pm1,\cdots)$,

$$\frac{\partial^2 z}{\partial x^2}=-2, \quad \frac{\partial^2 z}{\partial x\partial y}=0, \quad \frac{\partial^2 z}{\partial y^2}=-1,$$

$z_{xx}z_{yy}-z_{xy}^2=2>0$,此时$z$取得极大值.

而在点$((2m+1)\pi,-2)(m=0,\pm1,\cdots)$,

$$\frac{\partial^2 z}{\partial x^2}=1+\mathrm{e}^{-2}, \quad \frac{\partial^2 z}{\partial x\partial y}=0, \quad \frac{\partial^2 z}{\partial y^2}=-\mathrm{e}^{-2},$$

$z_{xx}z_{yy}-z_{xy}^2=-\mathrm{e}^{-2}-\mathrm{e}^{-2}<0$,此时$z$无极值.

例 10.9 设$a^2+b^2+c^2\neq0$,求$w=(ax+by+cz)\mathrm{e}^{-(x^2+y^2+z^2)}$在整个空间上的最大值与最小值.

解 先求驻点:

$$令\begin{cases}w_x=0,\\w_y=0,\\w_z=0,\end{cases} \quad 即\begin{cases}2x(ax+by+cz)=a,\\2y(ax+by+cz)=b,\\2z(ax+by+cz)=c,\end{cases}$$

因此,$\dfrac{x}{a}=\dfrac{y}{b}=\dfrac{z}{c}=t$,解得驻点$P_1\left(\dfrac{a}{\sqrt{2}R},\dfrac{b}{\sqrt{2}R},\dfrac{c}{\sqrt{2}R}\right),P_2\left(-\dfrac{a}{\sqrt{2}R},-\dfrac{b}{\sqrt{2}R},-\dfrac{c}{\sqrt{2}R}\right)$,

其中,$R=\sqrt{a^2+b^2+c^2}$, $\quad w(P_1)=\dfrac{R}{\sqrt{2}}\mathrm{e}^{-\frac{1}{2}}$, $\quad w(P_2)=-\dfrac{R}{\sqrt{2}}\mathrm{e}^{-\frac{1}{2}}$,

考虑$\Sigma_r:x^2+y^2+z^2=r^2(r>R)$,

令$x=r\cos\theta\sin\varphi$, $\quad y=r\sin\theta\sin\varphi$, $\quad z=r\cos\varphi$,

$\left|w\mid_{\Sigma_r}\right|=|a\cos\theta\sin\varphi+b\sin\theta\sin\varphi+c\cos\varphi|r\mathrm{e}^{-r^2}$,因此,$\lim\limits_{r\to+\infty}\left|w\mid_{\Sigma_r}\right|=0$,

所以存在$M>0$,当$r\geqslant M$时,$\left|w\mid_{\Sigma_r}\right|<\dfrac{R}{\sqrt{2}}\mathrm{e}^{-\frac{1}{2}}$,

而w在$x^2+y^2+z^2\leqslant M^2$上,有$w_{\max}=\dfrac{R}{\sqrt{2}}\mathrm{e}^{-\frac{1}{2}},w_{\min}=-\dfrac{R}{\sqrt{2}}\mathrm{e}^{-\frac{1}{2}}$,

因而$\pm\dfrac{R}{\sqrt{2}}\mathrm{e}^{-\frac{1}{2}}$也是$w$在整个空间上的最大值与最小值.

评注 无界区域上的最大值与最小值,可先考察其无限状态下函数的变换趋势,再把范围缩小到有界闭域讨论.

例 10.10 证明$\dfrac{x^2+y^2}{4}\leqslant\mathrm{e}^{x+y-2}$,当$x\geqslant0,y\geqslant0$.

证明 在第一象限中$(x\geqslant0,y\geqslant0)$,将函数$f(x,y)=(x^2+y^2)\mathrm{e}^{-x-y}$作为考察对象,判断在哪处可达到最大值.

因为f是非负的且不论哪个变量趋于无穷大时,它均趋于零.

$$\frac{\partial f}{\partial x}=(2x-x^2-y^2)\mathrm{e}^{-x-y}, \quad \frac{\partial f}{\partial y}=(2y-x^2-y^2)\mathrm{e}^{-x-y}.$$

f的稳定点为满足$2x-x^2-y^2=0=2y-x^2-y^2$的(x,y),

则$x=y$及$2x^2-2x=0$, $\quad 2y^2-2y=0$.

因此,稳定点为$(1,1)$及$(0,0)$,显然,$(0,0)$不可能为最大值点.

再看 x 轴上有 $f(x,0) = x^2 \mathrm{e}^{-x}$，$\dfrac{\mathrm{d}f(x,0)}{\mathrm{d}x} = (x^2 - 2x)\mathrm{e}^{-x}$，

仅当 $x = 0$ 及 $x = 2$ 时，$\dfrac{\mathrm{d}f(x,0)}{\mathrm{d}x} = 0$，

则 $(2,0)$ 点为最大值点的另一候选者.

同理，$(0,2)$ 也为一候选者.

$f(1,1) = 2\mathrm{e}^{-2}$，$\quad f(2,0) = 4\mathrm{e}^{-2} = f(0,2)$，

因此，f 在第一象限中最大值为 $4\mathrm{e}^{-2}$.

即 $x \geqslant 0, y \geqslant 0$ 时，

$$(x^2 + y^2)\mathrm{e}^{-x-y} \leqslant 4\mathrm{e}^{-2}，\qquad \frac{x^2 + y^2}{4} \leqslant \mathrm{e}^{x+y-2}.$$

评注　利用最值证明不等式的要点：若求得 f 在区域 D 上的最大值和最小值分别为 a 与 b，则有不等式 $b \leqslant f(P) \leqslant a(P \in D)$，利用此不等式常可证明所需不等式.

例 10.11　求 $f(x,y,z) = x^4 + y^4 + z^4$ 在条件 $xyz = 1$ 下的极值，问该极值是极大值还是极小值.

解　构造拉格朗日函数求解，令 $L = x^4 + y^4 + z^4 + \lambda(xyz - 1)$，则

$$\begin{cases} L_x = 4x^3 + \lambda yz = 0 \\ L_y = 4y^3 + \lambda xz = 0 \\ L_z = 4z^3 + \lambda xy = 0 \\ xyz = 1 \end{cases}$$

解以上方程组，得解 $(1,1,1), (-1,-1,1), (-1,1,-1), (1,-1,-1)$.

在这些点上，$f(x,y,z) = 3$，这些点均为极小值，由于对称性，只对 $P_1(1,1,1)$ 进行验证.

方法一：化为无条件形式判定.

考虑第一卦限，因在曲面 $xyz = 1$ 上，$f(x,y,z) = x^4 + y^4 + \dfrac{1}{x^4 y^4}$，

在 xOy 平面上，以 $x = \dfrac{1}{4}, y = 2, x = 2, y = \dfrac{1}{4}$ 所围有界闭区域 D 的边界上，

$f\left(x, y, \dfrac{1}{xy}\right) \geqslant 16 > 3 = f(P_1)$.

可见，$f\left(x, y, \dfrac{1}{xy}\right)$ 在有界闭区域 D 上的最小值只能在内部达到，但内部只有唯一驻点 $(1,1)$，故该驻点是 $f\left(x, y, \dfrac{1}{xy}\right)$ 在 D 上的最小值点，即 $f(x,y,z)$ 在条件 $xyz = 1$ 下在 $(1,1,1)$ 处取极小值.

方法二：用二阶微分的符号来判定.

在点 $(1,1,1)$ 处，相应的，$\lambda = -4$，从而 L 的二阶偏导数在点 $(1,1,1)$ 处值为

$L_{xx} = L_{yy} = L_{zz} = 12, L_{xy} = L_{yz} = L_{zx} = \lambda = -4$，

因此有公式

$$\mathrm{d}^2 L = \left(\frac{\partial}{\partial x}\mathrm{d}x + \frac{\partial}{\partial y}\mathrm{d}y + \frac{\partial}{\partial z}\mathrm{d}z\right)^2 L$$

$$= \frac{\partial^2 L}{\partial x^2}\mathrm{d}x^2 + \frac{\partial^2 L}{\partial y^2}\mathrm{d}y^2 + \frac{\partial^2 L}{\partial z^2}\mathrm{d}z^2 + 2\frac{\partial^2 L}{\partial x\partial y}\mathrm{d}x\mathrm{d}y + 2\frac{\partial^2 L}{\partial y\partial z}\mathrm{d}y\mathrm{d}z + \frac{\partial^2 L}{\partial z\partial x}\mathrm{d}z\mathrm{d}x,$$

$$\mathrm{d}^2 L(P_1) = 12(\mathrm{d}x^2 + \mathrm{d}y^2 + \mathrm{d}z^2) - 8(\mathrm{d}x\mathrm{d}y + \mathrm{d}y\mathrm{d}z + \mathrm{d}z\mathrm{d}x).$$

由 $xyz = 1$ 知,在点 P_1 处,$\mathrm{d}z = -\mathrm{d}x - \mathrm{d}y$,代入上式得

$$\mathrm{d}^2 L(P_1) = 12(\mathrm{d}x^2 + \mathrm{d}y^2 + \mathrm{d}z^2) - 8[\mathrm{d}x\mathrm{d}y + (\mathrm{d}y + \mathrm{d}x)(-\mathrm{d}y - \mathrm{d}x)]$$
$$= 12(\mathrm{d}x^2 + \mathrm{d}y^2 + \mathrm{d}z^2) + 4(\mathrm{d}x^2 + 2\mathrm{d}x\mathrm{d}y + \mathrm{d}y^2) + 4(\mathrm{d}x^2 + \mathrm{d}y^2) > 0.$$

故 f 在 $P_1(1,1,1)$ 处取极小值.

评注 求条件极值方法:(1)化为无条件极值求解;(2)构造拉格朗日函数求解,注意的是:求解得到的点只是可能的极值点,判定其是否为极值点又可化为无条件形式判定,或用拉格朗日函数的二阶微分的符号来判定.

例 10.12 在球面 $x^2 + y^2 + z^2 = 5R^2(x > 0, y > 0, z > 0)$ 上,求函数 $f(x,y,z) = \ln x + \ln y + 3\ln z$ 的最大值,并利用所得结果证明不等式 $abc^3 \leqslant 27\left(\frac{a+b+c}{5}\right)^5 (a > 0, b > 0, c > 0)$.

解 作 Lagrange 函数

$$L(x,y,z,\lambda) = \ln x + \ln y + 3\ln z + \lambda(x^2 + y^2 + z^2 - 5R^2),$$

并令
$$\begin{cases} L_x = \dfrac{1}{x} + 2\lambda x = 0 \\ L_y = \dfrac{1}{y} + 2\lambda y = 0 \\ L_z = \dfrac{3}{z} + 2\lambda z = 0 \\ L_\lambda = x^2 + y^2 + z^2 - 5R^2 = 0 \end{cases}$$

由前 3 式得 $x^2 = y^2 = \dfrac{z^2}{3}$,代入第 4 式得稳定点 $(R, R, \sqrt{3}R)$,因 xyz^3 在有界闭集 $x^2 + y^2 + z^2 = 5R^2(x \geqslant 0, y \geqslant 0, z \geqslant 0)$ 上必有最大值,且最大值必在 $x > 0, y > 0, z > 0$ 取得,故 $f = \ln xyz^3$ 在 $x^2 + y^2 + z^2 = 5R^2$ 也有最大值,而 $(R, R, \sqrt{3}R)$ 为唯一稳定点,故最大值为

$$f(R, R, \sqrt{3}R) = \ln(3\sqrt{3}R^5),$$

又 $\ln x + \ln y + 3\ln z \leqslant \ln(3\sqrt{3}R^5)$,

$xyz^3 \leqslant 3\sqrt{3}R^5$,故 $x^2 y^2 z^6 \leqslant 27R^{10}$.

令 $x^2 = a, y^2 = b, z^2 = c$, 又知 $x^2 + y^2 + z^2 = 5R^2$,

则 $abc^3 \leqslant 27\left(\dfrac{a+b+c}{5}\right)^5 (a > 0, b > 0, c > 0)$.

例 10.13 若 $n \geqslant 1$ 及 $x \geqslant 0, y \geqslant 0$,证明不等式 $\dfrac{x^n + y^n}{2} \geqslant \left(\dfrac{x+y}{2}\right)^n$.

证明 考察 $z = \dfrac{x^n + y^n}{2}$ 在条件 $x + y = a(a > 0, x \geqslant 0, y \geqslant 0)$ 下的极值问题.设

$$L(x,y) = \frac{1}{2}(x^n + y^n) + \lambda(x + y - a).$$

$$解方程组\begin{cases} L_x = \dfrac{n}{2}x^{n-1} + \lambda = 0 \\ L_y = \dfrac{n}{2}y^{n-1} + \lambda = 0 \\ L_\lambda = x + y - a = 0 \end{cases}$$

得 $x = y = \dfrac{a}{2}$.

将 $\left(\dfrac{a}{2}, \dfrac{a}{2}\right)$ 与边界点 $(0,a),(a,0)$ 的函数值比较,

$$z(0,a) = z(a,0) = \frac{a^n}{2} \geqslant \left(\frac{a}{2}\right)^n = z\left(\frac{a}{2}, \frac{a}{2}\right)(n>1),$$

即 z 当 $x + y = a$ 时最小值为 $\left(\dfrac{a}{2}\right)^n$,从而有

$$\frac{x^n + y^n}{2} \geqslant \left(\frac{a}{2}\right)^n, 当 x + y = a, x \geqslant 0, y \geqslant 0 时. \tag{10.1}$$

当 $x = y = 0$ 时,$\dfrac{x^n + y^n}{2} \geqslant \left(\dfrac{x+y}{2}\right)^n$ 显然成立.

当 $x \geqslant 0, y \geqslant 0$ 且 x, y 不同时为零时,令 $x + y = a$,则 $a > 0$,
由不等式(10.1)即得

$$\frac{x^n + y^n}{2} \geqslant \left(\frac{a}{2}\right)^n = \left(\frac{x+y}{2}\right)^n.$$

例 10.14　设光滑封闭曲面 $S:F(x,y,z) = 0$,证明:S 上任何两个相距最远点处的切平面互相平行,且垂直于这两点的连线.

证明　因为 S 是光滑封闭曲面,故满足:
(1)$F(x,y,z)$ 在一个包含 S 的开域内有连续一阶编导数,且 $F_x^2 + F_y^2 + F_z^2 \neq 0$;
(2)S 上必有相距最远的点.

设 $p_0(x_0, y_0, z_0), q_0(u_0, v_0, w_0)$ 为 S 上两个相距最远点,则点 $\eta_0(x_0, y_0, z_0, u_0, v_0, w_0)$ 为函数 $f(x,y,z,u,v,w) = (x-u)^2 + (y-v)^2 + (z-w)^2$ 在约束条件 $F(x,y,z) = 0$,$F(u,v,w) = 0$ 之下的极大值点.

由 Lagrange 乘数法,$\exists \lambda_0, \mu_0$ 使 η_0 成为函数 $L(x,y,z,u,v,w,\lambda,\mu) = f + \lambda F(x,y,z) + \mu F(u,v,w)$ 的稳定点,从而有

$$\begin{cases} 2(x_0 - u_0) + \lambda_0 F_x(x_0, y_0, z_0) = 0 \\ 2(y_0 - v_0) + \lambda_0 F_y(x_0, y_0, z_0) = 0 \\ 2(z_0 - w_0) + \lambda_0 F_z(x_0, y_0, z_0) = 0 \\ -2(x_0 - u_0) + \mu_0 F_u(u_0, v_0, w_0) = 0 \\ -2(y_0 - v_0) + \mu_0 F_v(u_0, v_0, w_0) = 0 \\ -2(z_0 - w_0) + \mu_0 F_w(u_0, v_0, w_0) = 0 \end{cases}$$

由前 3 式知:$(x_0 - u_0, y_0 - v_0, z_0 - w_0) /\!/ (F_x, F_y, F_z)|_{p_0}$.
这说明 S 在点 p_0 处的切平面垂直于 $\overline{p_0 q_0}$,
又由后 3 式知,S 在点 q_0 处的切平面也垂直于 $\overline{p_0 q_0}$,

故 S 在点 p_0,q_0 的切平面互相平行,且垂直于这两点之间连线 $\overline{p_0 q_0}$.

例 10.15 求证:$f(x,y) = Ax^2 + 2Bxy + Cy^2$ 在约束条件 $g(x,y) = 1 - \dfrac{x^2}{a^2} - \dfrac{y^2}{b^2} = 0$ 下有最大值和最小值,且它们是方程 $k^2 - (Aa^2 + Cb^2)k + (AC - B^2)a^2 b^2 = 0$ 的根.

证明 因为 $f(x,y)$ 在全平面连续,$1 - \dfrac{x^2}{a^2} - \dfrac{y^2}{b^2} = 0$ 为有界闭集,

故 $f(x,y)$ 在此约束条件下必有最大值和最小值.

设 $(x_1,y_1),(x_2,y_2)$ 分别为最大值点和最小值点,

令 $L(x,y,\lambda) = Ax^2 + 2Bxy + Cy^2 + \lambda\left(1 - \dfrac{x^2}{a^2} - \dfrac{y^2}{b^2}\right)$,

则 $(x_1,y_1),(x_2,y_2)$ 应满足方程

$$\begin{cases} \dfrac{\partial L}{\partial x} = 2\left[\left(A - \dfrac{\lambda}{a^2}\right)x + By\right] = 0 & (10.2) \\[2mm] \dfrac{\partial L}{\partial y} = 2\left[Bx + \left(C - \dfrac{\lambda}{b^2}\right)y\right] = 0 & (10.3) \\[2mm] \dfrac{\partial L}{\partial \lambda} = 1 - \dfrac{x^2}{a^2} - \dfrac{y^2}{b^2} = 0 \end{cases}$$

记相应乘子为 λ_1,λ_2,则 (x_1,y_1,λ_1) 满足

$$\left(A - \dfrac{\lambda_1}{a^2}\right)x_1 + By_1 = 0, \quad Bx_1 + \left(C - \dfrac{\lambda_1}{b^2}\right)y_1 = 0$$

解得 $\lambda_1 = Ax_1^2 + 2Bx_1 y_1 + Cy_1^2$,

同理 $\lambda_2 = Ax_2^2 + 2Bx_2 y_2 + Cy_2^2$,

即 λ_1, λ_2 是 $f(x,y)$ 在椭圆 $\dfrac{x^2}{a^2} + \dfrac{y^2}{b^2} = 1$ 上的最大值和最小值.

又方程组 (10.2)(10.3) 有非零解,系数行列式为 0,即

$$\left(A - \dfrac{\lambda}{a^2}\right)\left(C - \dfrac{\lambda}{b^2}\right) - B^2 = 0,$$

化简得 $\lambda^2 - (Aa^2 + Cb^2)\lambda + (AC - B^2)a^2 b^2 = 0$,

所以 λ_1,λ_2 是上述方程(即题目所给方程)的根.

评注 连续函数在有界闭域上有最大值和最小值.

例 10.16(浙江省 2004 年试题) 求函数 $f(x,y) = x^2 + 4y^2 + 15y$ 在 $\Omega = \{(x,y) \mid 4x^2 + y^2 \leqslant 1\}$ 上的最大、最小值.

解 令 $\begin{cases} f'_x = 2x = 0 \\ f'_y = 8y + 15 = 0 \end{cases}$ 得驻点 $\left(0, -\dfrac{15}{8}\right)$ 不在 Ω 上,所以最大、最小值必在 Ω 的边界 $4x^2 + y^2 = 1$ 上.

作拉格朗日函数 $F(x,y,\lambda) = x^2 + 4y^2 + 15y + \lambda(4x^2 + y^2 - 1)$,

由 $\begin{cases} F'_x = 0 \\ F'_y = 0 \\ F'_\lambda = 0 \end{cases}$ 得 $\begin{cases} 2x + 8\lambda x = 0 \\ 8y + 15 + 2\lambda y = 0 \\ 4x^2 + y^2 = 1 \end{cases}$ 解得:$\begin{cases} x = 0 \\ y = \pm 1 \end{cases}$,

所以最大,小值分别为 $f(0,1) = 19, f(0,-1) = -11$.

（也可将方程 $4x^2+y^2=1$ 代入 $f(x,y)=x^2+4y^2+15y$ 中化成一元函数求最大、最小值）

评注 了解最值可能存在的嫌疑点，发现为条件极值问题后，应用拉格朗日乘数法解决即可.

例 10.17（浙江省 2008 年试题） 求函数 $f(x,y)=4x^4+y^4-2x^2-2\sqrt{2}xy-y^2$ 的极值.

解 $\begin{cases} f_x=16x^3-4x-2\sqrt{2}y=0 \\ f_y=4y^3-2y-2\sqrt{2}x=0 \end{cases}$, $16x^3=4\sqrt{2}y^3$, $y=\sqrt{2}x$,

解得 $(0,0),(\sqrt{2}/2,1),(-\sqrt{2}/2,-1)$.

f 在 $(0,0)$ 处 $f(x,-\sqrt{2}x)=8x^4>0$, $f(x,\sqrt{2}x)=8x^4-8x^2<0$, $|x|<1$ 时，

f 在 $(0,0)$ 处没取到极值，在 $(\sqrt{2}/2,1)$ 及 $(\sqrt{2}/2,-1)$ 处取到极小值 -2.

评注 基本的多元极值问题，找到驻点再一一判别即可.

例 10.18（浙江省 2007 年试题） 求函数 $f(x,y,z)=\dfrac{x^2+yz}{x^2+y^2+z^2}$ 在 $D=\{(x,y,z)\mid 1\leqslant x^2+y^2+z^2\leqslant 4\}$ 的最大值、最小值.

解 $f(x,y,z)$ 在 D 的最大、最小值即为 $g(x,y,z)=x^2+yz$ 在 $D'=\{(x,y,z)\mid x^2+y^2+z^2=1\}$ 的最大、最小值.

$x^2+yz\leqslant x^2+\dfrac{y^2+z^2}{2}=\dfrac{x^2}{2}+\dfrac{1}{2}\leqslant 1$, 而 $g(1,0,0)=1$, 即最大值为 1.

$x^2+yz\geqslant x^2-\dfrac{y^2+z^2}{2}=\dfrac{3x^2}{2}-\dfrac{1}{2}\geqslant-\dfrac{1}{2}$, 而 $g\left(0,-\dfrac{\sqrt{2}}{2},\dfrac{\sqrt{2}}{2}\right)=-\dfrac{1}{2}$, 即最小值为 $-\dfrac{1}{2}$.

评注 此题可作为多元函数的条件极值问题来求解，但如果仔细观察可发现函数与 D 区域之间的关系，得到一个不用求导的方法.

练习题

1. 设 $f(x,y)=x^4+y^4-2x^2-2y^2+4xy$，求 $f(x,y)$ 的极值.

2. 求 $f(x,y)=x^2(2+y^2)+y\ln y$ 的极值.

3. 设 $z=\sin x+\cos y+\cos(x-y)\left(0\leqslant x\leqslant\dfrac{\pi}{2},0\leqslant y\leqslant\dfrac{\pi}{2}\right)$，求极值.

4. 设 $z=xy\sqrt{1-\dfrac{x^2}{a^2}-\dfrac{y^2}{b^2}}(a>0,b>0)$，求极值.

5. 设 $x^2+y^2+z^2-xz-yz+2x+2y+2z-2=0$，求变量 x 和 y 的隐函数 z 的极值.

6. 求条件极值点，$z=\cos^2 x+\cos^2 y$，$x-y=\dfrac{\pi}{4}$.

7. 求 $u=x^2+y^2+z^2$ 在约束条件 $z=x^2+y^2$ 和 $x+y+z=4$ 下的最大值和最小值.

8. 在椭球面 $\dfrac{x^2}{4}+y^2+z^2=1$ 内，求一表面积为最大的内接长方体，求出其最大表面积.

9. 求抛物线 $y=x^2$ 和直线 $x-y-2=0$ 间的最短距离.

10. 在 $x^2+4y^2=4$ 上求一点，使其到 $2x+3y-6=0$ 的距离最短.

11. 当 x,y,z 均大于 0 时，求 $u = \ln x + 2\ln y + 3\ln z$ 在 $x^2 + y^2 + z^2 = 6r^2$ 上的最大值，并证明对任意正实数 a,b,c，下述不等式成立：$ab^2 c^3 \leqslant 108\left(\dfrac{a+b+c}{6}\right)^6$.

12. 已知矩形周长为 $2p$，将它绕其一边旋转而构成一体积，求所得体积为最大的那个矩形.

13. 在周长为 $2p$ 的三角形中求出满足下述要求的三角形：绕自己的一边旋转时所形成的旋转体体积最大.

14. 已知曲线 C：$\begin{cases} x^2 + y^2 - 2z^2 = 0, \\ x + y + 3z = 5, \end{cases}$ 求 C 上距离 xOy 面的最近点和最远点.

15. 已知锐角 $\triangle ABC$，若取点 $P(x,y)$，令 $f(x,y) = |AP| + |BP| + |CP|$（$|\cdot|$ 表示线段长度），证明在 $f(x,y)$ 取极值的点 P_0 处，向量 $\boldsymbol{P_0A}, \boldsymbol{P_0B}, \boldsymbol{P_0C}$ 所夹的角相等.

第十一讲　重积分

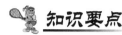

知识要点

一、二重积分

1. **定义 11.1**　设 $f(x,y)$ 是定义在可求面积的有界闭区域 D 上的函数, J 是一个确定的常数,若对任意 $\varepsilon > 0$ 都存在一个 $\delta > 0$,使得对于 D 的任何分割 T,当它的细度 $\|T\| < \delta$ 时,属于 T 的所有积分和都有

$$\left| \sum_{i=1}^{n} f(\xi_i, \eta_i) \Delta \sigma_i - J \right| < \varepsilon.$$

则称 $f(x,y)$ 在 D 上可积,数 J 称为函数 $f(x,y)$ 在 D 上的二重积分,记作

$$\iint\limits_{D} f(x,y)\mathrm{d}\sigma \text{ 或} \iint\limits_{D} f(x,y)\mathrm{d}x\mathrm{d}y,$$

其中, $f(x,y)$ 称为二重积分的被积函数, x,y 称为积分变量, D 为积分区域.

2. 二重积分的直接计算法:

(1) 设 $f(x,y)$ 在矩形区域 $D = [a,b] \times [c,d]$ 上可积,且对每个 $x \in [a,b]$,积分 $\int_c^d f(x,y)\mathrm{d}y$ 存在,则累次积分 $\int_a^b \mathrm{d}x \int_c^d f(x,y)\mathrm{d}y$ 也存在,且

$$\iint\limits_{D} f(x,y)\mathrm{d}\sigma = \int_a^b \mathrm{d}x \int_c^d f(x,y)\mathrm{d}y.$$

(2) 若 $f(x,y)$ 在区域 $D = \{(x,y) \mid y_1(x) \leqslant y \leqslant y_2(x), a \leqslant x \leqslant b\}$ 上连续,其中 $y_1(x), y_2(x)$ 在 $[a,b]$ 上连续,则 $\iint\limits_{D} f(x,y)\mathrm{d}\sigma = \int_a^b \mathrm{d}x \int_{y_1(x)}^{y_2(x)} f(x,y)\mathrm{d}y$.

3. 二重积分的变量代换:设变换 $x = x(u,v), y = y(u,v)$ 的 Jacobi 式 $\dfrac{\partial(x,y)}{\partial(u,v)} \neq 0$,则

$$\iint\limits_{D} f(x,y)\mathrm{d}x\mathrm{d}y = \iint\limits_{D'} f(x(u,v), y(u,v)) \left| \frac{\partial(x,y)}{\partial(u,v)} \right| \mathrm{d}u\mathrm{d}v,$$

其中, D' 是在该变换的逆变换 $u = u(x,y), v = v(x,y)$ 下 xOy 平面上的区域 D 在 uOv 平面上的像. 由条件 $\dfrac{\partial(x,y)}{\partial(u,v)} \neq 0$,这里的逆变换是存在的.

4. 二重积分的极坐标变换:在极坐标变换 $x = r\cos\theta, y = r\sin\theta, 0 \leqslant r < +\infty, 0 \leqslant \theta < 2\pi$ 下,有 $\left| \dfrac{\partial(x,y)}{\partial(r,\theta)} \right| = r$,则

$$\iint\limits_{D} f(x,y)\mathrm{d}\sigma = \iint\limits_{D'} f(r\cos\theta, r\sin\theta) r\mathrm{d}r\mathrm{d}\theta.$$

二、三重积分

1. **定义 11.2** 设 $f(x,y,z)$ 为定义在三维空间可求体积的有界闭区域 V 上的函数, J 是一个确定的常数, 若对任意 $\varepsilon > 0$, $\exists \delta > 0$ 使得对于 V 的任何分割 T, 只要 $\| T \| < \delta$, 属于分割 T 的所有积分和都有

$$\left| \sum_{i=1}^{n} f(\xi_i, \eta_i, \zeta_i) \Delta V_i - J \right| < \varepsilon.$$

则称 $f(x,y,z)$ 在 V 上可积, 常数 J 称为函数 $f(x,y,z)$ 在 V 上的三重积分. 记作

$$\iiint\limits_{V} f(x,y,z) \mathrm{d}v \ \text{或} \iiint\limits_{V} f(x,y,z) \mathrm{d}x\mathrm{d}y\mathrm{d}z.$$

2. **三重积分的直接计算法**: 若函数 $f(x,y,z)$ 在长方体 $V = [a,b] \times [c,d] \times [e,h]$ 上三重积分存在, 且对任何 $x \in [a,b]$, 二重积分 $I(x) = \iint\limits_{D} f(x,y,z) \mathrm{d}y\mathrm{d}z$ 存在, 其中 $D = [c,d] \times [e,h]$, 则积分 $\int_{a}^{b} \mathrm{d}x \iint\limits_{D} f(x,y,z) \mathrm{d}y\mathrm{d}z$ 也存在, 且

$$\iiint\limits_{V} f(x,y,z) \mathrm{d}x\mathrm{d}y\mathrm{d}z = \int_{a}^{b} \mathrm{d}x \iint\limits_{D} f(x,y,z) \mathrm{d}y\mathrm{d}z.$$

3. **三重积分的变量代换**: 设 $f(x,y,z)$ 在有界闭区域 V 上可积, 变换 $T: x = x(u,v,w)$, $y = y(u,v,w)$, $z = z(u,v,w)$ 将 uvw 空间中的由按片光滑封闭曲面所围成的闭区域 V' 一对一地映射成 xyz 空间中的闭区域 V, 函数 $x = x(u,v,w)$, $y = y(u,v,w)$, $z = z(u,v,w)$ 在 V' 内分别具有一阶连续偏导数且 Jacobi 式 $J(u,v,w) = \dfrac{\partial(x,y,z)}{\partial(u,v,w)} \neq 0$, $(u,v,w) \in V'$, 则

$$\iiint\limits_{V} f(x,y,z) \mathrm{d}x\mathrm{d}y\mathrm{d}z = \iiint\limits_{V'} f(x(u,v,w), y(u,v,w), z(u,v,w)) \mid J \mid \mathrm{d}u\mathrm{d}v\mathrm{d}w.$$

4. **三重积分的柱面坐标变换**:

$$\begin{cases} x = r\cos\theta \\ y = r\sin\theta, \\ z = z \end{cases} \begin{pmatrix} 0 < r < +\infty \\ 0 \leqslant \theta \leqslant 2\pi \\ -\infty < z < +\infty \end{pmatrix}, J = r.$$

在柱面坐标变换下 $\mathrm{d}x\mathrm{d}y\mathrm{d}z = r\mathrm{d}r\mathrm{d}\theta\mathrm{d}z$,

$$\iiint\limits_{V} f(x,y,z) \mathrm{d}x\mathrm{d}y\mathrm{d}z = \iiint\limits_{V} f(r\cos\theta, r\sin\theta, z) r\mathrm{d}r\mathrm{d}\theta\mathrm{d}z.$$

5. **三重积分的球坐标变换**:

$$\begin{cases} x = r\sin\varphi\cos\theta \\ y = r\sin\varphi\sin\theta, \\ z = r\cos\varphi \end{cases} \begin{pmatrix} 0 \leqslant r < +\infty \\ 0 \leqslant \varphi \leqslant \pi \\ 0 \leqslant \theta \leqslant 2\pi \end{pmatrix}, J = r^2\sin\varphi.$$

在球坐标变换下 $\mathrm{d}x\mathrm{d}y\mathrm{d}z = r^2\sin\varphi\mathrm{d}r\mathrm{d}\varphi\mathrm{d}\theta$,

$$\iiint\limits_{V} f(x,y,z) \mathrm{d}x\mathrm{d}y\mathrm{d}z = \iiint\limits_{V} f(r\sin\varphi\cos\theta, r\sin\varphi\sin\theta, r\cos\varphi) r^2\sin\varphi\mathrm{d}r\mathrm{d}\varphi\mathrm{d}\theta.$$

三、重积分的应用

1. 平面面积计算：xOy 平面上域 S 的面积由下列公式给出：

$$S = \iint\limits_{S} \mathrm{d}x\mathrm{d}y.$$

2. 柱体体积计算：设柱体上顶是连续的曲面 $z = f(x,y)$，下底是平面 $z = 0$，侧面为从平面 xOy 中的可求面积的区域 Ω 竖起的垂直柱面所界定. 柱体的体积为

$$V = \iint\limits_{\Omega} f(x,y)\mathrm{d}x\mathrm{d}y.$$

3. 曲面面积的计算：

(1) 设曲面方程为 $z = f(x,y), (x,y) \in D, f$ 有连续的一阶偏导数. 曲面面积公式为

$$S = \iint\limits_{D} \frac{\mathrm{d}x\mathrm{d}y}{|\cos(n,z)|} \text{ 或 } S = \iint\limits_{D} \sqrt{1 + f_x^2(x,y) + f_y^2(x,y)}\,\mathrm{d}x\mathrm{d}y.$$

(2) 若空间曲面 S 由参数方程 $x = x(u,v), y = y(u,v), z = z(u,v), (u,v) \in D$ 确定，其中 x, y 和 z 在 D 上具有连续一阶偏导数，则对于曲面面积有公式

$$S = \iint\limits_{D} \sqrt{EG - F^2}\,\mathrm{d}u\mathrm{d}v,$$

其中，$E = x_u^2 + y_u^2 + z_u^2, F = x_u x_v + y_u y_v + z_u z_v, G = x_v^2 + y_v^2 + z_v^2$.

4. 重心的计算：设 V 是密度函数为 $\rho(x,y,z)$ 的空间物体，$\rho(x,y,z)$ 在 V 上连续，则其重心坐标为

$$\overline{x} = \frac{1}{M} \iiint\limits_{V} \rho(x,y,z)x\mathrm{d}x\mathrm{d}y\mathrm{d}z,$$

$$\overline{y} = \frac{1}{M} \iiint\limits_{V} \rho(x,y,z)y\mathrm{d}x\mathrm{d}y\mathrm{d}z,$$

$$\overline{z} = \frac{1}{M} \iiint\limits_{V} \rho(x,y,z)z\mathrm{d}x\mathrm{d}y\mathrm{d}z.$$

其中，$M = \iiint\limits_{V} \rho(x,y,z)\mathrm{d}x\mathrm{d}y\mathrm{d}z$.

5. 转动惯量的计算：设 $\rho(x,y,z)$ 是空间物体 V 的密度分布函数，它在 V 上连续，则 V 对 x 轴、y 轴、z 轴的转动惯量分别为

$$J_x = \iiint\limits_{V} (y^2 + z^2)\rho(x,y,z)\mathrm{d}V,$$

$$J_y = \iiint\limits_{V} (z^2 + x^2)\rho(x,y,z)\mathrm{d}V,$$

$$J_z = \iiint\limits_{V} (x^2 + y^2)\rho(x,y,z)\mathrm{d}V.$$

V 对各坐标平面的转动惯量分别为

$$J_{xy} = \iiint\limits_{V} z^2 \rho(x,y,z)\mathrm{d}V,$$

$$J_{yz} = \iiint\limits_V x^2 \rho(x,y,z)\mathrm{d}V,$$

$$J_{zx} = \iiint\limits_V y^2 \rho(x,y,z)\mathrm{d}V.$$

6. 体积计算:域的体积 V 由下面公式来表示:

$$V = \iiint\limits_V \mathrm{d}x\mathrm{d}y\mathrm{d}z.$$

例题分析

例 11.1 设 $f(x)$ 为闭区间 $a \leqslant x \leqslant b$ 内的连续函数,证明不等式 $\left[\int_a^b f(x)\mathrm{d}x\right]^2 \leqslant (b-a)\int_a^b f^2(x)\mathrm{d}x$,此处当且仅当 $f(x) = $ 常数时等号成立.

证明 因为 $0 \leqslant \int_a^b \mathrm{d}x \int_a^b [f(x)-f(y)]^2 \mathrm{d}y = (b-a)\int_a^b f^2(x)\mathrm{d}x - 2\left(\int_a^b f(x)\mathrm{d}x\right)^2 + (b-a)\int_a^b f^2(y)\mathrm{d}y$,故有 $\left[\int_a^b f(x)\mathrm{d}x\right]^2 \leqslant (b-a)\int_a^b f^2(x)\mathrm{d}x$.

当 $f(x) = $ 常数时,显然上式中等号成立.反之,设上式中等号成立,则

$$\int_a^b \mathrm{d}x \int_a^b [f(x)-f(y)]^2 \mathrm{d}y = 0.$$

由于函数 $F(x) = \int_a^b [f(x)-f(y)]^2 \mathrm{d}y$ 是 $a \leqslant x \leqslant b$ 上的非负连续函数,故 $F(x) \equiv 0 (a \leqslant x \leqslant b)$. 特别地,$F(a) = 0$,即 $\int_a^b [f(a)-f(y)]^2 \mathrm{d}y = 0$. 又由于函数 $G(y) = [f(a)-f(y)]^2$ 是 $a \leqslant y \leqslant b$ 上的非负连续函数,故 $G(y) \equiv 0 (a \leqslant y \leqslant b)$.因此,$f(y) \equiv f(a)(a \leqslant y \leqslant b)$,即 $f(x) = $ 常数.

例 11.2 利用中值定理,估计积分 $I = \iint\limits_{|x|+|y| \leqslant 10} \dfrac{\mathrm{d}x\mathrm{d}y}{100 + \cos^2 x + \cos^2 y}$ 的值.

解 由于积分域的面积为 200,故由积分中值定理知

$$I = \frac{1}{100 + \cos^2 \xi + \cos^2 \eta} \cdot 200 = \frac{200}{100 + \cos^2 \xi + \cos^2 \eta}, \tag{11.1}$$

其中,(ξ, η) 为域 $|x|+|y| \leqslant 10$ 中的某点.

显然 $0 \leqslant \cos^2 \xi + \cos^2 \eta \leqslant 2$,我们证明必有

$$0 < \cos^2 \xi + \cos^2 \eta < 2. \tag{11.2}$$

由于函数 $\cos^2 x + \cos^2 y$ 在有界闭域 $|x|+|y| \leqslant 10$ 上的最大值为 2,最小值为 0.从而连续函数 $\dfrac{1}{100 + \cos^2 x + \cos^2 y}$ 在有界闭域 $|x|+|y| \leqslant 10$ 上的最小值为 $\dfrac{1}{102}$,最大值为 $\dfrac{1}{100}$.

如果 $\cos^2 \xi + \cos^2 \eta = 2$,则由式(11.1)知

$$\iint\limits_{|x|+|y| \leqslant 10} \left(\frac{1}{100 + \cos^2 x + \cos^2 y} - \frac{1}{102} \right) \mathrm{d}x\mathrm{d}y = I - I = 0.$$

但 $f(x,y) = \dfrac{1}{100 + \cos^2 x + \cos^2 y} - \dfrac{1}{102}$ 是非负连续函数,从而必有 $f(x,y) \equiv 0$(在域 $|x|$

$+|y| \leqslant 10$ 上），即 $\cos^2 x + \cos^2 y \equiv 2$（在域 $|x|+|y| \leqslant 10$ 上）. 这显然是错误的. 由此可知，$\cos^2 \xi + \cos^2 \eta < 2$. 同理可证 $\cos^2 \xi + \cos^2 \eta > 0$. 于是，式(11.2)成立. 从而，$\dfrac{200}{102} < I < \dfrac{200}{100}$，即 $1.96 < I < 2$.

例 11.3 利用函数组 $u = \dfrac{y^2}{x}$，$v = \sqrt{xy}$ 把矩形 $S\{a < x < a+h, b < y < b+h\}$ $(a>0,b>0)$ 变换为域 S'. 求域 S' 的面积与 S 的面积之比. 当 $h \to 0$ 时，此比值的极限等于什么？

解 正方形的角点 $A(a,b), B(a+h,b), C(a+h,b+h), D(a,b+h)$ 对应于 uOv 平面上的点 $A'\left(\dfrac{b^2}{a}, \sqrt{ab}\right)$，$B'\left(\dfrac{b^2}{a+h}, \sqrt{(a+h)b}\right)$，$C'\left(\dfrac{(b+h)^2}{a+h}, \sqrt{(a+h)(b+h)}\right)$，$D'\left(\dfrac{(b+h)^2}{a}, \sqrt{a(b+h)}\right)$. 正方形的四边 $y=b, x=a+h, y=b+h, x=a$ 对应于 uOv 平面上的四条曲线，即

$$A'B': u = \frac{b^3}{v^2}; \quad B'C': u = \frac{v^4}{(a+h)^3}; \quad C'D': u = \frac{(b+h)^3}{v^2}; \quad D'A': u = \frac{v^4}{a^3}.$$

由这四条曲线围成的域即为 S'.

于是，域 S' 的面积为

$$S' = \iint\limits_{S'} \mathrm{d}u\,\mathrm{d}v$$

$$= \int_{\sqrt{ab}}^{\sqrt{a(b+h)}} \frac{v^4}{a^3}\mathrm{d}v + \int_{\sqrt{a(b+h)}}^{\sqrt{(a+h)(b+h)}} \frac{(b+h)^3}{v^2}\mathrm{d}v - \int_{\sqrt{ab}}^{\sqrt{(a+h)b}} \frac{b^3}{v^2}\mathrm{d}v - \int_{\sqrt{(a+h)b}}^{\sqrt{(a+h)(b+h)}} \frac{v^4}{(a+h)^3}\mathrm{d}v$$

$$= \frac{1}{5a^3}\left[\sqrt{a^5(b+h)^5} - \sqrt{a^5 b^5}\right] + (b+h)^3\left[\frac{1}{\sqrt{a(b+h)}} - \frac{1}{\sqrt{(a+h)(b+h)}}\right]$$

$$\quad - b^3\left[\frac{1}{\sqrt{ab}} - \frac{1}{\sqrt{(a+h)b}}\right] - \frac{1}{5(a+h)^3}\left[\sqrt{(a+h)^5(b+h)^5} - \sqrt{(a+h)^5 b^5}\right]$$

$$= \frac{6}{5}\left[\sqrt{(b+h)^5} - \sqrt{b^5}\right] \cdot \left[\frac{1}{\sqrt{a}} - \frac{1}{\sqrt{a+h}}\right].$$

从而，域 S' 的面积与 S 的面积之比为

$$\frac{S'}{S} = \frac{6}{5h^2}\left[\sqrt{(b+h)^5} - \sqrt{b^5}\right] \cdot \left[\frac{1}{\sqrt{a}} - \frac{1}{\sqrt{a+h}}\right]$$

$$= \frac{6}{5} \cdot \frac{\left[\sqrt{(b+h)^5} - \sqrt{b^5}\right] \cdot \left[\sqrt{a+h} - \sqrt{a}\right]}{h^2\sqrt{a(a+h)}}$$

$$= \frac{6}{5} \cdot \frac{\sqrt{(b+h)^5} - \sqrt{b^5}}{\sqrt{a(a+h)}(\sqrt{a+h}+\sqrt{a})(\sqrt{b+h}+\sqrt{b})(\sqrt{b+h}-\sqrt{b})}$$

$$= \frac{6}{5} \frac{b^2 + b(b+h) + (b+h)^2 + (2b+h)\sqrt{b(b+h)}}{\sqrt{a(a+h)}(\sqrt{a+h}+\sqrt{a})(\sqrt{b+h}+\sqrt{b})}.$$

上述比式是 h 的函数，并且在 $h=0$ 点连续. 于是，

$$\lim_{h \to 0} \frac{S'}{S} = \frac{6}{5} \cdot \frac{5b^2}{4 \cdot \sqrt{a^3} \cdot \sqrt{b}} = \frac{3}{2}\left(\frac{b}{a}\right)^{\frac{3}{2}}.$$

事实上,应用洛比达法则求此极限更简单些,这是因为

$$\lim_{h \to 0} \frac{\sqrt{(b+h)^5} - \sqrt{b^5}}{h} = \lim_{h \to 0} \frac{5}{2}\sqrt{(b+h)^3} = \frac{5}{2}b^{\frac{3}{2}}.$$

$$\lim_{h \to 0} \frac{\frac{1}{\sqrt{a}} - \frac{1}{\sqrt{a+h}}}{h} = \lim_{h \to 0} \frac{1}{2}(a+h)^{-\frac{3}{2}} = \frac{1}{2}a^{-\frac{3}{2}}.$$

于是,

$$\lim_{h \to 0} \frac{S'}{S} = \frac{6}{5} \cdot \frac{5}{2}b^{\frac{3}{2}} \cdot \frac{1}{2}a^{-\frac{3}{2}} = \frac{3}{2}\left(\frac{b}{a}\right)^{\frac{3}{2}}.$$

评注　若利用二重积分的变量代换,则计算 S' 较为简单.容易算得 $\dfrac{\partial(u,v)}{\partial(x,y)} = -\dfrac{3}{2}\left(\dfrac{y}{x}\right)^{\frac{3}{2}}$,

故

$$S' = \iint_{S'} \mathrm{d}u\mathrm{d}v = \iint_{S}\left|\frac{\partial(u,v)}{\partial(x,y)}\right|\mathrm{d}x\mathrm{d}y = \frac{3}{2}\int_a^{a+h} x^{-\frac{3}{2}}\mathrm{d}x \int_b^{b+h} y^{\frac{3}{2}}\mathrm{d}y$$

$$= \frac{6}{5}\left(\frac{1}{\sqrt{a}} - \frac{1}{\sqrt{a+h}}\right)\left[\sqrt{(b+h)^5} - \sqrt{b^5}\right].$$

与上述结果一致.

例 11.4　设 m 及 n 为正整数且其中至少有一个是奇数,证明 $\displaystyle\iint_{x^2+y^2 \leqslant a^2} x^m y^n \mathrm{d}x\mathrm{d}y = 0.$

证明　作变换:$x = r\cos\varphi, y = r\sin\varphi$,则得

$$\iint_{x^2+y^2 \leqslant a^2} x^m y^n \mathrm{d}x\mathrm{d}y = \iint_{\substack{0 \leqslant \varphi \leqslant 2\pi \\ 0 \leqslant r \leqslant a}} r^{m+n+1}\cos^m\varphi\sin^n\varphi\,\mathrm{d}r\mathrm{d}\varphi = \frac{a^{m+n+2}}{m+n+2}\int_0^{2\pi}\cos^m\varphi\sin^n\varphi\,\mathrm{d}\varphi$$

$$= \frac{a^{m+n+2}}{m+n+2}\int_{-\frac{\pi}{2}}^{\frac{3\pi}{2}}\cos^m\varphi\sin^n\varphi\,\mathrm{d}\varphi$$

$$= \frac{a^{m+n+2}}{m+n+2}\left[\int_{-\frac{\pi}{2}}^{\frac{\pi}{2}}\cos^m\varphi\sin^n\varphi\,\mathrm{d}\varphi + \int_{\frac{\pi}{2}}^{\frac{3\pi}{2}}\cos^m\varphi\sin^n\varphi\,\mathrm{d}\varphi\right]. \tag{11.3}$$

若在上式右端的第二个积分中令 $\varphi = \pi + t$,即得

$$\int_{\frac{\pi}{2}}^{\frac{3\pi}{2}}\cos^m\varphi\sin^n\varphi\,\mathrm{d}\varphi = (-1)^m \cdot (-1)^n \int_{-\frac{\pi}{2}}^{\frac{\pi}{2}}\cos^m t\sin^n t\,\mathrm{d}t. \tag{11.4}$$

当 m 及 n 中有且仅有一个为奇数时,$(-1)^m \cdot (-1)^n = -1$,因而式(11.3)等于零,当 m 和 n 均为奇数时,$(-1)^m \cdot (-1)^n = 1$,因而式(11.3)等于

$$\frac{2a^{m+n+2}}{m+n+2}\int_{-\frac{\pi}{2}}^{\frac{\pi}{2}}\cos^m\varphi\sin^n\varphi\,\mathrm{d}\varphi.$$

但此被积函数在对称区间 $\left[-\dfrac{\pi}{2}, \dfrac{\pi}{2}\right]$ 上为奇函数,故积分仍然为零.

总之,当 m 和 n 中至少一个为奇数时,$\displaystyle\iint_{x^2+y^2 \leqslant a^2} x^m y^n \mathrm{d}x\mathrm{d}y = 0.$

例 11.5　求椭球体 $\dfrac{x^2}{a^2} + \dfrac{y^2}{b^2} + \dfrac{z^2}{c^2} \leqslant 1$ 的体积.

解　**方法一**

由于对称性,计算第一卦限即可.

曲顶：$z = c\sqrt{1 - \dfrac{x^2}{a^2} - \dfrac{y^2}{b^2}}$，区域 $D = \left\{ (x,y) \mid 0 \leqslant y \leqslant b\sqrt{1 - \dfrac{x^2}{a^2}}, 0 \leqslant x \leqslant a \right\}$ 为底.

$$V = 8\iint_D c\sqrt{1 - \frac{x^2}{a^2} - \frac{y^2}{b^2}}\,\mathrm{d}x\mathrm{d}y, \quad z = c\sqrt{1 - r^2},$$

$$V = 8\int_0^{\frac{\pi}{2}}\mathrm{d}\theta\int_0^1 c\sqrt{1 - r^2}\,abr\,\mathrm{d}r = 8abc\int_0^{\frac{\pi}{2}}\mathrm{d}\theta\int_0^1 r\sqrt{1 - r^2}\,\mathrm{d}r = \frac{4\pi}{3}abc.$$

当 $a = b = c = R$ 时，球体积为 $\dfrac{4\pi}{3}R^3$.

方法二

令 $f:\mathbf{R}^3 \to \mathbf{R}^3$，$f(x,y,z) = (ax, by, cz)$. 所给出的体积是 $\mathbf{R}^3$ 中单位球 B 在 f 下的映像，由于 f 的 Jacobi 处处为 abc，我们有

$$V(f(B)) = \iiint_{f(B)}\mathrm{d}x\mathrm{d}y\mathrm{d}z = \iiint_B abc\,\mathrm{d}x\mathrm{d}y\mathrm{d}z = \frac{4}{3}\pi abc.$$

例 11.6　计算 $\displaystyle\iint_A \mathrm{e}^{-x^2-y^2}\,\mathrm{d}x\mathrm{d}y$ 的值，其中 $A = \{(x,y) \in \mathbf{R}^2 \mid x^2 + y^2 \leqslant 1\}$.

解　利用极坐标，我们有

$$\iint_A \mathrm{e}^{-x^2-y^2}\,\mathrm{d}x\mathrm{d}y = \int_0^{2\pi}\int_0^1 \rho\mathrm{e}^{-\rho^2}\,\mathrm{d}\rho\mathrm{d}\theta = -\frac{1}{2}\int_0^{2\pi}\int_0^1 -2\rho\mathrm{e}^{-\rho^2}\,\mathrm{d}\rho\mathrm{d}\theta$$

$$= -\frac{1}{2}\int_0^{2\pi}(\mathrm{e}^{-1} - 1)\,\mathrm{d}\theta = \pi(1 - \mathrm{e}^{-1}).$$

评注　由积分区域和被积函数的特点，易见用极坐标计算较为方便.

例 11.7　$\displaystyle\iiint_V xyz\,\mathrm{d}x\mathrm{d}y\mathrm{d}z$，此处 V 是由曲面 $x^2 + y^2 + z^2 = 1, x = 0, y = 0, z = 0$ 所界的区域.

解
$$\iiint_V xyz\,\mathrm{d}x\mathrm{d}y\mathrm{d}z = \int_0^1 x\,\mathrm{d}x\int_0^{\sqrt{1-x^2}} y\,\mathrm{d}y\int_0^{\sqrt{1-x^2-y^2}} z\,\mathrm{d}z$$

$$= \frac{1}{2}\int_0^1 x\,\mathrm{d}x\int_0^{\sqrt{1-x^2}} y(1 - x^2 - y^2)\,\mathrm{d}y$$

$$= \frac{1}{8}\int_0^1 x(1 - x^2)^2\,\mathrm{d}x = \frac{1}{48}.$$

例 11.8　$\displaystyle\iiint_V \sqrt{x^2 + y^2}\,\mathrm{d}x\mathrm{d}y\mathrm{d}z$，其中 V 是由曲面 $x^2 + y^2 = z^2, z = 1$ 所界的区域.

解　曲面在 xOy 平面上的投影 Q 为圆盘 $x^2 + y^2 \leqslant 1$. 于是

$$\iiint_V \sqrt{x^2 + y^2}\,\mathrm{d}x\mathrm{d}y\mathrm{d}z = \iint_Q \mathrm{d}x\mathrm{d}y\int_{\sqrt{x^2+y^2}}^1 \sqrt{x^2 + y^2}\,\mathrm{d}z$$

$$= \iint_{x^2+y^2\leqslant 1} \left[\sqrt{x^2 + y^2} - (x^2 + y^2)\right]\mathrm{d}x\mathrm{d}y$$

$$= \int_0^{2\pi}\mathrm{d}\varphi\int_0^1 (r - r^2)r\,\mathrm{d}r = \frac{\pi}{6}.$$

评注　计算重积分时，一般是先画出积分域，再依图按序定出积分限，此法直观，因此

常采用.但有时画出积分域并非易事,若按先 z 后 xy 的积分方式,可按以下口诀定出投影到 xOy 平面的区域 D 和 z 的上下限:(1)无 z 消 z 围 D 线(即将围成 V 的曲面方程中不含 z 的方程,及含 z 的方程消去 z 之后得到的方程,共同围成 D);(2)含 z 方程上下限(即将围成 V 的曲面方程中含 z 的方程中分别表达出 z,就是 z 的上下限).

例 11.9 $\iiint\limits_V \sqrt{x^2+y^2+z^2}\,\mathrm{d}x\mathrm{d}y\mathrm{d}z$,其中 V 是由曲面 $x^2+y^2+z^2=z$ 所界的区域.

解 令 $x=r\cos\varphi\cos\psi,y=r\sin\varphi\cos\psi,z=r\sin\psi$,则曲面 $x^2+y^2+z^2=z$ 化为 $r=\sin\psi$.从而 $V:0\leqslant\varphi\leqslant 2\pi,0\leqslant\psi\leqslant\dfrac{\pi}{2},0\leqslant r\leqslant\sin\psi$,又 $|J|=r^2\cos\psi$,于是

$$\iiint\limits_V \sqrt{x^2+y^2+z^2}\,\mathrm{d}x\mathrm{d}y\mathrm{d}z=\int_0^{2\pi}\mathrm{d}\varphi\int_0^{\frac{\pi}{2}}\mathrm{d}\psi\int_0^{\sin\psi}r\cdot r^2\cos\psi\,\mathrm{d}r$$

$$=\frac{1}{4}\int_0^{2\pi}\mathrm{d}\varphi\int_0^{\frac{\pi}{2}}\sin^4\psi\cos\psi\,\mathrm{d}\psi=\frac{\pi}{10}.$$

例 11.10 进行适当的变量代换,以计算三重积分 $\iiint\limits_V \sqrt{1-\dfrac{x^2}{a^2}-\dfrac{y^2}{b^2}-\dfrac{z^2}{c^2}}\,\mathrm{d}x\mathrm{d}y\mathrm{d}z$,此处 V 是椭球 $\dfrac{x^2}{a^2}+\dfrac{y^2}{b^2}+\dfrac{z^2}{c^2}=1$ 的内部.

解 作变量代换 $x=ar\cos\varphi\cos\psi,y=br\sin\varphi\cos\psi,z=cr\sin\psi$,则有 $|J|=abcr^2\cos\psi$,且对于 V 的 $\dfrac{1}{8}$ 部分有 $0\leqslant\varphi\leqslant\dfrac{\pi}{2},0\leqslant\psi\leqslant\dfrac{\pi}{2},0\leqslant r\leqslant 1$,于是

$$\iiint\limits_V \sqrt{1-\frac{x^2}{a^2}-\frac{y^2}{b^2}-\frac{z^2}{c^2}}\,\mathrm{d}x\mathrm{d}y\mathrm{d}z=8\int_0^{\frac{\pi}{2}}\mathrm{d}\varphi\int_0^{\frac{\pi}{2}}\mathrm{d}\psi\int_0^1 abcr^2\cos\psi\sqrt{1-r^2}\,\mathrm{d}r$$

$$=4\pi\int_0^1 abcr^2\sqrt{1-r^2}\,\mathrm{d}r=4\pi abc\int_0^{\frac{\pi}{2}}\sin^2 t\cos^2 t\,\mathrm{d}t$$

$$=\frac{\pi abc}{2}\int_0^{\frac{\pi}{2}}(1-\cos 4t)\,\mathrm{d}t=\frac{\pi^2 abc}{4}.$$

例 11.11 变换为圆柱坐标,以计算积分 $\iiint\limits_V (x^2+y^2)\,\mathrm{d}x\mathrm{d}y\mathrm{d}z$,此处 V 是由曲面 $x^2+y^2=2z,z=2$ 所界的区域.

解 令 $x=r\cos\varphi,y=r\sin\varphi,z=z$,则 $x^2+y^2=2z$ 化为 $r^2=2z$,积分域 $V:0\leqslant\varphi\leqslant 2\pi,0\leqslant r\leqslant 2,\dfrac{r^2}{2}\leqslant z\leqslant 2$.

又 $|J|=r$,于是

$$\iiint\limits_V (x^2+y^2)\,\mathrm{d}x\mathrm{d}y\mathrm{d}z=\int_0^{2\pi}\mathrm{d}\varphi\int_0^{\pi}r^2\cdot r\mathrm{d}r\int_{\frac{r^2}{2}}^2\mathrm{d}z=\frac{16\pi}{3}.$$

例 11.12 求函数 $f(x,y,z)=x^2+y^2+z^2$ 在区域 $x^2+y^2+z^2\leqslant x+y+z$ 内的平均值.

解 区域 $x^2+y^2+z^2\leqslant x+y+z$,即 $\left(x-\dfrac{1}{2}\right)^2+\left(y-\dfrac{1}{2}\right)^2+\left(z-\dfrac{1}{2}\right)^2\leqslant\dfrac{3}{4}$,其体积 $V=\dfrac{4}{3}\pi\left(\dfrac{\sqrt{3}}{2}\right)^3=\dfrac{\sqrt{3}}{2}\pi$.

作变换：$x = r\cos\varphi\cos\psi + \dfrac{1}{2}, y = r\sin\varphi\cos\psi + \dfrac{1}{2}, z = r\sin\psi + \dfrac{1}{2}$，则有

$$f_{平均} = \frac{1}{V}\iiint\limits_{V}(x^2 + y^2 + z^2)\mathrm{d}x\mathrm{d}y\mathrm{d}z$$

$$= \frac{1}{V}\int_0^{2\pi}\mathrm{d}\varphi\int_{-\frac{\pi}{2}}^{\frac{\pi}{2}}\mathrm{d}\psi\int_0^{\frac{\sqrt{3}}{2}}r^2\cos\psi \cdot \left(\frac{3}{4} + r^2 + r\sin\psi + r\cos\varphi\cos\psi + r\sin\varphi\cos\psi\right)\mathrm{d}r$$

$$= \frac{1}{V}\int_0^{2\pi}\mathrm{d}\varphi\int_{-\frac{\pi}{2}}^{\frac{\pi}{2}}\mathrm{d}\psi\int_0^{\frac{\sqrt{3}}{2}}r^2\cos\psi \cdot \left(\frac{3}{4} + r^2\right)\mathrm{d}r = \frac{1}{V}\int_0^{2\pi}\mathrm{d}\varphi\int_{-\frac{\pi}{2}}^{\frac{\pi}{2}}\frac{3\sqrt{3}}{20}\cos\psi\mathrm{d}\psi$$

$$= \frac{1}{V}\int_0^{2\pi}\frac{3\sqrt{3}}{10}\mathrm{d}\varphi = \frac{1}{V} \cdot \frac{3\sqrt{3}}{5}\pi = \frac{2}{\sqrt{3}\,\pi} \cdot \frac{3\sqrt{3}}{5}\pi = \frac{6}{5}.$$

例 11.13 变换为极坐标，以计算由下列曲线所界的面积：
$$(x^2 + y^2)^2 = 2a^2(x^2 - y^2); x^2 + y^2 \geqslant a^2.$$

解 曲线的极坐标方程为 $r^2 = 2a^2\cos2\varphi$ 及 $r \geqslant a$. 它们的交点（在第一象限内）为 $\left(a, \dfrac{\pi}{6}\right)$，利用对称性，得所求面积为

$$S = 4\int_0^{\frac{\pi}{6}}\mathrm{d}\varphi\int_a^{\sqrt{2a^2\cos2\varphi}}r\mathrm{d}r = 2\int_0^{\frac{\pi}{6}}(2a^2\cos2\varphi - a^2)\mathrm{d}\varphi = \frac{3\sqrt{3} - \pi}{3}a^2.$$

评注 利用二重积分计算平面区域的面积，根据区域特点，宜用极坐标计算.

例 11.14 求由下列曲面所界的体积：$z = 1 + x + y, z = 0, x + y = 1, x = 0, y = 0.$

解 $V = \displaystyle\int_0^1\mathrm{d}x\int_0^{1-x}(1 + x + y)\mathrm{d}y = \int_0^1\left(\frac{3}{2} - x - \frac{x^2}{2}\right)\mathrm{d}x = \frac{5}{6}.$

例 11.15 求球面 $x^2 + y^2 + z^2 = a^2$ 包含在柱面 $\dfrac{x^2}{a^2} + \dfrac{y^2}{b^2} = 1(b \leqslant a)$ 内那部分的面积.

解 因为 $\sqrt{1 + \left(\dfrac{\partial z}{\partial x}\right)^2 + \left(\dfrac{\partial z}{\partial y}\right)^2} = \sqrt{1 + \dfrac{x^2}{z^2} + \dfrac{y^2}{z^2}}$

$$= \sqrt{\frac{x^2 + y^2 + z^2}{z^2}}$$

$$= \frac{a}{\sqrt{a^2 - x^2 - y^2}}.$$

又积分域 $\dfrac{x^2}{a^2} + \dfrac{y^2}{b^2} \leqslant 1$ 位于第一象限部分为 $0 \leqslant x \leqslant a$， $0 \leqslant y \leqslant \dfrac{b}{a}\sqrt{a^2 - x^2}.$

于是，利用对称性知，所求的面积为

$$S = 2 \cdot 4\int_0^a\mathrm{d}x\int_0^{\frac{b}{a}\sqrt{a^2-x^2}}\frac{a}{\sqrt{a^2 - x^2 - y^2}}\mathrm{d}y$$

$$= 8a\int_0^a\arcsin\frac{y}{\sqrt{a^2 - x^2}}\bigg|_0^{\frac{b}{a}\sqrt{a^2-x^2}}\mathrm{d}x = 8a^2\arcsin\frac{b}{a}.$$

例 11.16 已知螺旋面 $x = r\cos\varphi, y = r\sin\varphi, z = h\varphi$，求其中 $0 < r < a, 0 < \varphi < 2\pi$ 那部分的面积.

解 因为 $E = \left(\dfrac{\partial x}{\partial r}\right)^2 + \left(\dfrac{\partial y}{\partial r}\right)^2 + \left(\dfrac{\partial z}{\partial r}\right)^2 = 1,$

$$G = \left(\frac{\partial x}{\partial \varphi}\right)^2 + \left(\frac{\partial y}{\partial \varphi}\right)^2 + \left(\frac{\partial z}{\partial \varphi}\right)^2 = r^2 + h^2,$$

$$F = \frac{\partial x}{\partial r}\frac{\partial x}{\partial \varphi} + \frac{\partial y}{\partial r}\frac{\partial y}{\partial \varphi} + \frac{\partial z}{\partial r}\frac{\partial z}{\partial \varphi} = 0,$$

故 $\qquad \sqrt{EG - F^2} = \sqrt{r^2 + h^2}.$

于是,所求的面积为

$$S = \int_0^{2\pi}\mathrm{d}\varphi\int_0^a \sqrt{r^2 + h^2}\,\mathrm{d}r = 2\pi\left[\frac{r}{2}\sqrt{r^2 + h^2} + \frac{h^2}{2}\ln(r + \sqrt{r^2 + h^2})\right]\Big|_0^a$$

$$= \pi a\sqrt{a^2 + h^2} + \pi h^2\ln\left(\frac{a + \sqrt{a^2 + h^2}}{h}\right).$$

例 11.17 求由抛物面 $x^2 + y^2 = 2z$ 和球面 $x^2 + y^2 + z^2 = 3$ 所围成的均匀立体的重心.

解 设立体 V 的重心为 $(\overline{x},\overline{y},\overline{z})$,由立体 V 的对称性及均匀性,有 $\overline{x} = \overline{y} = 0$.

不妨设 V 的密度为 ρ,因为

$$V = \left\{(x,y,z)\,\middle|\,x^2 + y^2 \leqslant 2, \frac{x^2 + y^2}{2} \leqslant z \leqslant \sqrt{3 - x^2 - y^2}\right\},$$

所以

$$M_{xy} = \iiint\limits_V \rho z\,\mathrm{d}V = \rho\iint\limits_{x^2+y^2\leqslant 2}\mathrm{d}x\mathrm{d}y\int_{\frac{x^2+y^2}{2}}^{\sqrt{3-x^2-y^2}}z\,\mathrm{d}z$$

$$= \rho\iint\limits_{x^2+y^2\leqslant 2}\left(\frac{1}{2}(3 - x^2 - y^2) - \frac{1}{8}(x^2 + y^2)^2\right)\mathrm{d}x\mathrm{d}y \quad (x = r\cos\theta, y = r\sin\theta)$$

$$= \rho\int_0^{2\pi}\mathrm{d}\theta\int_0^{\sqrt{2}}\left(\frac{3}{2} - \frac{1}{2}r^2 - \frac{1}{8}r^4\right)r\,\mathrm{d}r = \frac{5}{3}\rho\pi,$$

$$M = \iiint\limits_V \rho\,\mathrm{d}V = \rho\iint\limits_{x^2+y^2\leqslant 2}\mathrm{d}x\mathrm{d}y\int_{\frac{x^2+y^2}{2}}^{\sqrt{3-x^2-y^2}}\mathrm{d}z$$

$$= \rho\iint\limits_{x^2+y^2\leqslant 2}\left(\sqrt{3 - x^2 - y^2} - \frac{x^2 + y^2}{2}\right)\mathrm{d}x\mathrm{d}y \quad (x = r\cos\theta, y = r\sin\theta)$$

$$= \rho\int_0^{2\pi}\mathrm{d}\theta\int_0^{\sqrt{2}}\left(\sqrt{3 - r^2} - \frac{1}{2}r^2\right)r\,\mathrm{d}r = \frac{6\sqrt{3} - 5}{3}\rho\pi,$$

从而 $\overline{z} = \dfrac{M_{xy}}{M} = \dfrac{5}{83}(6\sqrt{3} + 5).$

例 11.18 求由下列曲线所界的面($\rho = 1$)对于坐标轴 Ox 和 Oy 的转动惯量 I_x 和 I_y:

$\dfrac{x}{b_1} + \dfrac{y}{h} = 1, \dfrac{x}{b_2} + \dfrac{y}{h} = 1, y = 0 \quad (b_1 > 0, b_2 > 0, h > 0).$

解 若设 $b_2 > b_1$,则

$$I_x = \int_0^h y^2\,\mathrm{d}y\int_{(1-\frac{y}{h})b_1}^{(1-\frac{y}{h})b_2}\mathrm{d}x = (b_2 - b_1)\int_0^h y^2\left(1 - \frac{y}{h}\right)\mathrm{d}y = \frac{(b_2 - b_1)h^3}{12};$$

$$I_y = \int_0^h\mathrm{d}y\int_{(1-\frac{y}{h})b_1}^{(1-\frac{y}{h})b_2}x^2\,\mathrm{d}x = \frac{b_2^3 - b_1^3}{3}\int_0^h\left(1 - \frac{y}{h}\right)^3\mathrm{d}y = \frac{(b_2^3 - b_1^3)h}{12}.$$

若设 $b_1 > b_2$,则 $I_x = \dfrac{(b_1 - b_2)h^3}{12}, I_y = \dfrac{(b_1^3 - b_2^3)h}{12}.$

例 11.19　求由下列曲面所界的体积：$\dfrac{x^2}{a^2}+\dfrac{y^2}{b^2}+\dfrac{z^2}{c^2}=1,\dfrac{x^2}{a^2}+\dfrac{y^2}{b^2}=\dfrac{z}{c}$.

解　令 $x=ar\cos\varphi,y=br\sin\varphi,z=z$,则 r 满足方程 $r^4+r^2-1=0$.

解得 $r=\sqrt{\dfrac{\sqrt{5}-1}{2}}$.

于是,体积为

$$V=\int_0^{2\pi}\mathrm{d}\varphi\int_0^{\sqrt{\frac{\sqrt5-1}{2}}}abr\,\mathrm{d}r\int_{\frac{c}{a^2}}^{c\sqrt{1-r^2}}\mathrm{d}z=2\pi abc\int_0^{\sqrt{\frac{\sqrt5-1}{2}}}r(\sqrt{1-r^2}-r^2)\mathrm{d}r$$

$$=2\pi abc\left[-\frac13(1-r^2)^{\frac32}-\frac14r^4\right]\Bigg|_0^{\sqrt{\frac{\sqrt5-1}{2}}}=\frac{5\pi abc(3-\sqrt5)}{12}.$$

例 11.20（浙江省首届试题）

求积分 $\displaystyle\iint\limits_D|xy-1|\,\mathrm{d}x\mathrm{d}y,D=\left\{(x,y)\ \Big|\ \frac12\leqslant x\leqslant 2,\ \frac12\leqslant y\leqslant 2\right\}$

解
$$\iint\limits_D|xy-1|\,\mathrm{d}x\mathrm{d}y=\int_{\frac12}^2\mathrm{d}y\left[\int_{\frac12}^{\frac1y}(1-xy)\mathrm{d}x+\int_{\frac1y}^2(xy-1)\mathrm{d}x\right]$$

$$=\int_{\frac12}^2\mathrm{d}y\left[\frac1y-\frac12-\frac y2\left(\frac{1}{y^2}-\frac14\right)+\frac y2\left(4-\frac{1}{y^2}\right)-\left(2-\frac1y\right)\right]$$

$$=\int_{\frac12}^2\left(\frac1y+\frac{17}{8}y-\frac52\right)\mathrm{d}y=2\ln2+\frac{15}{64}.$$

评注　本题难点在于通过被积区域的分解实现绝对值符号的去除.

例 11.21（浙江省 2003 年试题）　求 $\displaystyle\iint\limits_D\frac{\sin y}{y}\mathrm{d}x\mathrm{d}y$,其中 D 为以 $(0,0)$,$(0,1)$,$(1,1)$ 为顶点的三角形区域.

解
$$\iint\limits_D\frac{\sin y}{y}\mathrm{d}x\mathrm{d}y=\int_0^1\int_0^y\frac{\sin y}{y}\mathrm{d}x\mathrm{d}y=\int_0^1\frac{\sin y}{y}\cdot y\,\mathrm{d}y=-\cos y\Big|_0^1=1-\cos1.$$

评注　注意到被积函数的结构,考虑二重积分直接计算.

例 11.22（浙江省 2004 年试题）　计算：$\displaystyle\iint\limits_D\max(xy,x^3)\mathrm{d}\sigma$,其中 $D=\{(x,y)\big|-1\leqslant x\leqslant 1,0\leqslant y\leqslant 1\}$.

解　将 D 分为四部分 D_1,D_2,D_3,D_4,如图所示.

有：$\displaystyle\iint\limits_D\max(xy,x^3)\mathrm{d}\sigma$

$$=\iint\limits_{D_1}xy\,\mathrm{d}\sigma+\iint\limits_{D_2}x^3\,\mathrm{d}\sigma+\iint\limits_{D_3}xy\,\mathrm{d}\sigma+\iint\limits_{D_4}x^3\,\mathrm{d}\sigma$$

$$\triangleq I_1+I_2+I_3+I_4,$$

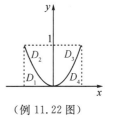

（例 11.22 图）

而 $I_1=\displaystyle\int_{-1}^0\mathrm{d}x\int_0^{x^2}xy\,\mathrm{d}y=-\frac{1}{12}$,$I_2=\displaystyle\int_{-1}^0\mathrm{d}x\int_{x^2}^1x^3\,\mathrm{d}y=-\frac{1}{12}$,

$I_3=\displaystyle\int_0^1\mathrm{d}x\int_{x^2}^1xy\,\mathrm{d}y=\frac16$,$I_4=\displaystyle\int_0^1\mathrm{d}x\int_0^{x^2}x^3\,\mathrm{d}y=-\frac16$.

所以，$\displaystyle\iint\limits_{D}\max(xy,x^3)\,\mathrm{d}\sigma=\dfrac{1}{6}$.

评注 注意到被积函数为 max 函数，则作为二重积分就要考虑对积分区域进行分区处理，除去 max.

例 11.23(浙江省 2005 年试题) 在某平地上向下挖一个半径为 R 的半球形池塘，若某点泥土的密度为 $\rho=\mathrm{e}^{r^2/R^2}$，其中 r 为此点离球心的距离，试求挖此池塘需做的功.

解 在点 (r,φ,θ) 处的泥土质量为 $\mathrm{e}^{r^2/R^2}\,\mathrm{d}V$. 与水平面距离为 $r\cos\varphi$，要做功为 $gr\cos\varphi\mathrm{e}^{r^2/R^2}\,\mathrm{d}V$，所以挖池塘所需做功为

$$W=\iiint\limits_{\Omega}gr\cos\varphi\mathrm{e}^{r^2/R^2}\,\mathrm{d}V=\int_0^{2\pi}\mathrm{d}\theta\int_0^{\frac{\pi}{2}}\mathrm{d}\varphi\int_0^R gr\cos\varphi\mathrm{e}^{r^2/R^2}r^2\sin\varphi\mathrm{d}r=\pi g\int_0^R r^3\mathrm{e}^{r^2/R^2}\,\mathrm{d}r$$

$$=\pi g\frac{R^2}{2}r^2\mathrm{e}^{r^2/R^2}\Big|_0^R-\frac{\pi gR^2}{2}\int_0^R\mathrm{e}^{r^2/R^2}\,\mathrm{d}r^2=\frac{\pi gR^4}{2}.$$

评注 本题为三重积分的应用和计算，先要得出挖池塘做的功即为三重积分 $\displaystyle\iiint\limits_{\Omega}gr\cos\varphi\mathrm{e}^{r^2/R^2}\,\mathrm{d}V$，再由被积函数和积分区域的特点易得极坐标计算较为方便.

例 11.24(浙江省 2008 年试题) 假设立体 Ⅰ 由 $1-z=x^2+y^2$ 与 $z=0$ 围成，密度为 ρ；立体 Ⅱ 由 $1+z=\sqrt{x^2+y^2}$ 与 $z=0$ 围成，密度为 1. 已知立体 Ⅰ 和立体 Ⅱ 组成的立体重心位于原点 $(0,0,0)$，求 ρ 的值.

解 由题设 $\displaystyle\iiint\limits_{\mathrm{I}}\rho z\,\mathrm{d}V+\iiint\limits_{\mathrm{II}}z\,\mathrm{d}V=0$，

而 $\displaystyle\iiint\limits_{\mathrm{I}}\rho z\,\mathrm{d}V=\int_0^1 z\,\mathrm{d}V,\quad \iint\limits_{x^2+y^2\leqslant 1-z}\mathrm{d}x\mathrm{d}y=\rho\pi\int_0^1 z(1-z)\,\mathrm{d}z=\dfrac{\rho\pi}{6}$，

$$\iiint\limits_{\mathrm{II}}z\,\mathrm{d}V=\int_{-1}^0 z\,\mathrm{d}V,\quad \iint\limits_{x^2+y^2\leqslant(1+z)^2}\mathrm{d}x\mathrm{d}y=\mathrm{e}\pi\int_{-1}^0 z(1+z)^2\,\mathrm{d}z=-\frac{\pi}{12},$$

$$\frac{\rho\pi}{6}-\frac{\pi}{12}=0,\quad \rho=\frac{1}{2}.$$

评注 重积分的应用中重心的计算方法要掌握.

例 11.25(浙江省 2010 年试题) 计算 $\displaystyle\iint\limits_{R^2}\exp\Big[-\dfrac{x^2-2\rho xy+y^2}{2(1-\rho^2)}\Big]\mathrm{d}x\mathrm{d}y$，其中 $0\leqslant\rho<1$.

解 令 $x=t+s,y=t-s$，

原积分 $=2\displaystyle\iint\limits_{R^2}\exp\Big[-\dfrac{(1-\rho)t^2+(1+\rho)s^2}{(1-\rho^2)}\Big]\mathrm{d}t\mathrm{d}s$

$$=2\sqrt{1-\rho^2}\iint\limits_{R^2}\exp[-x^2-y^2]\mathrm{d}x\mathrm{d}y=2\sqrt{1-\rho^2}\,\pi.$$

评注 被积函数直接积分显然不合适，通过巧妙的变量代换达到简化计算的目的.

例 11.26(浙江省 2009 年试题) 设 f 为连续函数，$\varphi(x)=\displaystyle\int_0^x\mathrm{d}v\int_0^x f(u+v-x)\,\mathrm{d}u$，求 $\varphi'(x)$.

解 $\varphi(x)=\displaystyle\int_0^x\mathrm{d}v\int_{-x}^0 f(u+v)\,\mathrm{d}u=\int_0^x\mathrm{d}v\int_0^x f(v-u)\,\mathrm{d}u$，

$$\varphi'(x) = \int_0^x f(x-u)\mathrm{d}u + \int_0^x f(v-x)\mathrm{d}v = \int_0^x f(u)\mathrm{d}u + \int_{-x}^0 f(v)\mathrm{d}v = \int_0^x \big[f(u)+f(-u)\big]\mathrm{d}u.$$

评注　本题中 $\varphi(x)$ 函数为一个二重积分，x 为自变量，认识到这一点，即可设法将其转变成以 x 为上限的积分，再对其求导.

例 11.27（浙江省 2009 年试题）　设 Ω 为由抛物面 $z = 2x^2 + y^2$ 与平面 $4x + 2y + z = 1$ 围绕的立体，其边界的平面部分为 S_1，曲面部分为 S_2，p_0 为 S_2 上的一个点.

(1) 求以 p_0 为顶点，S_1 为底面的锥体体积 V；

(2) 求 p_0，使 V 达到最大值.

解　(1) S_1 的面积为 $S = \iint\limits_{S_1} \mathrm{d}S = \iint\limits_{2(x+1)^2 + (y+1)^2 = 4} \sqrt{21}\,\mathrm{d}x\mathrm{d}y = 2\sqrt{2}\,\pi\,\sqrt{21}$，

$p_0(x_0, y_0, z_0)$ 到 S_1 所在平面的距离为

$$d = \frac{|4x_0 + 2y_0 + z_0 - 1|}{\sqrt{16 + 4 + 1}},$$

因此 $V = \dfrac{1}{3}\mathrm{d}S = \dfrac{2\sqrt{2}}{3}\pi\,|\,4x_0 + 2y_0 + z_0 - 1\,|$.

(2) $V = \dfrac{2\sqrt{2}}{3}\pi\,|\,2(x+1)^2 + (y+1)^2 - 4\,| \leqslant 4 \times \dfrac{2\sqrt{2}}{3}\pi$，故，$2(x+1)^2 + (y+1)^2 \leqslant 4$，

因此 $V_{\max} = \dfrac{8\sqrt{2}}{3}\pi$，当 $p_0(-1, -1, 3) \in S_1$.

评注　本题为二重积分的应用，在计算锥体体积时要会用重积分算平面面积，要会计算点到面的距离等基本问题，而计算最值时再一次利用函数的特征得到，而没有求导.

例 11.28（浙江省 2006 年试题）　求 $\displaystyle\int_0^1 \mathrm{d}y \int_y^1 \Big[\dfrac{\mathrm{e}^{x^2}}{x} - \mathrm{e}^{y^2}\Big]\mathrm{d}x$.

解　原积分 $= \displaystyle\int_0^1 \mathrm{d}x \int_y^1 \dfrac{\mathrm{e}^{x^2}}{x}\mathrm{d}x - \int_0^1 \mathrm{d}y \int_y^1 \mathrm{e}^{y^2}\mathrm{d}x$

$$= \int_0^1 \mathrm{d}x \int_0^x \frac{\mathrm{e}^{x^2}}{x}\mathrm{d}y - \int_0^1 \mathrm{e}^{y^2}(1-y)\mathrm{d}y$$

$$= \int_0^1 \mathrm{e}^{x^2}\mathrm{d}x - \int_0^1 \mathrm{e}^{y^2}(1-y)\mathrm{d}y = \int_0^1 y\mathrm{e}^{y^2}\mathrm{d}y = \frac{1}{2}(\mathrm{e}-1).$$

评注　根据被积函数的特征计算，可使得计算过程简单，注意观察.

例 11.29（浙江省 2007 年试题）　计算 $\displaystyle\int_0^a \mathrm{d}x \int_0^b \mathrm{e}^{\max\{b^2 x^2,\, a^2 y^2\}}\mathrm{d}y$，$a > 0, b > 0$.

解　原积分 $= \displaystyle\int_0^a \mathrm{d}x \int_0^{\frac{b}{a}x} \mathrm{e}^{b^2 x^2}\mathrm{d}y + \int_0^a \mathrm{d}x \int_{\frac{b}{a}x}^b \mathrm{e}^{a^2 y^2}\mathrm{d}y = \int_0^a \frac{b}{a}x\,\mathrm{e}^{b^2 x^2}\mathrm{d}x + \int_0^b \mathrm{d}y \int_0^{\frac{a}{b}y} \mathrm{e}^{a^2 y^2}\mathrm{d}x$

$$= \frac{1}{2ab}(\mathrm{e}^{a^2 b^2} - 1) + \frac{1}{2ab}(\mathrm{e}^{a^2 b^2} - 1) = \frac{1}{ab}(\mathrm{e}^{a^2 b^2} - 1).$$

评注　此题在于恰当地对被积区间进行分解来除去 max 函数.

练习题

1. 求积分 $I = \displaystyle\int_0^{\frac{\pi}{2}} \frac{1}{\sqrt{x}}\mathrm{d}x \int_{\sqrt{x}}^{\sqrt{\frac{\pi}{2}}} \frac{\mathrm{d}y}{1 + (\tan y^2)^{\sqrt{2}}}$.

2. 设 $f(x)$ 在 $[0,1]$ 上连续, $\int_0^1 f(x)\mathrm{d}x = m$, 试求 $\int_0^1 \int_x^1 \int_x^y f(x)f(y)f(z)\mathrm{d}x\mathrm{d}y\mathrm{d}z$.

3. 计算 $\iint\limits_D \sqrt{|y-x^2|}\,\mathrm{d}x\mathrm{d}y$, 其中 D: $\{-1 \leqslant x \leqslant 1, 0 \leqslant y \leqslant 2\}$.

4. 计算 $\iint\limits_D (x-y)\mathrm{d}x\mathrm{d}y$, 其中 $D = \{(x,y) \mid (x-1)^2 + (y-1)^2 \leqslant 2, y \geqslant x\}$.

5. 计算 $\iint\limits_D (x^2-y)\mathrm{d}x\mathrm{d}y$, 其中 D: $x^2+y^2 \leqslant 1$.

6. 计算 $\iint\limits_D \dfrac{\mathrm{d}x\mathrm{d}y}{xy}$, 其中 D: $\begin{cases} 2 \leqslant \dfrac{x}{x^2+y^2} \leqslant 4, \\[2mm] 2 \leqslant \dfrac{y}{x^2+y^2} \leqslant 4. \end{cases}$

7. 计算 $\iint\limits_D \max(xy, 1)\mathrm{d}x\mathrm{d}y$, 其中 $D = \{(x,y) \mid 0 \leqslant x \leqslant 2, 0 \leqslant y \leqslant 2\}$.

8. $f(x,y) = \max(x,y)$, $D = \{(x,y) \mid 0 \leqslant x \leqslant 1, 0 \leqslant y \leqslant 1\}$, 计算 $\iint\limits_D f(x,y)|y-x^2|\,\mathrm{d}x\mathrm{d}y$.

9. 计算 $\iint\limits_{x^2+y^2 \leqslant \frac{3}{16}} \min\left\{\sqrt{\dfrac{3}{16}-x^2-y^2}, 2(x^2+y^2)\right\}\mathrm{d}x\mathrm{d}y$.

10. 计算 $\iiint\limits_\Omega z^2\mathrm{d}x\mathrm{d}y\mathrm{d}z$, 其中 $\Omega = \{(x,y,z) \mid x^2+y^2+z^2 \leqslant 1\}$.

11. 计算 $\iiint\limits_\Omega \sin^2\left[\dfrac{\pi}{6}(x+y+z)\right]\mathrm{d}x\mathrm{d}y\mathrm{d}z$, 其中 $\Omega = \{(x,y,z) \mid 0 \leqslant x \leqslant 1, 0 \leqslant y \leqslant 1, 0 \leqslant z \leqslant 1\}$.

12. 求 $|\ln x| + |\ln y| = 1$ 所围平面图形面积.

13. 求由曲面 $1-z = \sqrt{x^2+y^2}$, $x = z$, $x = 0$ 所围立体体积.

14. 求 $z = x^2+y^2+1$ 上任意一点 $P_0(x_0, y_0)$ 处的切平面与抛物面 $z = x^2+y^2$ 所围立体体积.

15. $f(x,y)$ 连续, 且 $F(t) = \iint\limits_{x^2+y^2 \leqslant t^2} f(x,y)\mathrm{d}x\mathrm{d}y$, 求 $F'(t)$.

16. 试求 $\lim\limits_{t \to +\infty} \dfrac{1}{t^5} \iiint\limits_{x^2+y^2+x^2 \leqslant t^2} (x^2+y^2+z^2)\mathrm{d}x\mathrm{d}y\mathrm{d}z$.

17. 设 $D = \{(x,y) \mid 0 \leqslant x \leqslant 2, 0 \leqslant y \leqslant 2\}$.

(1) 计算 $B = \iint\limits_D |xy-1|\,\mathrm{d}x\mathrm{d}y$;

(2) 设 $f(x,y)$ 在 D 上连续, 且 $\iint\limits_D f(x,y)\mathrm{d}x\mathrm{d}y = 0$, $\iint\limits_D xyf(x,y)\mathrm{d}x\mathrm{d}y = 1$, 试证: 存在 $(\xi, \eta) \in D$, 使 $|f(\xi, \eta)| \geqslant \dfrac{1}{B}$.

18. 设 $f(x,y)$ 在单位圆上有连续偏导数,且在边界上取值为零,求证:

$$\lim_{\varepsilon \to 0}\iint_D \frac{x\dfrac{\partial f}{\partial x} + y\dfrac{\partial f}{\partial y}}{x^2 + y^2}\mathrm{d}x\mathrm{d}y = -2\pi f(0,0),\text{ 其中 } D:\varepsilon^2 \leqslant x^2 + y^2 \leqslant 1.$$

19. 设 $f(t)$ 为连续函数,求证 $\displaystyle\iint_D f(x-y)\mathrm{d}x\mathrm{d}y = \int_{-A}^{A} f(t)(A-|t|)\mathrm{d}t$,其中 $D = \left\{(x,y)\ \middle|\ |x| \leqslant \dfrac{A}{2}, |y| \leqslant \dfrac{A}{2}, A \text{ 为正常数}\right\}$.

20. 设 $f(x)$ 为连续偶函数,试证:$\displaystyle\iint_D f(x-y)\mathrm{d}x\mathrm{d}y = 2\int_0^{2a} [2a-u]f(u)\mathrm{d}u$,其中 $D:\begin{cases} |x| \leqslant a \\ |y| \leqslant a \end{cases}\quad(a > 0).$

21. 设一球面方程为 $x^2 + y^2 + (z+1)^2 = 4$,从原点向球面上任一点 θ 处的切平面作垂线,垂足为 P,当 θ 在球面上变动时,P 的轨迹形成一封闭曲面 S,求 S 所围成的立体 Ω 的体积.

22. 一无盖圆柱形容器,高为 H 米,底面半径为 R 米 $(H \leqslant 2R)$,当容器的底平面倾斜与水平面成 $\dfrac{\pi}{4}$ 角支撑时,试问该容器可贮存多少立方米的水?

23. 设有椭圆抛物面 $\Sigma:z = \dfrac{x^2}{2p} + \dfrac{y^2}{2q}(p,q > 0)$ 和平面 $\Pi:Ax + By + Cz + D = 0$ $(C > 0)$.

(1) 试给出 Σ 和 Π 相交的充要条件;

(2) 当 Σ 和 Π 相交时,求它们所围成空间形体 Ω 的体积和 Π 被 Σ 截下部分的面积.

24. 一个底半径为 1,高为 6 的开口圆柱形水桶,在距底为 2 处有两个小孔,两小孔连线与水桶轴线相交,试问该桶最多能盛多少水?

25. 设有半径为 R 的定球,另有一半径为 r 的变球与定球相割 $(r < 2R)$,若变球中心在定球的球面上,试问 r 为多少时,含在定球内的变球部分的表面积最大,并求出最大表面积的值.

第十二讲　　曲线积分

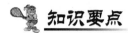

一、第一型曲线积分

(1) 参数方程:设有光滑曲线 $L:x = \varphi(t),y = \psi(t),t \in [\alpha,\beta].$ $f(x,y)$ 是定义在 L 上的连续函数,$\mathrm{d}s$ 为弧的微分,则

$$\int_L f(x,y)\mathrm{d}s = \int_\alpha^\beta f(\varphi(t),\psi(t))\ \sqrt{\varphi'^2(t) + \psi'^2(t)}\,\mathrm{d}t.$$

(2) 直角方程:若曲线方程为:$L:y = \psi(x),x \in [a,b]$,则

$$\int_L f(x,y)\mathrm{d}s = \int_a^b f(x,\psi(x))\ \sqrt{1 + \psi'^2(x)}\,\mathrm{d}x.$$

L 的方程为 $x = \varphi(y)$ 时有类似的公式.

二、第二型曲线积分

设光滑或分段光滑曲线 $L:x = \varphi(t),y = \psi(t),\alpha \leqslant t \leqslant \beta.$ 函数 $P(x,y)$ 和 $Q(x,y)$ 在 L 上连续,设曲线 L 的方向是使参数 t 增大的方向.则沿 L 的方向有

$$\int_L P(x,y)\mathrm{d}x + Q(x,y)\mathrm{d}y = \int_\alpha^\beta [P(\varphi(t),\psi(t))\varphi'(t) + Q(\varphi(t),\psi(t))\psi'(t)]\mathrm{d}t.$$

三、格林公式

1. 曲线积分与二重积分的关系:若函数 P 和 Q 在闭区域 $D \subset \mathbf{R}^2$ 上有连续的一阶偏导数,则有格林公式:

$$\iint\limits_D \left(\frac{\partial Q}{\partial x} - \frac{\partial P}{\partial y}\right)\mathrm{d}x\mathrm{d}y = \oint_L P\mathrm{d}x + Q\mathrm{d}y,$$

其中 L 为区域 D 的正向边界.

2. 曲线积分与路径无关的等价条件:

设 $D \subset \mathbf{R}^2$ 是单连通闭区域,若函数 P 和 Q 在闭区域 D 内连续,且有连续的一阶偏导数,则以下四个条件等价:

(i) 沿 D 内任一按段光滑的闭合曲线 L,有 $\oint_L P\mathrm{d}x + Q\mathrm{d}y = 0$.

(ii) 对 D 内任一按段光滑的曲线 L,曲线积分 $\int_L P\mathrm{d}x + Q\mathrm{d}y$ 与路径无关,只与曲线 L 的起点和终点有关.

(iii) $P\mathrm{d}x + Q\mathrm{d}y$ 是 D 内某一函数 u 的全微分,即在 D 内有

$$\mathrm{d}u = P\mathrm{d}x + Q\mathrm{d}y.$$

（iv）在 D 内每一点处有 $\dfrac{\partial P}{\partial y} = \dfrac{\partial Q}{\partial x}$.

评注　对于平面区域 D 内一封闭曲线,皆可不经过 D 以外的点而连续收缩于属于 D 的某一点,则称此区域为单连通域.

3. 恰当微分的原函数:

若有 $\dfrac{\partial P}{\partial y} = \dfrac{\partial Q}{\partial x}$,则称微分形式 $P\mathrm{d}x + Q\mathrm{d}y$ 是一个恰当微分.恰当微分有原函数,它的一个原函数为:

$$u(x,y) = \int_{x_0}^{x} P(t,y_0)\,\mathrm{d}t + \int_{y_0}^{y} Q(x,t)\,\mathrm{d}t,$$

或

$$u(x,y) = \int_{y_0}^{y} Q(x_0,t)\,\mathrm{d}t + \int_{x_0}^{x} P(t,y)\,\mathrm{d}t.$$

其中,点 $(x_0,y_0) \in D$,当点 $(0,0) \in D$ 时,常取 $(x_0,y_0) = (0,0)$.

例题分析

例 12.1　计算 $\displaystyle\int_C (x^{\frac{4}{3}} + y^{\frac{4}{3}})\,\mathrm{d}s$,其中 C 为内摆线 $x^{\frac{2}{3}} + y^{\frac{2}{3}} = a^{\frac{2}{3}}$ 的弧.

解　**方法一**

按直角坐标方程计算:

$$\mathrm{d}s = \sqrt{1 + y'^2}\,\mathrm{d}x = \frac{a^{\frac{1}{3}}}{x^{\frac{1}{3}}}\,\mathrm{d}x,$$

$$\int_C (x^{\frac{4}{3}} + y^{\frac{4}{3}})\,\mathrm{d}s = 4\int_0^a \left[x^{\frac{4}{3}} + (a^{\frac{2}{3}} - x^{\frac{2}{3}})^2 \right] \frac{a^{\frac{1}{3}}}{x^{\frac{1}{3}}}\,\mathrm{d}x$$

$$= 4a^{\frac{1}{3}} \int_0^a (2x + a^{\frac{4}{3}} x^{-\frac{1}{3}} - 2a^{\frac{2}{3}} x^{\frac{1}{3}})\,\mathrm{d}x = 4a^{\frac{7}{3}}.$$

方法二

按参量方程计算:

令 $x = a\cos^3 t, y = a\sin^3 t$,则

$$\mathrm{d}s = \sqrt{9a^2\cos^4 t\sin^2 t + 9a^2\sin^4 t\cos^2 t}\,\mathrm{d}t = 3a\cos t\sin t\,\mathrm{d}t \quad \left(0 \leqslant t \leqslant \frac{\pi}{2}\right).$$

于是,

$$\int_C (x^{\frac{4}{3}} + y^{\frac{4}{3}})\,\mathrm{d}s = 4a^{\frac{4}{3}} \int_0^{\frac{\pi}{2}} (\cos^4 t + \sin^4 t) \cdot 3a\cos t\sin t\,\mathrm{d}t$$

$$= 24a^{\frac{7}{3}} \int_0^{\frac{\pi}{2}} \sin^5 t\,\mathrm{d}(\sin t) = 4a^{\frac{7}{3}}.$$

例 12.2　计算 $\displaystyle\int_C x^2\,\mathrm{d}s$,其中 C 为圆周 $x^2 + y^2 + z^2 = a^2, x + y + z = 0$.

解　**方法一**

作代换:

$$u = \frac{x - y}{\sqrt{2}}, \quad v = \frac{x + y - 2z}{\sqrt{6}}, \quad w = \frac{x + y + z}{\sqrt{3}},$$

则圆周 C 化为: $\qquad u^2 + v^2 + w^2 = a^2, \quad w = 0.$

于是, $\displaystyle\int_C x^2 \mathrm{d}s = \int_C \left(\frac{u}{\sqrt{2}} + \frac{v}{\sqrt{6}} + \frac{w}{\sqrt{3}}\right)^2 \mathrm{d}s$

$\qquad = \displaystyle\int_C \left(\frac{u}{\sqrt{2}} + \frac{v}{\sqrt{6}}\right)^2 \mathrm{d}s$

$\qquad = \displaystyle\frac{1}{6}\int_C (3u^2 + v^2)\mathrm{d}s + \frac{1}{\sqrt{3}}\int_C uv\mathrm{d}s$

$\qquad = \displaystyle\frac{1}{6}\int_C a^2 \mathrm{d}s + \frac{1}{3}\int_C u^2 \mathrm{d}s + \frac{1}{\sqrt{3}}\int_C uv\mathrm{d}s$

$\qquad = \displaystyle\frac{1}{3}\pi a^3 + \frac{1}{3}\int_0^{2\pi} a^3 \cos^3\varphi\,\mathrm{d}\varphi + \frac{1}{\sqrt{3}}\int_0^{2\pi} a^3 \cos\varphi\sin\varphi\,\mathrm{d}\varphi$

$\qquad = \displaystyle\frac{1}{3}\pi a^3 + \frac{1}{3}\pi a^3 = \frac{2}{3}\pi a^3.$

方法二

由对称性知:

$$\int_C x^2 \mathrm{d}s = \int_C y^2 \mathrm{d}s = \int_C z^2 \mathrm{d}s,$$

于是: $\displaystyle\int_C x^2 \mathrm{d}s = \frac{1}{3}\int_C (x^2 + y^2 + z^2)\mathrm{d}s = \frac{a^2}{3}\int_C \mathrm{d}s = \frac{2}{3}\pi a^3.$

评注 利用轮换对称性及曲线方程可简化计算.

例 12.3 计算 $\displaystyle\int_L (y^2 + x)\cos xy\,\mathrm{d}x$,其中 L 为圆周 $x^2 + y^2 = 1$,依逆时针方向.

解　方法一

L 的参量方程为: $x = \cos\theta, y = \sin\theta, \theta \in [-\pi, \pi]$,

$$\int_L (y^2 + x)\cos xy\,\mathrm{d}x = -\int_{-\pi}^{\pi} (\sin^2\theta + \cos\theta)\cos(\cos\theta\sin\theta)\sin\theta\,\mathrm{d}\theta,$$

因右边定积分的被积函数为 $[-\pi, \pi]$ 上的奇函数,故该定积分等于 0.

方法二

令 $f(x, y) = (y^2 + x)\cos xy, \quad (x, y) \in L.$

将 L 分为 $L_1: x^2 + y^2 = 1, y \geqslant 0$;与 $L_2: x^2 + y^2 = 1, y \leqslant 0$ 两个对称部分.

对于对称点 $(x, y), (x, -y) \in L$,有

$$f(x, y) = f(x, -y)$$

但在 L_1 上点 (x, y) 处的有向切线与 x 轴正方向成钝角(即 $\mathrm{d}x < 0$),L_2 上点 $(x, -y)$ 处的有向切线与 x 轴正方向成锐角($\mathrm{d}x > 0$),故

$$\int_L (y^2 + x)\cos xy\,\mathrm{d}x = 0.$$

评注 积分曲线的对称性,被积函数的特殊性质,都可简化计算.

例 12.4 验证被积函数为全微分,并计算: $\displaystyle\int_{(0,1)}^{(2,3)} (x + y)\mathrm{d}x + (x - y)\mathrm{d}y.$

解 $(x + y)\mathrm{d}x + (x - y)\mathrm{d}y$

$\qquad = (y\mathrm{d}x + x\mathrm{d}y) + (x\mathrm{d}x - y\mathrm{d}y)$

$$= \mathrm{d}(xy) + \mathrm{d}\left(\frac{x^2 - y^2}{2}\right)$$

$$= \mathrm{d}\left(xy + \frac{x^2 - y^2}{2}\right),$$

即是全微分.

于是,

$$\int_{(0,1)}^{(2,3)} (x+y)\mathrm{d}x + (x-y)\mathrm{d}y = \int_{(0,1)}^{(2,3)} \mathrm{d}\left(xy + \frac{x^2-y^2}{2}\right) = \left(xy + \frac{x^2-y^2}{2}\right)\bigg|_{(0,1)}^{(2,3)} = 4.$$

例 12.5　证明:若 $f(u)$ 为连续函数,且 C 为逐段光滑的封闭围线,则

$$\oint_C f(x^2 + y^2)(x\mathrm{d}x + y\mathrm{d}y) = 0.$$

证明　令 $F(x,y) = \dfrac{1}{2}\displaystyle\int_0^{x^2+y^2} f(u)\mathrm{d}u$,由于 $f(u)$ 是连续函数,故

$$F_x(x,y) = xf(x^2+y^2), F_y(x,y) = yf(x^2+y^2),$$

显然 $F_x(x,y), F_y(x,y)$ 都是 x, y 的连续函数,因此,$F(x,y)$ 可微,且

$$\mathrm{d}F(x,y) = F_x(x,y)\mathrm{d}x + F_y(x,y)\mathrm{d}y = f(x^2+y^2)(x\mathrm{d}x + y\mathrm{d}y).$$

于是,任取 C 上一点 (x_0, y_0),有

$$\oint_C f(x^2+y^2)(x\mathrm{d}x + y\mathrm{d}y) = F(x,y)\bigg|_{(x_0,y_0)}^{(x_0,y_0)} = 0.$$

例 12.6　一质点在力 $F(x,y) = y\mathbf{i} + x\mathbf{j}$ 的作用下,沿直线从原点 $O(0,0)$ 移动到抛物线 $y = 1 - x^2$ 上一点 $P(u,v)(v \geqslant 0)$,分别求出使得力 F 所做的功 W 为最大和最小时,点 P 所在的位置.

解　直线段 OP 参量方程:$x = ut, y = vt, t \in [0,1]$,

$$W = \int_{OP} F\mathrm{d}s = \int_{OP} y\mathrm{d}x + x\mathrm{d}y = \int_0^1 2uvt\,\mathrm{d}t = uv.$$

$P(u,v)$ 是 $y = 1 - x^2$ 上的点,故 $v = 1 - u^2$.

则 $W = u(1 - u^2) = u - u^3, u \in [-1, 1]$.

$W' = 1 - 3u^2$,稳定点为 $u = \pm\dfrac{\sqrt{3}}{3}$.

故 $W\big|_{u=-1} = W\big|_{u=1} = 0$,　$W\big|_{u=\frac{\sqrt{3}}{3}} = \dfrac{2}{9}\sqrt{3}$,　$W\big|_{u=-\frac{\sqrt{3}}{3}} = -\dfrac{2}{9}\sqrt{3}$.

可见:在 $\left(\dfrac{\sqrt{3}}{3}, \dfrac{2}{3}\right)$ 点取得最大值,在 $\left(-\dfrac{\sqrt{3}}{3}, \dfrac{2}{3}\right)$ 点取得最小值.

例 12.7　应用格林公式计算:

(1) $\oint_C xy^2\mathrm{d}y - x^2 y\mathrm{d}x$,式中 C 为圆周 $x^2 + y^2 = a^2$;

(2) $\displaystyle\int_L \sqrt{x^2+y^2}\,\mathrm{d}x + y[xy + \ln(\sqrt{x^2+y^2}+x)]\mathrm{d}y$,式中 L:曲线 $y = \sin x$ 上从 $A(0,0)$ 到 $B(\pi, 0)$ 的一段.

解　(1) $P = -x^2 y$,　$Q = xy^2$,故有

$$\oint_C xy^2 \mathrm{d}y - x^2 y \mathrm{d}x = \iint\limits_{x^2+y^2 \leqslant a^2} (x^2 + y^2)\mathrm{d}x\mathrm{d}y = \int_0^{2\pi}\mathrm{d}\varphi\int_0^a r^3\mathrm{d}r = \frac{\pi}{2}a^4.$$

(2) $P = \sqrt{x^2 + y^2}$, $\quad Q = y\ln(\sqrt{x^2+y^2} + x) + xy^2$,

$$P_y = \frac{y}{\sqrt{x^2+y^2}}, \quad Q_x = \frac{y}{\sqrt{x^2+y^2}} + y^2.$$

设 D 为 L 与 x 轴所围区域,则

$$\int_L = \oint_{L+\overline{BA}} - \int_{\overline{BA}} = -\iint\limits_D y^2\mathrm{d}x\mathrm{d}y - \int_\pi^0 x\mathrm{d}x = -\int_0^\pi \mathrm{d}x\int_0^{\sin x} y^2\mathrm{d}y + \frac{\pi^2}{2}$$

$$= \frac{1}{3}\int_0^\pi (1 - \cos^2 x)\mathrm{d}\cos x + \frac{\pi^2}{2} = \frac{\pi^2}{2} - \frac{4}{9}.$$

评注 对坐标用曲线积分,当 $Q_x - P_y$ 较简单时,可考虑用格林公式.当曲线为封闭曲线时直接用格林公式;当曲线不是封闭曲线时补充简单曲线,成为封闭曲线后,再用格林公式,所谓简单曲线常常是平行于坐标轴的直线段.

例 12.8 为使 $\int_{AmB} F(x,y)(y\mathrm{d}x + x\mathrm{d}y)$ 与积分路径的形状无关,则可微分函数 $F(x,y)$ 应满足什么条件?

解 由于 $P = yF(x,y), Q = xF(x,y)$,故由格林公式知,所求的条件为:

$$\frac{\partial}{\partial x}[xF(x,y)] = \frac{\partial}{\partial y}[yF(x,y)],$$

即

$$xF_x(x,y) = yF_y(x,y).$$

例 12.9 设 $f(x)$ 在 $[1,4]$ 上具有连续的导数,且 $f(1) = f(4)$,其中,L 是由 $y = x, y = 4x, xy = 1, xy = 4$ 所围成区域 D 的正向边界,求 $I = \oint_L \frac{1}{y}f(xy)\mathrm{d}y$.

解 由格林公式得

$$I = \oint_L \frac{1}{y}f(xy)\mathrm{d}y = \iint\limits_D f'(xy)\mathrm{d}x\mathrm{d}y.$$

令 $u = \frac{y}{x}, v = xy$. $J = \dfrac{1}{\begin{vmatrix} -\dfrac{y}{x^2} & \dfrac{1}{x} \\ y & x \end{vmatrix}} = -\dfrac{x}{2y} = -\dfrac{1}{2u}$,

$$I = \oint_L \frac{1}{y}f(xy)\mathrm{d}y = \iint\limits_D f'(xy)\mathrm{d}x\mathrm{d}y = \int_1^4 \mathrm{d}u\int_1^4 f'(v)\frac{1}{2u}\mathrm{d}v$$

$$= \frac{1}{2}(\ln 4 - \ln 1)[f(4) - f(1)] = 0.$$

例 12.10 计算 $I = \oint_C \frac{x\mathrm{d}y - y\mathrm{d}x}{x^2 + y^2}$,其中 C 为依正方向进行而不经过坐标原点的简单封闭曲线.

解 令 $P = -\frac{y}{x^2+y^2}, Q = \frac{x}{x^2+y^2}$,易知,当 $(x,y) \neq (0,0)$ 时,恒有

$$\frac{\partial P}{\partial y} = \frac{\partial Q}{\partial x} = \frac{y^2 - x^2}{(x^2+y^2)^2}.$$

分两种情况讨论：

（1）坐标原点在围线 C 之外，这时，在由 C 围成的有界闭区域 S 上，P 与 Q 以及它们的偏导数都连续，故可用格林公式，得

$$I = \oint_C P\,\mathrm{d}x + Q\,\mathrm{d}y = \iint\limits_S \left(\frac{\partial Q}{\partial x} - \frac{\partial P}{\partial y}\right)\mathrm{d}x\mathrm{d}y = 0.$$

（2）围线 C 包围坐标原点，这时，由于 P,Q 在原点无定义，故不能直接对由 C 围成的区域应用格林公式，今取 $a > 0$ 充分小，使中心在原点半径为 a 的圆周 $La : x^2 + y^2 = a^2$ 完全位于围线 C 之内，用 Sa 表示界于 C 和 La 之间的环形闭区域．显然，在 Sa 上，P,Q 及其偏导数均连续，可用格林公式，得：

$$\left(\oint_C + \oint_{-La}\right)P\,\mathrm{d}x + Q\,\mathrm{d}y = \iint\limits_{Sa}\left(\frac{\partial Q}{\partial x} - \frac{\partial P}{\partial y}\right)\mathrm{d}x\mathrm{d}y = 0,$$

其中，$-La$ 表示沿 La 的负方向（即顺时针方向）．

于是，
$$I = \oint_C P\,\mathrm{d}x + Q\,\mathrm{d}y = \oint_{La} P\,\mathrm{d}x + Q\,\mathrm{d}y,$$

由参数方程 $x = a\cos t, y = a\sin t \quad (0 \leqslant t \leqslant 2\pi)$，即得：

$$I = \oint_{La} P\,\mathrm{d}x + Q\,\mathrm{d}y = \oint_{La} \frac{x\,\mathrm{d}y - y\,\mathrm{d}x}{x^2 + y^2}$$
$$= \frac{1}{a^2}\int_0^{2\pi}\left[(a\cos t)(a\cos t) - a\sin t(-a\sin t)\right]\mathrm{d}t = \int_0^{2\pi}\mathrm{d}t = 2\pi.$$

评注　注意格林公式的条件，当曲线所围成区域内有不连续点时，要在区域内作闭曲线将不连续点挖去．

例 12.11　计算积分 $\displaystyle\int_L \frac{\left(x - \frac{1}{2} - y\right)\mathrm{d}x + \left(x - \frac{1}{2} + y\right)\mathrm{d}y}{\left(x - \frac{1}{2}\right)^2 + y^2}$，其中 L 为由 $(0, -1)$ 到 $(0,1)$ 经过圆 $x^2 + y^2 = 1$ 右半部分的路径．

解　记 $P(x,y) = \dfrac{x - \frac{1}{2} - y}{\left(x - \frac{1}{2}\right)^2 + y^2}$，$Q(x,y) = \dfrac{x - \frac{1}{2} + y}{\left(x - \frac{1}{2}\right)^2 + y^2}$．

设 L_1 为由 $A(0, -1)$ 到 $B(1, -1)$，再到 $C(1,1)$，最后到 $D(0,1)$ 的折线段，因为 $P(x,y)$ 和 $Q(x,y)$ 在包含 L 和 L_1 的某个单连通闭区域 $\left[\text{不含点}\left(\frac{1}{2}, 0\right)\right]$ 上满足曲线积分与路径无关的条件，所以

$$\int_L \frac{\left(x - \frac{1}{2} - y\right)\mathrm{d}x + \left(x - \frac{1}{2} + y\right)\mathrm{d}y}{\left(x - \frac{1}{2}\right)^2 + y^2} = \int_{L_1} P(x,y)\mathrm{d}x + Q(x,y)\mathrm{d}y$$

$$= \int_{AB} P\,\mathrm{d}x + Q\,\mathrm{d}y + \int_{BC} P\,\mathrm{d}x + Q\,\mathrm{d}y + \int_{CD} P\,\mathrm{d}x + Q\,\mathrm{d}y$$

$$= \int_0^1 \frac{x + \frac{1}{2}}{\left(x - \frac{1}{2}\right)^2 + 1}\mathrm{d}x + \int_{-1}^1 \frac{\frac{1}{2} + y}{\frac{1}{4} + y^2}\mathrm{d}y + \int_1^0 \frac{x - \frac{3}{2}}{\left(x - \frac{1}{2}\right)^2 + 1}\mathrm{d}x$$

$$= \int_0^1 \frac{2}{\left(x - \frac{1}{2}\right)^2 + 1} \mathrm{d}x + \int_{-1}^1 \frac{2}{1 + (2y)^2} \mathrm{d}y + \int_{-1}^1 \frac{y}{\frac{1}{4} + y^2} \mathrm{d}y$$

$$= 4\arctan\frac{1}{2} + 2\arctan 2.$$

评注 选取积分路径须注意满足曲线积分与路径无关的条件. 如本题选择路径为沿 y 轴从 $(0, -1)$ 到 $(0, 1)$ 的线段 L_2, 积分非常简单, 但不能用, 因为会使奇点 $\left(\frac{1}{2}, 0\right)$ 属于包含 L 和 L_2 的单连通区域.

例 12.12 设函数 $f(x, y)$ 及它的二阶偏导数在全平面连续, 且 $f(0, 0) = 0$, $\left|\frac{\partial f}{\partial x}\right| \leqslant 2 \mid x - y \mid$, $\left|\frac{\partial f}{\partial y}\right| \leqslant 2 \mid x - y \mid$, 求证: $\mid f(5, 4) \mid \leqslant 1$.

证明 因 $\mathrm{d}f = \frac{\partial f}{\partial x}\mathrm{d}x + \frac{\partial f}{\partial y}\mathrm{d}y$, 因此曲线积分 $\int_L \frac{\partial f}{\partial x}\mathrm{d}x + \frac{\partial f}{\partial y}\mathrm{d}y$ 与路径无关, 设 $O(0, 0)$, $A(4, 4)$, $B(5, 4)$, 由条件 $\left|\frac{\partial f}{\partial x}\right| \leqslant 2 \mid x - y \mid$, $\left|\frac{\partial f}{\partial y}\right| \leqslant 2 \mid x - y \mid$, 在直线 $OA: y = x$ 上, $\frac{\partial f}{\partial x} = \frac{\partial f}{\partial y} = 0$, 所以

$$f(5, 4) - f(0, 0) = \int_{(0,0)}^{(5,4)} \mathrm{d}f(x, y) = \int_{(0,0)}^{(5,4)} \frac{\partial f}{\partial x}\mathrm{d}x + \frac{\partial f}{\partial y}\mathrm{d}y$$

$$= \int_{\overline{OA}} \frac{\partial f}{\partial x}\mathrm{d}x + \frac{\partial f}{\partial y}\mathrm{d}y + \int_{\overline{AB}} \frac{\partial f}{\partial x}\mathrm{d}x + \frac{\partial f}{\partial y}\mathrm{d}y = 0 + \int_4^5 \frac{\partial f(x, 4)}{\partial x}\mathrm{d}x,$$

而 $f(0, 0) = 0$, 故 $\mid f(5, 4) \mid = \left|\int_4^5 \frac{\partial f(x, 4)}{\partial x}\mathrm{d}x\right| \leqslant \int_4^5 2 \mid x - 4 \mid \mathrm{d}x = 1$.

评注 偏导数及曲线积分与路径无关的综合问题.

例 12.13 求下面全微分的原函数: $f(\sqrt{x^2 + y^2})x\mathrm{d}x + f(\sqrt{x^2 + y^2})y\mathrm{d}y$.

解 所求原函数为

$$u(x, y) = \int_{(0,0)}^{(x,y)} f(\sqrt{x^2 + y^2})x\mathrm{d}x + f(\sqrt{x^2 + y^2})y\mathrm{d}y + C$$

$$= \int_0^x f(\sqrt{x^2})x\mathrm{d}x + \int_0^y f(\sqrt{x^2 + y^2})y\mathrm{d}y + C$$

$$= \int_0^{x^2} \frac{1}{2} f(\sqrt{t})\mathrm{d}t + \int_{x^2}^{x^2+y^2} \frac{1}{2} f(\sqrt{t})\mathrm{d}t + C = \frac{1}{2} \int_0^{x^2+y^2} f(\sqrt{t})\mathrm{d}t + C.$$

例 12.14 验证 $\left(\frac{y}{x} + 2 \cdot \frac{x}{y}\right)\mathrm{d}x + \left(\ln x - \frac{x^2}{y^2}\right)\mathrm{d}y$, $(x > 0, y > 0)$ 为某个二元函数 $u(x, y)$ 的全微分, 并求 $u(x, y)$ 及 $\int_{(1,1)}^{(2,3)} \left(\frac{y}{x} + 2 \cdot \frac{x}{y}\right)\mathrm{d}x + \left(\ln x - \frac{x^2}{y^2}\right)\mathrm{d}y$.

解 $P(x, y) = \frac{y}{x} + 2 \cdot \frac{x}{y}$, $Q(x, y) = \ln x - \frac{x^2}{y^2}$, $\frac{\partial P}{\partial y} = \frac{1}{x} - \frac{2x}{y^2} = \frac{\partial Q}{\partial x}$, $x > 0, y > 0$.

所以 $\left(\frac{y}{x} + 2 \cdot \frac{x}{y}\right)\mathrm{d}x + \left(\ln x - \frac{x^2}{y^2}\right)\mathrm{d}y$ 为某个二元函数 $u(x, y)$ 的全微分.

方法一

用曲线积分求 $u(x,y)$：

$$u(x,y) = \int_{(1,1)}^{(x,y)} \left(\frac{y}{x} + 2 \cdot \frac{x}{y}\right)\mathrm{d}x + \left(\ln x - \frac{x^2}{y^2}\right)\mathrm{d}y + C_1$$

$$= \int_{(1,1)}^{(x,1)} \left(\frac{y}{x} + 2 \cdot \frac{x}{y}\right)\mathrm{d}x + \left(\ln x - \frac{x^2}{y^2}\right)\mathrm{d}y + \int_{(x,1)}^{(x,y)} \left(\frac{y}{x} + 2 \cdot \frac{x}{y}\right)\mathrm{d}x$$

$$+ \left(\ln x - \frac{x^2}{y^2}\right)\mathrm{d}y + C_1$$

$$= \int_1^x \left(\frac{1}{x} + 2x\right)\mathrm{d}x + \int_1^y \left(\ln x - \frac{x^2}{y^2}\right)\mathrm{d}y + C_1$$

$$= \ln x + x^2 - 1 + (y-1)\ln x + \frac{x^2}{y} - x^2 + C_1$$

$$= y\ln x + \frac{x^2}{y} - 1 + C_1,$$

所以 $\qquad\qquad u(x,y) = y\ln x + \frac{x^2}{y} + C$ （C 为任意常数）.

方法二

分项组合，凑微分求 $u(x,y)$：

$$\left(\frac{y}{x} + 2 \cdot \frac{x}{y}\right)\mathrm{d}x + \left(\ln x - \frac{x^2}{y^2}\right)\mathrm{d}y = \left[\frac{y}{x}\mathrm{d}x + \ln x\,\mathrm{d}y\right] + \left[2 \cdot \frac{x}{y}\mathrm{d}x - \frac{x^2}{y^2}\mathrm{d}y\right]$$

$$= \mathrm{d}(y\ln x) + \mathrm{d}\left(\frac{x^2}{y}\right) = \mathrm{d}\left(y\ln x + \frac{x^2}{y} + C\right)$$

所以 $\qquad\qquad u(x,y) = y\ln x + \frac{x^2}{y} + C$ （C 为任意常数）.

方法三

用不定积分求 $u(x,y)$

设 $\qquad\qquad \mathrm{d}u = \left(\frac{y}{x} + 2 \cdot \frac{x}{y}\right)\mathrm{d}x + \left(\ln x - \frac{x^2}{y^2}\right)\mathrm{d}y,$

即 $\qquad\qquad\qquad \frac{\partial u}{\partial x} = \frac{y}{x} + 2 \cdot \frac{x}{y},$ $\qquad\qquad\qquad$ (12.1)

$$\frac{\partial u}{\partial y} = \ln x - \frac{x^2}{y^2}, \qquad\qquad\qquad (12.2)$$

由 (12.1) 得 $\quad u(x,y) = \int \left(\frac{y}{x} + 2 \cdot \frac{x}{y}\right)\mathrm{d}x = y\ln x + \frac{x^2}{y} + C(y),$ $\quad$ (12.3)

由 (12.2) 得 $\quad u(x,y) = \int \left(\ln x - \frac{x^2}{y^2}\right)\mathrm{d}y = y\ln x + \frac{x^2}{y} + C(x).$ $\quad$ (12.4)

比较 (12.3)(12.4)，可知 $C(x) = C(y) = C$ （C 为任意常数），

所以 $u(x,y) = y\ln x + \frac{x^2}{y} + C$ （C 为任意常数）.

于是 $\int_{(1,1)}^{(2,3)} \left(\frac{y}{x} + 2 \cdot \frac{x}{y}\right)\mathrm{d}x + \left(\ln x - \frac{x^2}{y^2}\right)\mathrm{d}y = u(x,y)\Big|_{(1,1)}^{(2,3)} = u(2,3) - u(1,1) = 3\ln 2 + \frac{1}{3}.$

评注　要证 $P(x,y)\mathrm{d}x + Q(x,y)\mathrm{d}y$ 为某个二元函数 $u(x,y)$ 的全微分，只需证 $\frac{\partial P}{\partial y} = \frac{\partial Q}{\partial x}$.

例 12.15 设 $f(u)$ 为连续函数,L 为平面上逐段光滑的任意闭曲线,求证:

$$\oint_L f(x^2 + y^2)(x\mathrm{d}x + y\mathrm{d}y) = 0.$$

证明 令 $u = x^2 + y^2$,则 $\mathrm{d}u = 2(x\mathrm{d}x + y\mathrm{d}y)$,因 $f(u)$ 为连续函数,故 $F(u) = \int_0^u f(t)\mathrm{d}t$ 存在,且有 $\mathrm{d}F(u) = f(u)\mathrm{d}u = f(x^2 + y^2)2(x\mathrm{d}x + y\mathrm{d}y)$,即 $f(x^2 + y^2)(x\mathrm{d}x + y\mathrm{d}y) = \mathrm{d}\dfrac{F(u)}{2}$,所以 $\oint_L f(x^2 + y^2)(x\mathrm{d}x + y\mathrm{d}y) = 0$.

评注 如用这样的证明:因 $\dfrac{\partial Q}{\partial x} = 2xyf'(x^2 + y^2) = \dfrac{\partial P}{\partial y}$,所以 $\oint_L f(x^2 + y^2)(x\mathrm{d}x + y\mathrm{d}y) = 0$,是错误的. 因题中无 $f(u)$ 为可导函数的条件.

例 12.16 设 $P(x,y)$,$Q(x,y)$ 在全平面有连续偏导数,且对以任意点 (x_0, y_0) 为中心,以任意正数 r 为半径的上半圆 $L: x = x_0 + r\cos\theta, y = y_0 + r\sin\theta (0 \leqslant \theta \leqslant \pi)$,恒有 $\int_L P(x,y)\mathrm{d}x + Q(x,y)\mathrm{d}y = 0$. 求证:$P(x,y) \equiv 0, \dfrac{\partial Q(x,y)}{\partial x} \equiv 0$.

证明 设以任意点 (x_0, y_0) 为中心,以任意正数 r 为半径的上半圆的直径为 AB,上半圆盘为 D,则

$$\int_{AB} P(x,y)\mathrm{d}x + Q(x,y)\mathrm{d}y = \oint_{AB+L} P\mathrm{d}x + Q\mathrm{d}y - \int_L P\mathrm{d}x + Q\mathrm{d}y$$

$$= \oint_{AB+L} P\mathrm{d}x + Q\mathrm{d}y = \iint_D \left(\frac{\partial Q}{\partial x} - \frac{\partial P}{\partial y}\right)\mathrm{d}x\mathrm{d}y \quad (\text{二重积分积分中值定理})$$

$$= \left(\frac{\partial Q}{\partial x} - \frac{\partial P}{\partial y}\right)_{M_1} \iint_D \mathrm{d}x\mathrm{d}y = \left(\frac{\partial Q}{\partial x} - \frac{\partial P}{\partial y}\right)_{M_1} \frac{\pi r^2}{2},$$

其中,$M_1 \in D$ 为某一点,另一方面

$$\int_{AB} P(x,y)\mathrm{d}x + Q(x,y)\mathrm{d}y = \int_{x_0-r}^{x_0+r} P(x, y_0)\mathrm{d}x \quad (\text{积分中值定理})$$

$$= P(\xi, y_0) \cdot 2r, (x_0 - r < \xi < x_0 + r),$$

所以

$$\left(\frac{\partial Q}{\partial x} - \frac{\partial P}{\partial y}\right)_{M_1} \frac{\pi r^2}{2} = P(\xi, y_0) \cdot 2r,$$

即

$$\left(\frac{\partial Q}{\partial x} - \frac{\partial P}{\partial y}\right)_{M_1} \frac{\pi r}{2} = P(\xi, y_0) \cdot 2, \tag{12.5}$$

上式对任意 $r > 0$ 成立,令 $r \to 0$ 取极限,得 $P(x_0, y_0) = 0$,

由 (x_0, y_0) 的任意性,知 $P(x,y) \equiv 0$,

再由式(12.5)得,$\dfrac{\partial Q}{\partial x}\Big|_{M_1} = 0, r \to 0$ 取极限,$\dfrac{\partial Q}{\partial x}\Big|_{(x_0, y_0)} = 0$,

由 (x_0, y_0) 的任意性,知 $\dfrac{\partial Q}{\partial x} \equiv 0$.

例 12.17(浙江省 2003 年试题) 求 $\int_L \dfrac{y\mathrm{d}x - x\mathrm{d}y}{x^2 + y^2}$,其中 $L: \dfrac{(x-1)^2}{9} + y^2 = 1$ 的上半平面内部分,从点 $(-2,0)$ 到点 $(4,0)$.

解　设 $P=\dfrac{y}{x^2+y^2}$，$Q=\dfrac{-x}{x^2+y^2}$，因为 $\dfrac{\partial P}{\partial y}\equiv\dfrac{\partial Q}{\partial x}$，所以积分与路径无关，但 $(0,0)$ 为奇点，因此取折线路径，从点 $(-2,0)$ 到 $(-2,1)$，再到 $(4,1)$，再到 $(4,0)$，则有

$$\int_L\frac{y\mathrm{d}x-x\mathrm{d}y}{x^2+y^2}=\int_0^1\frac{2}{4+y^2}\mathrm{d}y+\int_{-2}^4\frac{1}{1+x^2}\mathrm{d}x+\int_1^0\frac{-4}{16+y^2}\mathrm{d}y=\pi.$$

评注　格林公式的应用，易忽略奇点的存在，注意奇点存在时的处理方法.

例 12.18（浙江省 2004 年试题）　设椭圆 $\dfrac{x^2}{4}+\dfrac{y^2}{9}=1$ 在 $A\left(1,\dfrac{3\sqrt3}{2}\right)$ 点的切线交 y 轴于 B 点，

设 l 为从 A 点到 B 点的直线段，试计算 $\displaystyle\int_l\left(\dfrac{\sin y}{x+1}-\sqrt3\,y\right)\mathrm{d}x+[\cos y\cdot\ln(x+1)+2\sqrt3\,x-\sqrt3]\mathrm{d}y.$

解　方程两边对 x 求导得：$\dfrac{2x}{4}+\dfrac{2y\cdot y'}{9}=0,$

$y'=-\dfrac{9x}{4y}$，　$k_A=-\dfrac{3}{2\sqrt3}$，所以切线方程为

$y-\dfrac{3\sqrt3}{2}=-\dfrac{3}{2\sqrt3}(x-1)$，所以 B 点坐标为：$(0,2\sqrt3)$.

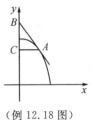

（例 12.18 图）

取 C 点 $\left(0,\dfrac{3\sqrt3}{2}\right)$，连接 CA（如图），有：$\displaystyle\int_l=\oint_{l+\overline{BC}+\overline{CA}}-\int_{\overline{BC}}-\int_{\overline{CA}}$，由格林公式得

$$\oint_{l+\overline{BC}+\overline{CA}}=\iint_D\left[\frac{\cos y}{x+1}+2\sqrt3-\frac{\cos y}{x+1}+\sqrt3\right]\mathrm{d}\sigma=\iint_D 3\sqrt3\,\mathrm{d}\sigma=3\sqrt3\cdot\frac{1}{2}\cdot1\cdot\frac{\sqrt3}{2}=\frac{9}{4},$$

$$\int_{\overline{BC}}=\int_{2\sqrt3}^{\frac{3\sqrt3}{2}}(-\sqrt3)\mathrm{d}y=\frac{3}{2},\quad\int_{\overline{CA}}=\int_0^1\left(\frac{\sin\frac{3\sqrt3}{2}}{x+1}-\sqrt3\cdot\frac{3\sqrt3}{2}\right)\mathrm{d}x=\sin\frac{3\sqrt3}{2}\cdot\ln2-\frac{9}{2},$$

所以所求积分 $\displaystyle\int_l=\frac{9}{4}-\frac{3}{2}-\sin\frac{3\sqrt3}{2}\cdot\ln2+\frac{9}{2}=\frac{21}{4}-\sin\frac{3\sqrt3}{2}\cdot\ln2.$

评注　求出 B 点坐标后，观察被积函数的结构，发现可以应用格林公式，使得计算得以实现.

例 12.19（浙江省 2005 年试题）　计算 $\displaystyle\oint_l\frac{y\mathrm{d}x-x\mathrm{d}y}{3x^2-2xy+3y^2}$，其中 l 为 $|x|+|y|=1$ 沿正向一周.

解　因为被积函数只有一奇点 $(0,0)$，所以由形变原理（$x=\cos\theta,y=\sin\theta$）

$$原积分=\oint_{x^2+y^2=1}\frac{y\mathrm{d}x-x\mathrm{d}y}{3x^2-2xy+3y^2}=\int_0^{2\pi}-\frac{\mathrm{d}\theta}{3-\sin2\theta}$$

$$=-\int_0^{2\pi}\frac{\mathrm{d}\theta}{2+(\cos\theta-\sin\theta)^2}=-\int_0^{2\pi}\frac{\mathrm{d}\theta}{2+2\sin^2\left(\theta-\frac{\pi}{4}\right)}=-\frac{1}{2}\int_0^{2\pi}\frac{\mathrm{d}\theta}{1+\sin^2\theta}$$

$$=-2\int_0^{\frac{\pi}{2}}\frac{\mathrm{d}\theta}{1+\sin^2\theta}\xrightarrow{\text{令 }\tan\theta=t}-2\int_0^{+\infty}\frac{\mathrm{d}t}{1+2t^2}=-\frac{\sqrt2}{2}\pi.$$

评注　格林公式在应用时，注意条件，奇点存在时考虑闭曲线将其除去.

例 12.20(浙江省 2008 年试题)　已知 $\int_0^2 \sin(x^2)\mathrm{d}x = a$，求 $\iint\limits_{D}\sin(x-y)^2\mathrm{d}x\mathrm{d}y$，其中 $D = \{(x,y) \mid |x| \leqslant 1, |y| \leqslant 1\}$.

解　$\displaystyle\iint\limits_{D}\sin(x-y)^2\mathrm{d}x\mathrm{d}y = \oint\limits_{\partial D} -y\sin(x-y)^2\mathrm{d}x + y\sin(x-y)^2\mathrm{d}y$

$\displaystyle = \int_{-1}^1 y\sin(1-y)^2\mathrm{d}y + \int_1^{-1}y\sin(-1-y)^2\mathrm{d}y + \int_{-1}^1\sin(x+1)^2\mathrm{d}x - \int_1^{-1}\sin(x-1)^2\mathrm{d}x$

$\displaystyle = 2\int_{-1}^1 y\sin(1-y)^2\mathrm{d}y + 2\int_{-1}^1\sin(x+1)^2\mathrm{d}x$

$\displaystyle = 2\int_{-1}^1(y-1)\sin(1-y)^2\mathrm{d}y + 4\int_{-1}^1\sin(x+1)^2\mathrm{d}x = 4a + \cos 4 - 1.$

评注　计算二重积分时经常会用到格林公式，要熟悉他的应用条件.

例 12.21(浙江省 2008 年试题)　设曲线 $L: \begin{cases} z = \sqrt{4a^2-x^2-y^2} \\ x^2+y^2 = 2ax \end{cases}(a>0)$ 在 yOz 平面上的投影曲线为 Γ_{yz}，计算 $\displaystyle\int\limits_{\Gamma_{yz}}\left(\frac{4a^2-z^2}{2a}\cdot y^2 + y^2z^2\right)\mathrm{d}y + \left(\frac{2}{3}y^3z + \mathrm{e}^z\sin z\right)\mathrm{d}z.$

解　记曲面 $z = \sqrt{4a^2-x^2-y^2}$ 被 $x^2+y^2=2ax$ 所截部分为 S，S 在 yOz 平面投影为 σ_{yz}，在 xOy 平面上投影为 σ_{xy}，

则原积分 $\displaystyle= \iint\limits_{\sigma_{yz}}\frac{z}{a}y^2\mathrm{d}y\mathrm{d}z = \iint\limits_{S}\frac{xz}{2a^2}y^2\mathrm{d}S = \iint\limits_{\sigma_{xy}}\frac{x}{a}y^2\mathrm{d}x\mathrm{d}y$

$\displaystyle = \frac{1}{a}\int_0^a\mathrm{d}r\int_0^{2\pi}(a+r\cos\theta)r^2\sin^2\theta r\mathrm{d}\theta = \frac{1}{a}\int_0^a ar^3\pi\mathrm{d}r = \frac{\pi}{4}a^4.$

评注　格林公式的应用，将曲线积分化为二重积分来计算，再根据被积函数的特征利用极坐标变换得到结果.

例 12.22(浙江省 2009 年试题)　设 f 导函数连续，$R(x,y,z) = \displaystyle\int_0^{x^2+y^2}f(z-t)\mathrm{d}t$，曲面 S 为 $z = x^2+y^2$ 被 $y+z=1$ 所截的下面部分，内侧，L 为 S 的正向边界，求

$$\oint\limits_{L}2xzf(z-x^2-y^2)\mathrm{d}x + [x^3+2yzf(z-x^2-y^2)]\mathrm{d}y + R(x,y,z)\mathrm{d}z.$$

解　因为在 L 上 $z = x^2+y^2$，

$R(x,y,z) = \displaystyle\int_0^{x^2+y^2}f(z-t)\mathrm{d}t = -\int_z^{z-x^2-y^2}f(t)\mathrm{d}t = \int_0^z f(t)\mathrm{d}t,$

原积分 $\displaystyle= \oint\limits_{L}2xzf(0)\mathrm{d}x + [x^3+2yzf(0)]\mathrm{d}y + \left[\int_0^z f(t)\mathrm{d}t\right]\mathrm{d}z$

$\displaystyle = \oint\limits_{L}f(0)(x^2+y^2)[2x\mathrm{d}x+2y\mathrm{d}y] + x^3\mathrm{d}y = \oint\limits_{L}x^3\mathrm{d}y = \iint\limits_{S}3x^2\mathrm{d}x\mathrm{d}y$

$\displaystyle = \iint\limits_{x^2+y^2\leqslant 1-y}3x^2\mathrm{d}x\mathrm{d}y = 3\int_0^{\frac{\sqrt{5}}{2}}r^3\mathrm{d}r\int_0^{2\pi}\cos^2\theta\mathrm{d}\theta = \frac{3}{4}\left(\frac{5}{4}\right)^2\cdot\pi.$

评注　本题关键要看清 L 和被积函数的结构，能化简的先化简，要看到 R 可化为 z 的变上限函数，再利用格林公式计算，注意条件，值为零的及时给出，不能为零的为二重积分，适

合用极坐标求解.

例 12.23（浙江省 2006 年试题） 计算 $\displaystyle\int_C xy \mathrm{d}s$，其中 C 是球面 $x^2 + y^2 + z^2 = R^2$ 与平面 $x + y + z = 0$ 的交线.

解 因为曲线 C 方程中的变量 x, y, z 具有轮换对称性，故有

$$\int_C xy \mathrm{d}s = \int_C xz \mathrm{d}s = \int_C yz \mathrm{d}s = \frac{1}{3}\int_C (xy + xz + yz) \mathrm{d}s$$

$$= \frac{1}{6}\int_C [(x + y + z)^2 - (x^2 + y^2 + z^2)] \mathrm{d}s = -\frac{1}{6}R^2 \cdot 2\pi R,$$

因此原积分 $= -\dfrac{\pi}{3}R^3$.

评注 根据被积函数的特点发现对称性，从而使计算变得简单.

练习题

1. 设 L 是顺时针方向的椭圆 $\dfrac{x^2}{4} + y^2 = 1$，其周长为 l，求 $\displaystyle\oint_L (xy + x^2 + 4y^2) \mathrm{d}s$.

2. 已知曲线 $L: y = x^2 (0 \leqslant x \leqslant \sqrt{2})$，求 $\displaystyle\int_L x \mathrm{d}s$.

3. 计算 $\displaystyle\int_L \sin 2x \mathrm{d}x + 2(x^2 - 1)y \mathrm{d}y$，其中 L 是 $y = \sin x$ 上从点 $(0, 0)$ 到 $(\pi, 0)$ 的一段.

4. 在 xOy 平面上给定三点 $O(0, 0), A\left(\dfrac{\pi}{2}, 0\right), B\left(\dfrac{\pi}{2}, \dfrac{\pi}{2}\right)$，$L$ 是由 $\triangle AOB$ 的三边组成的一条封闭曲线，求 $\displaystyle\int_L x \sin y \mathrm{d}s$.

5. 设 $f(x)$ 在 $(-\infty, +\infty)$ 内具有连续导数，求积分 $\displaystyle\int_C \frac{1 + y^2 f(xy)}{y} \mathrm{d}x + \frac{x}{y^2}[y^2 f(xy) - 1] \mathrm{d}y$，其中 C 是从 $A\left(3, \dfrac{2}{3}\right)$ 到 $B(1, 2)$ 的直线段.

6. 计算 $\displaystyle\int_{L_+} y \mathrm{d}x - (x^2 + y^2 + z^2) \mathrm{d}z$，$L_+$ 是曲线 $\begin{cases} x^2 + y^2 = 1, \\ z = 2x + 4, \end{cases}$ 在第一卦限中的部分，从点 $(0, 1, 4)$ 到 $(1, 0, 6)$.

7. 计算 $\displaystyle\oint_L (y^2 - z^2) \mathrm{d}x + (2z^2 - x^2) \mathrm{d}y + (3x^2 - y^2) \mathrm{d}z$，其中 L 是 $x + y + z = 2$ 与 $|x| + |y| = 1$ 的交线，从 z 轴正向看去，L 为逆时针方向.

8. 设 $u(x, y), v(x, y)$ 在全平面内有连续的一阶偏导数，且满足 $\dfrac{\partial u}{\partial x} = \dfrac{\partial v}{\partial y}, \dfrac{\partial u}{\partial y} = -\dfrac{\partial v}{\partial x}$，记 C 为包围原点的正向简单闭曲线，计算 $\displaystyle\oint_C \frac{(xv - yu) \mathrm{d}x + (xu + yv) \mathrm{d}y}{x^2 + y^2}$.

9. 设 $f(x, y)$ 在 $D: x^2 + y^2 \leqslant 1$ 上有二阶连续偏导数，且 $\dfrac{\partial^2 f}{\partial x^2} + \dfrac{\partial^2 f}{\partial y^2} = \mathrm{e}^{-(x^2 + y^2)}$，证明

$$\iint_D \left(x \frac{\partial f}{\partial x} + y \frac{\partial f}{\partial y}\right) \mathrm{d}x \mathrm{d}y = \frac{\pi}{2\mathrm{e}}.$$

10. 设 L 是不经过点 $(2,0),(-2,0)$ 的分段光滑的简单闭曲线,试就 L 的不同情形计算积分:

$$I = \oint_L \left[\frac{y}{(2-x)^2+y^2} + \frac{y}{(2+x)^2+y^2} \right] dx + \left[\frac{2-x}{(2-x)^2+y^2} - \frac{2+x}{(2+x)^2+y^2} \right] dy$$

(L 取正向).

11. 设 $f(x),g(x)$ 具有二阶连续导数,曲线积分 $\oint_C [y^2 f(x) + 2ye^x + 2yg(x)]dx + 2[yg(x) + f(x)]dy = 0$,其中 C 为平面上任一简单封闭曲线.

(1) 求 $f(x),g(x)$ 使 $f(0) = g(0) = 0$;

(2) 计算沿任一条曲线从 $(0,0)$ 到 $(1,1)$ 的积分.

12. 设曲线 C 为 $y = \sin x, x \in [0, \pi]$,试证 $\dfrac{3\sqrt{2}}{8}\pi^2 \leqslant \displaystyle\int_C x\,ds \leqslant \dfrac{\sqrt{2}}{2}\pi^2$.

13. 设 $f(x)$ 在 $(-\infty, +\infty)$ 内具有一阶连续导数,L 是上半平面 $(y > 0)$ 内的有向分段光滑曲线,起点为 (a,b),终点为 (c,d),记

$$I = \int_L \frac{1}{y}[1 + y^2 f(xy)]dx + \frac{x}{y^2}[y^2 f(xy) - 1]dy.$$

(1) 证明曲线积分 I 与路径无关;

(2) 当 $ab = cd$ 时,求 I 的值.

14. 设 $f(x,y)$ 在 $\mathbf{R}^2$ 一阶连续可导,曲线积分 $\displaystyle\int_L 2xy\,dx + f(x,y)dy$ 与路径无关,且对任意 t 恒有

$$\int_{(0,0)}^{(t,1)} 2xy\,dx + f(x,y)dy = \int_{(0,0)}^{(1,t)} 2xy\,dx + f(x,y)dy.$$

求 $f(x,y)$ 的表达式.

15. 已知 $\displaystyle\oint_L \frac{1}{f(x) + y^2}(x\,dy - y\,dx) = A$,其中 $f \in C'$,$f(1) = 1$,L 是绕原点一周的任意正向闭曲线,试求 $f(x)$ 及 A.

第十三讲　曲面积分

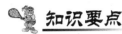 **知识要点**

一、第一型曲面积分

若 S 为分片光滑的双面曲面 $x = x(u,v), y = y(u,v), z = z(u,v), (u,v) \in D$, 而 $f(x,y,z)$ 为在曲面 S 上的各点上有定义且是连续的函数,则

$$\iint_S f(x,y,z)\mathrm{d}S = \iint_D f(x(u,v),y(u,v),z(u,v)) \sqrt{EG - F^2}\,\mathrm{d}u\mathrm{d}v,$$

其中　　　　$E = x_u^2 + y_u^2 + z_u^2, F = x_u x_v + y_u y_v + z_u z_v, G = x_v^2 + y_v^2 + z_v^2.$

特别情形,设有光滑曲面 $S: z = z(z,y), (x,y) \in D, f(x,y,z)$ 为 S 上的连续函数,则

$$\iint_S f(x,y,z)\mathrm{d}S = \iint_D f(x,y,z(x,y)) \sqrt{1 + z_x^2 + z_y^2}\,\mathrm{d}x\mathrm{d}y.$$

二、第二型曲面积分

若 S 为光滑的双面曲面;S^+ 为它的正面,由法线的方向 $\boldsymbol{n} = \{\cos\alpha, \cos\beta, \cos\gamma\}$ 所确定的一面,当 $P(x,y,z), Q(x,y,z), R(x,y,z)$ 在曲面 S 上有定义且连续时,则

$$\iint_{S^+} P\mathrm{d}y\mathrm{d}z + Q\mathrm{d}x\mathrm{d}z + R\mathrm{d}x\mathrm{d}y = \iint_S (P\cos\alpha + Q\cos\beta + R\cos\gamma)\mathrm{d}S.$$

特别情形,设 $R(x,y,z)$ 是定义在光滑曲面

$$S: z = z(x,y), (x,y) \in D_{xy}$$

上的连续函数,以 S 的上侧为正侧(即 $\cos(\boldsymbol{n},z) > 0$),则有

$$\iint_S R(x,y,z)\mathrm{d}x\mathrm{d}y = \iint_{D_{xy}} R(x,y,z(x,y))\mathrm{d}x\mathrm{d}y.$$

三、高斯公式与斯托克斯公式

1. 高斯公式:设空间区域 V 由分片光滑的双侧封闭曲面 S 围成. 若函数 P, Q, R 在 V 上连续,且有连续的一阶偏导数,则

$$\iiint_V \left(\frac{\partial P}{\partial x} + \frac{\partial Q}{\partial y} + \frac{\partial R}{\partial z}\right)\mathrm{d}x\mathrm{d}y\mathrm{d}z = \oiint_S P\mathrm{d}y\mathrm{d}z + Q\mathrm{d}z\mathrm{d}x + R\mathrm{d}x\mathrm{d}y,$$

其中 S 取外侧.

2. 斯托克斯公式:设光滑曲面 S 的边界 L 是分段光滑的连续曲线. 若函数 $P(x,y,z)$, $Q(x,y,z)$ 和 $R(x,y,z)$ 在 S(连同 L)上连续,且有一阶连续的偏导数,则

$$\iint_S \left(\frac{\partial R}{\partial y} - \frac{\partial Q}{\partial z}\right)\mathrm{d}y\mathrm{d}z + \left(\frac{\partial P}{\partial z} - \frac{\partial R}{\partial x}\right)\mathrm{d}z\mathrm{d}x + \left(\frac{\partial Q}{\partial x} - \frac{\partial P}{\partial y}\right)\mathrm{d}x\mathrm{d}y = \oint_L P\mathrm{d}x + Q\mathrm{d}y + R\mathrm{d}z,$$

其中 S 的侧与 L 的方向按右手法则确定.

也记为
$$\iint\limits_{S}\begin{vmatrix}\dfrac{\partial}{\partial x}&\dfrac{\partial}{\partial y}&\dfrac{\partial}{\partial z}\\[2mm]P&Q&R\\[2mm]\mathrm{d}y\mathrm{d}z&\mathrm{d}z\mathrm{d}x&\mathrm{d}x\mathrm{d}y\end{vmatrix}=\oint_{L}P\mathrm{d}x+Q\mathrm{d}y+R\mathrm{d}z.$$

注 右手螺旋法则,即当人站在曲面的正侧上,沿边界曲线 L 行走时,若曲面在左侧,则把人的前进方向定为 L 的正向.

3. 空间曲线上第二型曲线积分与路径无关性:

设 $\Omega \subset \mathbf{R}^3$ 为空间单连通区域. 若函数 $P(x,y,z),Q(x,y,z)$ 和 $R(x,y,z)$ 在 Ω 上连续,且有一阶连续的偏导数,则以下四个条件等价:

（ⅰ）对于 Ω 内任一按段光滑的封闭曲线 L,有 $\oint_L P\mathrm{d}x+Q\mathrm{d}y+R\mathrm{d}z=0$;

（ⅱ）对于 Ω 内任一按段光滑的封闭曲线 L,曲线积分 $\int_L P\mathrm{d}x+Q\mathrm{d}y+R\mathrm{d}z$ 与路径无关;

（ⅲ）$P\mathrm{d}x+Q\mathrm{d}y+R\mathrm{d}z$ 是 Ω 内某一函数 u 的全微分;

（ⅳ）$\dfrac{\partial P}{\partial y}=\dfrac{\partial Q}{\partial x},\dfrac{\partial Q}{\partial z}=\dfrac{\partial R}{\partial y},\dfrac{\partial R}{\partial x}=\dfrac{\partial P}{\partial z}$ 在 Ω 内处处成立.

例题分析

例 13.1 计算曲面积分 $\iint\limits_{S}(y^2+z^2)\mathrm{d}S$, S:球面 $x^2+y^2+z^2=a^2$.

解 方法一

记 $S_1=z=\sqrt{a^2-x^2-y^2},x^2+y^2\leqslant a^2,S_2=z=-\sqrt{a^2-x^2-y^2},x^2+y^2\leqslant a^2$.

$$\iint\limits_{S}(y^2+z^2)\mathrm{d}S=\iint\limits_{S_1}(y^2+z^2)\mathrm{d}S+\iint\limits_{S_2}(y^2+z^2)\mathrm{d}S$$
$$=2\iint\limits_{x^2+y^2\leqslant a^2,}\frac{a(a^2-x^2)}{\sqrt{a^2-x^2-y^2}}\mathrm{d}x\mathrm{d}y,$$

极坐标变换

$$\iint\limits_{x^2+y^2\leqslant a^2}\frac{a^2-x^2}{\sqrt{a^2-x^2-y^2}}\mathrm{d}x\mathrm{d}y=\iint\limits_{[0,a]\times[0,2\pi]}\frac{a^2-r^2\cos^2\theta}{\sqrt{a^2-r^2}}r\mathrm{d}r\mathrm{d}\theta$$
$$=\int_0^a\mathrm{d}r\int_0^{2\pi}\frac{r}{2\sqrt{a^2-r^2}}(2a^2-r^2-r^2\cos2\theta)\mathrm{d}\theta$$
$$=\int_0^a\frac{\pi(2a^2-r^2)}{\sqrt{a^2-r^2}}\cdot r\mathrm{d}r$$
$$=\frac{\pi}{2}\int_0^{a^2}\left(\frac{a^2}{\sqrt{a^2-t}}+\sqrt{a^2-t}\right)\mathrm{d}t \quad(\text{令}\ t=r^2)$$
$$=\frac{4}{3}\pi a^3,$$

故原式 $=\dfrac{8}{3}\pi a^4$.

方法二

参数方程：$x = a\sin\varphi\cos\theta, y = a\sin\varphi\sin\theta, z = a\cos\varphi, (\varphi, \theta) = [0, \pi] \times [0, 2\pi]$.

$E = x_\varphi^2 + y_\varphi^2 + z_\varphi^2 = a^2, F = x_\varphi x_\theta + y_\varphi y_\theta + z_\varphi z_\theta = 0,$

$G = x_\theta^2 + y_\theta^2 + z_\theta^2 = a^2\sin^2\varphi.$

$$\iint\limits_S (y^2 + z^2)\mathrm{d}s = \iint\limits_D (a^2\sin^2\varphi\sin^2\theta + a^2\cos^2\varphi)\sqrt{EG - F^2}\,\mathrm{d}\varphi\mathrm{d}\theta$$

$$= \int_0^{2\pi}\mathrm{d}\theta\int_0^\pi a^4(\sin^2\varphi\sin^2\theta + \cos^2\varphi)\sin\varphi\mathrm{d}\varphi$$

$$= \int_0^{2\pi}\mathrm{d}\theta\int_0^\pi a^4(\sin^2\theta + \cos^2\theta\cos^2\varphi)\sin\varphi\mathrm{d}\varphi$$

$$= 2a^4\int_0^{2\pi}\left(\sin^2\theta + \frac{1}{3}\cos^2\theta\right)\mathrm{d}\theta = \frac{8}{3}\pi a^4.$$

方法三

令 $f(x, y, z) = x^2, g(x, y, z) = y^2, (x, y, z) \in S$. 因 S 关于平面 $y = x$ 对称，且在对称点 (x, y, z) 与 $(y, x, z) \in S$ 处有 $f(x, y, z) = g(y, x, z)$，故

$$\iint\limits_S f(x, y, z)\mathrm{d}S = \iint\limits_S g(x, y, z)\mathrm{d}S, \quad 即 \iint\limits_S x^2\mathrm{d}S = \iint\limits_S y^2\mathrm{d}S,$$

类似地，$\iint\limits_S x^2\mathrm{d}S = \iint\limits_S z^2\mathrm{d}S.$

因此，$\iint\limits_S (y^2 + z^2)\mathrm{d}S = \frac{2}{3}\iint\limits_S (x^2 + y^2 + z^2)\mathrm{d}S = \frac{2}{3}a^2\iint\limits_S \mathrm{d}S = \frac{2}{3}a^2 \cdot 4\pi a^2 = \frac{8}{3}\pi a^4.$

评注 利用奇偶对称性，轮换对称性，或曲面方程及曲面积分的几何意义均可简化计算.

例 13.2 计算积分 $F(t) = \iint\limits_{x^2 + y^2 + z^2 = t^2} f(x, y, z)\mathrm{d}S,$

式中，$f(x, y, z) = \begin{cases} x^2 + y^2, & 若 z \geqslant \sqrt{x^2 + y^2}; \\ 0, & 若 z < \sqrt{x^2 + y^2}. \end{cases}$

解 方法一

由球面方程 $x^2 + y^2 + z^2 = t^2$ 知 $\dfrac{\partial z}{\partial x} = \dfrac{-x}{\sqrt{t^2 - x^2 - y^2}}, \dfrac{\partial z}{\partial y} = \dfrac{-y}{\sqrt{t^2 - x^2 - y^2}},$

$$\sqrt{1 + \left(\frac{\partial z}{\partial x}\right)^2 + \left(\frac{\partial z}{\partial y}\right)^2} = \frac{|t|}{\sqrt{t^2 - (x^2 + y^2)}}.$$

而由 $\begin{cases} x^2 + y^2 + z^2 = t^2 \\ z^2 = x^2 + y^2 \end{cases}$，可得 $x^2 + y^2 = \dfrac{t^2}{2} = \left(\dfrac{t}{\sqrt{2}}\right)^2.$

于是，积分

$$F(t) = \iint\limits_{x^2 + y^2 \leqslant \left(\frac{t}{\sqrt{2}}\right)^2} (x^2 + y^2) \cdot \frac{|t|}{\sqrt{t^2 - (x^2 + y^2)}}\mathrm{d}x\mathrm{d}y = |t|\int_0^{2\pi}\int_0^{\frac{|t|}{\sqrt{2}}} \frac{r^3}{\sqrt{t^2 - r^2}}\mathrm{d}r\mathrm{d}\varphi.$$

因为，$\int \dfrac{r^3}{\sqrt{t^2 - r^2}}\mathrm{d}r = \dfrac{1}{2}\int \dfrac{t^2 - r^2 - t^2}{\sqrt{t^2 - r^2}}\mathrm{d}(t^2 - r^2) = \dfrac{1}{3}(t^2 - r^2)^{\frac{3}{2}} - t^2\sqrt{t^2 - r^2} + C,$

所以，$\int_0^{\frac{|t|}{\sqrt{2}}} \frac{r^3}{\sqrt{t^2-r^2}}\mathrm{d}r = \left[\frac{1}{3}(t^2-r^2)^{\frac{3}{2}} - t^2\sqrt{t^2-r^2}\right]\Big|_0^{\frac{|t|}{\sqrt{2}}} = \frac{8-5\sqrt{2}}{12}|t|^3$，

则 $F(t) = |t|\int_0^{2\pi} \frac{8-5\sqrt{2}}{12}|t|^3\mathrm{d}\varphi = \frac{(8-5\sqrt{2})}{6}\pi t^4$.

方法二

记 $\Omega_t = \{(x,y,z) \mid x^2+y^2+z^2=t^2\} \cap \{(x,y,z) \mid z \geqslant \sqrt{x^2+y^2}\}$，

$\Omega_t' = \{(x,y,z) \mid x^2+y^2+z^2=t^2\} \cap \{(x,y,z) \mid z < \sqrt{x^2+y^2}\}$，

Ω_t 在 xy 坐标平面上投影为：$D_t: x^2+y^2 \leqslant \left(\frac{t}{\sqrt{2}}\right)^2$.

由 $x^2+y^2+z^2=t^2$ 得 $\Omega_t: z = \sqrt{t^2-x^2-y^2}$，$(x,y) \in D_t$.

参数方程为：$x = t\sin\varphi\cos\theta, y = t\sin\varphi\sin\theta, z = t\cos\varphi, (\varphi,\theta) \in D = \left[0, \frac{\pi}{4}\right] \times [0, 2\pi]$.

则 $F(t) = \iint\limits_{\Omega_t} f(x,y,z)\mathrm{d}S + \iint\limits_{\Omega_t'} f(x,y,z)\mathrm{d}S = \iint\limits_{\Omega_t}(x^2+y^2)\mathrm{d}S$

$= \int_0^{2\pi}\mathrm{d}\varphi\int_0^{\frac{\pi}{4}} t^4\sin^3\theta\mathrm{d}\theta = \frac{8-5\sqrt{2}}{6}\pi t^4$.

例 13.3 设 Σ 为椭球面 $x^2+y^2+2z^2=2$ 的上半部分，点 $P(x,y,z) \in \Sigma$，Π 为在点 P 处的切平面，$d(x,y,z)$ 为点 $O(0,0,0)$ 到平面 Π 的距离，求 $\iint\limits_{\Sigma} \frac{z}{d(x,y,z)}\mathrm{d}S$.

解 椭球面在点 $P(x,y,z)$ 的切平面方程为：
$$x(X-x) + y(Y-y) + 2z(Z-z) = 0,$$
利用 $P(x,y,z) \in \Sigma$ 化简平面方程：$xX + yY + 2zZ - 2 = 0$，

$O(0,0,0)$ 到平面 Π 的距离为：$d(x,y,z) = \frac{2}{\sqrt{x^2+y^2+4z^2}} = \frac{2}{\sqrt{4-x^2-y^2}}$.

椭球面方程两边求微分，$x\mathrm{d}x + y\mathrm{d}y + 2z\mathrm{d}z = 0$，
$$\mathrm{d}z = -\frac{x}{2z}\mathrm{d}x - \frac{y}{2z}\mathrm{d}y, \text{所以}\frac{\partial z}{\partial x} = -\frac{x}{2z}, \frac{\partial z}{\partial y} = -\frac{y}{2z},$$

$$\mathrm{d}S = \sqrt{1 + \left(\frac{x}{2z}\right)^2 + \left(\frac{y}{2z}\right)^2}\mathrm{d}x\mathrm{d}y = \frac{\sqrt{x^2+y^2+4z^2}}{2z}\mathrm{d}x\mathrm{d}y$$

$$= \frac{\sqrt{4-x^2-y^2}}{2z}\mathrm{d}x\mathrm{d}y \quad (z \geqslant 0).$$

所以 $\iint\limits_{\Sigma}\frac{z}{d(x,y,z)}\mathrm{d}S = \iint\limits_{x^2+y^2\leqslant 2} \frac{z \cdot \sqrt{4-x^2-y^2}}{2} \cdot \frac{\sqrt{4-x^2-y^2}}{2z}\mathrm{d}x\mathrm{d}y$

$$= \frac{1}{4}\iint\limits_{x^2+y^2\leqslant 2}(4-x^2-y^2)\mathrm{d}x\mathrm{d}y = \frac{1}{4}\int_0^{2\pi}\mathrm{d}\theta\int_0^{\sqrt{2}}(4-r^2)r\mathrm{d}r = \frac{3}{2}\pi.$$

例 13.4 计算 $\iint\limits_S x^2\mathrm{d}y\mathrm{d}z + y^2\mathrm{d}x\mathrm{d}z + z^2\mathrm{d}x\mathrm{d}y$，式中 S 为球壳 $(x-a)^2+(y-b)^2+(z-c)^2 = R^2$ 的外表面.

解　由对称性，只需计算 $\iint\limits_{S} z^2 \mathrm{d}x\mathrm{d}y$.

$z - c = \pm \sqrt{R^2 - (x-a)^2 - (y-b)^2}$，由极坐标得

$$\iint\limits_{S} z^2 \mathrm{d}x\mathrm{d}y = \iint\limits_{(x-a)^2+(y-b)^2 \leqslant R^2} \left[c + \sqrt{R^2 - (x-a)^2 - (y-b)^2} \right]^2 \mathrm{d}x\mathrm{d}y$$

$$- \iint\limits_{(x-a)^2+(y-b)^2 \leqslant R^2} \left[c - \sqrt{R^2 - (x-a)^2 - (y-b)^2} \right]^2 \mathrm{d}x\mathrm{d}y$$

$$= 4c \iint\limits_{(x-a)^2+(y-b)^2 \leqslant R^2} \sqrt{R^2 - (x-a)^2 - (y-b)^2} \, \mathrm{d}x\mathrm{d}y$$

$$= 4c \int_0^{2\pi} \mathrm{d}\varphi \int_0^R \sqrt{R^2 - r^2} \, r \mathrm{d}r$$

$$= 8\pi c \left[-\frac{1}{3}(R^2 - r^2)^{\frac{3}{2}} \right] \Big|_0^R = \frac{8}{3}\pi R^3 c,$$

则 $\iint\limits_{S} x^2 \mathrm{d}y\mathrm{d}z + y^2 \mathrm{d}x\mathrm{d}z + z^2 \mathrm{d}x\mathrm{d}y = \frac{8}{3}\pi R^3 (a + b + c)$.

评注　注意利用奇偶对称性及轮换对称性.

例 13.5　计算 $\oiint\limits_{S} xy\mathrm{d}y\mathrm{d}z$，其中 S 为由 $z = x^2 + y^2$ 与 $z = 1$ 所围成立体的表面的外侧.

解　记 $S_1 : z = x^2 + y^2, z \in [0,1]$，并取下侧；$S_2 : z = 1, x^2 + y^2 \leqslant 1$，并取上侧；记 S_1 的前半部分为 S_{11}，并取前侧；S_1 的后半部分为 S_{12}，并取后侧，记 S_1 在 yOz 坐标面上的投影为 D，则

$$D = \{ (y,z) \mid 0 \leqslant z \leqslant 1, -\sqrt{z} \leqslant y \leqslant \sqrt{z} \},$$

于是，$\iint\limits_{S_1} xy\mathrm{d}y\mathrm{d}z = \iint\limits_{S_{11}} xy\mathrm{d}y\mathrm{d}z + \iint\limits_{S_{12}} xy\mathrm{d}y\mathrm{d}z$

$$= \iint\limits_{D} y\sqrt{z - y^2}\,\mathrm{d}y\mathrm{d}z - \iint\limits_{D} (-y\sqrt{z - y^2})\mathrm{d}y\mathrm{d}z$$

$$= 2\iint\limits_{D} y\sqrt{z - y^2}\,\mathrm{d}y\mathrm{d}z = 2\int_0^1 \mathrm{d}z \int_{-\sqrt{z}}^{\sqrt{z}} y\sqrt{z - y^2}\,\mathrm{d}y = 2\int_0^1 0\mathrm{d}z = 0.$$

因为 S_2 的法线方向恒平行于 z 轴，使 $\mathrm{d}y = 0$，所以 $\iint\limits_{S_2} xy\mathrm{d}y\mathrm{d}z = 0$，

综上所述，有：

$$\iint\limits_{S} xy\mathrm{d}y\mathrm{d}z = \iint\limits_{S_1} xy\mathrm{d}y\mathrm{d}z + \iint\limits_{S_2} xy\mathrm{d}y\mathrm{d}z = 0 + 0 = 0.$$

例 13.6　计算 $\iint\limits_{S} xy\mathrm{d}x\mathrm{d}y + xz\mathrm{d}x\mathrm{d}z + yz\mathrm{d}y\mathrm{d}z$.

解　由于 $\dfrac{\partial P}{\partial x} + \dfrac{\partial Q}{\partial y} + \dfrac{\partial R}{\partial z} = 0.$

故得 $\iint\limits_{S} xy\mathrm{d}x\mathrm{d}y + xz\mathrm{d}x\mathrm{d}z + yz\mathrm{d}y\mathrm{d}z = \iiint\limits_{V} 0\mathrm{d}x\mathrm{d}y\mathrm{d}z = 0.$

例 13.7 计算 $\iint\limits_{S}(x-y+z)\mathrm{d}y\mathrm{d}z+(y-z+x)\mathrm{d}x\mathrm{d}z+(z-x+y)\mathrm{d}x\mathrm{d}y$,式中 S 为曲面 $|x-y+z|+|y-z+x|+|z-x+y|=1$ 的外表面.

解 $\iint\limits_{S}(x-y+z)\mathrm{d}y\mathrm{d}z+(y-z+x)\mathrm{d}x\mathrm{d}z+(z-x+y)\mathrm{d}x\mathrm{d}y=\iiint\limits_{V}3\mathrm{d}x\mathrm{d}y\mathrm{d}z$,

其中,V 为由曲面 $|x-y+z|+|y-z+x|+|z-x+y|=1$ 围成的体积,变换 $u=x-y+z,v=y-z+x,w=z-x+y$,则 $\dfrac{\partial(u,v,w)}{\partial(x,y,z)}=4$.

由 $|u|+|v|+|w|=1$ 围成的体积是对称于坐标原点的正八面体的体积,其大小等于由平面 $u+v+w=1,u=1,v=0,w=0$ 所围成的四面体体积的 8 倍,即为 $8\times\dfrac{1}{3}\times\dfrac{1}{2}\times 1=\dfrac{4}{3}$. 于是,所求积分为

$$\iint\limits_{S}(x-y+z)\mathrm{d}y\mathrm{d}z+(y-z+x)\mathrm{d}x\mathrm{d}z+(z-x+y)\mathrm{d}x\mathrm{d}y$$

$$=\iint\limits_{|u|+|v|+|w|\leqslant 1}3\cdot\frac{1}{4}\mathrm{d}u\mathrm{d}v\mathrm{d}w=\frac{3}{4}\cdot\frac{4}{3}=1.$$

例 13.8 计算 $I=\iint\limits_{\Sigma}[f(x,y,z)+x]\mathrm{d}y\mathrm{d}z+[2f(x,y,z)+y]\mathrm{d}z\mathrm{d}x+[f(x,y,z)+z]\mathrm{d}x\mathrm{d}y$,其中,$f(x,y,z)$ 为连续函数,Σ 是平面 $x-y+z=1$ 在第四卦限部分的上侧.

解 Σ 的单位法量 $\boldsymbol{n}=(\cos\alpha,\cos\beta,\cos\gamma)=\left(\dfrac{1}{\sqrt{3}},-\dfrac{1}{\sqrt{3}},\dfrac{1}{\sqrt{3}}\right)$,所以

$$I=\iint\limits_{\Sigma}\{[f(x,y,z)+x]\cos\alpha+[2f(x,y,z)+y]\cos\beta+[f(x,y,z)+z]\cos\gamma\}\mathrm{d}S$$

$$=\iint\limits_{\Sigma}[f(x,y,z)\cos\alpha+2f(x,y,z)\cos\beta+f(x,y,z)\cos\gamma]\mathrm{d}S$$

$$+\iint\limits_{\Sigma}(x\cos\alpha+y\cos\beta+z\cos\gamma)\mathrm{d}S$$

$$=\iint\limits_{\Sigma}(x\cos\alpha+y\cos\beta+z\cos\gamma)\mathrm{d}S$$

$$=\iint\limits_{\Sigma}(x\cos\alpha+y\cos\beta+z\cos\gamma)\,\frac{\mathrm{d}x\mathrm{d}y}{\cos\gamma}$$

$$=\iint\limits_{D_{xy}}(x-y+1-x+y)\mathrm{d}x\mathrm{d}y(D_{xy}=\{(x,y)\mid 0\leqslant x\leqslant 1,x-1\leqslant y\leqslant 0\})$$

$$=\iint\limits_{D_{xy}}\mathrm{d}x\mathrm{d}y=\frac{1}{2}.$$

评注 本题没给出函数 $f(x,y,z)$ 的具体表达式,不可能直接进行计算. 由于 Σ 是平面 $x-y+z=1$ 在第四卦限部分的上侧,故 Σ 的单位法量 $\boldsymbol{n}=(\cos\alpha,\cos\beta,\cos\gamma)=$ $\left(\dfrac{1}{\sqrt{3}},-\dfrac{1}{\sqrt{3}},\dfrac{1}{\sqrt{3}}\right)$,由此看出,$f(x,y,z)\cos\alpha+2f(x,y,z)\cos\beta+f(x,y,z)\cos\gamma=0$,考虑利用两类曲面积分的关系,化为对第一型曲面积分进行计算.

例 13.9   应用高斯公式计算三重积分 $\iiint\limits_{V}(xy+yz+zx)\mathrm{d}x\mathrm{d}y\mathrm{d}z$,其中 V 是由 $x\geqslant 0,y\geqslant$ $0,0\leqslant z\leqslant 1$ 与 $x^2+y^2\leqslant 1$ 所确定的空间区域.

解   记 $D_1:x\geqslant 0,y\geqslant 0,x^2+y^2\leqslant 1,z=0$; $D_2:0\leqslant y\leqslant 1,0\leqslant z\leqslant 1,x=0$; $D_3:0\leqslant x\leqslant 1,0\leqslant z\leqslant 1,y=0$.由高斯公式得

$$\iiint\limits_{V}(xy+yz+zx)\mathrm{d}x\mathrm{d}y\mathrm{d}z=\oiint\limits_{S}xyz\mathrm{d}x\mathrm{d}y+xyz\mathrm{d}y\mathrm{d}z+xyz\mathrm{d}z\mathrm{d}x,$$

其中,S 为 V 的边界曲面,并取外侧,因为

$$\oiint\limits_{S}xyz\mathrm{d}x\mathrm{d}y=\iint\limits_{D_1}xy\mathrm{d}x\mathrm{d}y=\int_0^{\frac{\pi}{2}}\mathrm{d}\theta\int_0^1 r^3\sin\theta\cos\theta\mathrm{d}r=\frac{1}{8},$$

$$\oiint\limits_{S}xyz\mathrm{d}y\mathrm{d}z=\iint\limits_{D_2}yz\sqrt{1-y^2}\mathrm{d}y\mathrm{d}z=\int_0^1\mathrm{d}y\int_0^1 yz\sqrt{1-y^2}\mathrm{d}z=\frac{1}{6},$$

$$\oiint\limits_{S}xyz\mathrm{d}z\mathrm{d}x=\iint\limits_{D_3}xz\sqrt{1-x^2}\mathrm{d}z\mathrm{d}x=\int_0^1\mathrm{d}x\int_0^1 xz\sqrt{1-x^2}\mathrm{d}z=\frac{1}{6},$$

所以 $\iiint\limits_{V}(xy+yz+zx)\mathrm{d}x\mathrm{d}y\mathrm{d}z=\frac{1}{8}+\frac{1}{6}+\frac{1}{6}=\frac{11}{24}.$

例 13.10   计算曲面积分 $I=\iint\limits_{\Sigma}(z+2y)\mathrm{d}z\mathrm{d}x+z\mathrm{d}x\mathrm{d}y$,其中,$\Sigma$ 是曲面 $z=x^2+y^2$ $(0\leqslant z\leqslant 1)$,其法向量与 z 正向夹角为锐角.

解   方法一

高斯公式计算:

记 $\Sigma_1:\begin{cases}x^2+y^2\leqslant 1\\ z=1\end{cases}$ (下侧)

设 Σ 与 Σ_1 所围区域为 Ω,利用高斯公式得

$$I=\iint\limits_{\Sigma}(z+2y)\mathrm{d}z\mathrm{d}x+z\mathrm{d}x\mathrm{d}y$$

$$=\left(\iint\limits_{\Sigma}+\iint\limits_{\Sigma_1}\right)-\iint\limits_{\Sigma_1}=\oiint\limits_{\Sigma+\Sigma_1}(z+2y)\mathrm{d}z\mathrm{d}x+z\mathrm{d}x\mathrm{d}y-\iint\limits_{\Sigma_1}(z+2y)\mathrm{d}z\mathrm{d}x+z\mathrm{d}x\mathrm{d}y$$

$$=-\iiint\limits_{\Omega}3\mathrm{d}x\mathrm{d}y\mathrm{d}z-\iint\limits_{\Sigma_1}\mathrm{d}x\mathrm{d}y$$

$$=-3\int_0^{2\pi}\mathrm{d}\theta\int_0^1 r\mathrm{d}r\int_{r^2}^1\mathrm{d}z+\iint\limits_{x^2+y^2\leqslant 1}\mathrm{d}x\mathrm{d}y=-\frac{3}{2}\pi+\pi=-\frac{\pi}{2}.$$

方法二

化为一项计算:

曲面所给法线方向为 $\boldsymbol{n}=(-2x,-2y,1)$,所以方向余弦为

$$\cos\alpha=\frac{-2x}{\sqrt{1+4x^2+4y^2}},\cos\beta=\frac{-2y}{\sqrt{1+4x^2+4y^2}},\cos\gamma=\frac{1}{\sqrt{1+4x^2+4y^2}}.$$

$$I=\iint\limits_{\Sigma}(z+2y)\mathrm{d}z\mathrm{d}x+z\mathrm{d}x\mathrm{d}y$$

$$= \iint_{\Sigma} \left[(z+2y)\cos\beta + z\cos\gamma \right] \mathrm{d}s$$

$$= \iint_{\Sigma} \left[(z+2y)\frac{\cos\beta}{\cos\gamma} + z \right] \cos\gamma \mathrm{d}S$$

$$= \iint_{\Sigma} \left[(z+2y)(-2y) + z \right] \mathrm{d}x\mathrm{d}y$$

$$= \iint_{x^2+y^2\leqslant 1} \left[(x^2+y^2)(-2y) - 4y^2 + x^2 + y^2 \right] \mathrm{d}x\mathrm{d}y$$

$$= \iint_{x^2+y^2\leqslant 1} \left[-4y^2 + x^2 + y^2 \right] \mathrm{d}x\mathrm{d}y$$

$$= -\iint_{x^2+y^2\leqslant 1} \left[x^2+y^2 \right] \mathrm{d}x\mathrm{d}y = -\int_0^{2\pi} \mathrm{d}\theta \int_0^1 r^2 \mathrm{d}r = -\frac{\pi}{2}.$$

评注 对第二型曲面积分常常把三项化为一项计算. 公式为

$$\iint_{\Sigma} P\mathrm{d}y\mathrm{d}z + Q\mathrm{d}x\mathrm{d}z + R\mathrm{d}x\mathrm{d}y = \iint_{\Sigma} (P\cos\alpha + Q\cos\beta + R\cos\gamma)\mathrm{d}S$$

$$= \iint_{\Sigma} \left(P\frac{\cos\alpha}{\cos\gamma} + Q\frac{\cos\beta}{\cos\gamma} + R \right)\cos\gamma\mathrm{d}S$$

$$= \iint_{\Sigma} \left(P\frac{\cos\alpha}{\cos\gamma} + Q\frac{\cos\beta}{\cos\gamma} + R \right)\mathrm{d}x\mathrm{d}y.$$

例 13.11 计算积分 $\displaystyle\int_{AmB} (x^2-yz)\mathrm{d}x + (y^2-xz)\mathrm{d}y + (z^2-xy)\mathrm{d}z$，此积分是从点

$A(a,0,0)$ 至点 $B(a,0,h)$ 沿着螺线 $x=a\cos\varphi, y=a\sin\varphi, z=\dfrac{h}{2\pi}\varphi$ 上所取的.

解 连结 A,B 两点得线段 AB，它与 AmB 组成封闭曲线并依正向进行，则由斯托克斯公式知：

$$\oint_{AmBA} (x^2-yz)\mathrm{d}x + (y^2-xz)\mathrm{d}y + (z^2-xy)\mathrm{d}z = \iint_S 0\mathrm{d}y\mathrm{d}z + 0\mathrm{d}x\mathrm{d}z + 0\mathrm{d}x\mathrm{d}y = 0.$$

于是，$\displaystyle\int_{AmB} (x^2-yz)\mathrm{d}x + (y^2-xz)\mathrm{d}y + (z^2-xy)\mathrm{d}z$

$$= \int_{AB} (x^2-yz)\mathrm{d}x + (y^2-xz)\mathrm{d}y + (z^2-xy)\mathrm{d}z$$

$$= \int_0^h z^2\mathrm{d}z = \frac{h^3}{3}.$$

例 13.12 讨论曲线积分

$$J = \int_L \left(z-y + \frac{x}{\sqrt{x^2+y^2+z^2}} + \mathrm{e}^x \right)\mathrm{d}x + \left(-x + \frac{y}{\sqrt{x^2+y^2+z^2}} + z \right)\mathrm{d}y$$

$$+ \left(x+y + \frac{z}{\sqrt{x^2+y^2+z^2}} \right)\mathrm{d}z$$

与路径的无关性，并计算当 L 为从点 $(1,0,0)$ 到点 $(0,1,0)$ 的有向曲线时，相应曲线积分的值.

解　因为 $P(x,y,z) = z - y + \dfrac{x}{\sqrt{x^2+y^2+z^2}} + \mathrm{e}^x$；

$$Q(x,y,z) = -x + \frac{y}{\sqrt{x^2+y^2+z^2}} + z；$$

$$R(x,y,z) = x + y + \frac{z}{\sqrt{x^2+y^2+z^2}}；$$

$$\frac{\partial P}{\partial y} = \frac{\partial Q}{\partial x} = -1 - \frac{xy}{(x^2+y^2+z^2)^{3/2}}；$$

$$\frac{\partial Q}{\partial z} = \frac{\partial R}{\partial y} = 1 - \frac{yz}{(x^2+y^2+z^2)^{3/2}}；$$

$$\frac{\partial R}{\partial x} = \frac{\partial P}{\partial z} = 1 - \frac{xz}{(x^2+y^2+z^2)^{3/2}}.$$

且 P,Q,R 在单连通区域 $\mathbf{R}^3 - \{(0,0,0)\}$ 上具有一阶连续偏导数，所以 J 在 $\mathbf{R}^3 - \{(0,0,0)\}$ 上与路径无关.

方法一

取 L_1 为从点 $(1,0,0)$ 到点 $(1,1,0)$ 再到点 $(0,1,0)$ 的有向折线段，则由积分与路径的无关性有

$$J = \int_{L_1} \left(z - y + \frac{x}{\sqrt{x^2+y^2+z^2}} + \mathrm{e}^x\right)\mathrm{d}x + \left(-x + \frac{y}{\sqrt{x^2+y^2+z^2}} + z\right)\mathrm{d}y$$

$$+ \left(x + y + \frac{z}{\sqrt{x^2+y^2+z^2}}\right)\mathrm{d}z$$

$$= \int_0^1 \left(-1 + \frac{y}{\sqrt{1+y^2}}\right)\mathrm{d}y + \int_1^0 \left(-1 + \frac{x}{\sqrt{1+x^2}} + \mathrm{e}^x\right)\mathrm{d}x = 1 - \mathrm{e}.$$

方法二

由于

$$\left(z - y + \frac{x}{\sqrt{x^2+y^2+z^2}} + \mathrm{e}^x\right)\mathrm{d}x + \left(-x + \frac{y}{\sqrt{x^2+y^2+z^2}} + z\right)\mathrm{d}y$$

$$+ \left(x + y + \frac{z}{\sqrt{x^2+y^2+z^2}}\right)\mathrm{d}z$$

$$= (z\mathrm{d}x + x\mathrm{d}z) - (y\mathrm{d}x + x\mathrm{d}y) + (z\mathrm{d}y + y\mathrm{d}z) + \mathrm{e}^x\mathrm{d}x$$

$$+ \left(\frac{x}{\sqrt{x^2+y^2+z^2}}\mathrm{d}x + \frac{y}{\sqrt{x^2+y^2+z^2}}\mathrm{d}y + \frac{z}{\sqrt{x^2+y^2+z^2}}\mathrm{d}z\right)$$

$$= \mathrm{d}\left(zx - xy + yz + \mathrm{e}^x + \sqrt{x^2+y^2+z^2}\right),$$

因此 $J = \left(zx - xy + yz + \mathrm{e}^x + \sqrt{x^2+y^2+z^2}\right)\Big|_{(1,0,0)}^{(0,1,0)} = 1 - \mathrm{e}.$

评注　如要证 $P(x,y,z)\mathrm{d}x + Q(x,y,z)\mathrm{d}y + R(x,y,z)\mathrm{d}z$ 为某个三元函数 $u(x,y,z)$ 的全微分，只需证 $\dfrac{\partial P}{\partial y} = \dfrac{\partial Q}{\partial x}, \dfrac{\partial Q}{\partial z} = \dfrac{\partial R}{\partial y}, \dfrac{\partial R}{\partial x} = \dfrac{\partial P}{\partial z}.$

例 13.13（浙江省 2010 年试题）　已知分段光滑的简单闭曲线 Γ（约当曲线）落在平面 π：$ax + by + cz + 1 = 0$ 上，设 Γ 在 π 上围成的面积为 A，求

$$\oint_{\Gamma} \frac{(bz-cy)\mathrm{d}x + (cx-az)\mathrm{d}y + (ay-bx)\mathrm{d}z}{ax+by+cz}$$

其中 n 与 Γ 的方向成右手系.

解 原积分 $= \iint\limits_{S} 2a\mathrm{d}y\mathrm{d}z + 2b\mathrm{d}z\mathrm{d}x + 2c\mathrm{d}x\mathrm{d}y = -2(a^2+b^2+c^2)^{-0.5} \iint\limits_{S}(a^2+b^2+c^2)\mathrm{d}S$

$= -2(a^2+b^2+c^2)^{0.5}A$

评注 斯托克斯公式应用将其转变为第二型曲面积分,再将第二型曲面积分的三项化为一项来进行计算,这些都是常用的方法.

例 13.14(浙江省 2007 年试题) 计算 $\iint\limits_{S}(x^2+y)\mathrm{d}S$,其中 S 为圆柱面 $x^2+y^2=4,(0 \leqslant z \leqslant 1)$.

解 因为 S 圆柱面关于 y 对称,且 y 是奇函数,

所以原积分 $= \iint\limits_{S}x^2\mathrm{d}S = \iint\limits_{S}y^2\mathrm{d}S = \frac{1}{2}\iint\limits_{S}(x^2+y^2)\mathrm{d}S = 2 \times 4\pi = 8\pi$.

评注 根据对称性和奇偶性来计算这类积分是常用的技巧.

练 习 题

1. 设曲面 Σ 是 $z = \sqrt{4-x^2-y^2}$ 的上侧,求 $\iint\limits_{\Sigma}xy\mathrm{d}y\mathrm{d}z + x\mathrm{d}z\mathrm{d}x + x^2\mathrm{d}x\mathrm{d}y$.

2. 设曲面 S 为曲线 $\begin{cases} z = \mathrm{e}^y \\ x = 0 \end{cases}$ $(1 \leqslant y \leqslant 2)$ 绕 z 轴旋转一周所形成曲面的下侧,计算曲面积分 $\iint\limits_{S}4zx\mathrm{d}y\mathrm{d}z - 2z\mathrm{d}z\mathrm{d}x + (1-z^2)\mathrm{d}x\mathrm{d}y$.

3. 计算曲面积分 $\oiint\limits_{\Sigma} \frac{x\mathrm{d}y\mathrm{d}z + y\mathrm{d}z\mathrm{d}x + z\mathrm{d}x\mathrm{d}y}{(x^2+y^2+z^2)^{\frac{3}{2}}}$,其中 Σ 是曲面 $2x^2+2y^2+z^2=4$ 的外侧.

4. 计算曲面积分 $\iint\limits_{S}x^2\mathrm{d}y\mathrm{d}z + y^2\mathrm{d}z\mathrm{d}x + z^2\mathrm{d}x\mathrm{d}y$,其中 S 为

(1) $S: \dfrac{x^2}{a^2} + \dfrac{y^2}{b^2} + \dfrac{z^2}{c^2} = 1$;

(2) $S: (x-1)^2 + (y-2)^2 + (z-3)^2 = 4$.

5. 计算 $\iint\limits_{S}z\mathrm{d}S$,其中 S 为锥体 $z \geqslant \dfrac{h}{a}\sqrt{x^2+y^2}(a>0,h>0)(0 \leqslant z \leqslant h)$ 包含在柱体 $x^2+y^2 \leqslant ax$ 中部分的表面.

6. 设 T 为不自交的光滑闭曲线,求 $\oint_{T} \mathrm{grad}[\sin(x+y+z)]\mathrm{d}r$,其中 $\mathrm{d}r = i\mathrm{d}x + j\mathrm{d}y + k\mathrm{d}z$.

7. 求 $I = \oint_{L}(y^2+z^2)\mathrm{d}x + (z^2+x^2)\mathrm{d}y + (x^2+y^2)\mathrm{d}z$,其中 L 是球面 $x^2+y^2+z^2=2bx$ 与柱面 $x^2+y^2=2ax(b>a>0)$ 的交线 $(z \geqslant 0)$,L 的方向规定为沿 L 的方向运动时,从 z 轴正向往下看,曲线 L 所围球面部分总在左边.

8. 设 $\Omega = \{(x,y,z) \in \mathbf{R}^3 \mid -\sqrt{a^2-x^2-y^2} \leqslant z \leqslant 0, a \geqslant 0\}$，$S$ 为 Ω 的边界曲面外侧，

计算 $\oiint_S \dfrac{ax\,\mathrm{d}y\mathrm{d}z + 2(x+a)y\mathrm{d}z\mathrm{d}x}{\sqrt{x^2+y^2+z^2+1}}$.

9. 设曲面 S 为曲线 $\begin{cases} y = \sqrt{1+z^2} \\ x = 0 \end{cases}$ $(1 \leqslant z \leqslant 2)$ 绕 z 轴旋转一周而形成的曲面，其法向

量与 z 轴正向的夹角为锐角，计算曲面积分 $\iint_S xz^2\,\mathrm{d}y\mathrm{d}z + (\sin x + x^2 + y^2)\mathrm{d}x\mathrm{d}y$.

10. 设 S 是以 L 为边界的光滑曲面，试求可微函数 $\varphi(x)$，使曲面积分
$\iint_S (1-x^2)\varphi(x)\mathrm{d}y\mathrm{d}z + 4xy\varphi(x)\mathrm{d}z\mathrm{d}x + 4xz\mathrm{d}x\mathrm{d}y$ 与 S 的形状无关.

11. 证明 $\iint_\Sigma (1-x^2-y^2)\mathrm{d}s \leqslant \dfrac{2\pi}{15}(8\sqrt{2}-7)$，其中 Σ 为 $z = \dfrac{x^2+y^2}{2}$ 夹在平面 $z=0$ 和 z
$= \dfrac{t}{2}(t > 0)$ 之间的部分.

12. 设曲面 $\Sigma : \dfrac{x^2}{a^2} + \dfrac{y^2}{b^2} + \dfrac{z^2}{c^2} = 1$ 上的点 (x,y,z) 处的切平面为 π，计算曲面积分 $\iint_\Sigma \dfrac{1}{\lambda}\mathrm{d}S$，
其中 λ 是坐标原点到 π 的距离.

13. 计算 $\iint_S \dfrac{2\mathrm{d}y\mathrm{d}z}{x\cos^2 x} + \dfrac{\mathrm{d}z\mathrm{d}x}{\cos^2 y} - \dfrac{\mathrm{d}x\mathrm{d}y}{z\cos^2 z}$，其中 S 是 $x^2+y^2+z^2=1$，外侧为正.

14. 设 Ω_δ 是中心在点 (x_0,y_0,z_0)，半径为 δ 的球体，$\Delta\Omega_\delta$ 是 Ω_δ 的正向边界面，V_δ 是 Ω_δ 的
体积，函数 $X_{(x,y,z)}, Y_{(x,y,x)}, Z_{(x,y,z)}$ 均具有一阶连续偏导数. 求证：

$$\lim_{\delta \to 0^+} \frac{\oiint_{\Delta\Omega_\delta} X\,\mathrm{d}y\mathrm{d}z + Y\mathrm{d}z\mathrm{d}x + Z\mathrm{d}x\mathrm{d}y}{V_\delta} = \left(\frac{\partial X}{\partial x} + \frac{\partial Y}{\partial y} + \frac{\partial Z}{\partial z}\right)_{(x_0,y_0,z_0)}.$$

15. 设 $f(x,y,z) \in C'$，$\pi : f(x,y,z) = 0$ 是以原点为顶点的一张锥面，若 π 与平面
$Ax + By + Cz + D = 0 (A^2 + B^2 + C^2 \neq 0)$ 围成一个锥体 Ω，且其底面积是 S，高是 h，体积
是 V，试求 V.

2016 年浙江省大学生高等数学
（微积分）竞赛试题

（数学类）

一、计算题（每小题 14 分，满分 70 分）

1. 求极限 $\lim\limits_{n\to\infty}\dfrac{\ln\cos(\sqrt{n^2+1}-n)}{\ln(n^2+2)-2\ln n}$，其中 n 为正整数.

2. 求不定积分 $\displaystyle\int\dfrac{1-x^2\cos x}{(1+x\sin x)^2}\mathrm{d}x$.

3. 设函数 $f(x)=\dfrac{1+x\mathrm{e}^x}{1+x}$，求 $f^{(5)}(0)$.

4. 求函数 $f(x,y,z)=\dfrac{z}{1+xy}+\dfrac{y}{1+xz}+\dfrac{x}{1+yz}$ 在 $V=\{(x,y,z)\in\mathbf{R}^3\,|\,0\leqslant x,y,z\leqslant 1\}$
的最大值.

5. 已知 $\cos(\alpha+\beta)+\sin\alpha+\sin\beta=3/2$. 其中 $0\leqslant\alpha,\beta\leqslant\pi/2$. 求 α,β 的值.

二、（满分 20 分） 设曲面 S 为 $\dfrac{(x-1)^2}{9}+\dfrac{(y-2)^2}{16}+z^2=1,z\geqslant 0$，

计算 $\displaystyle\iint\limits_{S}\dfrac{x\mathrm{d}y\mathrm{d}z+y\mathrm{d}z\mathrm{d}x+z\mathrm{d}x\mathrm{d}y}{\sqrt{x^2+y^2+z^2}^3}$，$S$ 方向向上.

三、（满分 20 分） 设 $u=\mathrm{e}^x\sin y,v=\mathrm{e}^x\cos y$，

求 $\displaystyle\oint\limits_{C}\dfrac{(xu+yv)\mathrm{d}x+(yu-xv)\mathrm{d}y}{x^2+y^2}$，其中 C 为绕原点的任何一条光滑简单闭曲线.

四、（满分 20 分） 已知实系数多项式 $P(x)$ 仅有实根. 证明 $P(x)+P'(x)$ 也仅有实根.

五、（满分 20 分） 设 $\alpha\geqslant 3$，有界数列 $\{a_n\}$ 满足 $a_{n+2}=\alpha a_n+(1-\alpha)a_{n-1},n\geqslant 1$.
证明：对 $n\geqslant 1,a_n=a_0$.

（工科类）

一、计算题（每小题 14 分，满分 70 分）

1. 求极限 $\lim\limits_{x\to 0}(\cos x)^{\frac{1+x}{\sin^2 x}}$.

2. 求不定积分 $\displaystyle\int\dfrac{1-x^2\cos x}{(1+x\sin x)^2}\mathrm{d}x$.

3. 已知函数 $f(x)=\dfrac{1}{(1+x^2)^2}$，求 $f^{(n)}(0)$ 的值.

4.求函数 $f(x,y,z) = \dfrac{z}{1+xy} + \dfrac{y}{1+xz} + \dfrac{x}{1+yz}$ 在 $V = \{(x,y,z) \in \mathbf{R}^3 \mid 0 \leqslant x,y,z \leqslant 1\}$ 的最大值.

5.已知 $\cos(\alpha+\beta) + \sin\alpha + \sin\beta = 3/2$. 其中 $0 \leqslant \alpha,\beta \leqslant \pi/2$. 求 α,β 的值.

二、(满分 20 分) 记 $y_n(x) = \cos(n\arccos x), n = 0,1,2,\cdots$.

(1) 证明:当 $n \neq m$ 时,$\displaystyle\int_{-1}^{1} \frac{y_n(x)y_m(x)}{\sqrt{1-x^2}}\,\mathrm{d}x = 0$.

(2) 求 $c_n, n = 0,1,2,\cdots$ 使 $\displaystyle\mathrm{e}^{\arccos x} = \sum_{n=0}^{+\infty} c_n y_n(x)$.

三、(满分 20 分) 设曲面 S 为:$\dfrac{(x-1)^2}{9} + \dfrac{(y-2)^2}{16} + z^2 = 1, z \geqslant 0$,

计算 $\displaystyle\iint_S \frac{x\,\mathrm{d}y\mathrm{d}z + y\,\mathrm{d}z\mathrm{d}x + z\,\mathrm{d}x\mathrm{d}y}{\sqrt{x^2+y^2+z^2}^3}$,$S$ 方向向上.

四、(满分 20 分) 如图所示,设一个均匀物体是由体积相同的一个半球和一个圆柱拼接而成,圆柱的底面与半球的大圆面重合. 求此物体的重心.

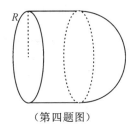

(第四题图)

五、(满分 20 分) 已知 $P_n(x)$ 为 n 次实系数多项式,有 n 个不同实根. 证明:$P_n(x) + P'_n(x)$ 有 n 个不同的实根.

(经管类)

一、计算题(每小题 14 分,满分 70 分)

1.求极限 $\displaystyle\lim_{x \to 0} (\cos x)^{\frac{1+x}{\sin^2 x}}$.

2.求不定积分 $\displaystyle\int \frac{1 - x^2\cos x}{(1 + x\sin x)^2}\,\mathrm{d}x$.

3.已知函数 $f(x) = \dfrac{1}{(1+x^2)^2}$,求 $f^{(n)}(0)$ 的值.

4.求曲线 $y = \mathrm{e}^x, 0 \leqslant x \leqslant \ln\sqrt{3}$ 的弧长.

5.已知 $\cos(\alpha+\beta) + \sin\alpha + \sin\beta = 3/2$. 其中 $0 \leqslant \alpha,\beta \leqslant \pi/2$. 求 α,β 的值.

二、(满分 20 分) 记 $y_n(x) = \cos(n\arccos x), n = 0,1,2,\cdots$,求积分 $\displaystyle\int_{-1}^{1} \frac{y_n(x)y_m(x)}{\sqrt{1-x^2}}\,\mathrm{d}x$.

三、(满分 20 分) 求函数 $f(x,y,z) = \dfrac{z}{1+xy} + \dfrac{y}{1+xz} + \dfrac{x}{1+yz}$

在区域 $V = \{(x,y,z) \in \mathbf{R}^3 \mid 0 \leqslant x,y,z \leqslant 1\}$ 的最大值.

四、(满分 20 分) 如图所示,设一个均匀物体是由体积相同的一个半球和一个圆柱拼接而成,圆柱的底面与半球的大圆面重合. 求此物体的重心.

五、(满分 20 分) 设 $f(x)$ 在 $[0,2]$ 上连续,在 $(0,2)$ 内二阶可导,

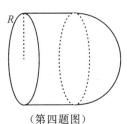

(第四题图)

$f(0) = f(2) = 0, f(1) = 1$. 证明:存在 $\xi \in (0,2)$,使 $f''(\xi) = -2$.

(文科与专科类)

一、计算题(每小题 14 分,满分 70 分)

1. $\lim\limits_{x\to 0}(\cos x)^{\frac{1+x}{\sin^2 x}}$.

2. 求不定积分 $\displaystyle\int \frac{1-x^2\cos x}{(1+x\sin x)^2}\mathrm{d}x$.

3. 设 $y^2 = \dfrac{x^3}{2-x}$,求在 $(1,1)$ 的二阶导数值 $y''(1)$.

4. 求积分 $\displaystyle\int_{-\frac{1}{2}}^{1} \min\left\{\ln(1+x), \frac{x}{2}\right\}\mathrm{d}x$.

5. 已知 $f(x) = |x|^3 + \sin^2 x - \cos x$,求 $f(x)$ 零点的个数.

二、(满分 20 分) 记 $y_n(x) = \cos(n\arccos x), n = 0,1,2,\cdots$,求积分 $\displaystyle\int_{-1}^{1} \frac{y_n(x)y_m(x)}{\sqrt{1-x^2}}\mathrm{d}x$.

三、(满分 20 分) 求曲线 $y = \mathrm{e}^x, 0 \leqslant x \leqslant \ln\sqrt{3}$ 的弧长.

四、(满分 20 分) 设 $f(x) = |1-x| + \dfrac{1}{4}x^2$,求 $f(x)$ 在 $[-2,2]$ 上最大、最小值.

五、(满分 20 分) 设 $f(x)$ 在 $[0,2]$ 上连续,在 $(0,2)$ 内二阶可导,$f(0) = f(2) = 0$,$f(1) = 1$. 证明:存在 $\xi \in (0,2)$,使 $f''(\xi) = -2$.

2017 年浙江省大学生高等数学
(微积分) 竞赛试题

(数学类)

一、计算题(每小题 14 分,满分 70 分)

1. 求极限 $\lim\limits_{x \to 0} \dfrac{e^{x^2} - \sqrt{\cos 2x} \cos x}{x - \ln(1+x)}$.

2. 求不定积分 $\displaystyle\int x[3 + \ln(1+x^2)]\arctan x \, \mathrm{d}x$.

3. 求级数 $\displaystyle\sum_{n=1}^{+\infty} \dfrac{x^n}{n(n+1)}$ 的和.

4. 设 $f(x)$ 连续且 $f(x) = 3x + \displaystyle\int_0^x (t-x)^2 f(t)\mathrm{d}t$,求 $f^{(2017)}(0)$ 的值.

5. 设 $f(x) = \sin(\pi x^2)$,求 $\lim\limits_{x \to \infty} x\left[f\left(x + \dfrac{1}{x}\right) - f(x)\right]$.

二、(满分 20 分) 已知 $f(x)$ 连续且 $f(x+2) - f(x) = \sin x$,$\displaystyle\int_0^2 f(x)\mathrm{d}x = 0$,求积分 $\displaystyle\int_1^3 f(x)\mathrm{d}x$.

三、(满分 20 分) 计算曲线积分 $\displaystyle\int_L \dfrac{(x-1)\mathrm{d}y - y\mathrm{d}x}{(x-1)^2 + y^2}$,其中 L 是从 $(-2,0)$ 到 $(2,0)$ 的上半椭圆 $\dfrac{x^2}{4} + y^2 = 1$.

四、(满分 20 分) 设 f 在 $[0,1]$ 上连续可导,证明:$\max f(x) - \min f(x) \leqslant \sqrt{\displaystyle\int_0^1 \left[f'(x)\right]^2 \mathrm{d}x}$.

五、(满分 20 分) 设 g 在 $[0, +\infty)$ 上连续,且 $\lim\limits_{x \to +\infty} g(x) = \infty$,证明:$f(x) = xg(x)$ 在 $[0, +\infty)$ 上不一致连续.

(工科类)

一、计算题(每小题 14 分,满分 70 分)

1. 求极限 $\lim\limits_{x \to 0} \dfrac{e^{x^2} - \sqrt{\cos 2x} \cos x}{x - \ln(1+x)}$.

2. 求曲线 $C: y = x^2$ 与直线 $L: y = x$ 所围图形绕直线 L 旋转所成旋转体的体积.

3. 计算 $\displaystyle\iint_D |xy| \, \mathrm{d}x\mathrm{d}y$,$D = \left\{(x,y) \left| \dfrac{x^2}{a^2} + \dfrac{y^2}{b^2} \leqslant 1\right.\right\}$.

4. 求级数 $\displaystyle\sum_{n=1}^{+\infty} \dfrac{x^n}{n(n+1)}$ 的和.

5. 设 $f(x)$ 连续且 $f(x) = 3x + \int_0^x (t-x)^2 f(t) \mathrm{d}t$，求 $f^{(2017)}(0)$ 的值.

二、(满分 20 分) 已知 $f(x)$ 连续且 $f(x+2) - f(x) = \sin x$，$\int_0^2 f(x)\mathrm{d}x = 0$，求积分 $\int_1^3 f(x)\mathrm{d}x$.

三、(满分 20 分) 计算曲线积分 $\displaystyle\int_L \frac{(x-1)\mathrm{d}y - y\mathrm{d}x}{(x-1)^2 + y^2}$，其中 L 是从 $(-2,0)$ 到 $(2,0)$ 的上半椭圆 $\dfrac{x^2}{4} + y^2 = 1$.

四、(满分 20 分) 证明：$(\cos x)^p \leqslant \cos(px)$，$x \in \left[0, \dfrac{\pi}{2}\right]$，$0 < p < 1$.

五、(满分 20 分) 设 f 在 $[0,1]$ 上连续可导，$f(0) = 0$，证明：$|f(x)| \leqslant \sqrt{\displaystyle\int_0^1 [f'(x)]^2 \mathrm{d}x}$.

（经管类）

一、计算题(每小题 14 分，满分 70 分)

1. 求极限 $\displaystyle\lim_{x \to 0^+} \ln(1+x)\ln(1+\mathrm{e}^{\frac{1}{x}})$.

2. 求不定积分 $\displaystyle\int \frac{x\arcsin x}{(1-x^2)^{3/2}}\mathrm{d}x$.

3. 设 $F(t) = \displaystyle\int_{-2}^2 |x^2 - t|\mathrm{d}x$，求 $\min F(t)$.

4. 设有参数式函数 $\begin{cases} x = \mathrm{e}^t + t, \\ y = \cos t \end{cases}$，求 $\dfrac{\mathrm{d}y}{\mathrm{d}x}, \dfrac{\mathrm{d}^2 y}{\mathrm{d}x^2}$.

5. 已知 $f(x) = \dfrac{x^3}{x^2 + 2}$，求 $f^{(2017)}(0)$.

二、(满分 20 分) 求级数 $\displaystyle\sum_{n=1}^{+\infty} \frac{x^n}{n(n+1)}$ 的和.

三、(满分 20 分) 设 $f(x) = \sin(\pi x^2)$，求 $\displaystyle\lim_{x \to \infty} x\left[f\left(x + \frac{1}{x}\right) - f(x)\right]$.

四、(满分 20 分) 证明：$(\cos x)^p \leqslant \cos(px)$，$x \in \left[0, \dfrac{\pi}{2}\right]$，$0 < p < 1$.

五、(满分 20 分) 设 f 在 $[0,1]$ 上连续可导，$f(0) = 0$，证明：$|f(x)| \leqslant \sqrt{\displaystyle\int_0^1 [f'(x)]^2 \mathrm{d}x}$.

（文科与专科类）

一、计算题(每小题 14 分，满分 70 分)

1. 求极限 $\displaystyle\lim_{x \to 0} \frac{\ln(1+x^2)}{1 - \cos x}$.

2.求不定积分 $\int \dfrac{x\arcsin x}{\sqrt{1-x^2}}\mathrm{d}x.$

3.求曲线 $\begin{cases} x = \mathrm{e}^t + t \\ y = \cos t - \sin t \end{cases}$ 在点 $(1,1)$ 处的切线方程.

4.已知 $f(x) = \dfrac{x^3}{x+2}$，求 $f^{(2017)}(0).$

5.设 $F(t) = \displaystyle\int_{-2}^{2} |x^2 - t|\,\mathrm{d}x$，求 $\min F(t).$

二、（满分 20 分） 求函数 $f(x) = \sqrt{1+x+x^2}$ 的渐近线.

三、（满分 20 分） 证明：$\displaystyle\sum_{k=1}^{n} \dfrac{1}{1+(0.5)^k} > n-1.$

四、（满分 20 分） 设 $f,g:[0,1] \to [0,+\infty)$ 都是连续函数，且满足 $\max f(x) = \max g(x)$，证明：存在 $\xi \in [0,1], f(\xi) = g(\xi).$

五、（满分 20 分） 求曲线 $C:y = x^2$ 与直线 $L:y = x$ 所围图形绕直线 L 旋转所成旋转体的体积.

2018 年浙江省大学生高等数学
(微积分) 竞赛试题

(数学类)

一、计算题(每小题 14 分,满分 70 分)

1. 求定积分 $\int_{-1}^{1} \dfrac{(x-\cos x)^2 \cos x}{x^2+\cos^2 x}\,\mathrm{d}x$.

2. 设 $z=z(x,y)$ 是由方程 $z^5 - xz^4 + yz^3 = 1$ 确定的隐函数,求 $z''_{xy}(0,0)$.

3. 求曲线 $\begin{cases} x^2+y^2-z^2=1 \\ x+y+z=1 \end{cases}$ 在点 $(1,-1,1)$ 处的单位切向量.

4. 求极限 $\lim\limits_{x\to 0} \dfrac{\displaystyle\int_0^x \left[\mathrm{e}^{(x-t)^2}-1\right]\sin t\,\mathrm{d}t}{x^4}$.

5. 求级数 $\sum\limits_{n=1}^{+\infty} \dfrac{\left[2+(-1)^n\right]^n}{n} x^n$ 的收敛域并求级数 $\sum\limits_{n=1}^{+\infty} \dfrac{\left[2+(-1)^n\right]^n}{n\,6^n}$ 的和.

二、(满分 20 分) 已知曲线 $L:\begin{cases} x^2+y^2+z^2=1 \\ x+y+z=0 \end{cases}$ 的线密度 $\rho=(x+y)^2$,求 L 的质量.

三、(满分 20 分) 设 $S(a)$ 为物体 $x^2+y^2 \leqslant z$ 被平面 $2x-2a(y-3)+z-13=0$ 所截的截面面积,求 $S(a)$ 的表达式及其最小值.

四、(满分 20 分) 设 $a \in \mathbf{R}$,确定 a 的范围使 $f(x)=x^a \sin x$ 在 $(0,+\infty)$ 一致连续.

五、(满分 20 分) 已知 $a_n>0,a_1<1,(n+1)a_{n+1}=na_n^2+a_n,n=1,2,\cdots,$

(1) 证明:$\{a_n\}$ 收敛;(2) 求极限 $\lim\limits_{n\to+\infty} a_n$.

(工科类)

一、计算题(每小题 14 分,满分 70 分)

1. 求不定积分 $\displaystyle\int \dfrac{\mathrm{d}x}{(2+\cos x)\sin x}$.

2. 求定积分 $\int_{-1}^{1} \dfrac{(x-\cos x)^2 \cos x}{x^2+\cos^2 x}\,\mathrm{d}x$.

3. 设 $z=z(x,y)$ 是由方程 $z^5-xz^4+yz^3=1$ 确定的隐函数,求 $z''_{xy}(0,0)$.

4. 计算 $\iint\limits_{D}(x^2+y^2)\,\mathrm{d}x\mathrm{d}y$,其中 D 为由不等式 $\sqrt{2x-x^2} \leqslant y \leqslant \sqrt{4-x^2}$ 所确定的区域.

5. 求极限 $\lim\limits_{x\to 0} \dfrac{\displaystyle\int_0^x \left[\mathrm{e}^{(x-t)^2}-1\right]t\,\mathrm{d}t}{x^4}$.

二、(满分 20 分) 求级数 $\sum\limits_{n=1}^{+\infty} \dfrac{\left[2+(-1)^n\right]^n}{n} x^n$ 的收敛域及级数 $\sum\limits_{n=1}^{+\infty} \dfrac{\left[2+(-1)^n\right]^n}{n6^n}$ 的和.

三、(满分 20 分) 分析函数 $f(x,y)=(x^2+y^2-6y+10)\mathrm{e}^y$ 的极值问题.

四、(满分 20 分) 已知质线 $L:\begin{cases} z=x^2+y^2 \\ x+y+z=1 \end{cases}$ 的线密度 $\rho=|\,x^2+x-y^2-y\,|$,求 L 的质量.

五、(满分 20 分) 已知 $a_n>0,a_1<1,(n+1)a_{n+1}^2=na_n^2+a_n,n=1,2,\cdots$,证明:$\{a_n\}$ 收敛.

(经管类)

一、计算题(每小题 14 分,满分 70 分)

1. 求不定积分 $\displaystyle\int \dfrac{\mathrm{d}x}{(2+\cos x)\sin x}$.

2. 求定积分 $\displaystyle\int_{-1}^{1} \dfrac{(x-\cos x)^2 \cos x}{x^2+\cos^2 x}\mathrm{d}x$.

3. 设 $y=y(x)$ 是由方程 $y+\ln y+x^2=1$ 确定的隐函数,求 $y''(0)$.

4. 求广义积分 $\displaystyle\int_0^{+\infty} \dfrac{\mathrm{d}x}{1+x^6}$.

5. 求极限 $\lim\limits_{x\to 0} \dfrac{\displaystyle\int_0^x \left[\mathrm{e}^{(x-t)^2}-1\right]t\,\mathrm{d}t}{x^4}$.

二、(满分 20 分) 设 $a_1=1,a_2=3,a_{n+2}=4a_{n+1}-4a_n,n\geqslant 1$,求级数 $\sum\limits_{n=1}^{+\infty} a_n x^n$ 的收敛域并求其和函数.

三、(满分 20 分) 求区域 $x^2+y^2 \leqslant z \leqslant \sqrt{2-x^2-y^2}$ 的体积.

四、(满分 20 分) 设 $l(k)$ 为平面直线 $y=k(x-1)+\dfrac{5}{4}$ 含在平面区域 $y\geqslant x^2$ 内直线段的长度,求 $l(k)$ 的表达式及其最小值.

五、(满分 20 分) 已知 $a_n>0,a_1<1,(n+1)a_{n+1}^2=na_n^2+a_n,n=1,2,\cdots$,证明:$(1)a_n<1$;$(2)a_n<a_{n+1}$.

(文科与专科类)

一、计算题(每小题 14 分,满分 70 分)

1. 求定积分 $\displaystyle\int_{-1}^{1} \dfrac{(x-\cos x)^2 \cos x}{x^2+\cos^2 x}\mathrm{d}x$.

2. 求不定积分 $\displaystyle\int \dfrac{\mathrm{d}x}{\cos^2 x \sqrt{1+\tan x}}$.

3. 求极限 $\lim\limits_{x\to 0} \dfrac{\displaystyle\int_0^x (\mathrm{e}^{-t^2}-1)\sin t\,\mathrm{d}t}{x^2\sin^2 x}$.

4.设 $y = y(x)$ 是由方程 $y + \ln y + x^2 = 1$ 确定的隐函数，求 $y''(0)$.

5.求广义积分 $\displaystyle\int_0^{+\infty} \frac{\mathrm{d}x}{1 + x^2 + x^4}$.

二、(满分 20 分) 已知直角 $\triangle ABC$ 满足：$\angle C = 90°$ 且 $AB + BC = 1$，求三角形 $\triangle ABC$ 面积的最大值.

三、(满分 20 分) 试问：当 k 在什么范围内取值时，方程 $1 + kx = \dfrac{1}{x^2}$ 有且只有一个正根.

四、(满分 20 分) 求区域 $x^2 + y^2 \leqslant z \leqslant \sqrt{2 - x^2 - y^2}$ 的体积.

五、(满分 20 分) 已知 $f(x)$ 在 $[0,1]$ 上有非负二阶导数，证明：$\displaystyle\max_{x \in [0,1]} f(x) = \max\{f(0), f(1)\}$.

2019 年浙江省大学生高等数学 (微积分)竞赛试题

(数学类)

一、计算题(每小题 14 分,满分 70 分)

1.已知 $f(x)$ 有界可积,求 $\lim\limits_{n\to\infty}\int_0^1 f(x)\sin x^n \mathrm{d}x$.

2.求积分 $\displaystyle\int \frac{2x+\sin 2x}{(\cos x - x\sin x)^2}\mathrm{d}x$.

3.求积分 $\displaystyle\int_0^{\frac{\pi}{4}} \frac{\sin^2\theta\cos^2\theta}{(\cos^3\theta+\sin^3\theta)^2}\mathrm{d}\theta$.

4.如图所示,将一根铁丝折成两部分,一部分围成一个矩形 $ABED$ 的三条边 AD、DE、EB,另一部分围成一个半圆 ACB,矩形和半圆的面积之和为 1,求铁丝长度的最小值.

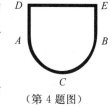

(第 4 题图)

5.定义在 $[-1,1]$ 上的函数 $f(x)=\begin{cases}\dfrac{1}{2^{n+1}}, & \dfrac{1}{2^{n+1}}<x\leqslant\dfrac{1}{2^n}, \\ 0, & -1\leqslant x\leqslant 0\end{cases}$,讨论

$f(x)$ 间断点,并判断其类型.

二、(满分 20 分) 设 Ω 是以 $(x_i,y_i,z_i)(i=1,2,3,4)$ 为顶点且体积为 $V(V>0)$ 的四面体,求积分 $\displaystyle\iiint\limits_{\Omega} x\mathrm{d}x\mathrm{d}y\mathrm{d}z$.

三、(满分 20 分) 讨论级数 $\displaystyle\sum_{n=2}^{+\infty}\frac{(-1)^n}{n^p+(-1)^n}$ 的收敛性,其中 $p>0$.

四、(满分 20 分) 设函数 $u(x,y),v(x,y)$ 在第一象限连续可导且满足 $\dfrac{\partial u}{\partial x}=\dfrac{\partial v}{\partial y}$,$\dfrac{\partial u}{\partial y}=-\dfrac{\partial v}{\partial x}$,其中 u 只是 $\sqrt{x^2+y^2}$ 的函数,求 u,v.

五、(满分 20 分) 设 $f(x)$ 在 $[0,1]$ 上连续可微,证明:$\lim\limits_{n\to\infty}\left[\sum\limits_{k=1}^n f\left(\dfrac{k}{n}\right)-n\int_0^1 f(x)\mathrm{d}x\right]=\dfrac{1}{2}[f(1)-f(0)]$.

(工科类)

一、计算题(每小题 14 分,满分 70 分)

1.求极限 $\lim\limits_{n\to\infty}\tan^n\left(\dfrac{\pi}{4}+\dfrac{1}{n}\right)$.

2. 求不定积分 $\displaystyle\int \dfrac{2x+\sin 2x}{(\cos x - x\sin x)^2}\mathrm{d}x$.

3. 求定积分 $\displaystyle\int_0^\pi \cos(\sin^2 x)\cos x\,\mathrm{d}x$.

4. 如图所示,将一根铁丝折成两部分,一部分围成一个矩形 $ABED$ 的三条边 AD、DE、EB,另一部分围成一个半圆 ACB,矩形和半圆的面积之和为 1,求铁丝长度的最小值.

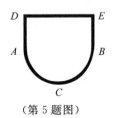

（第 4 题图）

5. 定义在 $[-1,1]$ 上的函数 $f(x)=\begin{cases}\dfrac{1}{2^{n+1}}, & \dfrac{1}{2^{n+1}}<x\leqslant \dfrac{1}{2^n} \\[2mm] 0, & -1\leqslant x\leqslant 0\end{cases}$,讨论 $f(x)$ 间断点,并判断其类型.

二、(满分 20 分) 求积分 $\displaystyle\iint\limits_D (5y^3+x^2+y^2-2x+y+1)\mathrm{d}x\mathrm{d}y$,$D$:$1\leqslant (x-1)^2+y^2\leqslant 4$ 且 $x^2+y^2\leqslant 1$.

三、(满分 20 分) 讨论级数 $\displaystyle\sum_{n=2}^{+\infty}\dfrac{(-1)^n}{n^p+(-1)^n}$ 的收敛性,其中 $p>0$.

四、(满分 20 分) 设由方程 $x+y+z=f(x^2+y^2+z^2)$（∗）确定函数 $z=z(x,y)$,

(1) 计算 $(y-z)\dfrac{\partial z}{\partial x}+(z-x)\dfrac{\partial z}{\partial y}$,

(2) 如果以 $\boldsymbol{n}=(a,b,c)$ 为法向量的平面与方程（∗）交为圆,求此法向量.

五、(满分 20 分) 设 $f(x)$ 在 $[0,1]$ 上有连续的导函数,证明:$\displaystyle\lim_{n\to\infty}\sum_{k=1}^n\left[f\left(\dfrac{k}{n}\right)-f\left(\dfrac{2k-1}{2n}\right)\right]=\dfrac{1}{2}(f(1)-f(0))$.

（经管类）

一、计算题(每小题 14 分,满分 70 分)

1. 求极限 $\displaystyle\lim_{x\to 1}\ln x\ln(1-x)$.

2. 求积分 $\displaystyle\int \dfrac{2x+\sin 2x}{(\cos x - x\sin x)^2}\mathrm{d}x$.

3. 求积分 $\displaystyle\int_0^{\frac{\pi}{4}} \dfrac{\sin\theta\cos\theta}{(\cos\theta+\sin\theta)^2}\mathrm{d}\theta$.

4. 求级数 $\displaystyle\sum_{n=1}^{+\infty}\dfrac{(-1)^n}{n(2n+1)}$ 的和.

5. 如图所示,将一根铁丝折成两部分,一部分围成一个矩形 $ABED$ 的三条边 AD、DE、EB,另一部分围成一个半圆 ACB,矩形和半圆的面积之和为 1,求铁丝长度的最小值.

（第 5 题图）

二、(满分 20 分) 已知函数 $f(x)=\begin{cases}\sin\pi x, & x\ \text{有理数} \\ 0, & x\ \text{无理数}\end{cases}$,讨论 $f(x)$ 间断点,并判断其类型.

三、(满分 20 分) 讨论级数 $\sum\limits_{n=2}^{+\infty} \dfrac{(-1)^n}{n+(-1)^n}$ 的收敛性.

四、(满分 20 分) 求曲线 $x^{\frac{2}{3}} + (2y)^{\frac{2}{3}} = 1$ 的全长.

五、(满分 20 分) 已知 $f(x)$ 在 $[0,1]$ 上可导，$f(0) = f(1) = 0$，证明：$\exists \xi \in (0,1), f'(\xi) = 2\xi f(\xi)$.

（文科与专科类）

一、计算题(每小题 14 分,满分 70 分)

1. 求极限 $\lim\limits_{x\to+\infty} \dfrac{\ln(e^x - 1) - \ln x}{x}$.

2. 求积分 $\displaystyle\int \dfrac{2x + \sin 2x}{(\cos x - x\sin x)^2} \mathrm{d}x$.

3. 求积分 $\displaystyle\int_0^{\frac{\pi}{4}} \dfrac{\sin\theta\cos\theta}{(\cos\theta + \sin\theta)^2} \mathrm{d}\theta$.

4. 设 $y = \sin(e^{\cos x})$，求 $y''(1)$.

5. 如图所示，将长度为 1 的线段分为 x, y 两段，再将长为 x 的线段弯成半圆周 ACB，将长为 y 的线段折成矩形的三边 AD、BE、DE，求半圆周和矩形围成图形面积的最大值.

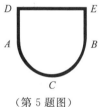

（第 5 题图）

二、(满分 20 分) 已知 $f(x) = \ln(x^2 - 2x - 3)$，求 $f^{(n)}(x)$.

三、(满分 20 分) 已知 $x_1 = 1, x_n e^{x_{n+1}} = e^{x_n} - 1$，证明：(1) x_n 单调递减，(2) $x_{n+1} > 1/2^n$.

四、(满分 20 分) 求曲线 $x^{\frac{2}{3}} + (2y)^{\frac{2}{3}} = 1$ 的全长.

五、(满分 20 分) 已知 $f(x)$ 在 $[0,1]$ 上可导，$f(0) = f(1) = 0$，证明：$\exists \xi \in (0,1), f'(\xi) = 2\xi f(\xi)$.

2020 年浙江省大学生高等数学
(微积分) 竞赛试题

(数学类)

一、计算题(每小题 14 分,满分 70 分)

1. 求极限 $\lim\limits_{n \to +\infty} \left(\cos \dfrac{1}{n} + \dfrac{1}{n} \sin \dfrac{1}{n} \right)^{n^2}$.

2. 求不定积分 $\displaystyle\int (1+x^n)^{-1-\frac{1}{n}} \mathrm{d}x$.

3. 求定积分 $\displaystyle\int_0^1 \dfrac{x^2+6x+3}{(x+3)^2+(x^2+x)^2} \mathrm{d}x$.

4. 求累次积分 $\displaystyle\int_0^{\pi/4} \left(\int_0^y \tan^2 \left(\left(\dfrac{\pi}{4} - x \right)^2 \right) \mathrm{d}x \right) \mathrm{d}y$.

5. 求级数的和 $\displaystyle\sum_{n=1}^{+\infty} \dfrac{n^2-1}{n \cdot 2^n}$.

二、(满分 20 分) 设 $s(x) = \displaystyle\int_0^x |\cos t| \, \mathrm{d}t$,

(1) 求 $\lim\limits_{n \to \infty} \dfrac{s(x)}{x}$,

(2) 问 $y = s(x)$ 是否有渐近线,并说明理由.

三、(满分 20 分) 设 $x = x(u,v), u = y-z, v = y+z$, 已知 $\dfrac{\partial x}{\partial u} = 3u + \sin v, \dfrac{\partial x}{\partial v} = u\cos v - \sin v$, 试求 $\dfrac{\partial z}{\partial x} + \dfrac{\partial z}{\partial y}$.

四、(满分 20 分) 设 $a,b,c \in \mathbf{R}$, 讨论级数 $\displaystyle\sum_{n=3}^{+\infty} \dfrac{a^n}{n^b (\ln n)^c}$ 何时绝对收敛、条件收敛、发散?

五、(满分 20 分) 设连续函数 $f(x): \mathbf{R}^+ \to \mathbf{R}^+$ 满足对 $\forall x, y \in \mathbf{R}^+$, $\lim\limits_{n \to +\infty} (f_n(x) - f_n(y)) = 0$, 其中 $f_n(x) = f(f_{n-1}(x))$, 试问: 是否存在 $x_0 \in (0, +\infty)$, 使得 $\forall x \in (0, x_0)$, $f(x) > x$; $\forall x \in (x_0, +\infty), f(x) < x$.

(工科类)

一、计算题:(每小题 14 分,满分 70 分)

1. 求极限 $\lim\limits_{x \to +\infty} \left(\cos \dfrac{1}{n} + \dfrac{1}{n} \sin \dfrac{1}{n} \right)^{n^2}$.

2. 求不定积分 $\displaystyle\int (1+x^n)^{-1-\frac{1}{n}} \mathrm{d}x$.

3. 求定积分 $\displaystyle\int_0^1 \frac{x^2 + 6x + 3}{(x+3)^2 + (x^2+x)^2} \mathrm{d}x$.

4. 设椭圆 $\dfrac{x^2}{25} + \dfrac{y^2}{16} = 1$ 的线密度为 $\rho(x, y) = |xy|$，求椭圆的质量.

5. 求级数的和 $\displaystyle\sum_{n=1}^{+\infty} \frac{n^2 - 1}{n \cdot 2^n}$.

二、(满分 20 分) 设 $s(x) = \displaystyle\int_0^x |\cos t| \,\mathrm{d}t$,

(1) 求 $\displaystyle\lim_{n \to +\infty} \frac{s(x)}{x}$,

(2) 问 $y = s(x)$ 是否有渐近线，并说明理由.

三、(满分 20 分) 设 $a > 0$ 是常数，$f: \mathbf{R} \to \mathbf{R}$ 是连续函数，证明
$$\int_0^a \int_0^z \int_0^y f(x) \mathrm{d}x \mathrm{d}y \mathrm{d}z = \frac{1}{2} \int_0^a (a-x)^2 f(x) \mathrm{d}x.$$

四、(满分 20 分) 设 f 在 $(0, +\infty)$ 上连续，且 $\forall a > 0, b > 0$，有 $\displaystyle\int_a^{ab} f(x)\mathrm{d}x = \int_1^b f(x)\mathrm{d}x$，求 $f(x)$ 的表达式.

五、(满分 20 分) 设连续函数 $f(x): \mathbf{R}^+ \to \mathbf{R}^+$ 满足对 $\forall x, y \in \mathbf{R}^+$，$\displaystyle\lim_{n \to +\infty}(f_n(x) - f_n(y)) = 0$，其中 $f_n(x) = f(f_{n-1}(x))$，试问：是否存在 $x_0 \in (0, +\infty)$，使得 $\forall x \in (0, x_0)$，$f(x) > x$；$\forall x \in (x_0, +\infty)$，$f(x) < x$.

（经 管 类）

二、计算题(每小题 14 分，满分 70 分)

1. 求极限 $\displaystyle\lim_{x \to +\infty} \left(\cos\frac{1}{n} + \frac{1}{n}\sin\frac{1}{n}\right)^{n^2}$.

2. 求不定积分 $\displaystyle\int (1 + x^2)^{-2.5} \mathrm{d}x$.

3. 求定积分 $\displaystyle\int_0^1 \frac{x^2 + 6x + 3}{(x+3)^2 + (x^2+x)^2} \mathrm{d}x$.

4. 设椭圆 $\dfrac{x^2}{25} + \dfrac{y^2}{16} = 1$ 的线密度为 $\rho(x, y) = |xy|$，求椭圆的质量.

5. 求级数的和 $\displaystyle\sum_{n=1}^{+\infty} \frac{n^2 - 1}{n \cdot 2^n}$.

二、(满分 20 分) 设 $s(x) = \displaystyle\int_0^x |\cos t| \,\mathrm{d}t$,

(1) 求 $\displaystyle\lim_{n \to +\infty} \frac{s(x)}{x}$,

(2) 问 $y = s(x)$ 是否有渐近线，并说明理由.

三、(满分 20 分) 设 $a > 0$ 是常数，$f: \mathbf{R} \to \mathbf{R}$ 是连续函数，证明
$$\int_0^a \int_0^y f(x) \mathrm{d}x \mathrm{d}y = \int_0^a (a-x) f(x) \mathrm{d}t.$$

四、(满分 20 分) 设 $a,b,c \in \mathbf{R}$,讨论级数 $\sum\limits_{n=3}^{+\infty} \dfrac{a^n}{n(\ln n)^c}$ 何时绝对收敛、条件收敛、发散?

五、(满分 20 分) 若 $f(x)$ 在 $[0,1]$ 上单调递增,且 $\int_0^1 f(x)\mathrm{d}x \leqslant 1$,证明:当 $x \in [0,1]$ 时,

$$\int_0^x f(x)\mathrm{d}t \leqslant x.$$

(文科与专科类)

三、计算题:(每小题 14 分,满分 70 分)

1. 求极限 $\lim\limits_{x \to +\infty} \left(\cos\dfrac{1}{x} + \dfrac{1}{x}\sin\dfrac{1}{x}\right)^{x^2}$.

2. 求不定积分 $\int (1+x^2)^{-2.5}\mathrm{d}x$.

3. 求定积分 $\int_0^1 \dfrac{x^2+6x+3}{(x+3)^2+(x^2+x)^2}\mathrm{d}x$.

4. 求 $x^2 + \dfrac{y^2}{3} \leqslant 1$ 和 $y \geqslant |x|$ 相交部分的面积.

5. 求 $y = \dfrac{x^3}{x^2-3x+2}$ 的 n 阶导数.

二、(满分 20 分) 设 $s(x) = \int_0^x |\cos t|\,\mathrm{d}t$,

(1) 求 $\lim\limits_{n \to +\infty} \dfrac{s(x)}{x}$,

(2) 问 $y = s(x)$ 是否有渐近线,并说明理由.

三、(满分 20 分) 设 $g(y) = \int_a^y f(x)\mathrm{d}x$,$\forall x$,求证 $\int_0^x g(u)\mathrm{d}u = \int_0^x (x-t)f(t)\mathrm{d}t$.

四、(满分 20 分) 设 $f(x) > 0$,在 $[0,\pi]$ 上连续,求证:存在唯一的 $\xi \in (0,\pi)$,使 $\int_0^\xi f(x)\mathrm{d}x = 2\xi + \int_\xi^1 \dfrac{1}{f(x)}\mathrm{d}x$.

五、(满分 20 分) 若 $f(x)$ 在 $[0,1]$ 上单调递增,且 $\int_0^1 f(x)\mathrm{d}x \leqslant 1$,证明:当 $x \in [0,1]$ 时,

$$\int_0^x f(t)\mathrm{d}t \leqslant x.$$

2021年浙江省大学生高等数学 (微积分) 竞赛试题

(数学类 & 工科类)

一、计算题(每小题 14 分,满分 70 分)

1. 设 $x_n = \left(1 + \dfrac{1}{n^2}\right)\left(1 + \dfrac{2}{n^2}\right) \cdots \left(1 + \dfrac{n}{n^2}\right)$,求 $\lim\limits_{n \to +\infty} x_n$.

2. 求 $y = \dfrac{x^3}{(x-1)^2} \cos(2\arctan x)$ 的所有渐近线.

3. 求不定积分 $\displaystyle\int \dfrac{x\,\mathrm{d}x}{(x-1)^2 \sqrt{1 + 2x + x^2}}$.

4. 求定积分 $\displaystyle\int_0^{\pi/2} \dfrac{\mathrm{d}x}{1 + \tan^{2021} x}$.

5. 求级数 $\displaystyle\sum_{n=1}^{+\infty} \dfrac{n^2 + 1}{n!}$ 的和.

二、(满分 20 分) 设 $a_1 = 1, a_n = \sin a_{n-1} (n \geqslant 2)$,证明:$a_n \geqslant \dfrac{1}{\sqrt{n}} (n \geqslant 2)$.

三、(满分 20 分) 计算 $\displaystyle\iint_D (\sin(x^3 y) + x^2 y)\mathrm{d}x\mathrm{d}y$,其中 D 由 $y = x^3$、$y = -1$ 和 $x = 1$ 围成的有限闭区域.

四、(满分 20 分) 一卡车沙子通过传送带卸货,假设沙子落到地上堆成一个正圆锥体,且圆锥体的底面半径始终等于圆锥体的高,如果传送带以每分钟 3 立方米匀速卸沙,问当圆锥到达 3 米高时,卸了多少时间,此时圆锥高 x 的增长速度为多少?

五、(满分 20 分,限数学类做) 若 $f(x):(0,\pi) \to \mathbf{R}$ 连续,$f(x) > 0, f\left(\dfrac{\pi}{2}\right) = 1$ 且对于任意的 $x \in (0,\pi)$ 满足 $\displaystyle\int_{\pi/2}^x \dfrac{\mathrm{d}t}{f^2(t)} = -\dfrac{\cos x}{f(x)}$,求 $f(x)$ 的表达式.

六、(满分 20 分,限工科类做) 设 Γ 是上半球面 $x^2 + y^2 + z^2 = R^2 (z \geqslant 0)$ 上的光滑曲线,起点和终点分别在平面 $z = 0, z = \dfrac{R}{2}$ 上,曲线的切线与 z 轴正向的夹角为常数 $\alpha \in \left(0, \dfrac{\pi}{6}\right)$,求曲线 Γ 的长度.

(经管类)

一、计算题:(每小题 14 分,满分 70 分)

1. 设函数 $f(x) = \mathrm{e}^{-x} \sin x$,求 $f(x)$ 的 n 阶导数.

2. 设 $x_n = \left(1 + \dfrac{1}{n^2}\right)\left(1 + \dfrac{2}{n^2}\right) \cdots \left(1 + \dfrac{n}{n^2}\right)$,求 $\lim\limits_{n \to +\infty} x_n$.

3.求不定积分 $\displaystyle\int \frac{x\mathrm{d}x}{(x-1)^2\sqrt{1+2x-x^2}}$.

4.求定积分 $\displaystyle\int_0^{\pi/2} \frac{\mathrm{d}x}{1+\tan^{2021}x}$.

5.求 $y = \dfrac{x^3}{(x-1)^2}\cos(2\arctan x)$ 的所有渐近线.

二、(满分 20 分) 设 **R** 上的函数 $f(x) = [x]+[-x]x$,$[x]$ 取不大于 x 的最大整数,试分析 $f(x)$ 的间断点及其类型.

三、(满分 20 分) 计算 $\displaystyle\iint\limits_{D} [\sin(x^3y)+x^2y]\mathrm{d}x\mathrm{d}y$,其中 D 由 $y=x^3$,$y=-1$ 和 $x=1$ 围成的有限闭区域.

四、(满分 20 分) 设一烟灰缸形状为曲线 $y=2x^2-x^3$ 和 $y=0$ 和在第一象限围成的平面图形绕 y 轴旋转一周而成,求此烟灰缸的体积 V 和容积 V'.

五、(满分 20 分) 设 $a_1=1$,$a_n=\sin a_{n-1}(n\geqslant 2)$,证明:$a_n\geqslant \dfrac{1}{\sqrt{n}}(n\geqslant 2)$.

(文科与专科类)

一、计算题(每小题 14 分,满分 70 分)

1.设函数 $f(x)=\mathrm{e}^{-x}\sin x$,求 $f(x)$ 在 $x=0$ 处的 3 阶导数.

2.已知数列 $\{x_n\}$ 满足 $x_1=1$,$x_n=\mathrm{e}^{x_{n+1}}-1$,$n=1,2,3,\cdots$,求 $\displaystyle\lim_{n\to+\infty} x_n$.

3.求不定积分 $\displaystyle\int \frac{x^3}{(1+x^8)^2}\mathrm{d}x$.

4.求定积分 $\displaystyle\int_0^{\pi/2} \frac{\mathrm{d}x}{1+\tan^{2021}x}$.

5.求 $y = \dfrac{x^3}{(x-1)^2}\cos(2\arctan x)$ 的所有渐近线.

二、(满分 20 分) 设 **R** 上的函数 $f(x) = [x]+[-x]x$,$[x]$ 取不大于 x 的最小整数,试分析 $f(x)$ 的间断点及其类型.

三、(满分 20 分) 已知正圆锥的母线长为 1,求该圆锥内切球半径的最大值.

四、(满分 20 分) 设一烟灰缸形状为曲线 $y=2x^2-x^3$ 和 $y=0$ 在第一象限围成的平面图形绕 y 轴旋转一周而成,求此烟灰缸的体积 V 和容积 V'.

五、(满分 20 分) 设 $-\infty<a<b<+\infty$,$f(x)$ 在 (a,b) 上无界可导,则 $f'(x)$ 无界.

2022 年浙江省大学生高等数学
(微积分)竞赛试题

(数学类 & 工科类)

一、计算题(每小题 14 分,满分 70 分)

1. 求极限 $\lim\limits_{x \to 0}\left(\dfrac{\tan(\tan x) - \tan(\sin x)}{\ln(1 + x^3)}\right)$.

2. 求不定积分 $\displaystyle\int x\ln(4 + x^4)\,\mathrm{d}x$.

3. 求积分 $\displaystyle\iint\limits_{R^2} \mathrm{e}^{-(x^2 - 2xy + 2y^2)}\,\mathrm{d}x\mathrm{d}y$.

4. 求线积分 $\displaystyle\iint\limits_{L} \dfrac{y\mathrm{d}x - x\mathrm{d}y}{2x^2 + y^2}$, $L: x^4 + y^4 = 16$,逆时针方向.

5. 已知 $x_1 = \sqrt{2}$,$x_{n+1} = \sqrt{2 + x_n}$,$(n = 1, 2, \cdots)$,判断级数 $\displaystyle\sum_{i=1}^{\infty} \sqrt{2 - x_i}$ 的收敛性.

二、(满分 20 分) 一个单位圆面切掉一个角度为 $\theta(0 < \theta < 2\pi)$ 的扇形,然后将剩下的部分折叠成一个圆锥的侧面,求圆锥的最大体积.

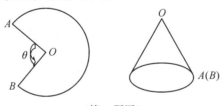

(第二题图)

三、(满分 20 分) 求由六个平面 $\begin{cases} a_{11}x + a_{12}y + a_{13}z = \pm h_1 \\ a_{21}x + a_{22}y + a_{23}z = \pm h_2 \\ a_{31}x + a_{32}y + a_{33}z = \pm h_3 \end{cases}$ 所包围的平行六面体的体积,其中系数行列式 $\det(a_{ij})_{3\times 3} \neq 0$.

四、(满分 20 分) 设实数列 $\{a_n\}$ 满足 $(1 + a_n)(1 - a_{n+1}) = 1$,

(1) 证明 $\lim\limits_{n \to +\infty} a_n$ 存在,并求该极限;

(2) 对给定的正整数 n,若 $-\dfrac{1}{n} < a_1 < -\dfrac{1}{n+1}$,求所有正整数 m,使得 $a_m > 1$.

五、(满分 20 分,工科类做) 设 $f(x)$ 在 $[-1,1]$ 三阶可导,且 $f(-1) = 0$,$f(1) = 1$,$f'(0) = 0$,证明:存在 $\xi \in (-1,1)$,满足 $|f'''(\xi)| \geqslant 3$.

六、(满分 20 分,数学类做) 设 $f(x)$ 在 $[-1,1]$ 三阶可导,且 $f(-1) = 0$,$f(1) = 1$,$f'(0) = 0$,证明:存在 $\xi \in (-1,1)$,满足 $|f'''(\xi)| = 3$.

（经管类）

一、计算题：(每小题 14 分，满分 70 分)

1. 求极限 $\lim\limits_{(x,y)\to(0,2)}\left(\dfrac{\sin 2\pi xy}{xy^3}\right)$.

2. 求不定积分 $\displaystyle\int x\ln(4+x^4)\,\mathrm{d}x$.

3. 求定积分 $\displaystyle\int_0^{2\pi}\sqrt{1+\sin x}\,\mathrm{d}x$.

4. 对正整数 n，比较 $\left(\sqrt{n+7}\right)^{\sqrt{n+8}}$ 与 $\left(\sqrt{n+8}\right)^{\sqrt{n+7}}$ 的大小.

5. 求曲线 $y=1+ax^2(a>0)$ 及其过原点的两条切线围成的平面图形绕 y 轴旋转所得的旋转体体积.

二、(满分 20 分) $|a_n|<1$，级数 $\sum\limits_{n=1}^{+\infty}\ln(1+a_n)$ 绝对收敛的充要条件是 $\sum\limits_{n=1}^{+\infty}a_n$ 绝对收敛.

三、(满分 20 分) 设对任意经 $x,y\in\mathbf{R}$，有 $|P(x)-P(y)|\leqslant k|k-y|^r$，其中 $k>0$，$r>1$，求 $P(x)$ 的表达式.

四、(满分 20 分) 等腰三角形 T 的底边长为 $2r$，高为 h，T 的底边与半径为 r 的半圆盘 D 的直径重合，若 $T\cup D$ 的形心在三角形的内部，求 r 和 h 的关系.

五、(满分 20 分) 设实数 $a,b(a<b)$ 为定义在 $\mathbf{R}$ 上的连续可导函数 $f(x)$ 的零点，证明存在实数 $\xi\in(a,b)$，满足 $f(\xi)=f'(\xi)$.

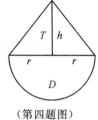

（第四题图）

（文科与专科类）

一、计算题(每小题 14 分，满分 70 分)

1. 求极限 $\lim\limits_{n\to\infty}\left(\dfrac{3n-1}{n^3\sin\frac{1}{n^2}}-3\right)\sin(n^2)$.

2. 设 $f(x)=\dfrac{x}{\sqrt[3]{1+x}}$，求 $f^{(2022)}(x)$.

3. 求不定积分 $\displaystyle\int x\ln(4+x^4)\,\mathrm{d}x$.

4. 求定积分 $\displaystyle\int_0^{\pi}\sqrt{1+\sin x}\,\mathrm{d}x$.

5. 对正整数 n，比较 $\left(\sqrt{n+7}\right)^{\sqrt{n+8}}$ 与 $\left(\sqrt{n+8}\right)^{\sqrt{n+7}}$ 的大小.

二、(满分 20 分) 分析函数 $f(x)=[x]\cos\dfrac{1}{x}$ 的间断点及其类型，$[x]$ 取不大于 x 的最大整数.

三、(满分 20 分) 求曲线 $y=1+ax^2(a>0)$ 及其过原点的两条切线围成的平面图形绕 y 轴旋转所得的旋转体体积.

四、(满分 20 分) 如图,一个单位圆面切掉一个角度为 $\theta(0<\theta<2\pi)$ 的扇形,然后将剩下的部分折叠成一个圆锥的侧面,求圆锥的最大体积.

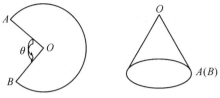

(第四题图)

五、(满分 20 分) 求多项式 $p(x)=x^2+ax+b$,使得积分 $\int_{-1}^{1}p^2(x)\mathrm{d}x$ 取得最小值.

2023 浙江省大学生高等数学
(微积分) 竞赛试题

(数学类 & 工科类)

一、计算题(每小题 **14** 分,满分 **70** 分)

1. 设 $F(x) = \int_{\sin x}^{\cos x} e^{(x^2+xt)} dt$,求 $F'(0)$.

2. 求定积分 $\int_0^{\frac{\pi}{4}} \ln(1+\tan x) dx$.

3. 求极限 $\lim\limits_{n\to+\infty} \dfrac{n^n}{n!\,e^n}$.

4. 设 $g(s,t) = f(s^2-t^2, t^2-s^2)$, f 可微,求 $t\dfrac{\partial g}{\partial s} + s\dfrac{\partial g}{\partial t}$.

5. 设 $x \in \mathbf{R}$,求幂级数 $\sum\limits_{n=0}^{+\infty} \dfrac{(x+2)^n}{(n+3)!}$ 的和函数.

二、(满分 20 分) 设椭圆 $x^2-xy+y^2=3$ 的外切长方形的两组对边与坐标轴平行,求该外切长方形的面积.

三、(满分 20 分) 已知正圆锥半顶角为 θ,内有两个半径分别为 R 和 r 的球,皆与圆锥面相切叠放于圆锥内,过圆锥高和底面直径的截面如图所示,求圆锥内介于两个球之间的体积.

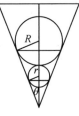
(第三题图)

四、(满分 20 分) 设 $f(x)$ 在实轴 $\mathbf{R}$ 上二阶可导,$f''(x)$ 有界,$\lim\limits_{x\to+\infty} f(x) = 0$,证明:$\lim\limits_{x\to+\infty} f'(x) = 0$.

五、(满分 20 分,工科类做) 对于任何正整数 m 和 n,证明:$\sum\limits_{k=0}^{n} (-1)^k \binom{n}{k} \dfrac{1}{k+m+1} = \sum\limits_{k=0}^{m} (-1)^k \binom{m}{k} \dfrac{1}{k+n+1}$.

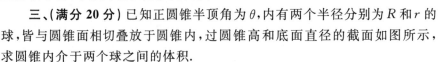

六、(满分 20 分,数学类做) 设 $f(x)$ 在 $[0,1]$ 上连续,$g(x)$ 为上可积的周期函数,周期为 1,n 为正整数,证明:$\lim\limits_{n\to+\infty} \int_0^1 f(x)g(nx) dx = \left(\int_0^1 f(x) dx\right)\left(\int_0^1 g(x) dx\right)$.

(经管类)

一、计算题(每小题 **14** 分,满分 **70** 分)

1. 求极限 $\lim\limits_{n\to+\infty} \sqrt[n]{1+2^4+3^4+\cdots+n^4}$.

2. 设 $F(x) = \int_{\sin x}^{\cos x} e^{(x^2+xt)} dt$,求 $F'(0)$.

3. 求定积分 $\displaystyle\int_{-1}^{1}\dfrac{1+\sin x}{1+\sqrt[3]{x^{2}}}\mathrm{d}x$.

4. 设 $x\in\mathbf{R}$,求幂级数 $\displaystyle\sum_{n=0}^{+\infty}\dfrac{(x+2)^{n}}{(n+3)!}$ 的和函数.

5. 设椭圆 $x^{2}-xy+y^{2}=3$ 的外切长方形的两组对边与坐标轴平行,求该外切长方形的面积.

二、(满分 20 分) 设 $f(x)$ 是 $[0,1]\rightarrow[0,1]$ 上的连续函数,$f(0)=1,f(1)=0$,且 $f(f(x))=x$,求 $f(x)$ 的一个表达式,$f(x)$ 是否唯一,并说明理由.

三、(满分 20 分) 设 n 为正整数,计算积分 $\displaystyle\int_{0}^{n}(3\{x\}-\{2x\})\mathrm{d}x$,其中 $\{x\}$ 为实数 x 的小数部分.

四、(满分 20 分) 基尼系数是根据洛伦兹曲线 $L(x)$ 提出的判别分配平等程度的指标.设实际收入分配曲线 $L(x)$ 和收入分配绝对平等曲线 $y=x$ 之间的面积为 A,实际收入分配曲线 $L(x)$ 右下方的面积为 B,基尼系数 G 定义为 $G=\dfrac{A}{A+B}$.假设 $L(x)=\dfrac{1}{2}x+\dfrac{1}{2}x^{\alpha}$(其中 $\alpha>0$),求 G.进一步,求出使 $G\leqslant0.41$ 的 α 范围(0.4 称为贫富差距的警戒线).

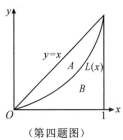

(第四题图)

五、(满分 20 分) f 为闭区间 $[a,b]$ 上的连续函数,在开区间 (a,b) 上二阶可导,连接点 $(a,f(a))$ 和 $(b,f(b))$ 的直线段与 f 相交于 $(c,f(c))$,且 $a<c<b$,证明:至少存在一个点 $t\in(a,b)$,使得 $f''(t)=0$.

（文科与专科类）

三、计算题(每小题 14 分,满分 70 分)

1. 求极限 $\displaystyle\lim_{x\rightarrow\left(\frac{\pi}{2}\right)^{-}}(\sec x-\tan x)$.

2. 求 $\dfrac{\mathrm{d}}{\mathrm{d}x}(x^{\sqrt{x}})$ 的值.

3. 求定积分 $\displaystyle\int_{-1}^{1}\dfrac{1+\sin x}{1+\sqrt[3]{x^{2}}}\mathrm{d}x$.

4. 比较 $\displaystyle\int_{0}^{\frac{\pi}{2}}\dfrac{\sin x}{1+x^{2}}\mathrm{d}x$ 与 $\displaystyle\int_{0}^{\frac{\pi}{2}}\dfrac{\cos x}{1+x^{2}}\mathrm{d}x$ 的大小.

5. 设椭圆 $x^{2}-xy+y^{2}=3$ 的外切长方形的两组对边与坐标轴平行,求该外切长方形的面积.

二、(满分 20 分) 设函数 $f(x)=x^{3}+3ax^{2}+3bx+1$ 在 $x=2$ 处有极值,在 $x=1$ 处的切线与直线 $6x+2y+2=0$ 平行,求 $f(x)$ 的极大值和极小值.

三、(满分 20 分) 求抛物线 $y=1-x^{2}$ 在 $x\in(0,1)$ 时的一条切线,使它与两坐标轴和抛物线所围图形的面积最小.

四、(满分 20 分) 基尼系数是根据洛伦兹曲线 $L(x)$ 提出的判别分配平等程度的指标. 设实际收入分配曲线 $L(x)$ 和收入分配绝对平等曲线 $y = x$ 之间的面积为 A, 实际收入分配曲线 $L(x)$ 右下方的面积为 B, 基尼系数 G 定义为 $G = \dfrac{A}{A+B}$. 假设 $L(x) = \dfrac{1}{2}x + \dfrac{1}{2}x^a$(其中 $\alpha > 1$), 求 G. 进一步, 求出使 $G \leqslant 0.4$ 的 α 范围(0.4 称为贫富差距的警戒线).

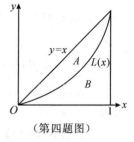

(第四题图)

五、(满分 20 分) 设 $f(x), g(x)$ 在 $[a,b]$ 上连续, 在 (a,b) 上可导, 且 $f(a) = f(b) = 0$, 证明存在 $\xi \in [a,b]$ 使得 $f'(\xi) + f(\xi)g'(\xi) = 0$.

2024 年浙江省大学生高等数学
(微积分) 竞赛试题

(数学类)

一、计算题(每小题 14 分,满分 70 分)

1. 求极限 $\lim\limits_{n \to +\infty} \dfrac{\ln n}{\ln(1^{2024} + 2^{2024} + 3^{2024} + \cdots + n^{2024})}$.

2. 计算不定积分 $\displaystyle\int \dfrac{\sin x \sin 2x}{\sin^4\left(\dfrac{\pi}{4} - \dfrac{x}{2}\right)} \mathrm{d}x$.

3. 设 $f(x) = \dfrac{x}{x^2 - 2x + 4}$,求 $f^{(2024)}(0)$.

4. 设 $x = uv, y = u\,\mathrm{e}^v, z = v$,求 $\dfrac{\partial^2 z}{\partial x \partial y}$.

5. 求级数 $S = \displaystyle\sum_{i=0}^{+\infty} \sum_{j=0}^{+\infty} \dfrac{2^{\max\{i,j\}}}{3^i \cdot 5^j}$ 的和.

二、(满分 20 分) 设 V 为曲线 $C: \begin{cases} x^2 - z^2 = 1 \\ y = 0 \end{cases}$ 绕 Z 轴旋转一周而成的旋转曲面 S 与平面 $z = -1, z = 1$ 围成的立体,V 内任一点的密度值等于此点到 Z 轴的距离的平方,求 V 的质量.

三、(满分 20 分) 已知函数 $f(x)$ 和 $g(x)$ 在 $[0, +\infty)$ 上可导,$g(x) \neq 0, x \in (0, +\infty)$,且 $f(0) = 0, f'(0) = 1$,若 $\begin{cases} f(x)g'(x) + f'(x)g(x) = 2x \\ f(x)g'(x) - f'(x)g(x) = 4x^2 \end{cases}$,求 $f(x)$ 的表达式.

四、(满分 20 分) 设 $\alpha > 0$,已知级数 $\displaystyle\sum_{n=2}^{+\infty} \ln\left(1 + \dfrac{(-1)^n}{n^\alpha}\right)$ 收敛,求 α 的取值范围.

五、(满分 20 分) 设 $f(x)$ 在 $[0,1]$ 上黎曼可积,求 $\lim\limits_{n \to +\infty} \dfrac{1}{n} \displaystyle\sum_{k=1}^{n} (-1)^{k-1} f\left(\dfrac{k}{n}\right)$.

(工科类)

一、计算题(每小题 14 分,满分 70 分)

1. 求极限 $\lim\limits_{n \to \infty} \dfrac{\ln n}{\ln(1 + 2^{2024} + 3^{2024} + \cdots + n^{2024})}$.

2. 计算不定积分 $\displaystyle\int \dfrac{\sin x \sin 2x}{\sin^4\left(\dfrac{\pi}{4} - \dfrac{x}{2}\right)} \mathrm{d}x$.

3. 设 $f(x) = \dfrac{x}{x^2 - 2x + 4}$,求 $f^{(2024)}(0)$.

4. 设 $x = uv, y = ue^v, z = v$,求 $\dfrac{\partial^2 z}{\partial x \partial y}$.

5. 求级数 $S = \sum\limits_{i=0}^{+\infty} \sum\limits_{j=0}^{+\infty} \dfrac{2^{\max\{i,j\}}}{3^i 5^j}$ 的和.

二、(满分 20 分) 设 V 为曲线 $C:\begin{cases} x^2 - z^2 = 1 \\ y = 0 \end{cases}$ 绕 Z 轴旋转一周而成的旋转曲面 S 与平面 $z = -1, z = 1$,围成的立体,V 内任一点的密度值等于此点到 Z 轴的距离的平方,求 V 的质量.

三、(满分 20 分) 已知函数 $f(x)$ 和 $g(x)$ 在 $[0, +\infty)$ 上可导,$g(x) \neq 0, x \in (0, +\infty)$,且 $f(0) = 0, f'(0) = 1$,若 $\begin{cases} f(x)g'(x) + f'(x)g(x) = 2x \\ f(x)g'(x) - f'(x)g(x) = 4x^2 \end{cases}$,求 $f(x)$ 的表达式.

四、(满分 20 分) 设 $\alpha > 0$,已知级数 $\sum\limits_{n=2}^{+\infty} \ln\left(1 + \dfrac{(-1)^n}{n^\alpha}\right)$ 收敛,求 α 的取值范围.

五、(满分 20 分) 设 $f(x, y)$ 在 $\mathbf{R}^2$ 上可微,f 为常值函数的充要条件为 $xf_x(x, y) + yf_y(x, y) = 0$.

(经管类)

一、计算题(每小题 14 分,满分 70 分)

1. 求极限 $\lim\limits_{x \to 0} \dfrac{1}{x^3}\left[\left(\dfrac{1 + \cos x}{2}\right)^x - 1\right]$.

2. 计算定积分 $\displaystyle\int_0^1 \dfrac{x^4(1-x)^4}{1+x^2}dx$.

3. 令 $f_n(x) = (1 - x^2)(1 - 2x^2)(1 - 3x^2)\cdots(1 - nx^2)$,求最小的正整数 n,使得 $|f''_n(0)| > 2024$.

4. 设 α 为常数,试讨论函数 $f(x) = \alpha e^x - 1 - x - \dfrac{x^2}{2} - \dfrac{x^3}{6} - \dfrac{x^4}{24}$ 在 $(-\infty, +\infty)$ 内的零点个数.

5. 已知正方形薄片四个顶点的坐标分别为 $(0,0), (1,0), (0,1), (1,1)$,薄片任意 (x, y) 处的面密度 $\rho(x, y) = \sqrt{x^2 + y^2}$,求薄片的质量.

二、(满分 20 分) 设 C 为 $x^2 + y^2 = 1$ 在第一象限的部分,$A(x_1, y_1), B(x_2, y_2)$ 为 C 上两点,且 AB 的弧长为 1,记 C 与 $x = x_1, x = x_2$ 及 x 轴围成的面积为 S_1,C 与 $y = y_1, y = y_2$ 及 y 轴围成的面积为 S_2,求 $S_1 + S_2$ 的值.

三、(满分 20 分) 设 D 为由直线 $x = t, x = t + \dfrac{a}{4}, x + y = a$ 及 x 轴围成的平面图形,其中 $a > 0$ 为常数,$0 \leqslant t \leqslant \dfrac{3}{4}a$.

(1) 求 D 绕 y 轴旋转所得旋转体的体积 $V(t)$;

(2) 求 $V(t)$ 的最大值、最小值.

四、(满分 20 分) 设 $\alpha > 0$,已知级数 $\sum\limits_{n=2}^{+\infty} \ln\left(1 + \dfrac{(-1)^n}{n^\alpha}\right)$ 收敛,求 α 的取值范围.

五、(满分 20 分) 设 $x \in (0, +\infty)$,证明 $\left(1 + \dfrac{1}{x}\right)^x (1+x)^{\frac{1}{x}} \leqslant 4$,且仅当 $x = 1$ 时,等号成立.

(文科与专科类)

一、计算题(每小题 14 分,满分 70 分)

1. 求极限 $\lim\limits_{x \to 0} \dfrac{1}{x^3}\left[\left(\dfrac{1 + \cos x}{2}\right)^x - 1\right]$.

2. 计算定积分 $\displaystyle\int_0^1 \dfrac{x^4(1-x)^4}{1+x^2} \mathrm{d}x$.

3. 令 $f_n(x) = (1 - x^2)(1 - 2x^2)(1 - 3x^2)\cdots(1 - nx^2)$,求最小的正整数 n,使得 $|f_n''(0)| > 2024$.

4. 设 α 为常数,试讨论函数 $f(x) = \alpha \mathrm{e}^x - 1 - x - \dfrac{x^2}{2} - \dfrac{x^3}{6} - \dfrac{x^4}{24}$ 在 $(-\infty, +\infty)$ 内的零点个数.

5. 设 $f(x) = \dfrac{x}{x^2 - 2x + 4}$,求 $f^{(2024)}(0)$.

二、(满分 20 分) 设 C 为 $x^2 + y^2 = 1$ 在第一象限的部分,$A(x_1, y_1)$,$B(x_2, y_2)$ 为 C 上两点,且 AB 的弧长为 1,记 C 与 $x = x_1$,$x = x_2$ 及 x 轴围成的面积为 S_1,C 与 $y = y_1$,$y = y_2$ 及 y 轴围成的面积为 S_2,求 $S_1 + S_2$ 的值.

三、(满分 20 分) 设 $0 < \lambda \leqslant 1$,$f(x) = \dfrac{1}{x^{1+\lambda}} - \dfrac{2}{x}$,对任意 $n \in \mathbb{Z}^+$,证明

(1) $f(n) \leqslant f(n+1)$;

(2) $\displaystyle\int_n^{n+1}\left(\dfrac{1}{n^{1+\lambda}} - \dfrac{1}{x^{1+\lambda}}\right)\mathrm{d}x \leqslant \dfrac{1+\lambda}{(n+1)n^{1+\lambda}}$.

四、(满分 20 分) 设 D 为由直线 $x = t$,$x = t + \dfrac{a}{4}$,$x + y = a$ 及 x 轴围成的平面图形,其中 $a > 0$ 为常数,$0 \leqslant t \leqslant \dfrac{3}{4}a$.

(1) 求 D 绕 y 轴旋转所得旋转体的体积 $V(t)$;

(2) 求 $V(t)$ 的最大值、最小值.

五、(满分 20 分) 设 $x \in (0, +\infty)$,证明 $\left(1 + \dfrac{1}{x}\right)^x (1+x)^{\frac{1}{x}} \leqslant 4$,且仅当 $x = 1$ 时,等号成立.

全国各地大学生高等数学竞赛试题精选

一、极限与连续

1. 计算下列极限（北京市大学生数学竞赛）

(1) $\lim\limits_{x \to 0} \dfrac{\left(\int_0^x \dfrac{\sin t}{t} \mathrm{d}t\right)^2}{x}$

(2) $\lim\limits_{x \to \infty} \sqrt{\sqrt{x + \sqrt{x}} - \sqrt{x}}$

(3) $\lim\limits_{x \to 0^+} \left(\dfrac{1^x + 2^x + 4^x}{3}\right)^{\frac{1}{x}}$

(4) $\lim\limits_{x \to 1^-} \dfrac{\ln(1-x)}{\ln\sin \dfrac{\pi x}{2} - \ln\cos \dfrac{\pi x}{2}}$

(5) $\lim\limits_{x \to \frac{\pi}{2}}\left[\lim\limits_{n \to \infty}\left(\cos\dfrac{x}{2} \cdot \cos\dfrac{x}{2^2} \cdots \cos\dfrac{x}{2^n}\right)\right]$

(6) $\lim\limits_{x \to 0}(1 + \sin x^2)^{\frac{1}{1-\cos x}}$

2. 求极限（江苏省大学生数学竞赛）

(1) $\lim\limits_{x \to \infty}\left(x \cdot \arctan\dfrac{1}{x}\right)^{x^2}$

(2) $\lim\limits_{n \to \infty}\left(\dfrac{1}{\sqrt{n^2 + 4}} + \dfrac{1}{\sqrt{n^2 + 16}} + \cdots + \dfrac{1}{\sqrt{n^2 + 4n^2}}\right)$

(3) $\lim\limits_{x \to 0} x\left[\dfrac{1}{x}\right]$

(4) $\lim\limits_{n \to \infty} \dfrac{1! + 2! + \cdots + n!}{n!}$

(5) $\lim\limits_{x \to 0} \dfrac{\ln(1 - x^4)}{1 - \cos(1 - \cos x)}$

(6) $\lim\limits_{n \to 0} |\sin(\pi\sqrt{n^2 + n})|$

3. 求极限（天津市大学生数学竞赛）

(1) 设 $u_n = \left[\sum\limits_{k=1}^{\infty} \dfrac{1}{2(1 + 2 + \cdots + k)}\right]^n$，求 $\lim\limits_{n \to \infty} u_n$.

(2) 设 $\boldsymbol{a}, \boldsymbol{b}$ 为三维空间 $\mathbf{R}^3$ 上的两个非零向量，且 $|\boldsymbol{b}| = 1; (\boldsymbol{a}, \boldsymbol{b}) = \dfrac{\pi}{3}$，

求 $\lim\limits_{x \to 0} \dfrac{|\boldsymbol{a} + x\boldsymbol{b}| - |\boldsymbol{a}|}{x}$ 之值.

(3) 设 $f(x)$ 在 $x = 12$ 邻域内可导，且 $\lim\limits_{x \to 12} f(x) = 0$，$\lim\limits_{x \to 12} f'(x) = 998$.

求 $\lim\limits_{x \to 12} \dfrac{\int_{12}^{x}\left[t\int_t^{12} f(u)\mathrm{d}u\right]\mathrm{d}t}{(12 - x)^3}$.

4. （全国大学生数学竞赛）求 $\lim\limits_{x \to 0} \dfrac{(1 + x)^{\frac{2}{x}} - \mathrm{e}^2\left[1 - \ln(1 + x)\right]}{x}$.

5.（全国大学生数学竞赛）设 $a_n = \cos\dfrac{\theta}{2} \cdot \cos\dfrac{\theta}{2^2}\cdots\cos\dfrac{\theta}{2^n}$，求 $\lim\limits_{n\to\infty}a_n$.

6.（全国大学生数学竞赛）求 $\lim\limits_{x\to\infty}e^{-x}\left(1+\dfrac{1}{x}\right)^{x^2}$.

7.（北京大学生数学竞赛）设 $x_1 = 2, x_2 = 2+\dfrac{1}{x_1},\cdots,x_{n+1} = \alpha+\dfrac{1}{x_n},\cdots$. 求证 $\lim\limits_{n\to\infty}x_n$ 存在，并求其值.

8.（上海交大数学竞赛）设 $x_1 = 1, x_2 = 2, x_{n+2} = \sqrt{x_{n+1} \cdot x_n}, n = 1, 2, \cdots$，求 $\lim\limits_{n\to\infty}x_n$.

9.（江苏省大学生数学竞赛）设 $f(x)$ 在 $(-\infty, +\infty)$ 上有定义，$f(x)$ 在 $x = 0$ 处连续，且对一切实数 x_1, x_2，有 $f(x_1 + x_2) = f(x_1) + f(x_2)$，求证 $f(x)$ 在 $(-\infty, +\infty)$ 上处处连续.

10.（江苏省大学生数学竞赛）已知 $f(x) = a^{x^3}$，求 $\lim\limits_{n\to\infty}\dfrac{1}{n^4}\ln[f(1)f(2)\cdots f(n)]$.

11.（北京市大学生数学竞赛）设函数 $f(x)$ 在 $(-\infty, \infty)$ 内连续，且 $f[f(x)] = x$，证明在 $(-\infty, \infty)$ 内至少存在一个 x_0 满足 $f(x_0) = x_0$.

12.（北京市大学生数学竞赛）设 $a_1 = 1, a_2 = 2$，当 $n \geqslant 3$ 时 $a_n = a_{n-1} + a_{n-2}$，证明

(1) $\dfrac{3}{2}a_{n-1} \leqslant a_n \leqslant 2a_{n-1}$；　(2) $\lim\limits_{n\to\infty}\dfrac{1}{a_n} = 0$.

13.（北京市大学生数学竞赛）设 $f_n(x) = x + x^2 + \cdots + x^n (n = 2, 3, \cdots)$，证明

(1) 方程 $f_n(x) = 1$ 在 $[0, +\infty)$ 内有唯一的实根 x_n；

(2) 求 $\lim\limits_{n\to\infty}x_n$.

二、导数及其应用

1.（北京市大学生数学竞赛）求代数多项式 $F(x)$ 和 $G(x)$，使

$$\int(2x^4 - 1)\cos x\,dx + \int(8x^3 - x^2 - 1)\sin x\,dx = F(x)\cos x + G(x)\sin x + C.$$

2.（北京市大学生数学竞赛）设 $f(x)$ 是可导函数，对于任意实数 s、t 有 $f(s+t) = f(s) + f(t) + 2st$ 且 $f'(0) = 1$，求函数 $f(x)$ 的表达式.

3.（北京市大学生数学竞赛）已知方程 $\log_a x = x^b$ 存在实根，常数 $a > 1, b > 0$，求 a, b 应满足的条件.

4.（广东省大学生数学竞赛）设函数 $f(x)$ 在 $(-\infty, +\infty)$ 有界且导数连续，对于任意实数 x 有

$$|f(x) + f'(x)| \leqslant 1,$$

试证明 $|f(x)| \leqslant 1$.

5.（江苏省大学生数学竞赛）设函数 $f(x)$ 在 $[0,1]$ 上二阶可导，$f(0) = f(1)$，求证，存在 $\xi \in (0,1)$，使得 $2f'(\xi) + (\xi-1)f''(\xi) = 0$.

6.（北京市大学生数学竞赛）设 $f(x)$ 在包含原点在内的某区间 (a,b) 内有二阶导数，且 $\lim\limits_{x\to 0}\dfrac{f(x)}{x} = 1, f''(x) > 0 (0 < x < b)$，证明 $f(x) \geqslant x (a < x < b)$.

7. (江苏省大学生数学竞赛) 设 $f(x) = kx + \sin x$.

(1) 若 $k \geqslant 1$, 求证 $f(x)$ 在 $(-\infty, +\infty)$ 上恰有一个零点;

(2) 若 $0 < k < 1$, 且 $f(x)$ 在 $(-\infty, +\infty)$ 上恰有一个零点, 求常数 k 的取值范围.

8. (江苏省大学生数学竞赛) 设在 $[0, 2]$ 上定义的函数 $f(x) \in C^{(2)}$, 且 $f(a) \geqslant f(a+b)$, $f''(x) \leqslant 0$, 证明对于 $0 < a < b < a+b < 2$, 恒有 $\dfrac{af(a) + bf(b)}{a+b} \geqslant f(a+b)$.

9. (北京市大学生数学竞赛) 设函数 $f(x)$ 具有二阶导数, 且 $f''(x) \geqslant 0$, $x \in (-\infty, +\infty)$ 函数 $g(x)$ 在区间 $[0, a]$ 上连续 $(a > 0)$. 证明 $\dfrac{1}{a}\displaystyle\int_0^a f[g(t)]dt \geqslant f\left[\dfrac{1}{a}\displaystyle\int_0^a g(t)dt\right]$.

10. (江苏省大学生数学竞赛) 某人由甲地开汽车出发, 沿直线行驶, 经过 2 小时到达乙地停止, 一路畅通, 若开车的最大速度为 100 千米 / 小时, 求证该汽车在行驶途中速度的变化率的最小值不大于 -200 千米 $/h^3$.

11. (全国大学生数学竞赛) 设函数 $y = f(x)$ 由参数方程 $\begin{cases} x = 2t + t^2 \\ y = \psi(t) \end{cases}$ $(t > -1)$ 所确定. 且 $\dfrac{d^2 y}{dx^2} = \dfrac{3}{4(1+t)}$, 其中 $\psi(t)$ 具有二阶导数, 曲线 $y = \psi(t)$ 与 $y = \displaystyle\int_1^{t^2} e^{-u^2} du + \dfrac{3}{2e}$ 在 $t = 1$ 处相切. 求函数 $\psi(t)$.

12. (全国大学生数学竞赛) 设函数 $f(x)$ 连续, $g(x) = \displaystyle\int_0^1 f(xt)dt$, 且 $\lim_{x \to 0} \dfrac{f(x)}{x} = A$, A 为常数, 求 $g'(x)$ 并讨论 $g'(x)$ 在 $x = 0$ 处的连续性.

13. (全国大学生数学竞赛) 设函数 $f(x)$ 在闭区间 $[-1, 1]$ 上具有连续的三阶导数, 且 $f(-1) = 0$, $f(1) = 1$, $f'(0) = 0$. 求证: 在开区间 $(-1, 1)$ 内至少存在一点 x_0, 使得 $f'''(x_0) = 3$.

三、积分及其应用

1. 求下列积分(北京市大学生数学竞赛)

(1) $\displaystyle\int_{\frac{1}{2}}^2 \left(1 + x - \dfrac{1}{x}\right) e^{x + \frac{1}{x}} dx$;

(2) $\displaystyle\int_{-2}^2 \left(x^3 \cos\dfrac{x}{2} + \dfrac{1}{2}\right)\sqrt{4 - x^2}\, dx$;

(3) 设 $f(x) = \begin{cases} \sin x, & x \geqslant 0. \\ e^x - 1, & x < 0. \end{cases}$ 求 $\displaystyle\int f(x-1)dx$;

(4) $\displaystyle\int_{-\frac{\pi}{4}}^{\frac{\pi}{3}} \dfrac{2x + \sin 2x}{\cos^2 x} dx$;

(5) $\displaystyle\int \dfrac{1}{(1 + x^4)\sqrt[4]{1 + x^4}} dx$.

2. (天津市大学生数学竞赛) 实数 a, b, c 为何值时, 下式成立 $\lim_{x \to 0} \dfrac{1}{\sin x - ax} \displaystyle\int_b^x \dfrac{t^2 dt}{\sqrt{1 + t^2}} = c$.

3. (北京市大学生数学竞赛) 求定积分 $\displaystyle\int_1^{+\infty} \dfrac{dx}{x\sqrt{1 + x^5 + x^{10}}}$.

4. (清华大学数学竞赛) 求证: $\dfrac{1}{2} < \displaystyle\int_0^1 \dfrac{dx}{\sqrt{4 - x^2 + x^3}} < \dfrac{\pi}{6}$.

5. (西安交大数学竞赛) 设函数 $f(x)$ 在 $[0,1]$ 上连续 $\int_0^1 f(x)\mathrm{d}x = 0$, $\int_0^1 xf(x)\mathrm{d}x = 1$, 证明:

(1) 存在 $\xi \in [0,1]$, 使 $|f(\xi)| > 4$;

(2) 存在 $\xi \in [0,1]$, 使 $|f(\xi)| = 4$.

6. (南京大学数学竞赛) 设 $a_n = \int_{n\pi}^{(n+1)\pi} \dfrac{\sin x}{x}\mathrm{d}x$ (n 为自然数), 求证:

(1) $|a_{n+1}| < |a_n|$; (2) $\lim\limits_{n\to\infty} a_n = 0$.

7. (江苏省大学生数学竞赛) 已知函数 $f(x)$ 在 $[a,b]$ 上连续 ($a > 0$), 且 $\int_a^b f(x)\mathrm{d}x = 0$, 求证:存在 $\xi \in (a,b)$, 使得 $\int_a^\xi f(x)\mathrm{d}x = \xi f(\xi)$.

8. (北京市大学生数学竞赛) 已知函数 $f(x)$ 满足方程 $f(x) = 3x - \sqrt{1-x^2}\int_0^1 f^2(x)\mathrm{d}x$, 试求 $f(x)$.

9. 计算定积分(北京市大学生数学竞赛)
$$I = \int_0^1 \frac{\ln(1+x)}{1+x^2}\mathrm{d}x.$$

10. (北京市大学生数学竞赛) 设函数 $\varphi(x)$ 在 $[0,1]$ 上可导, 并有 $\int_0^1 \varphi(tx)\mathrm{d}t = a\varphi(x)$, 其中 a 为实常数, 试求 $\varphi(x)$.

11. (北京市大学生竞赛) 设函数 $f(x)$ 在 $[a,b]$ 上连续且非负, M 是 $f(x)$ 在 $[a,b]$ 上的最大值, 求证 $\lim\limits_{n\to\infty} \sqrt[n]{\int_a^b [f(x)]^n\mathrm{d}x} = M$.

四、无穷级数

1. (江苏省大学生数学竞赛) 求幂级数 $\sum\limits_{n=1}^{\infty} \dfrac{n}{2^n}(1+x)^{2n}$ 的收敛域与和函数.

2. (江苏省大学生数学竞赛) 求幂级数 $\sum\limits_{n=1}^{\infty} \dfrac{1}{n[3^n+(-2)^n]}x^n$ 的收敛域.

3. (江苏省大学生数学竞赛) 求级数 $\sum\limits_{n=1}^{\infty} \dfrac{n^2}{2^n}$ 的和.

4. (江苏省大学生数学竞赛) 设 k 为常数, 试判别级数 $\sum\limits_{n=2}^{\infty} (-1)^n \dfrac{1}{n^k(\ln n)^2}$ 的敛散性.

5. (江苏省大学生数学竞赛) 对常数 p, 讨论级数 $\sum\limits_{n=1}^{\infty} (-1)^{n+1} \dfrac{\sqrt{n+1}-\sqrt{n}}{n^p}$ 何时绝对收敛, 何时条件收敛, 何时发散?

6. (北京市大学生数学竞赛) 判定级数 $\sum\limits_{n=1}^{\infty} \sin\pi(3+\sqrt{5})^n$ 的收敛性.

7. (北京市大学生数学竞赛) 求级数 $\sum\limits_{n=1}^{\infty} \dfrac{x^{2n-1}}{1\times3\times5\cdots(2n-1)}$ 的和.

8. (全国大学生数学竞赛)求幂级数 $\sum\limits_{n=1}^{\infty} \dfrac{2n-1}{2^n} x^{2n-2}$ 的和函数,并求级数 $\sum\limits_{n=1}^{\infty} \dfrac{2n-1}{2^{2n-1}}$ 的和.

9. (全国大学生数学竞赛)已知 $u_n(x)$ 满足 $u'_n(x) = u_n(x) + x^{n-1}\mathrm{e}^x$($n$ 为正整数),且 $u_n(1) = \dfrac{\mathrm{e}}{n}$,求函数项级数 $\sum\limits_{n=1}^{\infty} u_n(x)$ 之和.

10. (全国大学生数学竞赛)设 $a_n > 0, S_n = \sum\limits_{k=1}^{n} a_k$,证明:

(1) 当 $\alpha > 1$ 时,级数 $\sum\limits_{n=1}^{+\infty} \dfrac{a_n}{S_n^\alpha}$ 收敛;

(2) 当 $\alpha \leqslant 1$,且 $S_n \to \infty (n \to \infty)$ 时,级数 $\sum\limits_{n=1}^{+\infty} \dfrac{a_n}{S_n^\alpha}$ 发散.

11. (全国大学生数学竞赛)求 $x \to 1$ 时,与 $\sum\limits_{n=0}^{\infty} x^{n^2}$ 等价的无穷大量.

五、多元函数的可微性与偏导数

1. (北京市大学生数学竞赛)设 $f(t)$ 在 $[1, +\infty)$ 上有连续的二阶导数,$f(1) = 0, f'(1) = 1$,且二元函数 $z = (x^2 + y^2) f(x^2 + y^2)$ 满足 $\dfrac{\partial^2 z}{\partial x^2} + \dfrac{\partial^2 z}{\partial y^2} = 0$. 求 $f(t)$ 在 $[1, +\infty)$ 上的最大值.

2. (北京市大学生数学竞赛)若 $u = f(xyz), f(0) = 0, f'(1) = 1$ 且 $\dfrac{\partial^3 u}{\partial x \partial y \partial z} = x^2 y^2 z^2 f'''(xyz)$,求 u.

3. (全国大学生数学竞赛)设函数 $f(t)$ 有二阶连续的导数,$r = \sqrt{x^2 + y^2}, g(x,y) = f\left(\dfrac{1}{r}\right)$,求 $\dfrac{\partial^2 g}{\partial x^2} + \dfrac{\partial^2 g}{\partial y^2}$.

4. (全国大学生数学竞赛)设 $z = z(x,y)$ 是由 $F\left(z + \dfrac{1}{x}, z - \dfrac{1}{y}\right) = 0$ 确定的隐函数,其中 F 具有连续的二阶偏导数,且 $F_u(u,v) = F_v(u,v) \neq 0$. 求证:$x^2 \dfrac{\partial z}{\partial x} + y^2 \dfrac{\partial z}{\partial y} = 0$ 和 $x^3 \dfrac{\partial^2 z}{\partial x^2} + xy(x+y) \dfrac{\partial^2 z}{\partial x \partial y} + y^3 \dfrac{\partial^2 z}{\partial y^2} = 0$.

六、极值问题

1. (天津市大学生数学竞赛)在椭球 $2x^2 + 2y^2 + z^2 = 1$ 上求一点,使函数 $f(x,y,z) = x^2 + y^2 + z^2$ 在该点沿 $l = i - j$ 的方向导数最大.

2. (北京市大学生数学竞赛)已知锐角 $\triangle ABC$,若取点 $P(x,y)$,令 $f(x,y) = |AP| + |BP| + |CP|$. 证明在 $f(x,y)$ 取极值点的 P_0 点处,向量 P_0A, P_0B, P_0C 所夹角相等.

3. (北京市大学生数学竞赛)在椭圆球面 $\dfrac{x^2}{4} + y^2 + z^2 = 1$ 内,求一表面积为最大的内接长方体,并求出其最大表面积.

4.(全国大学生数学竞赛)设抛物线 $y = ax^2 + bx + 2\ln c$ 过原点,当 $0 \leqslant x \leqslant 1$ 时,$y \geqslant 0$,又已知该抛物线与 x 轴及直线 $x = 1$ 所围图形的面积为 $\dfrac{1}{3}$.试确定 a, b, c,使此图形绕 x 轴旋转一周而成的旋转体的体积 V 最小.

5.(全国大学生数学竞赛)设 l 是过原点,方向为 (α, β, γ)(其中 $\alpha^2 + \beta^2 + \gamma^2 = 1$)的直线,均匀椭球 $\dfrac{x^2}{a^2} + \dfrac{y^2}{b^2} + \dfrac{z^2}{c^2} \leqslant 1$(其中 $0 < c < b < a$,密度为 1)绕 l 旋转.

(1)求其转动惯量;

(2)求其转动惯量关于方向 (α, β, γ) 的最大值和最小值.

七、重积分

1.(北京市大学生数学竞赛)计算 $\displaystyle\int_0^1 \mathrm{d}y \int_{\arcsin y}^{\pi - \arcsin y} x \, \mathrm{d}x$.

2.(北京市大学生数学竞赛)计算重积分 $\displaystyle\iint_D \sqrt{|\,y - x^2\,|} \, \mathrm{d}x \mathrm{d}y$,其中 $D: \{-1 \leqslant x \leqslant 1, 0 \leqslant y \leqslant 2\}$.

3.(北京市大学生数学竞赛)求 $\displaystyle\iint_D |\,\sin(y - x)\,| \, \mathrm{d}\sigma$,其中 $0 \leqslant x \leqslant y \leqslant 2\pi$.

4.(北京市大学生数学竞赛)设 $\Omega: x^2 + y^2 + z^2 \leqslant 1$,证明

$$\frac{4\sqrt[3]{2}}{3}\pi \leqslant \iiint_\Omega \sqrt[3]{x + 2y - 2z + 5} \, \mathrm{d}V \leqslant \frac{8\pi}{3}.$$

5.(北京市大学生数学竞赛)设有一半径为 R 的球形物体,其内任意一点 P 处的密度 $\rho = \dfrac{1}{|\,PP_0\,|}$,其中 P_0 为一定点,且 P_0 到球心的距离 r_0 大于 R,求该物体的质量.

八、曲线与曲面积分

1.(北京市大学生数学竞赛)求曲面 $(z+1)^2 = (x - z - 1)^2 + y^2$ 与平面 $z = 0$ 所围成立体的体积.

2.(北京市大学生数学竞赛)求由曲面 $z = x^2 + y^2$ 和 $z = 2 - \sqrt{x^2 + y^2}$ 所围成的体积 V 和表面积 S.

3.(全国大学生数学竞赛)已知平面区域 $D = \{(x, y) \mid 0 \leqslant x \leqslant \pi, 0 \leqslant y \leqslant \pi\}$,$L$ 为 D 的正向边界,试证:

$(1)\displaystyle\oint_L x \mathrm{e}^{\sin y} \mathrm{d}y - y \mathrm{e}^{-\sin x} \mathrm{d}x = \oint_L x \mathrm{e}^{-\sin y} \mathrm{d}y - y \mathrm{e}^{\sin x} \mathrm{d}x$;

$(2)\displaystyle\oint_L x \mathrm{e}^{\sin y} \mathrm{d}y - y \mathrm{e}^{-\sin x} \mathrm{d}x \geqslant \frac{5}{2}\pi^2$.

4.(全国大学生数学竞赛)设函数 $\varphi(x)$ 具有连续的导数,在围绕原点的任意光滑的简单闭曲线 C 上,曲线积分 $\displaystyle\oint_C \frac{2xy \mathrm{d}x + \varphi(x) \mathrm{d}y}{x^4 + y^2}$ 的值为常数.

(1) 设 L 为正向闭曲线 $(x-2)^2 + y^2 = 1$. 证明: $\oint_L \dfrac{2xy\,\mathrm{d}x + \varphi(x)\,\mathrm{d}y}{x^4 + y^2} = 0$;

(2) 求函数 $\varphi(x)$;

(3) 设 C 是围绕原点的光滑简单正向闭曲线, 求 $\oint_C \dfrac{2xy\,\mathrm{d}x + \varphi(x)\,\mathrm{d}y}{x^4 + y^2}$.

5. (全国大学生数学竞赛) 设函数 $f(x)$ 连续, a,b,c 为常数, Σ 是单位球面 $x^2 + y^2 + z^2 = 1$. 记第一型曲面积分 $I = \iint\limits_{\Sigma} f(ax + by + cz)\,\mathrm{d}S$. 求证: $I = 2\pi \int_{-1}^{1} f(\sqrt{a^2 + b^2 + c^2}\, u)\,\mathrm{d}u$.

练习题参考答案

第二讲　极限

1. 略

2. (1) $\begin{cases} \text{当 } k > 2 \text{ 时}:0, \\ \text{当 } k = 2 \text{ 时}:\dfrac{1}{2}, \\ \text{当 } k < 2 \text{ 时}:\infty. \end{cases}$　(2) 2　(3) 0　(4) 0　(5) 0　(6) π　(7) $\dfrac{\pi}{6}$　(8) $e^{\frac{m+1}{2}}$　(9) -2　(10) 3

(11) $-\dfrac{1}{3}$　(12) 0　(13) 2　(14) $e^{-\frac{1}{6}}$　(15) $\dfrac{1}{6}$

(16) 原式 $= \lim\limits_{x \to 0} \dfrac{\displaystyle\int_0^{x^2} \sin(u^2)\,du}{x \cdot x^5} = \lim\limits_{x \to 0} \dfrac{\sin(x^4) \cdot 2x}{6x^5} = \dfrac{1}{3} \lim\limits_{x \to 0} \dfrac{\sin(x^4)}{x^4} = \dfrac{1}{3}.$

(17) 当 $x \to 0$, $x - \sin x \sim \dfrac{x^3}{6}$, $e^{x^2} - 1 \sim x^2$,

$\lim\limits_{x \to 0} \dfrac{\displaystyle\int_0^x \sin t \ln(1+t) - \dfrac{x^3}{3} + \dfrac{x^4}{8}}{(x - \sin x)(e^{x^2} - 1)} = \lim\limits_{x \to 0} \dfrac{\sin x \ln(1+x) - x^2 + \dfrac{x^3}{2}}{\dfrac{5}{6}x^4}.$

因为 $\ln(1+x) = x - \dfrac{x^2}{2} + \dfrac{x^3}{3} + o(x^3)$,　$\sin x = x - \dfrac{x^3}{3!} + o(x^3)$,

所以 $\sin x \ln(1+x) = x^2 - \dfrac{x^3}{2} + \dfrac{x^4}{3} - \dfrac{x^4}{6} + o(x^4)$,

原极限 $= \lim\limits_{x \to 0} \dfrac{x^2 - \dfrac{x^3}{2} - \dfrac{x^4}{6} + o(x^4) - x^2 + \dfrac{x^3}{2}}{\dfrac{5}{6}x^4} = -\dfrac{1}{5}.$

(18) 解：令 $x = \dfrac{1}{n}$, 则原极限 $= \lim\limits_{x \to 0^+} \left(\dfrac{2^x + 3^x}{2} \right)^{1/x} = \lim\limits_{x \to 0^+} e^{\frac{1}{x} \ln \frac{2^x + 3^x}{2}}$,

而 $\lim\limits_{x \to 0^+} \dfrac{1}{x} \ln \dfrac{2^x + 3^x}{2} = \lim\limits_{x \to 0^+} \dfrac{\ln 2 \cdot 2^x + \ln 3 \cdot 3^x}{2^x + 3^x} = \dfrac{1}{2} \ln 6$,

故 $\lim\limits_{n \to +\infty} \left(\dfrac{\sqrt[n]{2} + \sqrt[n]{3}}{2} \right)^n = e^{1/2 \ln 6} = \sqrt{6}.$

(19) 解 $\sum\limits_{k=1}^{n} k^2 = \dfrac{n(n+1)(2n+1)}{6}$,

$\sum\limits_{k=0}^{n} (2k+1)^2 = \sum\limits_{k=1}^{2n+1} k^2 - \sum\limits_{k=1}^{n} (2k)^2 = \dfrac{(2n+1)(2n+2)(4n+3)}{6} - 4\dfrac{n(n+1)(2n+1)}{6}$

$\qquad\qquad\qquad = \dfrac{(n+1)(2n+1)(2n+3)}{3}$,

原极限 $= \lim\limits_{n \to \infty} \dfrac{12n^3 + 11n^2 + 3n}{24n^3} = \dfrac{1}{2}.$

(20) 解：先考虑极限 $\lim\limits_{y \to \infty} y \left[\left(1 + \dfrac{x}{y} \right)^y - e^x \right] = \lim\limits_{t \to 0} \dfrac{(1 + tx)^{\frac{1}{t}} - e^x}{t}$（设 $t = \dfrac{1}{y}$），

211

由洛比塔法则,上述极限 $= \lim\limits_{t \to 0}(1+tx)^{\frac{1}{t}} \dfrac{\dfrac{tx}{1+tx} - \ln(1+tx)}{t^2}$,

而 $\dfrac{tx}{1+tx} = tx - (tx)^2 + o(t^2)$, $\ln(1+tx) = tx - \dfrac{(tx)^2}{2} + o(t^2)$,

$\lim\limits_{t \to 0} \dfrac{\dfrac{tx}{1+x} - \ln(1+tx)}{t^2} = -\dfrac{x^2}{2}$, $\lim\limits_{y \to \infty} y\left[\left(1+\dfrac{x}{y}\right)^y - e^x\right] = e^x \cdot \left(-\dfrac{x^2}{2}\right)$,

因此原极限 $= -\dfrac{x^2}{2}e^x$.

(21) 原极限 $= \lim\limits_{x \to \infty}\left[2e^{\frac{1}{x}} + x(1-e^{\frac{1}{x}})\right] = 2 + \lim\limits_{t \to 0}\dfrac{1-e^t}{t} = 2 - 1 = 1$.

(22) 由洛比塔法则知,原极限 $= \lim\limits_{x \to 0}(1+x)^{\frac{1}{x}} \dfrac{x - (1+x)\ln(1+x)}{x^2(1+x)} = -\dfrac{1}{2}e$.

(23) 原极限 $= \lim\limits_{x \to 0} x \sin\dfrac{1}{x} \dfrac{1}{x} \dfrac{\sin x^2}{\ln(1+x)} = 0$.

(24) 原极限 $= e^{\lim\limits_{x \to 0}\frac{1}{\sin x}\ln\left(\frac{e^x + e^{2x} + e^{3x}}{3}\right)}$,

而 $\lim\limits_{x \to 0}\dfrac{1}{\sin x}\ln\left(\dfrac{e^x + e^{2x} + e^{3x}}{3}\right) = \lim\limits_{x \to 0}\dfrac{1}{x}\dfrac{e^x + e^{2x} + e^{3x} - 3}{3} = 2$,

故原极限 $= e^2$.

(25) 原极限 $= \lim\limits_{n \to \infty}\dfrac{1}{2n^2} + \lim\limits_{n \to \infty}\sum\limits_{i=n+1}^{2n}\dfrac{1}{\dfrac{i}{n}\left(1+\dfrac{i}{n}\right)} \cdot \dfrac{1}{n} = \lim\limits_{n \to \infty}\sum\limits_{i=1}^{n}\dfrac{1}{\left(1+\dfrac{i}{n}\right)\left(2+\dfrac{i}{n}\right)} \cdot \dfrac{1}{n}$

$= \int_0^1 \dfrac{\mathrm{d}x}{(1+x)(2+x)} = \int_0^1\left[\dfrac{1}{1+x} - \dfrac{1}{2+x}\right]\mathrm{d}x = \ln\dfrac{1+x}{2+x}\Big|_0^1 = \ln\dfrac{4}{3}$.

(26) 原极限 $= \lim\limits_{n \to +\infty}\left[1 - \dfrac{1}{2}\dfrac{\sqrt{n+1} - \sqrt{n}}{\sqrt{n+1} + \sqrt{n}}\right]^{-2\frac{\sqrt{n+1}+\sqrt{n}}{\sqrt{n+1}-\sqrt{n}} \times \left(-\frac{1}{2}\right)} = e^{-0.5}$.

3. $\sqrt{3}$　**4.** 当 $0 \leqslant a \leqslant 1$ 时:1;当 $1 < a \leqslant 2$ 时:a;当 $a > 2$ 时:$\dfrac{a^2}{2}$.

5. 提示:先证 $\{a_n\}$ 单调增加,再用反证法.　**6.** 2

7. 解:由条件知,$\sqrt[3]{x^3 + x^2 + 1} - ax - b = \alpha(x)$,其中 $\lim\limits_{x \to \infty}\alpha(x) = 0$.

有:$a = \dfrac{\sqrt[3]{x^3 + x^2 + 1} - b}{x} - \dfrac{\alpha(x)}{x}$,取极限得:$a = \lim\limits_{x \to \infty}\left[\sqrt[3]{1 + \dfrac{1}{x} + \dfrac{1}{x^3}} - \dfrac{b}{x} - \dfrac{\alpha(x)}{x}\right] = 1$,

所以 $b = \sqrt[3]{x^3 + x^2 + 1} - x - \alpha(x)$,取极限得

$b = \lim\limits_{x \to \infty}(\sqrt[3]{x^3 + x^2 + 1} - x) = \lim\limits_{x \to \infty} x \cdot \left(\sqrt[3]{1 + \dfrac{1}{x} + \dfrac{1}{x^3}} - 1\right) = \lim\limits_{x \to \infty} x \cdot \dfrac{1}{3}\left(\dfrac{1}{x} + \dfrac{1}{x^3}\right) = \dfrac{1}{3}$,

因此,$a = 1, b = \dfrac{1}{3}$.

8. e

9. 提示:$f(x) = \cos x - x$ 的一个根 x_0 在 $\left(0, \dfrac{\pi}{3}\right)$ 内,再令:$u_1 = \cos x, u_{n+1} = \cos u_n (n = 1, 2, 3, \cdots)$,证明 $\lim\limits_{n \to \infty} u_n = a$.

10. $\dfrac{1}{2}F'(0)$　**11.** $(-1, 1]$

12. $\lim\limits_{x \to \infty} f(x)g(x) = \dfrac{1}{4}\{\lim\limits_{x \to \infty}[f(x) + g(x)]^2 - \lim\limits_{x \to \infty}[f(x) - g(x)]^2\} = 0$.

13. 设圆的半径为 r,三角形边长为 a,则有

$2(n-2)r+2r\sqrt{3}=a, r=\dfrac{a}{2(n-2)+2\sqrt{3}}, A_n=\dfrac{\pi a^2}{(n-2+\sqrt{3})^2}\dfrac{n(n+1)}{8}, A=\dfrac{\sqrt{3}}{4}a^2, \lim\limits_{n\to\infty}\dfrac{A_n}{A}=\dfrac{\pi}{2\sqrt{3}}.$

14. $u_n=\sum\limits_{k=1}^{n}\left(\dfrac{1}{3k-2}+\dfrac{1}{3k-1}-\dfrac{2}{3k}\right)=\sum\limits_{k=1}^{n}\left(\dfrac{1}{3k-2}+\dfrac{1}{3k-1}+\dfrac{1}{3k}-\dfrac{3}{3k}\right)$

$=\sum\limits_{k=1}^{n}\left(\dfrac{1}{3k-2}+\dfrac{1}{3k-1}+\dfrac{1}{3k}\right)-\sum\limits_{k=1}^{n}\dfrac{1}{k}=\dfrac{1}{n+1}+\dfrac{1}{n+2}+\cdots+\dfrac{1}{3n}=v_n,$

(1) $\dfrac{u_{10}}{v_{10}}=1$;

(2) $u_n=\sum\limits_{k=1}^{2n}\dfrac{1}{n+k}=\sum\limits_{k=1}^{2n}\dfrac{1}{1+\frac{k}{n}}\dfrac{1}{n},\quad \lim\limits_{x\to\infty}u_n=\int_0^2\dfrac{1}{1+x}\mathrm{d}x=\ln3.$

15. $\dfrac{a}{\sqrt{1+q^2}}$ 米 **16.**(1) $\dfrac{4}{\mathrm{e}}$ (2) $\dfrac{1}{\mathrm{e}}$

17. $\dfrac{1}{2}$（提示：利用幂级数 $\sum\limits_{k=0}^{\infty}\dfrac{x^{k+2}}{\sqrt{k!}(k+2)}$ 及其和函数）

18. 当 $a<0$ 时，$\{x_n\}$ 发散；当 $a\geqslant 0$ 时，$\lim\limits_{n\to\infty}x_n=\sqrt{a}$

19. 提示：利用"单调有界数列必有极限"这个定理.

20. 提示：先证明 $\left\{\dfrac{x_n}{n}\right\}$ 有界，再证其下确界为数列的极限.

21. 2π（提示：利用 e^x 的泰勒级数）

22. 记 P_i 的坐标为 $(x_i,y_i), i=1,2,3,\cdots$，则对 $n\geqslant 5$ 有：$x_n=\dfrac{1}{2}(x_{n-3}+x_{n-4})$；

$y_n=\dfrac{1}{2}(y_{n-3}+y_{n-4})$，因此有：$\dfrac{1}{2}x_{n-1}+x_n+x_{n+1}+x_{n+2}=\dfrac{1}{2}x_{n-4}+x_{n-3}+x_{n-2}+x_{n-1}$，

由递推得：$\dfrac{1}{2}x_{n-1}+x_n+x_{n+1}+x_{n+2}=\dfrac{1}{2}x_1+x_2+x_3+x_4=2$，

设 $\lim\limits_{n\to\infty}x_n=a$，则有 $\dfrac{1}{2}a+a+a+a=2$，得 $a=\dfrac{4}{7}$.

同理可得，$\lim\limits_{n\to\infty}y_n=\dfrac{3}{7}$，即 P_0 的坐标为 $\left(\dfrac{4}{7},\dfrac{3}{7}\right)$.

23.(1) $\because a_k<\dfrac{2k+1}{k^2}$，且 $a_k>0$，而 $\dfrac{2k+1}{k^2}\to 0$，因此 $\lim\limits_{k\to+\infty}a_k=0.$

(2) $(k^2+j)(k^2+2k-j)<(k^2+k)^2, 0\leqslant j<k,$

$\dfrac{1}{k^2+j}+\dfrac{1}{k^2+2k-j}>\dfrac{2}{k^2+k},$

$a_k=\sum\limits_{j=0}^{2k}\dfrac{1}{k^2+j}>\dfrac{2k+1}{k^2+k}=\dfrac{2}{k+1}+\dfrac{1}{k^2+k},$

而 $a_{k+1}=\sum\limits_{j=0}^{2k+2}\dfrac{1}{k^2+j}<\dfrac{2k+3}{(k+1)^2}=\dfrac{2}{k+1}+\dfrac{1}{(k+1)^2}<\dfrac{2}{k+1}+\dfrac{1}{k^2+k},$

因此，$a_k>a_{k+1}$，即 $\{a_n\}$ 单调减少.

24.(1) 证明：反证法，若 $a_1+a_2\leqslant 1$，则当 $y_{n+1}\geqslant y_{n+2}$ 时，

$y_n=a_1y_{n+1}+a_2y_{n+2}\leqslant(a_1+a_2)y_{n+1}\leqslant y_{n+1}$，而 $y_{n+1}\leqslant y_{n+2}$ 时，可得 $y_n\leqslant y_{n+2}$，

即 $\{y_n\}$ 中有一子列 $\{y_{n_k}\}$ 是单调递增，这与 $y_n\to 0$ 矛盾. 因此 $a_1+a_2>1$.

(2) 取 $y_n=\lambda^n$，其中 $\lambda=\dfrac{2}{a_1+\sqrt{a_1^2+4a_2}}=\dfrac{-a_1+\sqrt{a_1^2+4a_2}}{2a_2}$，

则 $a_2y_{n+2}+a_1y_{n+1}=\lambda^{n+1}\left(\dfrac{-a_1+\sqrt{a_1^2+4a_2}}{2}+a_1\right)=\lambda^n=y_n.$

且 $a_1^2 + 4a_2 > a_1^2 + 4(1 - a_1) = (2 - a_1)^2$，$\lambda < \dfrac{2}{a_1 + |2 - a_1|} \leqslant 1$，即 $y_n \to 0$.

第三讲　函数的连续性和导数

1. $a = \dfrac{2}{\pi}$

2. (1) 不连续　(2) 连续　(3) 分别在 $(0,1)$ 内和 $(1, +\infty)$ 内连续，$x = 1$ 为间断点.

3. (1) $x = 0$ 为可去间断点，$x = k\pi (k = \pm 1, \pm 2, \cdots)$ 为第二类间断点　(2) $x = 0$ 为第二类间断点，$x = n(n = \pm 1, \pm 2, \cdots)$ 为第一类间断点　(3) $x = \dfrac{2}{3}$ 为第二类间断点，$x = 1$ 为第一类间断点.

4. 提示：利用连续的定义和极限的保号性.

5. 提示：利用介值定理.

6. 提示：利用介值定理和极限的保号性.

7. 提示：令 $g(x) = f(x) - f\left(x + \dfrac{1}{n}\right)$，计算 $g(0) + g\left(\dfrac{1}{n}\right) + g\left(\dfrac{2}{n}\right) + \cdots + g\left(\dfrac{n-1}{n}\right)$，再利用介值定理.

8. (1) $-\dfrac{e^{-\sqrt{x}}}{2\sqrt{x} \cdot \sqrt{1 - e^{-2\sqrt{x}}}}$　(2) $\dfrac{1 + e^y \cos t}{(6t + 2)(1 - e^y \sin t)}$　(3) $\dfrac{3}{16\cos t}$

(4) $y^{(n)} = \dfrac{1}{8}(5 + 3\cos 4x)^{(n)} = \dfrac{3}{2} \cdot 4^{n-1} \cos\left(4x + \dfrac{n\pi}{2}\right)$

(5) $(-1)^n \left(\dfrac{1}{3} + 1\right)\left(\dfrac{1}{3} + 2\right)\cdots\left(\dfrac{1}{3} + n\right)(1 + x)^{-\frac{1}{3} - n} + n(-1)^{n-1}\left(\dfrac{1}{3} + 1\right)\left(\dfrac{1}{3} + 2\right)\cdots$ $\left(\dfrac{1}{3} + n - 1\right) \cdot (1 + x)^{\frac{2}{3} - n}$

(6) $-\dfrac{2}{y^3}\left(1 + \dfrac{1}{y^2}\right)$　(7) $(-1)^n n! m^n$

9. $a = e^{\frac{1}{e}}$，切点 $\left(e, \dfrac{1}{\ln a}\right)$

10. $\mathrm{d}x = (2t - 2)\mathrm{d}t$，$(\mathrm{d}y) \arctan t + \dfrac{y}{1 + t^2}\mathrm{d}t + e^y \mathrm{d}y = 0$，

$\dfrac{\mathrm{d}y}{\mathrm{d}t} = -\dfrac{\dfrac{y}{1 + t^2}}{e^y + \arctan t}$，$\dfrac{\mathrm{d}y}{\mathrm{d}x} = \dfrac{y}{2(1 + t^2)(1 - t)(e^y + \arctan t)}$. 当 $t = 0$ 时，$x = 0, y = 2$，

即 $t = 0$ 时，$\dfrac{\mathrm{d}y}{\mathrm{d}x} = 2e^{-2}$.　切线方程 $y - 2 = 2e^{-2}x$.

11. $g(0) = 0, g'(0) = 0$.

12. 解：$\dfrac{\mathrm{d}y}{\mathrm{d}x} = -\dfrac{2\sin t \sin 2t + \cos t \cos 2t}{\sin^2 t} / \left(-\dfrac{1}{\sin^2 t}\right) = \sin t \cdot \sin 2t + \cos t$，

$\dfrac{\mathrm{d}^2 y}{\mathrm{d}x^2} = \mathrm{d}\left(\dfrac{\mathrm{d}y}{\mathrm{d}x}\right) / \mathrm{d}x = (-\sin^2 t)(\cos t \sin 2t + 2\sin t \cos 2t - \sin t)$.

因为 $t \in (0, \pi)$，$\sin t \neq 0$，所以 $\dfrac{\mathrm{d}^2 y}{\mathrm{d}x^2} = 0$，$2\cos^2 t + 2\cos 2t - 1 = 0$，$6\cos^2 t - 3 = 0$，

所以 $\cos t = \pm\dfrac{\sqrt{2}}{2}$，$\sin t = \dfrac{\sqrt{2}}{2}$，且 $\dfrac{\mathrm{d}^2 y}{\mathrm{d}x^2}$ 经过时改变符号，故有二个拐点 $(\pm 1, 0)$.

13. 证明：记 $f(x) = 1 + x + \dfrac{x^2}{2} + \dfrac{x^3}{3!} + \dfrac{x^4}{4!}$，则 $f'(x) = 1 + x + \dfrac{x^2}{2} + \dfrac{x^3}{3!}$，$f''(x) = 1 + x + \dfrac{x^2}{2}$，而 $f''(x) = \dfrac{(x + 1)^2}{2} + \dfrac{1}{2} > 0$，$f'(x)$ 严格单调增加，可知 $f'(x)$ 有唯一零点 x_0，即 $f(x)$ 在 x_0 处取最小值，而 $f(x_0) =$

$f'(x_0) + \dfrac{x_0^4}{4!} > 0$，即 $f(x) > 0$.

14. 证明：记 $f(x) = 1 + x + \dfrac{x^2}{2} + \cdots + \dfrac{x^n}{n!}$，则当 $x \to -\infty$ 时，$f(x) \to -\infty$. $f(0) = 1 > 0$，当 $x > 0$ 时，

$f(x) > 1 > 0$. 因此 $f(x)$ 至少有一零点 $x_0 \in (-\infty, 0)$. 显然，$F(x) = \mathrm{e}^{-x} f(x)$ 与 $f(x)$ 有相同的零点. 而

$F'(x) = -\mathrm{e}^{-x} \dfrac{x^n}{n!} > 0 (x < 0$ 时$)$，即当 $x < 0$ 时，$F(x)$ 单调增加. 所以 $f(x) = 0$ 有且仅有一根 $x_0 \in (-\infty, 0)$.

15. 当 $c < -54$ 或 $c > 54$ 时，有一个根；当 $c = \pm 54$ 时有 2 个根；当 $-54 < c < 54$ 时，有三个根.

16. $f'(x) = \dfrac{-1}{x^2 + 1}$，$(x^2 + 1) f'(x) = -1$. 两边对 x 求 $n-1$ 阶导数，由莱布尼茨公式得

$(x^2 + 1) f^{(n)}(x) + 2(n-1) x f^{(n-1)}(x) + 2 \cdot \dfrac{(n-1)(n-2)}{2} f^{(n-2)}(x) = 0.$

令 $x = 0$ 得：$f^{(n)}(0) = -(n-1)(n-2) f^{(n-2)}(0)$，又因为 $f''(0) = 0, f'(0) = -1$，

所以，$f^{(n)}(0) = \begin{cases} 0, & \text{当 } n \text{ 为偶数时}; \\ (-1)^{\frac{n+1}{2}} (n-1)!, & \text{当 } n \text{ 为奇数时}. \end{cases}$

17. 解：$f(x) = \sqrt{x+1} - \dfrac{1}{\sqrt{x+1}}$，

$f^{(10)}(x) = \dfrac{\frac{1}{2}\left(-\frac{1}{2}\right) \cdots \left(-\frac{17}{2}\right)}{(x+1)^{19/2}} - \dfrac{\left(-\frac{1}{2}\right) \cdots \left(-\frac{19}{2}\right)}{(x+1)^{21/2}}$

$= -(x+1)^{-10} 2^{-10} \left[\sqrt{x+1} \times 17!! + \dfrac{19!!}{\sqrt{x+1}} \right].$

18. 解：$f(x) = \dfrac{x^3 - 2x^2 - 3x + 2x^2 - 4x - 6 + 7x + 6}{x^2 - 2x - 3} = x + 2 + \dfrac{27}{4(x-3)} + \dfrac{1}{4(x+1)}$，

所以 $f'(x) = 1 - \dfrac{27}{4} \dfrac{1}{(x-3)^2} - \dfrac{1}{4(x+1)^2}$，$f''(x) = \dfrac{27}{4} \dfrac{2}{(x-3)^3} + \dfrac{2}{4(x+1)^2}$，

$f^{(n)}(x) = \dfrac{27}{4} \dfrac{(-1)^n n!}{(x-3)^{n+1}} + \dfrac{(-1)^n n!}{4(x+1)^{n+1}}, n \geq 2.$

19. 提示：(1) 利用函数的单调性；(2) 不等式两边先取自然对数，再证.

20. 证明：$f(x) = \dfrac{\ln x}{x^n}$，$f'(x) = \dfrac{1 - n\ln x}{x^{n+1}} = 0$，则 $x = \mathrm{e}^{\frac{1}{n}}$，且为 $f(x)$ 的极大值点，

$f(\mathrm{e}^{\frac{1}{n}}) = \dfrac{1}{n\mathrm{e}}$，$\lim\limits_{x \to 0^+} f(x) = -\infty$，$\lim\limits_{x \to +\infty} f(x) = 0$；

所以 $x = \mathrm{e}^{\frac{1}{n}}$ 为 $f(x)$ 的最大值点，所以 $f(x) \leqslant \dfrac{1}{n\mathrm{e}}$，证毕.

21. 证明：要证 $\cos\sqrt{2}\, x \leqslant -x^2 + \sqrt{1+x^4}$，即证 $f(x) \triangleq \cos\sqrt{2}\, x (x^2 + \sqrt{1+x^4}) \leqslant 1$，

$f(0) = 1$，只需证 $f'(x) = -\sqrt{2}\sin\sqrt{2}\, x (x^2 + \sqrt{1+x^4}) + \cos\sqrt{2}\, x \left(2x + \dfrac{2x^3}{\sqrt{1+x^4}}\right)$

$= (-\sqrt{2}\sin\sqrt{2}\, x \cdot \sqrt{1+x^4} + 2x\cos\sqrt{2}\, x) \cdot \dfrac{x^2 + \sqrt{1+x^4}}{\sqrt{1+x^4}} < 0.$

设 $g(x) = -\sqrt{2}\sin\sqrt{2}\, x \sqrt{1+x^4} + 2x\cos\sqrt{2}\, x$，$g(0) = 0$，

且 $g'(x) = -2\cos\sqrt{2}\, x(\sqrt{1+x^4} - 1) - \sqrt{2}\sin\sqrt{2}\, x \dfrac{2x^3}{\sqrt{1+x^4}} - 2\sqrt{2}\, x \sin\sqrt{2}\, x < 0.$

因此，当 $x \in \left(0, \dfrac{\sqrt{2}}{4}\pi\right)$ 时，$g(x) < 0$，即 $f'(x) < 0$，$f(x) < 1$ 得证.

22. 证明：令 $t = \pi - x$，则 $t \in \left(0, \dfrac{\pi}{2}\right)$，要证不等式为 $\sqrt{\dfrac{1 - \sin t}{1 + \sin t}} < \dfrac{\ln(1 + \sin t)}{t}$，即要证

$\dfrac{t\cos t}{1+\sin t}<\ln(1+\sin t)$，而 $\displaystyle\int_0^t\dfrac{\cos t}{1+\sin t}\mathrm{d}t=\ln(1+\sin t)$，且 $\left(\dfrac{\cos t}{1+\sin t}\right)'=\dfrac{-1}{1+\sin t}<0$，$\dfrac{\cos t}{1+\sin t}$ 单调减少.

所以，$\ln(1+\sin t)=\displaystyle\int_0^t\dfrac{\cos x}{1+\sin x}\mathrm{d}x>\int_0^t\dfrac{\cos t}{1+\sin t}\mathrm{d}t=\dfrac{t\cos t}{1+\sin t}$，得证.

23. 证明：$\tan x>x$，$(\tan x)'=1+\tan^2 x>1+x^2$，$\tan x>x+x^3/3$，

易知 $\sin x>x-x^3/6$，故 $\tan^2 x+2\sin^2 x>3x^2$.

24. 证明：(1) 令 $f(x)=\tan x-x-\dfrac{x^3}{3}$，则 $f(0)=0$，

$f'(x)=\sec^2 x-1-x^2=\tan^2 x-x^2>0$，$0<x<\dfrac{\pi}{2}$，$f(0)=0$，

因此 $f(x)$ 严格单调增加，$f(x)>f(0)=0\left(0<x<\dfrac{\pi}{2}\right)$.

(2) 令 $g(x)=\tan x-x-\dfrac{x^3}{3}-\dfrac{2}{15}x^5-\dfrac{1}{63}x^7$，$g(0)=0$，

$g'(x)=\sec^2 x-1-x^2-\dfrac{2}{3}x^4-\dfrac{1}{9}x^6$

$\qquad=\tan^2 x-x^2-\dfrac{2}{3}x^4-\dfrac{1}{9}x^6>\left(x+\dfrac{x^3}{3}\right)^2-x^2-\dfrac{2}{3}x^4-\dfrac{1}{9}x^6=0$，

因此，$g(x)$ 严格单调增加，$g(x)>g(0)=0\left(0<x<\dfrac{\pi}{2}\right)$.

25. 由已知条件可解得：$\beta\geqslant\dfrac{1}{\ln\left(1+\dfrac{1}{n}\right)}-n>0$.

令 $f(x)=\dfrac{1}{\ln\left(1+\dfrac{1}{x}\right)}-x$，则 $f(1)=(\ln 2)^{-1}-1$，

$f'(x)=\dfrac{1}{x(1+x)\left[\ln\left(1+\dfrac{1}{x}\right)\right]^2}-1$.

由于对任意 $y\geqslant 0$，有 $\ln(1+y)\geqslant y-\dfrac{y^2}{2}$，则对任意 $x>1$，

$f'(x)\leqslant\dfrac{1}{x(1+x)\left[\dfrac{1}{x}-\dfrac{1}{2x^2}\right]^2}-1=\dfrac{-2x^2+x+1}{(1+x)(2x-1)}<0$.

所以，我们要求 $\beta\geqslant\max\limits_{n\in\mathbf{N}}\left\{\dfrac{1}{\ln\left(1+\dfrac{1}{n}\right)}-n\right\}=f(1)=(\ln 2)^{-1}-1$.

26. 提示：分析 $f'(x)$，使其在 $(a,+\infty)$ 内某个子区间满足罗尔定理条件.

27. $\dfrac{1}{8}$

28. 提示：(1) 利用介值定理和函数的单调性 (2) 考察 $f_n\left(\arccos\dfrac{1}{n}\right)$，并利用夹逼定理.

29. 不可导

30. $f(x)=5$，$x>0$

31. 提示：考察 $F(x)=(b-x)^a f(x)$，用罗尔定理.

32. 提示：作函数 $F(x)=f(x)-(x-a_1)(x-a_2)\cdots(x-a_n)$，当 $c\neq a_i$；$i=1,2,\cdots,n$ 时，连续用罗尔定理即证.

33. 提示：证明 $\forall\bar{x}\in(a,b)$，$\exists\delta>0$，当 $|x-\bar{x}|<\delta$ 时恒有 $|f(x)-f(\bar{x})|<\varepsilon$(对 $\forall\varepsilon>0$) 成立.

34. (1)$\lambda=\dfrac{y-x_0}{y-x}$ (2) 利用 $f(x)$ 在点 $\lambda x+(1-\lambda)y$ 处的一阶泰勒公式.

35. 证明：由 $f(x)$ 在 $x = 2$ 的泰勒公式 $f(x) = f(2) + f'(2)(x-2) + \dfrac{f''(\xi)}{2!}(x-2)^2$ 得：

$$f(1) = f(2) + f'(2) \cdot (-1) + \frac{f''(\xi_1)}{2}(-1)^2, 1 < \xi_1 < 2,$$

$$f(3) = f(2) + f'(2) + \frac{f''(\xi_2)}{2}, 2 < \xi_2 < 3,$$

两式相加得：$f(1) + f(3) = 2f(2) + \dfrac{1}{2}[f''(\xi_1) + f''(\xi_2)]$.

因为 $f''(x)$ 在 $[1,3]$ 上连续，必可取到最大、最小值 M, m.

而 $m \leqslant \dfrac{f''(\xi_1) + f''(\xi_2)}{2} \leqslant M$.

因此由连续函数的价值性知至少存在一点 $\xi \in (1,3)$ 使 $f''(\xi) = \dfrac{f''(\xi_1) + f''(\xi_2)}{2}$.

代入上式得：$f''(\xi) = f(1) - 2f(2) + f(3)$.

36. 证明：必要性：$\forall x, \left| \sum\limits_{k=1}^{n} a_k \sin kx \right| \leqslant |\sin x|$.

当 $x \neq 0$ 时，$\left| \sum\limits_{k=1}^{n} a_k \dfrac{\sin kx}{x} \right| \leqslant \left| \dfrac{\sin x}{x} \right|$，从而 $\lim\limits_{x \to 0} \left| \sum\limits_{k=1}^{n} a_k \dfrac{\sin kx}{\sin x} \right| \leqslant \lim\limits_{x \to 0} \left| \dfrac{\sin x}{x} \right|$，

$\left| \sum\limits_{k=1}^{n} a_k k \right| \leqslant 1$，即 $\sum\limits_{k=1}^{n} ka_k \leqslant 1$.

充分性：可证 $|\sin kx| \leqslant k |\sin x|$.

当 $k = 2$ 时，$|\sin 2x| = |2\sin x \cos x| \leqslant 2|\sin x|$，

设 $k = n$ 时，$|\sin nx| \leqslant n|\sin x|$，

则 $|\sin(n+1)x| = |\sin nx \cos x + \cos nx \sin x| \leqslant |\sin nx| + |\sin x| \leqslant (n+1)x$.

若 $\sum\limits_{k=1}^{n} ka_k \leqslant 1$，则 $\left| \sum\limits_{k=1}^{n} a_k \sin kx \right| \leqslant \sum\limits_{k=1}^{n} a_k |\sin kx| \leqslant \sum\limits_{k=1}^{n} a_k k |\sin x| \leqslant |\sin x|$.

37. 证明：因为 $f'(x) \geqslant f(x)$，记 $g(x) = e^{-x} f(x)$，所以 $g'(x) = e^{-x}[f'(x) - f(x)] \geqslant 0, g(x)$ 单调增加，且 $g(0) = 0, g(x) \geqslant 0, f(x) \geqslant 0 (x \geqslant 0)$.

38. 证明：(1) 记 $g(x) = \ln f(x)$，则 $g'(x) = \dfrac{f'(x)}{f(x)}, g''(x) = \dfrac{ff'' - (f')^2}{f^2} > 0$,

$\dfrac{g(x_1) + g(x_2)}{2} \geqslant g\left(\dfrac{x_1 + x_2}{2} \right)$，即 $f(x_1)f(x_2) \geqslant f^2\left(\dfrac{x_1 + x_2}{2} \right)$.

(2) $g(x) = g(0) + g'(0)x + \dfrac{g''(\xi)}{2}x^2 = \ln f(0) + \dfrac{f'(0)}{f(0)}x + \dfrac{ff'' - (f')^2}{2f^2}\Big|_{x=\xi} x^2 \geqslant f'(0)x$,

即 $f(x) \geqslant e^{f'(0)x}$.

39. $4\pi (\text{m}^3/\text{s}), 0.8\pi (\text{m}^2/\text{s})$

40. 提示：用 $0 \leqslant \theta \leqslant 2\pi$ 表示 $f(x)$ 在圆周上的定义域，证明 $\exists \theta' \in [0, \pi]$，使 $f(\theta') = f(\theta' + \pi)$.

41. 三个

42. $3\sqrt{3} \cdot |m|$

43. $\dfrac{1}{x}f(x) - \dfrac{1}{x^2}\int_0^x f(x)\,\mathrm{d}x$，连续

44. $h = 4r, V_{\min} = \dfrac{8\pi}{3}r^3$

45. 正方形铁丝长为 $\dfrac{4a}{4+\pi}$，圆形铁丝长为 $\dfrac{\pi a}{4+\pi}, S_{\min} = \dfrac{a^2}{4(4+\pi)}$

46. 由条件 $\forall x, e^x f(x) + 2e^{\pi-x} f(\pi - x) = 3\sin x$,

故有 $e^{\pi-x} f(\pi - x) + 2e^x f(x) = 3\sin x$,

解方程得 $\mathrm{e}^x f(x) = \sin x, f(x) = \mathrm{e}^{-x}\sin x$,

$f'(x) = \mathrm{e}^{-x}(\cos x - \sin x)$,令 $f'(x) = 0$ 得可能极值点 $x_k = \dfrac{\pi}{4} + k\pi, k$ 为整数,

$f''(x) = -2\cos x \mathrm{e}^{-x}$,因此,当 $x = \dfrac{\pi}{4} + 2k\pi$ 时有极大值 $\mathrm{e}^{-(\frac{\pi}{4}+2k\pi)}\dfrac{\sqrt{2}}{2}$;

当 $x = \dfrac{\pi}{4} + (2k+1)\pi$ 时有极小值 $-\mathrm{e}^{-(\frac{\pi}{4}+2k\pi+\pi)}\dfrac{\sqrt{2}}{2}$.

47. $x^2 + y^2 \leqslant 2y$ 落在椭圆 $\dfrac{x^2}{a^2} + \dfrac{y^2}{b^2} = 1$ 内的充分必要条件为 $(0,1)$ 到 $\dfrac{x^2}{a^2} + \dfrac{y^2}{b^2} = 1$ 的距离 $d \geqslant 1$. 而 d^2
$= \min f(t) = \min[a^2\cos^2 t + (b\sin t - 1)^2], f(t) = a^2 + (b^2 - a^2)\sin^2 t - 2b\sin t + 1$,要求最小值,只需讨论 $t \in [0, \pi/2]$,可得 $b \geqslant b^2 - a^2$ 时 $f(t)$ 的最小值为:$(b-1)^2$;$b \leqslant b^2 - a^2$ 时 $f(t)$ 的最小值为:$a^2 - a^2/(b^2 - a^2)$.

充分必要条件为 $b \geqslant b^2 - a^2$ 时 $b \geqslant 2$;$b \leqslant b^2 - a^2$ 时 $a^2 b^2 \geqslant b^2 + a^4$.

此时椭圆面积 $S = \pi ab$,取得最小值时必有 $d = 1$.

$b \geqslant b^2 - a^2$ 时 $b = 2, a \geqslant \sqrt{2}, S \geqslant 2\sqrt{2}\pi$.

$b \leqslant b^2 - a^2$ 时 $a^2 b^2 = b^2 + a^4$,记 $a = \cos^{-1} x, b = (\cos x \sin x)^{-1}$.

即 $\sin x \leqslant \cos x(x \in [0, \pi/4])$ 时,$S = \pi/(\sin x \cos^2 x)$ 的最小值易得为 $S_{\min} = 2\sqrt{2}\pi$.

故包围圆 $x^2 + y^2 \leqslant 2y$ 的椭圆的最小面积为 $S_{\min} = 2\sqrt{2}\pi$.

第四讲　　不定积分

1. (1) $\dfrac{1}{2}\left[\sin(\ln x) - \cos(\ln x)\right] + C$

(2) $\dfrac{1}{2}\arctan\left(\dfrac{\tan 2x}{\sqrt{2}}\right) + C$

(3) $\dfrac{\sqrt{3}}{3}\arctan\dfrac{x^2 - 1}{\sqrt{3}\,x} + C$

(4) $\arctan\sqrt{x} + C$

(5) $x\tan\dfrac{x}{2} + C\left(\text{或}\dfrac{x(1-\cos x)}{\sin x} + C\right)$

(6) $\mathrm{e}^x \sin^2 x - \dfrac{2}{5}(\mathrm{e}^x \sin 2x - 2\mathrm{e}^x\cos 2x) + C$

(7) $\dfrac{\mathrm{e}^{ax}(a\cos bx + b\sin bx)}{a^2 + b^2} + C$

(8) $-\dfrac{3}{2}\sqrt[3]{\dfrac{x+1}{x-1}} + C$

(9) $2\ln|x^2 - 2x - 1) - \dfrac{9\sqrt{2}}{4}\ln\left|\dfrac{\sqrt{2} + x - 1}{\sqrt{2} - x + 1}\right| + C$

(10) $-\dfrac{1}{2}(\mathrm{e}^{-2x}\arctan \mathrm{e}^x + \mathrm{e}^{-x} + \arctan \mathrm{e}^x) + C$

(11) $\dfrac{1}{\sqrt{a^2 + b^2}}\ln\left|\tan\left(\dfrac{x + \varphi}{2}\right)\right| + C$,其中 $\cos\varphi = \dfrac{a}{\sqrt{a^2 + b^2}}$,$\sin\varphi = \dfrac{b}{\sqrt{a^2 + b^2}}$

(12) $-\dfrac{\ln(1 + x + x^2)}{1 + x} - \dfrac{1}{2}\ln\dfrac{(1+x)^2}{1 + x + x^2} + \sqrt{3}\arctan\dfrac{2x + 1}{\sqrt{3}} + C$

(13) $\dfrac{\mathrm{e}^x}{x + 2} + C$

(14) $-\dfrac{x}{2\sin^2 x} - \dfrac{1}{2}\cot x + C$

(15) $\dfrac{\ln x}{1-x}+\ln|1-x|-\ln|x|+C$

(16) $\dfrac{1}{8}\ln\dfrac{1-\cos x}{1+\cos x}+\dfrac{1}{4(1+\cos x)}+C$

(17) $\dfrac{1}{\sqrt{1+\cos x}}-\dfrac{1}{2\sqrt{2}}\ln\dfrac{\sqrt{2}+\sqrt{1+\cos x}}{\sqrt{2}-\sqrt{1+\cos x}}+C$

(18) $a\left[x\arctan x-\dfrac{1}{2}\ln(1+x^2)\right]-\dfrac{a-b}{2}(\arctan x)^2+C$

(19) $-2\sqrt{\dfrac{x+1}{x}}-2\ln(\sqrt{x+1}-\sqrt{x})+C$

(20) $\ln(x+a)\ln(x+b)+C$

2. $\dfrac{1}{2}$

3. 原积分 $=\dfrac{1}{5}\displaystyle\int\dfrac{x^5}{\sqrt{x^5+1}}\mathrm{d}x^5=\dfrac{1}{5}\displaystyle\int\dfrac{x^5+1-1}{\sqrt{x^5+1}}\mathrm{d}x^5=\dfrac{2}{15}(x^5+1)^{\frac{3}{2}}-\dfrac{2}{5}\sqrt{x^5+1}+C.$

4. (1) $2x\sqrt{e^x-1}-4\sqrt{e^x-1}+4\arctan\sqrt{e^x-1}+C$

(2) $\dfrac{1}{2}\ln|\tan 2x+\sec 2x|+\dfrac{1}{2}\ln|\cos 2x|+C$

(3) $\dfrac{x}{4}(1+x^2)^{\frac{3}{2}}-\dfrac{1}{8}x\sqrt{1+x^2}-\dfrac{1}{8}\ln(x+\sqrt{1+x^2})+C$

(4) $\dfrac{\sqrt{2}}{8}\ln\dfrac{x^2+\sqrt{2}x+1}{x^2-\sqrt{2}x+1}+\dfrac{\sqrt{2}}{4}\left[\arctan(\sqrt{2}x+1)+\arctan(\sqrt{2}x-1)\right]+C$

(5) $\dfrac{\sqrt{2x^2-2x+1}}{x}+C$ (6) $2\arcsin\sqrt{\dfrac{x-a}{b-x}}+C$

第五讲　定积分

1. (1) $-\dfrac{\sqrt{2}}{2}\pi+2\ln(\sqrt{2}+1)$ (2) $\dfrac{35}{64}\pi^2$ (3) $6-\dfrac{3}{2}\pi$ (4) $\dfrac{1}{8}(\pi-2)$ (5) $\dfrac{\pi^2}{4}$ (6) $\dfrac{1}{\sqrt{2}}\ln\dfrac{9+4\sqrt{2}}{7}$

(7) $\dfrac{\pi}{4}+\dfrac{1}{2}\ln 2$ (8) $\sqrt{5}+\sqrt{7}$

(9) 解：原积分 $=\displaystyle\int_{-1}^{1/2}(1-2x)\mathrm{d}x+\int_{1/2}^{1}(2x-1)\mathrm{d}x=(x-x^2)\Big|_{-1}^{1/2}+(x^2-x)\Big|_{1/2}^{1}=\dfrac{5}{2}.$

(10) 解：$\displaystyle\int_{-1}^{1}\dfrac{\mathrm{d}x}{(1+x^2)^2}=\int_{-1}^{1}\dfrac{1+x^2-x^2}{(1+x^2)^2}\mathrm{d}x=\int_{-1}^{1}\dfrac{\mathrm{d}x}{1+x^2}+\dfrac{1}{2}\int_{-1}^{1}x\mathrm{d}\left(\dfrac{1}{1+x^2}\right)$

$\qquad=\dfrac{\pi+1}{2}-\dfrac{1}{2}\displaystyle\int_{-1}^{1}\dfrac{\mathrm{d}x}{1+x^2}=\dfrac{\pi+2}{4}.$

2. 解：当 $k\leqslant 0$ 时，$\displaystyle\int_{0}^{1}x^2|x-k|\mathrm{d}x=\int_{0}^{1}x^2(x-k)\mathrm{d}x=\dfrac{1}{4}-\dfrac{k}{3}.$

当 $0<k<1$ 时，$\displaystyle\int_{0}^{1}x^2|x-k|\mathrm{d}x=\int_{0}^{k}x^2(k-x)\mathrm{d}x+\int_{k}^{1}x^2(x-k)\mathrm{d}x$

$\qquad=\dfrac{k^4}{12}+\dfrac{1}{4}-\dfrac{k}{3}+\dfrac{k^4}{12}=\dfrac{1}{4}-\dfrac{k}{3}+\dfrac{k^4}{6};$

当 $k\geqslant 1$ 时，$\displaystyle\int_{0}^{1}x^2|x-k|\mathrm{d}x=\int_{0}^{1}x^2(k-x)\mathrm{d}x=\dfrac{k}{3}-\dfrac{1}{4}.$

3. 解：当取 p 满足 $a+p=-(b+p)$，即 $p=-\dfrac{b+a}{2}$ 时，

积分 $\displaystyle\int_a^b (x+p)^{2007}\,\mathrm{e}^{(x+p)^2}\,\mathrm{d}x = \int_{a+p}^{b+p} x^{2007}\mathrm{e}^{x^2}\,\mathrm{d}x = \int_{-\frac{b-a}{2}}^{\frac{b-a}{2}} x^{2007}\mathrm{e}^{x^2}\,\mathrm{d}x = 0.$

4. 解: $f' = x^{-0.5} + f + 2x\displaystyle\int_0^x \exp(x^2 - t^2) f(t)\,\mathrm{d}t = x^{-0.5} + f + 2x(f - x^{0.5})$

故 $f'(1) - 3f(1) = -1.$

5. 解: $f' = 2x + f' + \displaystyle\int_0^x \mathrm{e}^{x-t} f'(t)\,\mathrm{d}t = 2x + f' + f - x^2,\ f = -2x + x^2,\ f'(0) = -2.$

6. 提示: 假设对某个 $\varepsilon > 0$,存在一个序列 $x_n \to \infty$ 满足 $x_n f(x_n) \geqslant \varepsilon$,于是,当 f 是单调减少时,对于足够大的 x,我们有 $f(x) \geqslant \varepsilon/x$,它与 $\displaystyle\int_0^\infty f(x)\,\mathrm{d}x$ 的收敛性相矛盾,结果随之可得.

7. 提示: 不存在.

8. $\dfrac{3}{4}$

9. 提示: $\displaystyle\int_0^x \varphi(u)\,\mathrm{d}u = \frac{1}{2}\left[\int_0^x f(t)\,\mathrm{d}t\right]^2,$ 由 $\varphi(0) = 0, \varphi(x)$ 单调减少,得 $\displaystyle\int_0^x \varphi(u)\,\mathrm{d}u \leqslant 0,$ 当 $x \geqslant 0$ 时.

10. 提示: 用"变限法".

11. 提示: 参见第四讲例 4.6.

12. 证明: 由泰勒公式可得

$$xf(x) = xf(x)\Big|_{x=0} + (xf(x))'\Big|_{x=0}\, x + (xf(x))''\Big|_{x=\eta}\, \frac{x^2}{2} = f(0)x + \frac{\eta f''(\eta) + 2f'(\eta)}{2} x^2,$$

$\displaystyle\int_{-1}^1 xf(x)\,\mathrm{d}x = \int_{-1}^1 [\eta f''(\eta) + 2f'(\eta)]\frac{x^2}{2}\,\mathrm{d}x,$ 由积分中值定理得

$\displaystyle\int_{-1}^1 xf(x)\,\mathrm{d}x = [\xi f''(\xi) + 2f'(\xi)]\int_{-1}^1 \frac{x^2}{2}\,\mathrm{d}x = \frac{1}{3}[\xi f''(\xi) + 2f'(\xi)].$ 即为所证.

13. 证明: $\displaystyle\int_0^x tf''(x-t)\,\mathrm{d}t = -tf'(x-t)\Big|_0^x + \int_0^x f'(x-t)\,\mathrm{d}t$

$$= -xf'(0) - f(x-t)\Big|_0^x = -xf'(0) - f(0) + f(x),$$

即 $f(x) = f(0) + f'(0)x + \displaystyle\int_0^x tf''(x-t)\,\mathrm{d}t.$

14. 证明: 因为 f 可导,当然连续,且 $\displaystyle\int_0^1 f(x)\,\mathrm{d}x = f(2)$,由积分中值定理知 $\exists\, \eta \in (0,1)$,使得 $f(\eta) = f(2)$,又由罗尔定理可知,$\exists\, \xi \in (\eta, 2) \subset (0,2)$ 使得 $f'(\xi) = 0.$

15. 证明: $(1) F(-t) = \displaystyle\int_0^\pi \ln(1 + 2t\cos x + t^2)\,\mathrm{d}x = \int_{-\pi}^0 \ln(1 - 2t\cos x + t^2)\,\mathrm{d}x$

$$= \int_0^\pi \ln(1 - 2t\cos x + t^2)\,\mathrm{d}x = F(t)$$

$(2) 2F(t) = F(t) + F(-t) = \displaystyle\int_0^\pi \ln[(1 + t^2)^2 - 4t^2\cos^2 x]\,\mathrm{d}x$

$$= \int_0^\pi \ln[1 + t^4 - 2t^2\cos 2x]\,\mathrm{d}x = 0.5\int_0^{2\pi} \ln[1 + t^4 - 2t^2\cos x]\,\mathrm{d}x$$

$$= \int_0^\pi \ln[1 - 2t^2\cos x + t^4]\,\mathrm{d}x = F(t^2).$$

16. 证明: 记 $g(x) = 2x - \displaystyle\int_0^x f(t)\,\mathrm{d}t - 1,$

则 $g(0) = -1,\quad g'(x) = 2 - f(x) > 0,\quad$ 且 $g(1) = 2 - \displaystyle\int_0^1 f(t)\,\mathrm{d}t - 1 \geqslant 0,$

故 g 在 $[0,1]$ 有唯一零点,即 $2x - \displaystyle\int_0^x f(t)\,\mathrm{d}t = 1$ 有唯一解.

17. 解: 原积分 $= \displaystyle\int_2^{+\infty} \frac{\mathrm{d}x}{x^2\sqrt{1 - x^{-2}}} = -\int_2^{+\infty} \frac{1}{\sqrt{1 - x^{-2}}}\,\mathrm{d}\left(\frac{1}{x}\right) = -\arcsin\frac{1}{x}\Big|_2^{+\infty} = \arcsin\frac{1}{2} = \frac{\pi}{6}.$

18. 解：$\dfrac{1}{(1+x^2)(2-2x+x^2)} = \dfrac{1}{5}\left(\dfrac{2x+1}{1+x^2} - \dfrac{2x-3}{2-2x+x^2}\right)$,

故原积分 $= \dfrac{1}{5}\left[\ln(1+x^2) + \arctan x - \ln(x^2-2x+2) + \arctan(x-1)\right]\bigg|_{-\infty}^{+\infty} = \dfrac{2\pi}{5}$.

19. $\dfrac{\pi}{6}$

20. $\dfrac{16}{3}R^3$, R 为底面半径.

21. ① $\dfrac{3\pi}{8}a^2$ ② $6a$ ③ $\dfrac{24}{5}\pi a^2$ ④ $\dfrac{32}{105}\pi a^3$

22. $6\pi a^2$

23. $4a\left(1 + 3\sqrt{3}\ln\dfrac{1+\sqrt{3}}{\sqrt{2}}\right)$

24. $\dfrac{4\sqrt{2}}{3}\pi a^3$

25. $\dfrac{4}{3}\mu g \pi R^4$ (μ 为密度)

26. $4\pi\rho g R^2 H$

27. $\sqrt{2}-1$

28. 解：$y = \dfrac{1}{e}\sqrt{x}$, $y = \ln\sqrt{x}$ 的交点为 $(e^2, 1)$,

$V = \int_0^{e^2} \pi \dfrac{1}{e^2}x\,\mathrm{d}x - \int_1^{e^2} \pi(\ln\sqrt{x})^2\,\mathrm{d}x = \dfrac{1}{2}\pi e^2 - \dfrac{\pi}{2}(e^2-1) = \dfrac{\pi}{2}$.

29. 解：$V = \int_\pi^{2\pi} 2\pi x \mid y \mid \mathrm{d}x = -\int_\pi^{2\pi} 2\pi x^2 \sin x\,\mathrm{d}x = 2\pi x^2 \cos x \bigg|_\pi^{2\pi} - \int_\pi^{2\pi} 4\pi x\cos x\,\mathrm{d}x$

$= 10\pi^3 + \int_\pi^{2\pi} 4\pi\sin x\,\mathrm{d}x = 10\pi^3 - 8\pi$.

30. 解：令 $F(x) = \int_0^x f(t)\,\mathrm{d}t$, 则 $F(0) = 0$, $F'(x)[F(x)+1] = \dfrac{xe^x}{2(1+x)^2}$,

那么，$\int_0^x [F+1]\,\mathrm{d}F = \int_0^x \dfrac{xe^x}{2(1+x)^2}\,\mathrm{d}x$, 则有 $\dfrac{F^2}{2} + F = \dfrac{1}{2}\left(\dfrac{e^x}{1+x} - 1\right)$,

即，$F(x) = -1 \pm \sqrt{\dfrac{e^x}{1+x}}$. 所以 $f(x) = F'(x) = \pm\dfrac{x\sqrt{(1+x)e^x}}{2(1+x)^2}$.

31. 提示：当 $x \in [0,1]$ 时，$\dfrac{1}{2} \leqslant \dfrac{1}{\sqrt{4-x^2+x^3}} \leqslant \dfrac{1}{\sqrt{4-x^2}}$.

32. 提示：$f(1)$ 为 $f(x) = \int_0^1 t(1-t)\sin^{2n} t\,\mathrm{d}t$ 的最大值，又当 $t \geqslant 0$ 时，$\sin^{2n} t \leqslant t^{2n}$，由此得出 $f(1)$.

33. 提示：先利用 Canchy-Schwarz 不等式证明 $\{g_n\}$ 在上确界范数下是一个 Canchy 序列.

第六讲　无穷级数

1. (1) 发散 (2) 收敛 (3) 收敛 (4) 收敛

2. (1) 发散 (2) 条件收敛 (3) $0 < P \leqslant \dfrac{1}{3}$, 条件收敛；$P > \dfrac{1}{3}$, 绝对收敛 (4) 发散

3. 收敛

4. $(-\infty, +\infty)$, $e^{x^2} + 2x^2 e^{x^2}$

5. $(-1,1)$

6. $f(x) = 1 - x + x^{16} - x^{17} + x^{32} - x^{33} + \cdots$, $\mid x \mid < 1$

7. 提示:将 x 展开成以 2π 为周期的只含正弦的傅里叶级数.

8. (1) $\dfrac{x}{2}(1+\cos x)-\sin x\cdot\ln\left(2\cos\dfrac{x}{2}\right)$　(2)$\mathrm{e}^{\cos x}\cos(\sin x)$

9. (1) $\dfrac{\pi^2}{12}$　(2)$2-\dfrac{\pi^2}{6}$

10. 提示:$\dfrac{1}{x^x}=\mathrm{e}^{-x\ln x}$,展开后再积分.

11. 证明略

12. $(-1,+\infty)$

第七讲　向量运算和空间解析几何

1. 1

2. 1

3. $4x-2y+z=2\sqrt[3]{6a}$

4. $a=-5,R=\dfrac{2}{3}$ 或 $a=-9,R=2$

5. $x+y\pm\sqrt{2}z+2=0$

6. $z=0,(x-1)^2+y^2\leqslant 1$;

$x=0,\left(\dfrac{z^2}{2}-1\right)^2+y^2\leqslant 1,z\geqslant 0$;

$y=0,x\leqslant z\leqslant\sqrt{2x}.$

第八讲　多元函数的可微性与偏导数

1. $\mathrm{d}u=\mathrm{e}^{xy}(y\mathrm{d}x+x\mathrm{d}y)$,

$\mathrm{d}^2u=\mathrm{e}^{xy}\left[y^2\mathrm{d}x^2+2(1+xy)\mathrm{d}x\mathrm{d}y+x^2\mathrm{d}y^2\right]$

2. $\dfrac{\partial z}{\partial x}\bigg|_{(1,0)}=\mathrm{e}^{\ln 2}\left(\ln 2+\dfrac{1}{2}\right)=2\ln 2+1$

3. $\dfrac{\partial z}{\partial x}\bigg|_{(1,2)}=\dfrac{\sqrt{2}}{2}(\ln 2-1)$

4. $f_x=\cos(x\sin(y\sin z))\sin(y\sin z)$;

$f_y=\cos(x\sin(y\sin z))\cdot x\cos(y\sin z)\cdot\sin z$;

$f_z=\cos(x\sin(y\sin z))\cdot x\cos(y\sin z)\cdot y\cos z.$

5. $\mathrm{d}z=(f_1'+f_2'+yf_3')\mathrm{d}x+(f_1'-f_2'+xf_3')\mathrm{d}y$,

$\dfrac{\partial^2 z}{\partial x\partial y}=f_3'+f_{11}''-f_{22}''+xyf_{33}''+(x+y)f_{13}''+(x-y)f_{23}''$

6. (1)$\mathrm{d}z=\dfrac{(-\varphi'+2x)\mathrm{d}x+(-\varphi'+2y)\mathrm{d}y}{\varphi'+1}$　(2) $\dfrac{\partial u}{\partial x}=-\dfrac{2\varphi''(1+2x)}{(\varphi'+1)^3}$

7. $\dfrac{\mathrm{d}z}{\mathrm{d}y}=\dfrac{f_x'\varphi_y'+f_y'}{1-f_x'\varphi_z'}$

8. $\dfrac{\partial z}{\partial x}+\dfrac{\partial z}{\partial y}=1$

9. $u_{xx}=u_{yy}=-\dfrac{4}{3}x,u_{xy}=\dfrac{5}{3}x$

10. $\dfrac{\partial x}{\partial u}=\dfrac{1}{1+8xyz},\dfrac{\partial x}{\partial v}=\dfrac{2y}{1+8xyz}$

11. $f'_x(0,0)$ 不存在, $f'_y(0,0) = 0$

12. $\varphi'(0) = m + n(m + n)$

13. $f(u) = \ln u$

14. $f(x,y) = \dfrac{1}{2}(x^2 y + xy^2) + x^2 + y$

15. $u = \dfrac{3}{2}(xyz)^{\frac{2}{3}}$

16. $(1) f(x) - g(x) = \dfrac{C}{x}$ $(2) u = \varphi(xy) - C\ln y + C_0$ $(C, C_0$ 为任意常数$)$

17. 提示:在充分性证明中,令 $ax + by = t, y = u$,证明 $\dfrac{\partial z}{\partial u} = 0$.

18. 提示:利用二元函数可微的定义证明之.

19. 提示:在充分性证明中考察 $\dfrac{\partial}{\partial y}\left(\dfrac{\partial \ln u}{\partial x}\right)$.

20. $F(tx, ty) = t^2 F(x,y)$,
$\quad xF'_1 + yF'_2 = 2tF(x,y)$,
$\quad x^2 F''_{11} + 2xy F''_{12} + y^2 F''_{22} = 2F.$

21. $f(tx, ty, tz) = t^n f(x,y,z)$,两边对 t 求导,令 $t = 1$ 即得.

22. 提示:由已知可得 $x = u, y = \dfrac{u}{1 + uv}$.

23. $\alpha = -\dfrac{a}{2}, \beta = \dfrac{a}{2}; \dfrac{\partial^2 v}{\partial x^2} - \dfrac{\partial^2 v}{\partial y^2} = 0$

24. 令 $F(\theta) = f(\cos\theta, \sin\theta)$ 利用罗尔定理即得.

25. $a = 6, b = 24, c = -8.$

第九讲   隐函数的微分法

1. $\mathrm{d}z = -\dfrac{1}{\sin 2z}(\sin 2x \mathrm{d}x + \sin 2y \mathrm{d}y)$

2. $\dfrac{\partial z}{\partial u} = \dfrac{-f'_x x^2 + f'_y \cdot xy}{xu + 2y^2}, \dfrac{\partial z}{\partial v} = \dfrac{f'_x \cdot 2y + f'_y \cdot u}{xu + 2y^2}$

3. $y''(0) = -3$

4. $-\left(\dfrac{y^3}{x^3} + \dfrac{7}{4}\dfrac{y^4}{x^4} + \dfrac{4}{5}\dfrac{y^5}{x^5}\right) + C$

5. $(1 + t^2)[\ln(1 + t^2) + 1]$

6. 切线 $y = x + 1$

7. 提示:恒与以 $\{1, 1, 1\}$ 为方向矢量的直线平行.

8. 常数为 -2

9. $\pm\left(\dfrac{a^2}{\sqrt{2a^2 + c^2}}, \dfrac{a^2}{\sqrt{2a^2 + c^2}}, \dfrac{ac}{\sqrt{2a^2 + c^2}}\right)$

10. $6x + y + 2z = 5$ 或 $10x + 5y + 6z = 5$

第十讲   极值问题

1. 极小值 -8

2. 极小值 $-\dfrac{1}{e}$

3. 极大值 $\dfrac{3}{2}\sqrt{3}$

4. 极大值 $\dfrac{ab}{3\sqrt{3}}$，极小值 $-\dfrac{ab}{3\sqrt{3}}$

5. 极小值 $-(4+2\sqrt{6})$，极大值 $2\sqrt{6}-4$

6. 极小值 $1-\dfrac{1}{\sqrt{2}}$，极大值 $1+\dfrac{1}{\sqrt{2}}$

7. $u_{\max}=72,u_{\min}=6$

8. $S_{\max}=2(1+\sqrt{33})$

9. $\dfrac{7}{8}\sqrt{2}$

10. $\left(\dfrac{8}{5},\dfrac{3}{5}\right)$

11. 最大值 $\ln(6\sqrt{3}\,r^6)$

12. 矩形两边分别为 $\dfrac{p}{3}$ 及 $\dfrac{2}{3}p$

13. 三边长分别为 $\dfrac{p}{2},\dfrac{3}{4}p,\dfrac{3}{4}p$，绕 $\dfrac{p}{2}$ 边旋转

14. 最近点 $(1,1,1)$，最远点 $(-5,-5,5)$

15. $\cos(\boldsymbol{P_0A},\boldsymbol{P_0B})=\cos(\boldsymbol{P_0A},\boldsymbol{P_0C})=\cos(\boldsymbol{P_0B},\boldsymbol{P_0C})=-\dfrac{1}{2}$

第十一讲　重积分

1. $\dfrac{\pi}{4}$　**2.** $\dfrac{1}{6}\mathrm{m}^3$　**3.** $\dfrac{\pi}{2}+\dfrac{5}{3}$　**4.** $-\dfrac{8}{3}$　**5.** $\dfrac{\pi}{4}$　**6.** $\ln^2 2$　**7.** $\dfrac{19}{4}+\ln 2$　**8.** $\dfrac{11}{40}$　**9.** $\dfrac{5}{192}\pi$　**10.** $\dfrac{4}{15}\pi$

11. $\dfrac{1}{2}$　**12.** $\mathrm{e}-\dfrac{1}{\mathrm{e}}$　**13.** $\dfrac{2}{9}$　**14.** $\dfrac{\pi}{2}$　**15.** $\displaystyle\int_0^{2\pi} f(t\cos\theta,t\sin\theta)t\,\mathrm{d}\theta$　**16.** $\dfrac{4}{5}\pi$　**17.** (1) $\dfrac{3}{2}+\ln 2$　(2) 略

18. 提示：利用极坐标计算左边极限

19. 提示：令 $x-y=t$

20. 提示：$\displaystyle\iint\limits_{D}f(x-y)\mathrm{d}x\mathrm{d}y=\int_{-a}^{a}\mathrm{d}x\int_{-a}^{a}f(x-y)\mathrm{d}y$，作变换 $u=x-y$.

21. $\dfrac{40}{3}\pi$

22. $\dfrac{2}{3}(2HR-H^2)^{\frac{3}{2}}+2(H-R)\left[\dfrac{\pi R^2}{4}+\dfrac{1}{2}(H-R)\sqrt{2HR-H^2}+\dfrac{R^2}{2}\arcsin\dfrac{H-R}{R}\right]$

23. (1) $\dfrac{pA^2}{2C}-\dfrac{qB^2}{2C}-D>0$　(2) $V=\dfrac{pA^2+qB^2-2CD}{4C^2}ab\pi,S=\dfrac{\sqrt{A^2+B^2+C^2}}{C^2}ab\pi$. 其中 $a^2=\dfrac{(pA^2+qB^2-2CD)p}{C^2},b^2=\dfrac{(pA^2+qB^2-2CD)q}{C^2}$.

24. $\dfrac{3\sqrt{3}}{2}+\dfrac{4}{3}\pi$

25. $r=\dfrac{4}{3}R,S_{\max}=\dfrac{32}{27}\pi R^2$

第十二讲　曲线积分

1. $4l$　**2.** $\dfrac{13}{6}$　**3.** $-\dfrac{1}{2}\pi^2$　**4.** $\dfrac{\pi}{2}+\sqrt{2}$　**5.** -4　**6.** $\dfrac{\pi}{4}-\dfrac{158}{3}$　**7.** -24　**8.** $2\pi u(0,0)$

9. 提示:利用极坐标、格林公式即得.

10. (1)(2,0)(-2,0) 均在 L 所围区域外部时,$I = 0$;

(2)(2,0)(-2,0) 均在 L 所围区域内部时,$I = -4\pi$;

(3)(2,0)(-2,0) 一个在外部,一个在内部时,$I = -2\pi$.

11. (1)$f(x) = \frac{1}{4}(e^x - e^{-x}) + \frac{1}{2}xe^x$, $g(x) = -\frac{1}{4}(e^x - e^{-x}) + \frac{1}{2}xe^x$ (2) $\frac{1}{4}(7e - e^{-1})$

12. 提示:利用不等式 $\frac{2ab}{a+b} \leqslant \sqrt{ab} \leqslant \frac{1}{2}(a+b)$

13. (1) 提示:考察 $\frac{x}{y} + F(xy)$ 的全微分,其中 F 为 f 的原函数   (2)$I = \frac{c}{d} - \frac{a}{b}$

14. $f(x,y) = x^2 + 2y - 1$

15. $f(x) = x^2$, $A = 2\pi$

第十三讲　　曲面积分

1. 4π **2.** $\frac{13}{2}\pi e^4 - \frac{3}{2}\pi e^2 - 3\pi$ **3.** 4π **4.** (1)0　(2)128π **5.** $\frac{1}{4}ah\sqrt{a^2+h^2} + \frac{\pi h^3}{8}$ **6.** 0   **7.** $2\pi a^2 b$

8. $\frac{2\pi a^4}{\sqrt{a^2+1}}$ **9.** $\frac{59}{30}\pi$ **10.** $-Cx^2 + C - 2$ **11.** $I(t) = \iint\limits_{\Sigma}(1 - x^2 - y^2)\mathrm{d}S = 2\pi\int_0^{\sqrt{t}} r(1-r^2)\sqrt{1+r^2}\mathrm{d}r, t \in$

$(0, +\infty)$,令 $I'(t) = 0$ 得 $I(t)$ 最大值为 $I(1) = \frac{2\pi}{15}(8\sqrt{2} - 7)$ **12.** $\frac{4\pi}{3}abc\left(\frac{1}{a^2} + \frac{1}{b^2} + \frac{1}{c^2}\right)$

13. $4\pi\tan 1$ **14.** 提示:利用高斯公式   **15.** $\frac{1}{3}Sh$

附录一 参考答案

2016 年浙江省大学生高等数学(微积分)竞赛试题评析
(数学类)

一、计算题

1. 解:所求极限 $\lim\limits_{n\to\infty} \dfrac{\cos(\sqrt{n^2+1}-n)-1}{2/n^2} = -\lim\limits_{n\to\infty} n^2 \sin^2\left(\dfrac{\sqrt{n^2+1}-n}{2}\right)$

$= -\lim\limits_{n\to\infty} \dfrac{(\sqrt{n^2+1}-n)^2 n^2}{4} = -\lim\limits_{n\to\infty} \dfrac{n^2}{4(\sqrt{n^2+1}+n)^2} = -\dfrac{1}{16}.$

2. 解:$\displaystyle\int \dfrac{1-x^2\cos x}{(1+x\sin x)^2}\mathrm{d}x = \int \dfrac{1+x\sin x - x(\sin x + x\cos x)}{(1+x\sin x)^2}\mathrm{d}x = \int \dfrac{1}{1+x\sin x}\mathrm{d}x$

$+\displaystyle\int \dfrac{-x}{(1+x\sin x)^2}\mathrm{d}(1+x\sin x) = \int \dfrac{1}{1+x\sin x}\mathrm{d}x + \int x\mathrm{d}\dfrac{1}{1+x\sin x} = \dfrac{x}{1+x\sin x} + c.$

3. 解:记 $g(x) = \dfrac{1-\mathrm{e}^x}{1+x}$,则 $f(x) = g(x) + \mathrm{e}^x$,而 $(1+x)g(x) = 1-\mathrm{e}^x$,

$g^{(n)}(0) + n g^{(n-1)}(0) = -1, g(0) = 0, g^{(1)}(0) = -1, g^{(2)}(0) = 1,$

$g^{(3)}(0) = -4, g^{(4)}(0) = 15, g^{(5)}(0) = -76,$

所以 $f^{(5)}(0) = g^{(5)}(0) + 1 = -75.$

4. 解:在 $0 < x, y, z \leqslant 1$ 时,$f''_{xx} = \dfrac{2zy^2}{(1+xy)^3} + \dfrac{2yz^2}{(1+xz)^3} > 0$,没有极大值点.

所以最大值一定在边界上取到.$z=0$ 时,$f(x,y,0) = x+y \leqslant 2 = f(1,1,0)$;

$z=1$ 时,$f(x,y,1)$ 的最大值也定在边界上取到.

由 x,y,z 的轮换对称性,只需求 $f(1,1,1) = 1.5$,所以 $\max f(x,y,z) = 2.$

5. **解法一**:方程变形为 $1 - 2\sin^2\left(\dfrac{\alpha+\beta}{2}\right) + 2\sin\left(\dfrac{\alpha+\beta}{2}\right)\cos\left(\dfrac{\alpha-\beta}{2}\right) = 3/2$,

$\sin^2\left(\dfrac{\alpha+\beta}{2}\right) - \sin\left(\dfrac{\alpha+\beta}{2}\right)\cos\left(\dfrac{\alpha-\beta}{2}\right) + \dfrac{1}{4} = 0$,

$2\sin\left(\dfrac{\alpha+\beta}{2}\right) = \cos\left(\dfrac{\alpha-\beta}{2}\right) \pm \sqrt{\cos^2\left(\dfrac{\alpha-\beta}{2}\right) - 1}, \cos\left(\dfrac{\alpha-\beta}{2}\right) = 1, \alpha = \beta$,

$2\sin\alpha = 1, \alpha = \beta = \pi/6.$

解法二:记 $f(\alpha,\beta) = \cos(\alpha+\beta) + \sin\alpha + \sin\beta$,

$f'_\alpha = -\sin(\alpha+\beta) + \cos\alpha = 0, f'_\beta = -\sin(\alpha+\beta) + \cos\beta = 0$,

$\cos\alpha = \cos\beta, \alpha = \beta, 2\sin\beta\cos\beta = \cos\beta, \sin\beta = 1/2$,

$f(\pi/6, \pi/6) = 3/2$,在边界上 $f(\alpha,\beta) \leqslant \sqrt{2}$,

所以仅当 $\alpha = \beta = \pi/6$ 时,$\cos(\alpha+\beta) + \sin\alpha + \sin\beta = 3/2.$

二、证明:(1) 证明当 $n \neq m$ 时,$\displaystyle\int_{-1}^{1} \dfrac{y_n(x)y_m(x)}{\sqrt{1-x^2}}\mathrm{d}x \xlongequal{\text{令 } x=\cos t} \int_0^\pi \cos nt \cos mt\,\mathrm{d}t$

$= \displaystyle\int_0^\pi \left[\cos(n+m)t + \cos(n-m)t\right]\mathrm{d}t/2 = 0.$

(2) $\mathrm{e}^{\arccos x} y_m(x) = \displaystyle\sum_{n=0}^{+\infty} c_n y_n(x) y_m(x)$,

$c_m = \displaystyle\int_{-1}^{1} \dfrac{y_m(x)\mathrm{e}^{\arccos x}}{\sqrt{1-x^2}}\mathrm{d}x \div \int_{-1}^{1} \dfrac{y_m(x)y_m(x)}{\sqrt{1-x^2}}\mathrm{d}x = \int_0^\pi \mathrm{e}^t \cos mt\,\mathrm{d}t \div \int_0^\pi \cos^2 mt\,\mathrm{d}t$,

$$\int_0^\pi e^t \cos mt \, dt = \int_0^\pi \cos mt \, de^t = \left[(-1)^m e^\pi - 1\right] + m\int_0^\pi e^t \sin mt \, dt$$

$$= \left[(-1)^m e^\pi - 1\right] - m^2 \int_0^\pi e^t \cos mt \, dt,$$

$$\int_0^\pi e^t \cos mt \, dt = \frac{(-1)^m e^\pi - 1}{m^2 + 1},$$

$$c_0 = \frac{e^\pi - 1}{\pi}, m \neq 0 \text{ 时}, c_m = \frac{2(-1)^m e^\pi - 1}{(m^2 + 1)\pi}.$$

三、解：积分记为 $\oint_C P \, dx + Q \, dy$，易得 $P'_y = Q'_x$，由形变原理知对任意 $\varepsilon > 0$，

$$\oint_C \frac{(xu + yv)dx + (yu - xv)dy}{x^2 + y^2} = \oint_{x^2+y^2=\varepsilon^2} \frac{(xu + yv)dx + (yu - xv)dy}{x^2 + y^2} = \int_0^{2\pi} -v \, d\theta.$$

由 ε 的任意性可得 $\int_0^{2\pi} -v \, d\theta = \lim_{\varepsilon \to 0} \int_0^{2\pi} -v \, d\theta = \lim_{\varepsilon \to 0} \int_0^{2\pi} -e^{\varepsilon \cos\theta} \cos(\varepsilon \sin\theta) d\theta$

$$= -\lim_{\varepsilon \to 0} e^{\varepsilon \cos\theta_1} \cos(\varepsilon \sin\theta_1) \int_0^{2\pi} d\theta = -2\pi.$$

四、证明：设 $P(x)$ 为 n 次多项式，$x_1 < x_2 < \cdots < x_s$ 为 $P(x)$ 的不同实根，也是 $f(x) = e^x P(x)$ 的根。

$P(x) = (x - x_1)^{l_1}(x - x_2)^{l_2} \cdots (x - x_s)^{l_s}$，$l_1 + l_2 + \cdots + l_s = n$，

$P(x) + P'(x) = (x - x_1)^{l_1 - 1}(x - x_2)^{l_2 - 1} \cdots (x - x_s)^{l_s - 1} h(x)$，$h(x)$ 为 s 次多项式。

由罗尔定理知 $\exists \xi_i \in (x_i, x_{i+1})$，使 $f'(\xi_i) = 0$，

即 $\xi_i (i = 1, 2, \cdots, s-1)$ 是 $P_n(x) + P'_n(x)$ 的 $s-1$ 个实根，也是 $h(x)$ 的 $s-1$ 个实根，

即 $h(x) = (x - \xi_1)(x - \xi_2) \cdots (x - \xi_{s-1}) g(x)$，显然 $g(x)$ 为 1 次多项式。

所以 $P(x) + P'(x)$ 也仅有实根。

五、证明：记 $c_n = a_{n+1} - a_n$，则 $\{c_n\}$ 满足 $c_{n+1} = -c_n + (\alpha - 1)c_{n-1}$，$n \geq 1$。

方法一：考虑方程 $\lambda^2 + \lambda + 1 - \alpha = 0$，其根为 $\lambda_1 = \frac{-1 + \sqrt{4\alpha - 3}}{2}$，$\lambda_2 = \frac{-1 - \sqrt{4\alpha - 3}}{2}$，

数列 $\{c_n\}$ 通项为 $c_n = k_1 \lambda_1^n + k_2 \lambda_2^n$。

易知 $\lambda_2 \leq -2$，由 $\{c_n\}$ 有界可知 $k_2 = 0$。

$\alpha > 3$ 时，$\lambda_1 > \frac{-1 + \sqrt{4 \times 3 - 3}}{2} = 1$，同理得 $k_1 = 0$，$c_n = 0$，$a_n = a_0$；

$\alpha = 3$ 时，$\lambda_1 = 1$，即 $c_n = k_1$，$\{a_n\}$ 为等差数列且有界，$a_n = a_0$。

方法二：对任意 $|x| < 1$，$c_{n+2} x^{n+2} = -c_{n+1} x^{n+2} + \beta c_n x^{n+2}$，$\beta = \alpha - 1$，

$$\sum_{n=0}^{+\infty} c_{n+2} x^{n+2} = -\sum_{n=0}^{+\infty} c_{n+1} x^{n+2} + \beta \sum_{n=0}^{+\infty} c_n x^{n+2},$$

即 $\sum_{n=0}^{+\infty} c_n x^n - c_1 x - c_0 = -x \sum_{n=0}^{+\infty} c_n x^n + c_0 x + \beta x^2 \sum_{n=0}^{+\infty} c_n x^n$，

$$[\beta x^2 - x - 1] \sum_{n=0}^{+\infty} c_n x^n = -(c_1 + c_0)x - c_0, \text{ 而 } \beta x^2 - x - 1 = \beta(x - x_1)(x - x_2),$$

其中 $x_{1,2} = \frac{1 \pm \sqrt{1 + 4\beta}}{2\beta}$。当 $\beta > 2$ 时，$\frac{1 + \sqrt{1 + 4\beta}}{2\beta} = \frac{2}{\sqrt{1 + 4\beta} - 1} < \frac{2}{\sqrt{1 + 4 \times 2} - 1} = 1$，

所以 $|x_{1,2}| < 1$，$(c_1 + c_0)x + c_0$ 有两个零点，$c_1 = c_0 = 0$，$a_0 = a_1 = a_2 = a_n$。

当 $\beta = 2$ 时，$x_{1,2} = \frac{1 \pm 3}{4}$，$(c_1 + c_0)x + c_0 = (c_1 + c_0)(x + 0.5)$，

$$\beta \sum_{n=0}^{+\infty} c_n x^n = \frac{-(c_1 + c_0)}{x - 1}, c_n = c_0, a_n \text{ 为等差数列且有界}, a_n = a_0.$$

（工科类）

一、计算题

1.解：$\lim\limits_{x\to 0}(\cos x)^{\frac{1+x}{\sin^2 x}} = \lim\limits_{x\to 0}(1+\cos x-1)^{\frac{1}{\cos x-1}(\cos x-1)\frac{1+x}{\sin^2 x}} = e^{-0.5}$.

2.（解答见数学类第一题中第 2 小题）

3.解：考虑 $\dfrac{1}{(1+t)^2} = -\left(\dfrac{1}{1+t}\right)' = -\dfrac{d}{dt}\sum\limits_{k=0}^{+\infty}(-1)^k t^k = -\sum\limits_{k=0}^{+\infty}(-1)^k k t^{k-1} = \sum\limits_{k=0}^{+\infty}(-1)^k (k+1) t^k$,

所以 $\dfrac{1}{(1+x^2)^2} = \sum\limits_{k=0}^{+\infty}(-1)^k (k+1) x^{2k}$, $f^{(n)}(0) = \begin{cases} (-1)^k(k+1)(2k)!, n=2k; \\ 0, n=2k+1. \end{cases}$

4.（解答见数学类第一题中第 4 小题）

5.（解答见数学类第一题中第 5 小题）

二、（解答见数学类第二题）

三、解：记 $r = \sqrt{x^2+y^2+z^2}$, $P = x/r^3$, $Q = y/r^3$, $R = z/r^3$,

$P'_x = \dfrac{r-3xr'_x}{r^2} = \dfrac{r-3x^2/r}{r^2} = \dfrac{r^2-3x^2}{r^3}$, 同理 $Q'_y = \dfrac{r^2-3y^2}{r^3}$, $R'_z = \dfrac{r^2-3z^2}{r^3}$,

记 S_1 为 xOy 平面上 $\dfrac{(x-1)^2}{9} + \dfrac{(y-2)^2}{16} \leqslant 1$ 与 $x^2+y^2 \geqslant 1$ 的公共部分,方向向下.

S_2 为 $x^2+y^2+z^2=1, z\geqslant 0$,方向向下, D 为 S、S_1、S_2 所围区域,

$$\iint\limits_{S}\frac{x\,dydz+y\,dzdx+z\,dxdy}{(\sqrt{x^2+y^2+z^2})^3} = \oiint\limits_{S+S_1+S_2}\frac{x\,dydz+y\,dzdx+z\,dxdy}{(\sqrt{x^2+y^2+z^2})^3} - \iint\limits_{S_1}\frac{x\,dydz+y\,dzdx+z\,dxdy}{(\sqrt{x^2+y^2+z^2})^3} -$$

$$\iint\limits_{S_2}\frac{x\,dydz+y\,dzdx+z\,dxdy}{(\sqrt{x^2+y^2+z^2})^3}$$

$$= \iiint\limits_{D}(P'_x+Q'_y+R'_z)\,dV + 0 - \iint\limits_{S_2}x\,dydz+y\,dzdx+z\,dxdy$$

$$= -\iint\limits_{S_2}(x\cos\alpha+y\cos\beta+z\cos\gamma)\,dS = \iint\limits_{S_2}dS = 2\pi.$$

四、解：以半球心为坐标原点,圆柱的对称轴为 y 轴,指向球面方向为 y 轴正向.

由对称性知 $\bar{x} = \bar{z} = 0$,又半球体积为 $2R^3/3$,圆柱高为 $2R/3$,

$$\iiint\limits_{\Omega}y\,dV = \int_{-2R/3}^{0}y\,dy\iint\limits_{x^2+z^2\leqslant R^2}d\sigma + \int_{0}^{R}y\,dy\iint\limits_{x^2+z^2\leqslant R^2-y^2}d\sigma$$

$$= \pi R^2\int_{-2R/3}^{0}y\,dy + \pi\int_{0}^{R}y(R^2-y^2)\,dy = -2\pi R^4/9 + \pi R^4/4 = \pi R^4/36,$$

$$\bar{y} = \iiint\limits_{\Omega}y\,dV \div \text{体积} = \frac{\pi R^4/36}{4\pi R^3/3} = \frac{R}{48}.$$

五、证明：设 $x_1 < x_2 < \cdots < x_n$ 为 $P_n(x)$ 的 n 个不同实根,也是 $f(x) = e^x P_n(x)$ 的根.

由罗尔定理知 $\exists \xi_i \in (x_i, x_{i+1})$,使 $f'(\xi_i) = 0$,

即 $\xi_i (i=1,2,\cdots,n-1)$ 是 $P_n(x) + P'_n(x)$ 的 $n-1$ 个实根.

又有 $\lim\limits_{x\to-\infty}e^x P_n(x) = 0$,可知 $\exists \xi_0 < x_1$,使 $f'(\xi_0) = 0$,

若不然 $x < x_1$ 时,$f'(x) \neq 0$,不妨设 $f'(x) > 0$,即单调增,

与 $\lim\limits_{x\to-\infty}e^x P_n(x) = 0$ 矛盾.说明 $\exists \xi_0 < x_1$ 是 $P_n(x) + P'_n(x)$ 的根.

所以 $P_n(x) + P'_n(x)$ 有 n 个不同的实根.

（经管类）

一、计算题

1.（解答见数学类第一题中第 1 小题）

2.（解答见数学类第一题中第 2 小题）

3.（解答见数学类第一题中第 3 小题）

4.解：曲线弧长 $l = \int_0^{\ln\sqrt{3}} \sqrt{1+e^{2x}}\, dx = \int_0^{\ln\sqrt{3}} \frac{\sqrt{1+e^{2x}}}{e^x}\, de^x = \int_1^{\sqrt{3}} \frac{\sqrt{1+x^2}}{x}\, dx$

$= \int_{\pi/4}^{\pi/3} \frac{1}{\sin x \cos^2 x}\, dx = \int_{\pi/4}^{\pi/3} \frac{\sin x}{\sin^2 x \cos^2 x}\, dx = -\int_{\pi/4}^{\pi/3} \left(\frac{1}{\cos^2 x} + \frac{1}{1-\cos^2 x} \right) d\cos x$

$= \left(\frac{1}{\cos x} - \ln \frac{\sin x}{1-\cos x} \right) \Big|_{\pi/4}^{\pi/3} = 2 - \sqrt{2} + \ln(1+\sqrt{2}) - \ln\sqrt{3}.$

5.（解答见数学类第一题中第 5 小题）

二、解：$\int_{-1}^{1} \frac{y_n(x) y_m(x)}{\sqrt{1-x^2}}\, dx \xrightarrow{\text{令 } x = \cos t} \int_0^\pi \cos nt \cos mt\, dt.$

当 $n \neq m$ 时，$\int_0^\pi \cos nt \cos mt\, dt = \int_0^\pi [\cos(n+m)t + \cos(n-m)t]\, dt / 2 = 0;$

当 $n = m$ 时，$\int_0^\pi \cos^2 nt\, dt = \int_0^\pi \frac{\cos(2n)t+1}{2}\, dt = \begin{cases} \pi, n = 0; \\ \pi/2, n \neq 0. \end{cases}$

三、（解答见数学类第一题中第 4 小题）

四、（解答见工科类第四题）

五、证明：考虑函数 $g(x) = x(2-x), g(0) = g(2) = 0, g(1) = 1.$

记 $F(x) = f(x) - g(x)$，则 $F(0) = F(2) = F(1) = 0,$

由罗尔定理得 $\exists \varepsilon \in (0,2), F''(\varepsilon) = 0, f''(\xi) = -2.$

（文科与专科类）

一、计算题

1.（解答见数学类第一题中第 1 小题）

2.（解答见数学类第一题中第 2 小题）

3.解：取对数得 $2\ln y = 3\ln x - \ln(2-x)$，求导得 $2\frac{y'}{y} = \frac{3}{x} + \frac{1}{2-x}, y'(1) = 2,$

再求导 $2\frac{yy'' - y'^2}{y^2} = -\frac{3}{x^2} + \frac{1}{(2-x)^2}, y''(1) = 3.$

4.解：记 $f(x) = \ln(1+x) - x/2, f'(x) > 0, x \in (-0.5, 1)$ 且 $f(0) = 0,$

所以 $\int_{-\frac{1}{2}}^{1} \min\left\{ \ln(1+x), \frac{x}{2} \right\} dx = \int_0^1 \frac{x}{2}\, dx + \int_{-\frac{1}{2}}^{0} \ln(1+x)\, dx$

$$= \frac{1}{4} + (x+1)\ln(1+x) \Big|_{-0.5}^{0} - \int_{-\frac{1}{2}}^{0} dx$$

$$= \frac{1}{4} + 0.5\ln 2 - 0.5 = 0.5\ln 2 - \frac{1}{4}.$$

5.解：$f(x)$ 是偶函数且 $f(0) = -1$，只要知道 $f(x)$ 在 $(0, +\infty)$ 内零点的个数.

而 $f(1) = 1 + \sin^2 1 - \cos 1 > 0$，且当 $x > 1$ 时，$f(x) \geqslant x^3 - \cos x > 0.$

当 $x \in (0,1)$ 时 $f(x) = x^3 + \sin^2 x - \cos x, f'(x) > 0$ 单调递增.

所以 $f(x)$ 在 $(0, +\infty)$ 内有一个零点，即 $f(x)$ 在 $(-\infty, +\infty)$ 内零点个数为 2.

二、（解答见经管类第二题）

三、（解答见经管类第一题中第 4 小题）

四、解：$x \in [-2, 1]$ 时，$f(x) = 1 - x + \frac{1}{4}x^2, f'(x) = \frac{1}{2}x - 1$ 没有极值点.

两端点值为 $f(-2) = 4, f(1) = \frac{1}{4}.$

$x \in [1,2]$ 时,$f(x) = x - 1 + \dfrac{1}{4}x^2$ 无极值点,端点值 $f(2) = 2$.

所以 $\max f(x) = 4, \min f(x) = 1/4$.

五、(解答见经管类第五题)

2017 年浙江省大学生高等数学（微积分）竞赛试题评析
（数学类）

一、计算题

1.解:$x - \ln(1+x) \sim x^2/2, \mathrm{e}^{x^2} - 1 \sim x^2, 1 - \cos x \sim x^2/2$,

$$\lim_{x \to 0} \frac{\mathrm{e}^{x^2} - \cos x \sqrt{\cos 2x}}{x - \ln(1+x)} = 2 \lim_{x \to 0} \frac{\mathrm{e}^{x^2} - 1 + 1 - \cos x + \cos x(1 - \sqrt{\cos 2x})}{x^2} =$$

$$3 + 2 \lim_{x \to 0} \frac{1 - \sqrt{\cos 2x}}{x^2} = 3 + 2 \lim_{x \to 0} \frac{1 - \cos 2x}{x^2(1 + \sqrt{\cos 2x})} = 3 + \lim_{x \to 0} \frac{1 - \cos 2x}{x^2} = 5.$$

2.解:$\displaystyle\int x[3 + \ln(1+x^2)]\arctan x \, \mathrm{d}x = 3\int x \arctan x \, \mathrm{d}x + \int x \ln(1+x^2)\arctan x \, \mathrm{d}x =$

$$3\int x \arctan x \, \mathrm{d}x + \frac{x^2}{2}\ln(1+x^2)\arctan x - \frac{1}{2}\int x^2 \mathrm{d}[\ln(1+x^2)\arctan x] =$$

$$3\int x \arctan x \, \mathrm{d}x + \frac{x^2}{2}\ln(1+x^2)\arctan x - \frac{1}{2}\int (x^2+1-1)\mathrm{d}[\ln(1+x^2)\arctan x] =$$

$$3\int x \arctan x \, \mathrm{d}x + \frac{x^2+1}{2}\ln(1+x^2)\arctan x - \frac{1}{2}\int[\ln(1+x^2) + 2x\arctan x]\mathrm{d}x =$$

$$\frac{x^2+1}{2}\ln(1+x^2)\arctan x + \frac{1}{2}\int[4x\arctan x - \ln(1+x^2)]\mathrm{d}x =$$

$$\frac{x^2+1}{2}\ln(1+x^2)\arctan x + x^2 \arctan x - \frac{x}{2}\ln(1+x^2) + c.$$

3.解:考虑级数 $s(x) = \displaystyle\sum_{n=1}^{+\infty} \frac{x^{n+1}}{n(n+1)}$,有 $s''(x) = \displaystyle\sum_{n=1}^{+\infty} x^{n-1} = \frac{1}{1-x}$,$|x| < 1$,

$s(x) = x + (1-x)\ln(1-x), x \in [-1,1), x = 1, s(1) = 1$.

$x \neq 0$ 时,$\displaystyle\sum_{n=1}^{+\infty} \frac{x^n}{n(n+1)} = x^{-1}s(x)$;$x = 0$ 时,$\displaystyle\sum_{n=1}^{+\infty} \frac{x^n}{n(n+1)} = 0$.

4.解:$f'(x) = 3 + \displaystyle\int_0^x 2(x-t)f(t)\mathrm{d}t, f''(x) = 2\int_0^x f(t)\mathrm{d}t, f'''(x) = 2f(x)$,

$f^{(n+3)} = 2f^{(n)}$,所以 $f^{(2017)}(0) = 2^{672}f'(0) = 3 \times 2^{672}, (2017 = 672 \times 3 + 1)$.

5.解:$f(x + 1/x) = \sin[\pi(x + 1/x)^2] = \sin[\pi(x^2 + 2 + 1/x^2)] = \sin[\pi(x^2 + 1/x^2)]$,

$f(x + 1/x) - f(x) = \pi\cos(\xi)/x^2$,所以 $\displaystyle\lim_{x \to \infty} x[f(x + 1/x) - f(x)] = 0$.

二、解:考虑函数 $F(x) = \displaystyle\int_x^{x+2} f(t)\mathrm{d}t$,那么 $F'(x) = f(x+2) - f(x) = \sin x$,

由此 $F(x) = c - \cos x$,因为 $\displaystyle\int_0^2 f(x)\mathrm{d}x = 0$,即 $F(0) = c - 1 = 0, c = 1$,

所以 $\displaystyle\int_1^3 f(x)\mathrm{d}x = F(1) = 1 - \cos 1$.

三、解:记 $P = \dfrac{-y}{(x-1)^2 + y^2}, Q = \dfrac{x-1}{(x-1)^2 + y^2}$,易知 $P'_y = Q'_x = \dfrac{y^2 - (x-1)^2}{[(x-1)^2 + y^2]^2}$

曲线 L_1:从 $(-2,0)$ 到 $(0,0)$ 的直线段,L_2:从 $(0,0)$ 到 $(2,0)$ 的上半圆 $(x-1)^2 + y^2 = 1$,

$$\int_L \frac{(x-1)\mathrm{d}y - y\mathrm{d}x}{(x-1)^2 + y^2} = \int_{L_1 + L_2} \frac{(x-1)\mathrm{d}y - y\mathrm{d}x}{(x-1)^2 + y^2} = \int_{L_2} \frac{(x-1)\mathrm{d}y - y\mathrm{d}x}{(x-1)^2 + y^2}$$

$$= \int_{L_2} (x-1)\mathrm{d}y - y\mathrm{d}x = -\pi.$$

四、证明: 设 $f(x_1) = \max f(x)$, $f(x_2) = \min f(x)$,

$$\max f(x) - \min f(x) = \int_{x_2}^{x_1} f'(t)\mathrm{d}t \leqslant \left| \int_{x_2}^{x_1} |f'(t)| \mathrm{d}t \right| \leqslant \int_0^1 |f'(t)| \mathrm{d}t \leqslant \sqrt{\int_0^1 [f'(x)]^2 \mathrm{d}x}.$$

五、证明: 因为 g 连续,不妨设 $\lim\limits_{x\to+\infty} g(x) = +\infty$,

对于任意的 $\delta > 0$, $\exists T > 0$, 当 $x > T$ 时, 有 $g(x) > 2/\delta$,

且有这样的 $x > T$, $g(x+\delta/2) \geqslant g(x)$. 取 $\varepsilon_0 = 1$, $\forall \delta > 0$, 有

$$f(x+\delta/2) - f(x) = (x+\delta/2)g(x+\delta/2) - xg(x)$$
$$= x[g(x+\delta/2) - g(x)] + g(x+\delta/2)\delta/2 \geqslant g(x+\delta/2)\delta/2 \geqslant 1,$$

所以在 $[0, +\infty)$ 上不一致连续.

(工科类)

一、计算题

1. (解答见数学类第一题中第 1 小题)

2. 解: 曲线 $y = x^2$ 与 $y = x$ 的交点为 $(0,0), (1,1)$.

曲线 C 上点 (x, x^2) 到 L 的距离为 $r = \dfrac{(x, x^2)\cdot(1,-1)}{|(1,-1)|} = \dfrac{|x - x^2|}{\sqrt{2}}$.

$\mathrm{d}V = \pi r^2 \mathrm{d}l = \sqrt{2}\pi r^2 \mathrm{d}x$, 所以 $V = \dfrac{\pi\sqrt{2}}{2}\int_0^1 (x - x^2)^2 \mathrm{d}x = \dfrac{\pi\sqrt{2}}{60}$.

3. 解: 记 $D_1 = \left\{ (x,y) \left| \dfrac{x^2}{a^2} + \dfrac{y^2}{b^2} \leqslant 1, x \geqslant 0, y \geqslant 0 \right. \right\}$, 令 $x = ar\cos\theta, y = br\sin\theta$, 则

$$\iint_D |xy| \mathrm{d}x\mathrm{d}y = 4\iint_{D_1} xy\,\mathrm{d}x\mathrm{d}y = 4\int_0^1 \mathrm{d}r \int_0^{\pi/2} abr^2\cos\theta\sin\theta abr\,\mathrm{d}\theta = 2\int_0^1 a^2 b^2 r^3 \mathrm{d}r = a^2 b^2/2.$$

4. (解答见数学类第一题中第 3 小题)

5. (解答见数学类第一题中第 4 小题)

二、(解答见数学类第二题)

三、(解答见数学类第三题)

四、证明: 记 $f(x) = (\cos x)^p - \cos(px)$, $f'(x) = p[\sin(px) - (\cos x)^{p-1}\sin x]$,

$(\cos x)^{p-1}\sin x \geqslant \sin x \geqslant \sin px$, 所以 $f'(x) \leqslant 0$.

又 $f(0) = 0$, 从而 $f(x) \leqslant 0$, 即 $(\cos x)^p \leqslant \cos(px)$.

五、证明: $f(x) = \int_0^x f'(t)\mathrm{d}t.$ $|f(x)| \leqslant \int_0^x |f'(t)| \mathrm{d}t \leqslant \int_0^1 |f'(t)| \mathrm{d}t \leqslant \sqrt{\int_0^1 [f'(x)]^2 \mathrm{d}x}.$

(经管类)

一、计算题

1. 解: $\lim\limits_{x\to 0^+} \ln(1+x)\ln(1+\mathrm{e}^{\frac{1}{x}}) = \lim\limits_{x\to 0^+} x\ln(1+\mathrm{e}^{\frac{1}{x}}) = \lim\limits_{t\to+\infty} \dfrac{\ln(1+\mathrm{e}^t)}{t} \quad \left(t = \dfrac{1}{x} \right)$

$$= \lim_{t\to+\infty} \dfrac{\mathrm{e}^t}{1+\mathrm{e}^t} = 1.$$

2. 解: $\displaystyle\int \dfrac{x\arcsin x}{(1-x^2)^{3/2}}\mathrm{d}x = \int \arcsin x\,\mathrm{d}\left(\dfrac{1}{\sqrt{1-x^2}} \right) = \dfrac{\arcsin x}{\sqrt{1-x^2}} - \int \dfrac{1}{\sqrt{1-x^2}}\mathrm{d}(\arcsin x)$

$$= \dfrac{\arcsin x}{\sqrt{1-x^2}} - \int \dfrac{\mathrm{d}x}{1-x^2} = \dfrac{\arcsin x}{\sqrt{1-x^2}} + \dfrac{1}{2}\ln\left| \dfrac{x-1}{x+1} \right| + c.$$

3.解:只需讨论 $t > 0$，$F(t) = 2\int_0^2 |x^2 - t| \, dx$，

$\int_0^2 |x^2 - t| \, dx = \int_0^{\sqrt{t}} (t - x^2) \, dx + \int_{\sqrt{t}}^2 (x^2 - t) \, dx = \frac{4t\sqrt{t}}{3} + \frac{8}{3} - 2t$，

$F(t) = \frac{8t\sqrt{t}}{3} + \frac{16}{3} - 4t$，$F'(t) = 4\sqrt{t} - 4 = 0$，$t = 1$，$\min F(t) = 4$.

4.解:$dx = (e^t + 1) dt$，$dy = -\sin t \, dt$，$\dfrac{dy}{dx} = -\dfrac{\sin t}{e^t + 1}$，

$\dfrac{d^2 y}{dx^2} = \dfrac{d}{dx}\left(\dfrac{dy}{dx}\right) = \dfrac{e^t \sin t - (e^t + 1)\cos t}{(e^t + 1)^3}$.

5.解:$f(x) = \dfrac{x^3}{x^2 + 2} = x - \dfrac{2x}{x^2 + 2}$，记 $g(x) = -\dfrac{2x}{x^2 + 2}$ $f^{(2017)}(0) = g^{(2017)}(0)$，

$(x^2 + 2)g(x) = -2x$，可得 $g'(0) = -1$. 对于 $n \geqslant 1$ 有

$g^{(n+1)}(0) + n(n+1)g^{(n-1)}(0) = 0$，$f^{(2017)}(0) = (-1)^{1008}(2017)! f'(0) = -(2017)!$.

二、(解答见数学类第一题中第 3 小题)

三、解:$f(x + 1/x) = \sin[\pi(x + 1/x)^2] = \sin[\pi(x^2 + 2 + 1/x^2)] = \sin[\pi(x^2 + 1/x^2)]$，

$f(x + 1/x) - f(x) = \pi\cos\xi/x^2$，所以 $\lim\limits_{x \to \infty} x[f(x + 1/x) - f(x)] = 0$.

四、(解答见工科类第四题)

五、(解答见工科类第五题)

(文科与专科类)

一、计算题

1.解:因为 $\ln(1 + x^2) \sim x^2$，$1 - \cos x \sim x^2/2$，所以极限为 2.

2.解:$\int \dfrac{x\arcsin x}{\sqrt{1 - x^2}} dx = -\int \arcsin x \, d(\sqrt{1 - x^2})$

$= -\sqrt{1 - x^2} \arcsin x + \int \sqrt{1 - x^2} \, d(\arcsin x)$

$= -\sqrt{1 - x^2} \arcsin x + \int dx = -\sqrt{1 - x^2} \arcsin x + x + c$.

3.解:点 $(1,1)$ 处，$t = 0$，$dx = (e^t + 1) dt$，$dy = (-\cos t - \sin t) dt$，

$\dfrac{dy}{dx}\Big|_{t=0} = -\dfrac{1}{2}$，所以切线方程为 $y - 1 = \dfrac{-1}{2}(x - 1)$，$2y + x = 3$.

4.解:$f(x) = \dfrac{x^3 + 8 - 8}{x + 2} = x^2 - 2x + 4 - \dfrac{8}{x + 2}$，所以，$n \geqslant 3$ 时，有

$f^{(n)} = \left(\dfrac{-8}{x + 2}\right)^{(n)} = \dfrac{-8(-1)^n n!}{(x + 2)^{n+1}}$ $f^{(2017)}(0) = \dfrac{8(2017)!}{2^{2018}} = \dfrac{(2017)!}{2^{2015}}$.

5.(解答见经管类第一题中第 3 小题)

二、解:$x \to +\infty$ 时，$\lim\limits_{x \to +\infty} \dfrac{\sqrt{1 + x + x^2}}{x} = \lim\limits_{x \to +\infty} \sqrt{1 + \dfrac{1}{x} + \dfrac{1}{x^2}} = 1$，

$\lim\limits_{x \to +\infty} (\sqrt{1 + x + x^2} - x) = \lim\limits_{x \to +\infty} \dfrac{1 + x}{\sqrt{1 + x + x^2} + x} = \dfrac{1}{2}$，$x \to +\infty$，渐近线 $y = x + \dfrac{1}{2}$；

$x \to -\infty$ 时，$\lim\limits_{x \to -\infty} \dfrac{\sqrt{1 + x + x^2}}{x} = -\lim\limits_{x \to -\infty} \sqrt{1 + \dfrac{1}{x} + \dfrac{1}{x^2}} = -1$，

$\lim\limits_{x \to -\infty} (\sqrt{1 + x + x^2} + x) = \lim\limits_{x \to -\infty} \dfrac{1 + x}{\sqrt{1 + x + x^2} - x} = -\dfrac{1}{2}$，渐近线 $y = -x - \dfrac{1}{2}$.

三、证明:易知 当 $x > 0$ 时，$\dfrac{1}{1 + x} > 1 - x$，

$$\sum_{k=1}^{n} \frac{1}{1+(0.5)^k} > \sum_{k=1}^{n} [1-(0.5)^k] = n-1+1/2^n > n-1.$$

四、证明：设 $f(x_1) = \max f(x), g(x_2) = \max g(x)$，记 $F(x) = f(x) - g(x)$，

由于 $\max f(x) = \max g(x)$，所以 $F(x_1) \geqslant 0, F(x_2) \leqslant 0$。

由介值定理知，存在 x_1 与 x_2 之间的点 ξ，使 $F(\xi) = 0$，

即存在 $\xi \in [0,1], f(\xi) = g(\xi)$。

五、（解答见工科类第一题中第 2 小题）

2018 年浙江省大学生高等数学（微积分）竞赛试题评析
（数学类）

一、计算题

1. 解：$\displaystyle\int_{-1}^{1} \frac{(x-\cos x)^2 \cos x}{x^2+\cos^2 x} \mathrm{d}x = \int_{-1}^{1} \frac{(x^2-2x\cos x+\cos^2 x)\cos x}{x^2+\cos^2 x} \mathrm{d}x$

$$= \int_{-1}^{1} \cos x \mathrm{d}x - 2\int_{-1}^{1} \frac{x\cos^2 x}{x^2+\cos^2 x} \mathrm{d}x = 2\sin 1.$$

2. 解：$x = y = 0$ 时，$z = 1$，对 x 求导得 $5z^4 z'_x - 4xz^3 z'_x + 3yz^2 z'_z = z^4$，

从而 $z'_x(0,0) = 1/5$，同理可得 $z'_z(0,0) = -1/5$。

当 $x = 0$ 时，再对 y 求导得

$20z^3 z'_x z'_y + 5z^4 z''_{xy} + 3z^2 z'_x + 6yzz'_x z'_y + 3yz^2 z''_{xy} = 4z^3 z'_y$，

所以 $z''_{xy}(0,0) = -3/25$。

3. 解：曲面 $x^2+y^2-z^2 = 1$ 在点 $(1,-1,1)$ 处的法向量为 $\boldsymbol{n}_1 = \boldsymbol{i}-\boldsymbol{j}-\boldsymbol{k}$，

$x+y+z = 1$ 在点 $(1,-1,1)$ 处的法向量为 $\boldsymbol{n}_2 = \boldsymbol{i}+\boldsymbol{j}+\boldsymbol{k}$，

曲线在 $(1,-1,1)$ 处的切向量为 $\boldsymbol{T} = \boldsymbol{n}_1 \times \boldsymbol{n}_2 = -2\boldsymbol{j}+2\boldsymbol{k}$，单位切向量 $\boldsymbol{T}^0 = \pm(-\boldsymbol{j}+\boldsymbol{k})/\sqrt{2}$。

4. 解：$\displaystyle\int_0^x [e^{(x-t)^2}-1]\sin t \mathrm{d}t = \int_0^x [e^{t^2}-1]\sin(x-t)\mathrm{d}t$，所以由洛必达法则得

$$\lim_{x\to 0} \frac{\displaystyle\int_0^x [e^{(x-t)^2}-1]\sin t \mathrm{d}t}{x^4} = \lim_{x\to 0} \frac{\displaystyle\int_0^x (e^{t^2}-1)\cos(x-t)\mathrm{d}t}{4x^3} = \lim_{x\to 0} \frac{\cos(x-\xi)\displaystyle\int_0^x (e^{t^2}-1)\mathrm{d}t}{4x^3}$$

$$= \lim_{x\to 0} \frac{\displaystyle\int_0^x (e^{t^2}-1)\mathrm{d}t}{4x^3} = \lim_{x\to 0} \frac{e^{x^2}-1}{12x^2} = \frac{1}{12}(\text{其中 } \xi \text{ 在 } 0 \text{ 与 } x \text{ 之间}).$$

5. 解：记 $s(x) = \displaystyle\sum_{n=1}^{+\infty} \frac{[2+(-1)^n]^n}{n} x^n = \sum_{n=1}^{+\infty} \frac{x^{2n+1}}{2n+1} + \sum_{n=1}^{+\infty} \frac{3^{2n}}{2n} x^{2n}$，

奇数次的级数的收敛半径为 1，收敛域为 $(-1,1)$，偶数次的级数的收敛半径为 $1/3$，

收敛域为 $|x| < 1/3$，所以原级数的收敛域为 $(-1/3, 1/3)$。

$s'(x) = \displaystyle\sum_{n=0}^{+\infty} x^{2n} + \sum_{n=1}^{+\infty} 3^{2n} x^{2n-1} = \frac{1}{1-x^2} + \frac{9x}{1-9x^2}$，

$s(x) = \dfrac{1}{2}\ln\left|\dfrac{1+x}{1-x}\right| - \dfrac{1}{2}\ln|1-9x^2|, \ |x| < 1/3$。

所以 $\displaystyle\sum_{n=1}^{+\infty} \frac{[2+(-1)^n]^n}{n6^n} = s(1/6) = \frac{1}{2}\ln\frac{7}{5} - \frac{1}{2}\ln\frac{3}{4} = \frac{1}{2}\ln\frac{28}{15}$。

二、解：质量 $m = \displaystyle\int_L \rho \mathrm{d}l = \int_L (x^2+2xy+y^2)\mathrm{d}l$，

由对称性知 $\displaystyle\int_L x^2 \mathrm{d}l = \int_L y^2 \mathrm{d}l = \int_L z^2 \mathrm{d}l = \frac{1}{3}\int_L (x^2+y^2+z^2)\mathrm{d}l = \frac{1}{3}\int_L \mathrm{d}l = \frac{2\pi}{3}$，

$$\int_L 2xy \, \mathrm{d}l = \int_L 2yz \, \mathrm{d}l = \int_L 2zx \, \mathrm{d}l = \frac{1}{3}\int_L (2xy + 2yz + 2zx) \mathrm{d}l$$

$$= \frac{1}{3}\int_L [(x+y+z)^2 - x^2 - y^2 - z^2] \mathrm{d}l = -\frac{1}{3}\int_L (x^2 + y^2 + z^2) \mathrm{d}l = -\frac{2\pi}{3},$$

$$m = \int_L (x^2 + 2xy + y^2) \mathrm{d}l = \frac{2\pi}{3}.$$

三、解：截面在 xy 平面的投影为 $x^2 + y^2 + 2x - 2a(y-3) \leqslant 13$，

即 $(x+1)^2 + (y-a)^2 \leqslant (a-3)^2 + 5$，而平面法向为 $2i - 2aj + k$，

所以 $S(a) = \pi(a^2 - 6a + 14)\sqrt{5 + 4a^2}$.

令 $S'(a) = 0, (2a-6)(5+4a^2) + 4a(a^2 - 6a + 14) = 0$，

$2a^3 - 8a^2 + 11a - 5 = 0$，解得 $a = 1$，

所以 $\min S(a) = 27\pi$.

四、解：当 $\alpha < -1$ 时，$f(0^+) = +\infty, f(x)$ 不一致连续.

当 $\alpha > 0$ 时，$\forall \delta \neq 0, |f(k\pi) - f(k\pi + \delta)| = (k\pi + \delta)^\alpha |\sin\delta| \xrightarrow{k \to \infty} \infty$，

$f(x)$ 不一致连续.

当 $-1 \leqslant \alpha \leqslant 0$ 时，$f(0^+) = 0$ 或 1，所以 $f(x)$ 在 $[0,1]$ 一致连续.

当 $x \geqslant 1$ 时，$|f'(x)| \leqslant 1 + |\alpha| \leqslant 2$，所以 $f(x)$ 在 $[1, +\infty)$ 一致连续.

所以当 $-1 \leqslant \alpha \leqslant 0$ 时，$f(x)$ 在 $(0, +\infty)$ 一致连续.

五、证明：(1) 由 $a_1 < 1$ 可得，$2a_2^2 = a_1^2 + a_1 < 2, a_2 < 1$，由 $a_n < 1$ 可推得，

$(n+1)a_{n+1}^2 = na_n^2 + a_n < n+1, a_{n+1} < 1$，所以 $a_n < 1, n = 1, 2, \cdots$.

又 $(n+1)a_{n+1}^2 = na_n^2 + a_n > na_n^2 + a_n^2, a_{n+1} > a_n$，即 a_n 单调递增有上界.

所以 $\{a_n\}$ 收敛.

(2) a_n 满足 $\sum_{k=1}^n (k+1)a_{k+1}^2 = \sum_{k=1}^n ka_k^2 + \sum_{k=1}^n a_k, (n+1)a_{n+1}^2 = a_1^2 + S_n$，

$a_{n+1}^2 = \frac{a_1^2}{n+1} + \frac{S_n}{n+1}$，记 $\lim_{n \to +\infty} a_n = a$，则有 $\lim_{n \to +\infty} \frac{S_n}{n+1} = a$，从而得 $a^2 = a$.

因为 $a_n > 0$ 且单调增，所以 $a \neq 0, a = 1$，即 $\lim_{n \to +\infty} a_n = 1$.

(工科类)

一、计算题

1. **解**：$\dfrac{1}{(2+\cos x)\sin x} = \dfrac{2 - \cos x}{3\sin x} - \dfrac{\sin x}{3(2+\cos x)} = \dfrac{2}{3\sin x} - \dfrac{\cos x}{3\sin x} - \dfrac{\sin x}{3(2+\cos x)}$，

所以 $\displaystyle\int \frac{\mathrm{d}x}{(2+\cos x)\sin x} = \left(2\ln\left|\tan\frac{x}{2}\right| - \ln|\sin x| + \ln|2+\cos x|\right)/3 + c$.

2. (解答见数学类第一题中第 1 小题)

3. (解答见数学类第一题中第 2 小题)

4. **解**：由条件知 $0 \leqslant x \leqslant 2$，所以 $\displaystyle\iint_D (x^2 + y^2) \mathrm{d}x\mathrm{d}y = \int_0^2 \mathrm{d}x \int_{\sqrt{2x-x^2}}^{\sqrt{4-x^2}} (x^2 + y^2) \mathrm{d}y$

$$= \int_0^{\pi/2} \mathrm{d}\theta \int_{2\cos\theta}^2 r^3 \mathrm{d}r = 4\int_0^{\pi/2} (1 - \cos^4\theta) \mathrm{d}\theta = \frac{5\pi}{4}.$$

5. **解**：$\displaystyle\int_0^x [\mathrm{e}^{(x-t)^2} - 1]t \, \mathrm{d}t = \int_0^x (\mathrm{e}^{t^2} - 1)(x-t) \mathrm{d}t$，

所以 $\displaystyle\lim_{x \to 0} \frac{\int_0^x [\mathrm{e}^{(x-t)^2} - 1]t \, \mathrm{d}t}{x^4} = \lim_{x \to 0} \frac{\int_0^x (\mathrm{e}^{t^2} - 1)\mathrm{d}t}{4x^3} = \lim_{x \to 0} \frac{\mathrm{e}^{x^2} - 1}{12x^2} = \frac{1}{12}.$

二、(解答见数学类第一题中第 5 小题)

三、解:求可能极值点，令 $f'_x = 2x e^y = 0, f'_y = (x^2 + y^2 - 4y + 4)e^y = 0$，

解得 $x = 0, y = 2$. 再可求得二阶偏导数 $A = f''_{xx} = 2, B = f''_{xy} = 0, C = f''_{yy} = 0$.

故 $B^2 - AC = 0$，二阶偏导数极值判断法失效.

记 $g(y) = f(0, y) = (y^2 - 6y + 10)e^y, g'(y) = (y - 2)^2 e^y \geqslant 0$，

所以 $y = 2$ 不是 $g(y)$ 的极值点，从而 $(0, 2)$ 不是 f 的极值点，所以 f 没有极值.

或 $g'(2) = g''(2) = 0, g'''(2) = 2e^2 > 0$，故 $y = 2$ 不是极值点.

四、解:L 的参数表达式为 $x = (\sqrt{6}\cos\theta - 1)/2, y = (\sqrt{6}\sin\theta - 1)/2$，

$z = (4 - \sqrt{6}\cos\theta - \sqrt{6}\sin\theta)/2, \theta \in [0, 2\pi]$.

$$
\text{质量 } m = \int_L \rho \, dl = \frac{3}{2}\int_0^{2\pi} |\cos 2\theta| \sqrt{3 - 3\sin 2\theta/2} \, d\theta = \frac{3\sqrt{3}}{4\sqrt{2}}\int_0^{4\pi} |\cos\theta| \sqrt{2 - \sin\theta} \, d\theta
$$

$$
= \frac{3\sqrt{3}}{2\sqrt{2}}\int_0^{2\pi} |\cos\theta| \sqrt{2 - \sin\theta} \, d\theta = \frac{3\sqrt{3}}{2\sqrt{2}}\int_{-\frac{\pi}{2}}^{\frac{\pi}{2}} \cos\theta \sqrt{2 - \sin\theta} \, d\theta
$$

$$
- \frac{3\sqrt{3}}{2\sqrt{2}}\int_{\frac{\pi}{2}}^{\frac{3\pi}{2}} \cos\theta \sqrt{2 - \sin\theta} \, d\theta = -\frac{\sqrt{3}}{\sqrt{2}}(2 - \sin\theta)^{1.5}\Big|_{-\pi/2}^{\pi/2} + \frac{\sqrt{3}}{\sqrt{2}}(2 - \sin\theta)^{1.5}\Big|_{\pi/2}^{3\pi/2}
$$

$$
= \sqrt{6}(3\sqrt{3} - 1).
$$

五、(解答见数学类第五题)

<h2 align="center">(经管类)</h2>

一、计算题

1.(解答见工科类第一题中第 1 小题)

2.(解答见数学类第一题中第 1 小题)

3.解:$x = 0$ 时，$y = 1$，对方程求导得 $y' + y'/y + 2x = 0$，得 $y'(0) = 0$.

再求导 $y'' + y''/y - (y')^2/y^2 + 2 = 0$，所以 $y''(0) = -1$.

4.解:【方法一】 注意到 $1 + x^6 = (1 + x^2)(1 - x^2 + x^4)$，

且 $\int_0^{+\infty} \dfrac{dx}{1 + x^6} = \int_{+\infty}^0 \dfrac{t^6}{1 + t^6}\left(-\dfrac{1}{t^2}\right)dt = \int_0^{+\infty} \dfrac{t^4 \, dt}{1 + t^6}$，

$$
\int_0^{+\infty} \frac{dx}{1 + x^6} = \frac{1}{2}\int_0^{+\infty} \frac{1 + x^4}{1 + x^6} \, dx = \frac{1}{2}\int_0^{+\infty} \frac{1 - x^2 + x^4 + x^2}{1 + x^6} \, dx
$$

$$
= \frac{1}{2}\int_0^{+\infty} \frac{dx}{1 + x^2} + \frac{1}{2}\int_0^{+\infty} \frac{x^2}{1 + x^6} \, dx = \frac{1}{2}\left(\arctan x + \frac{1}{3}\arctan x^3\right)\Big|_0^{+\infty} = \frac{1}{2}\left(\frac{\pi}{2} + \frac{1}{3}\cdot\frac{\pi}{2}\right) = \frac{\pi}{3}.
$$

【方法二】 $\dfrac{1}{1 + x^6} = \dfrac{1}{3}\cdot\dfrac{1}{x^2 + 1} - \dfrac{\sqrt{3}}{6}\cdot\dfrac{x - 2\sqrt{3}/3}{x^2 - \sqrt{3}x + 1} + \dfrac{\sqrt{3}}{6}\cdot\dfrac{x + 2\sqrt{3}/3}{x^2 + \sqrt{3}x + 1}$，

$$
\int_0^{+\infty} \frac{dx}{1 + x^6} = \frac{1}{3}\int_0^{+\infty} \frac{dx}{1 + x^2} + \frac{\sqrt{3}}{6}\int_0^{+\infty}\left(\frac{x + 2\sqrt{3}/3}{x^2 + \sqrt{3}x + 1} - \frac{x - 2\sqrt{3}/3}{x^2 - \sqrt{3}x + 1}\right)dx
$$

$$
= \frac{\pi}{6} + \frac{\sqrt{3}}{6}\int_0^{+\infty}\left(\frac{x + \sqrt{3}/2}{x^2 + \sqrt{3}x + 1} - \frac{x - \sqrt{3}/2}{x^2 - \sqrt{3}x + 1}\right)dx
$$

$$
+ \frac{1}{12}\int_0^{+\infty}\left(\frac{1}{x^2 + \sqrt{3}x + 1} + \frac{1}{x^2 - \sqrt{3}x + 1}\right)dx
$$

$$
= \frac{\pi}{6} + 0 + \frac{1}{12}\int_0^{+\infty}\left(\frac{1}{(x + \sqrt{3}/2)^2 + 1/4} + \frac{1}{(x - \sqrt{3}/2)^2 + 1/4}\right)dx
$$

$$
= \frac{\pi}{6} + \frac{1}{6}\arctan(2x + \sqrt{3})\Big|_0^{+\infty} + \frac{1}{6}\arctan(2x - \sqrt{3})\Big|_0^{+\infty} = \frac{\pi}{3}.
$$

5.(解答见工科类第一题中第 5 小题)

二、解：a_n 满足 $a_{n+2} - 2a_{n+1} = 2a_{n+1} - 4a_n$，$a_{n+2} - 2a_{n+1} = 2^n(a_2 - 2a_1) = 2^n$，

即 $a_{n+2} = 2a_{n+1} + 2^n$，$a_{n+2} = 2^2 a_n + 2 \times 2^n = 2^3 a_{n-1} + 3 \times 2^n = \cdots = 2^n a_2 + n \times 2^n$，

所以 $a_n = (n+1)2^{n-2}(n \geqslant 2)$，

级数 $f(x) = x + \sum\limits_{n=2}^{+\infty}(n+1)2^{n-2}x^n$ 的收敛域为 $(-1/2, 1/2)$

$\int_0^x [f(x) - x]dx = \sum\limits_{n=2}^{+\infty} 2^{n-2}x^{n+1} = \dfrac{x^3}{1-2x}$，所以 $f(x) = x + \dfrac{3x^2 - 4x^3}{(1-2x)^2}$

三、解：$x^2 + y^2 = z$ 与 $z = \sqrt{2 - x^2 - y^2}$ 在 $z = 1$ 处相交，用平面 $z = z_0$ 截区域的截面为圆.

当 $0 \leqslant z_0 \leqslant 1$ 时，截面积为 πz_0；当 $1 \leqslant z_0 \leqslant \sqrt{2}$ 时，截面积为 $\pi(2 - z_0^2)$；

所以 $V = \pi \int_0^1 z dz + \pi \int_1^{\sqrt{2}}(2 - z^2)dz = \pi\left(\dfrac{4\sqrt{2}}{3} - \dfrac{7}{6}\right)$.

四、解：$y = k(x-1) + 5/4$ 与 $y = x^2$ 的两交点为 (x_j, x_j^2)，其中 $x_j = (k \pm \sqrt{k^2 - 4k + 5})/2$，

所以 $l(k) = \sqrt{k^2 - 4k + 5 + k^2(k^2 - 4k + 5)}$，记 $f = (k^2 - 4k + 5)(k^2 + 1)$，

$f' = 4(k^3 - 3k^2 + 3k - 1) = 0$，得 $k = 1$，所以 $\min l(k) = 2$.

五、证明：1)$a_n < 1$；2)$a_n < a_{n+1}$.

证明：(1) 由 $a_1 < 1$ 可得，$2a_2^2 = a_1^2 + a_1 < 2$，$a_2 < 1$，设 $a_n < 1$，

可推得 $(n+1)a_{n+1}^2 = na_n^2 + a_n < n + 1$，$a_{n+1} < 1$，所以 $a_n < 1$，$n = 1, 2, \cdots$.

(2) 又 $(n+1)a_{n+1}^2 = na_n^2 + a_n > na_n^2 + a_n^2$，$a_{n+1}^2 > a_n^2$，$a_{n+1} > a_n$.

（文科与专科类）

一、计算题

1.（解答见数学类第一题中第 1 小题）

2.解：$\displaystyle\int \dfrac{dx}{\cos^2 x \sqrt{1 + \tan x}} = \int \dfrac{d\tan x}{\sqrt{1 + \tan x}} = 2\sqrt{1 + \tan x} + c$.

3.解：$\lim\limits_{x \to 0} \dfrac{\displaystyle\int_0^x (e^{-t^2} - 1)\sin t \, dt}{x^2 \sin^2 x} = \lim\limits_{x \to 0} \dfrac{\displaystyle\int_0^x (e^{-t^2} - 1)\sin t \, dt}{x^4} = \lim\limits_{x \to 0} \dfrac{(e^{-x^2} - 1)\sin x}{4x^3} = -\dfrac{1}{4}$.

4.（解答见经管类第一题中第 3 小题）

5.解：**【方法一】** 注意到 $\displaystyle\int_0^{+\infty} \dfrac{dx}{1 + x^2 + x^4} = \int_{+\infty}^0 \dfrac{t^4}{1 + t^2 + t^4}\left(-\dfrac{1}{t^2}\right)dt = \int_0^{+\infty} \dfrac{x^2 dx}{1 + x^2 + x^4}$，

$$\int_0^{+\infty} \dfrac{dx}{1 + x^2 + x^4} = \dfrac{1}{2}\int_0^{+\infty} \dfrac{1 + x^2}{1 + x^2 + x^4}dx = \dfrac{1}{2}\int_0^{+\infty} \dfrac{1 - x + x^2 + x}{1 + x^2 + x^4}dx$$

$$= \dfrac{1}{2}\int_0^{+\infty} \dfrac{dx}{1 + x + x^2} + \dfrac{1}{2}\int_0^{+\infty} \dfrac{x}{1 + x^2 + x^4}dx = \dfrac{3}{4}\int_0^{+\infty} \dfrac{dx}{1 + x + x^2}$$

$$= \dfrac{3}{4}\int_0^{+\infty} \dfrac{dx}{(1/2 + x)^2 + 3/4} = \left. \dfrac{\sqrt{3}}{2}\arctan\dfrac{2x+1}{\sqrt{3}}\right|_0^{+\infty} = \dfrac{\sqrt{3}}{2}\left(\dfrac{\pi}{2} - \dfrac{\pi}{6}\right) = \dfrac{\sqrt{3}}{6}\pi.$$

【方法二】 $\dfrac{1}{1 + x^2 + x^4} = \dfrac{1}{2}\dfrac{x+1}{x^2 + x + 1} - \dfrac{1}{2}\dfrac{x-1}{x^2 - x + 1}$，

$$\int_0^{+\infty} \dfrac{dx}{1 + x^2 + x^4} = \dfrac{1}{2}\int_0^{+\infty}\left(\dfrac{x+1}{x^2 + x + 1} - \dfrac{x-1}{x^2 - x + 1}\right)dx$$

$$= \dfrac{1}{2}\int_0^{+\infty}\left(\dfrac{x+1/2}{x^2 + x + 1} - \dfrac{x-1/2}{x^2 - x + 1}\right)dx + \dfrac{1}{4}\int_0^{+\infty}\left(\dfrac{1}{x^2 + x + 1} + \dfrac{1}{x^2 - x + 1}\right)dx$$

$$= \dfrac{1}{4}\int_0^{+\infty}\left(\dfrac{1}{(x+1/2)^2 + 3/4} + \dfrac{1}{(x-1/2)^2 + 3/4}\right)dx$$

$$= \left.\dfrac{1}{2\sqrt{3}}\left(\arctan\dfrac{2x+1}{\sqrt{3}} + \arctan\dfrac{2x-1}{\sqrt{3}}\right)\right|_0^{+\infty} = \dfrac{\sqrt{3}\pi}{6}.$$

二、解:设 $BC = x$，则 $AB = 1-x$，$AC = \sqrt{1-2x}$，所以 $S_{\triangle ABC} = x\sqrt{1-2x}/2$，

求 $S_{\triangle ABC}$ 的最大值点即为求 $f(x) = x^2(1-2x)$ 的最大值点.

$f' = 2x(1-2x) - 2x^2 = 0$，得 $x = 0$(舍)，$x = 1/3$，

$$S_{\triangle ABC} = \frac{1}{6}\sqrt{1-\frac{2}{3}} = \frac{1}{6\sqrt{3}}.$$

三、解:记 $f(x) = 1 + kx - 1/x^2$，$f'(x) = k + 2/x^3$，当 $k \geqslant 0$ 时，在 $(0, +\infty)$ 内，$f'(x) > 0$，

$f(x)$ 单调增，且 $f(0^+) = -\infty$，$f(1) \geqslant 0$，所以当 $k \geqslant 0$ 时，有且只有一个正根.

当 $k < 0$ 时，在 $(0, +\infty)$ 内，$f'(x)$ 单调减，$k + 2/x^3 = 0$，有唯一的根 $x_0 = \sqrt[3]{-2/k}$，

x_0 是 f 的极大值点，且 $f(0^+) = f(+\infty) = -\infty$，所以 $f(x_0) = 0$ 时有唯一正根.

$f(x_0) < 0$ 时，没有正根；$f(x_0) > 0$ 时，有二个正根；$f(x_0) = 0$，有 $k = -2\sqrt{3}/9$.

所以，当 $k \geqslant 0$ 或 $k = -2\sqrt{3}/9$ 时，有且只有一个正根.

四、(解答见经管类第三题)

五、证明:因为 $f''(x) \geqslant 0$，所以 $f'(x)$ 单调增加.

(1) 若 $f'(0) > 0$，$f'(x) > 0$，函数单调增加，$\max\limits_{x \in [0,1]} f(x) = f(1)$；

(2) 若 $f'(0) < 0$ 且 $f'(1) < 0$，$f'(x) < 0$，f 单调减少，$\max\limits_{x \in [0,1]} f(x) = f(0)$；

(3) 若 $f'(0) < 0$ 且 $f'(1) > 0$，存在唯一的 x_0，$f'(x_0) = 0$；

在 $[0, x_0]$，f 单调减少，在 $[x_0, 1]$，f 单调增加，所以 $\max\limits_{x \in [0,1]} f(x) = \max\{f(0), f(1)\}$.

2019 年浙江省大学生高等数学（微积分）竞赛试题评析

（数学类）

一、计算题

1.解:设 $|f(x)| \leqslant M$，$\left| \int_0^1 f(x)\sin x^n \mathrm{d}x \right| \leqslant \int_0^1 |f(x)\sin x^n| \, \mathrm{d}x \leqslant M\int_0^1 \sin x^n \mathrm{d}x = M/(n+1)$，

所以 $\lim\limits_{n \to \infty} \int_0^1 f(x)\sin x^n \mathrm{d}x = 0$.

2.解:$\displaystyle\int \frac{2x + \sin 2x}{(\cos x - x\sin x)^2}\mathrm{d}x = \int \frac{2x - x\cos^2 x + \cos x(x\cos x + 2\sin x)}{(\cos x - x\sin x)^2}\mathrm{d}x$

$$= \int \frac{2x - x\cos^2 x}{(\cos x - x\sin x)^2}\mathrm{d}x - \int \frac{\cos x \mathrm{d}(\cos x - x\sin x)}{(\cos x - x\sin x)^2}$$

$$= \int \frac{2x - x\cos^2 x}{(\cos x - x\sin x)^2}\mathrm{d}x + \frac{\cos x}{\cos x - x\sin x} + \int \frac{\sin x}{\cos x - x\sin x}\mathrm{d}x$$

$$= \int \frac{x + \sin x\cos x}{(\cos x - x\sin x)^2}\mathrm{d}x + \frac{\cos x}{\cos x - x\sin x},$$

所以 $\displaystyle\int \frac{2x + \sin 2x}{(\cos x - x\sin x)^2}\mathrm{d}x = \frac{2\cos x}{\cos x - x\sin x} + c$.

3.解:$\displaystyle\int_0^{\frac{\pi}{4}} \frac{\sin^2\theta\cos^2\theta}{(\cos^3\theta + \sin^3\theta)^2}\mathrm{d}\theta = \int_0^{\frac{\pi}{4}} \frac{\tan^2\theta}{(1+\tan^3\theta)^2}\frac{\mathrm{d}\theta}{\cos^2\theta} = \frac{1}{3}\int_0^{\frac{\pi}{4}} \frac{1}{(1+\tan^3\theta)^2}\mathrm{d}\tan^3\theta$

$$= -\frac{1}{3}\frac{1}{1+\tan^3\theta}\Big|_0^{\frac{\pi}{4}} = \frac{1}{3}\left(1 - \frac{1}{2}\right) = \frac{1}{6}.$$

4.解:设半圆面积为 x，则半圆半径为 $r = \sqrt{2x/\pi}$，半圆长为 $\sqrt{2\pi x}$，

矩形面积为 $1-x$，其宽为 $\dfrac{1-x}{2r}$，矩形三边长为 $2\sqrt{\dfrac{2x}{\pi}} + \sqrt{\dfrac{\pi}{2x}}(1-x)$，

所以其周长为 $l = \sqrt{2\pi x} + 2\sqrt{\dfrac{2x}{\pi}} + \sqrt{\dfrac{\pi}{2x}}(1-x) \xrightarrow{\text{令}\sqrt{x}=t} \sqrt{2\pi}t + \sqrt{\dfrac{8}{\pi}}t + \sqrt{\dfrac{\pi}{2}}(t^{-1} - t)$，

$l' = \sqrt{2\pi} + \sqrt{8/\pi} - \sqrt{\pi/2}\,(t^{-2} - 1) = 0, \sqrt{\pi/2}\,t^{-2} = \sqrt{2\pi} + \sqrt{8/\pi} - \sqrt{\pi/2}$,

$x = t^2 = \pi/(4 + \pi)$,所以 $l_{\min} = \sqrt{2\pi + 8}$.

5.解:f 在 $\dfrac{1}{2^{n+1}} < x < \dfrac{1}{2^n}$ 处是常值函数,连续.

在 $x = \dfrac{1}{2^n}, n = 1, 2, \cdots$ 处左极限为 $\dfrac{1}{2^{n+1}}$,右极限为 $\dfrac{1}{2^n}$,第一类间断点.

当 $-1 \leqslant x < 0$ 时,连续,当 $x = 0$ 时,$\lim\limits_{x \to 0} f(x) = f(0) = 0$,连续.

二、解:四面体 Ω 是凸集,它的点均可表示为

$(x, y, z) = \sum\limits_{j=1}^{4} \lambda_j (x_j, y_j, z_j), \lambda_j \geqslant 0, \sum\limits_{j=1}^{4} \lambda_j = 1$,从而作变量替换.

$x = \xi(x_1 - x_4) + \eta(x_2 - x_4) + \zeta(x_3 - x_4) + x_4$,

$y = \xi(y_1 - y_4) + \eta(y_2 - y_4) + \zeta(y_3 - y_4) + y_4$,

$z = \xi(z_1 - z_4) + \eta(z_2 - z_4) + \zeta(z_3 - z_4) + z_4$,

$\Omega \to \Omega' = \{(\xi, \eta, \zeta) \mid \xi \geqslant 0, \eta \geqslant 0, \zeta \geqslant 0, \xi + \eta + \zeta \leqslant 1\}$,

所以 $\iiint\limits_{\Omega} x \mathrm{d}x\mathrm{d}y\mathrm{d}z = \iiint\limits_{\Omega'} [\xi(x_1 - x_4) + \eta(x_2 - x_4) + \zeta(x_2 - x_4) + x_4] \left| \dfrac{\partial(x,y,z)}{\partial(\xi,\eta,\zeta)} \right| \mathrm{d}V$,

而混合积 $\left| \dfrac{\partial(x,y,z)}{\partial(\xi,\eta,\zeta)} \right| = 6V, \iiint\limits_{\Omega'} \xi \mathrm{d}V = \int_0^1 \xi \mathrm{d}\xi \int_0^{1-\xi} \mathrm{d}\eta \int_0^{1-\xi-\eta} \mathrm{d}\zeta = 1/24$.

同理 $\iiint\limits_{\Omega'} \eta \mathrm{d}V = \iiint\limits_{\Omega'} \zeta \mathrm{d}V = 1/24$,又 $\iiint\limits_{\Omega'} \mathrm{d}V = 1/6$,

所以 $\iiint\limits_{\Omega} x \mathrm{d}x\mathrm{d}y\mathrm{d}z = \dfrac{x_1 + x_2 + x_3 + x_4}{4} V$.

三、解:$\sum\limits_{n=2}^{+\infty} \left| \dfrac{(-1)^n}{n^p + (-1)^n} \right| = \sum\limits_{n=2}^{+\infty} \dfrac{1}{n^p + (-1)^n}, p > 1$ 时收敛,$p \leqslant 1$ 时发散.

$\sum\limits_{n=2}^{+\infty} \dfrac{(-1)^n}{n^p + (-1)^n} = \sum\limits_{n=2}^{+\infty} \left[\dfrac{(-1)^n}{n^p} - \dfrac{1}{n^{2p}} + O\left(\dfrac{1}{n^{3p}} \right) \right], p > 1/2$ 时收敛,$p \leqslant 1/2$ 时发散

所以,$p > 1$ 时绝对收敛,$1 \geqslant p > 1/2$ 时条件收敛,$p \leqslant 1/2$ 时发散.

四、解:由条件得 $u = f(r), r = \sqrt{x^2 + y^2}, u, v$ 满足 $xf'(r)/r = v'_y, yf'(r)/r = -v'_x \cdots \cdots ①$,

$yv'_y + xv'_x = 0, v$ 是零次齐次函数,即 $v = g(y/x)$,从而式 ① 变为

$x^2 f'(r)/r = g'(y/x), rf'(r)$ 是零次齐次函数,$rf'(r) = c_1, f(r) = c_1 \ln r + c_2$.

记 $t = y/x$,则 $g'(t) = c_1(1 + t^2)^{-1}, g(t) = c_1 \arctan t + c_3$,

$u = c_1 \ln \sqrt{x^2 + y^2} + c_2, v = c_1 \arctan(y/x) + c_3$.

五、证明:记 $x_k = k/n$,当 $x \in (x_{k-1}, x_k)$,有 $f(x) = f(x_k) + f'(\xi_k)(x - x_k)$,

故 $n \int_0^1 f(x) \mathrm{d}x = n \sum\limits_{k=1}^{n} \int_{x_{k-1}}^{x_k} f(x) \mathrm{d}x = \sum\limits_{k=1}^{n} [f(x_k) + \int_{x_{k-1}}^{x_k} f'(\xi_k)(x - x_k) \mathrm{d}x]$,

因 $x - x_k$ 保号,由积分中值定理

$\int_{x_{k-1}}^{x_k} f'(\xi_k)(x - x_k) \mathrm{d}x = f'(\eta_k) \int_{x_{k-1}}^{x_k} (x - x_k) \mathrm{d}x = -f'(\eta_k)/(2n^2)$,其中 $\xi_k, \eta_k \in (x_{k-1}, x_k)$.

所以 $\lim\limits_{n \to \infty} \left[\sum\limits_{k=1}^{n} f\left(\dfrac{k}{n} \right) - n \int_0^1 f(x) \mathrm{d}x \right] = \lim\limits_{n \to \infty} \dfrac{1}{2n} \sum\limits_{k=1}^{n} f'(\eta_k)$,而 $f'(x)$ 连续,

$\lim\limits_{n \to \infty} \dfrac{1}{2n} \sum\limits_{k=1}^{n} f'(\eta_k) = \dfrac{1}{2} \int_0^1 f'(x) \mathrm{d}x = \dfrac{1}{2} [f(1) - f(0)]$.

（工科类）

一、计算题

1.解：$\lim\limits_{n\to\infty}\tan^n\left(\dfrac{\pi}{4}+\dfrac{1}{n}\right)=\lim\limits_{n\to\infty}\left(\dfrac{1+\tan n^{-1}}{1-\tan n^{-1}}\right)^n=\lim\limits_{n\to\infty}\dfrac{(1+\tan n^{-1})^n}{(1-\tan n^{-1})^n}=\dfrac{\mathrm{e}}{\mathrm{e}^{-1}}=\mathrm{e}^2$,

其中 $\lim\limits_{n\to\infty}(1\pm\tan n^{-1})^n=\lim\limits_{n\to\infty}(1\pm\tan n^{-1})^{\frac{\pm 1}{\tan n^{-1}}(\pm n\tan n^{-1})}=\mathrm{e}^{\pm 1}$.

2.（解答见数学类第一题中第 2 小题）

3.解：$\displaystyle\int_0^\pi\cos(\sin^2 x)\cos x\,\mathrm{d}x=-\int_{-\pi/2}^{\pi/2}\cos(\cos^2 t)\sin t\,\mathrm{d}t=0$.

4.解：设半圆面积为 x,则半圆半径为 $r=\sqrt{2x/\pi}$,半圆长为 $\sqrt{2\pi x}$,

矩形面积为 $1-x$,其宽为 $\dfrac{1-x}{2r}$,矩形三边长为 $2\sqrt{\dfrac{2x}{\pi}}+\sqrt{\dfrac{\pi}{2x}}(1-x)$,

所以其周长为 $l=\sqrt{2\pi x}+2\sqrt{\dfrac{2x}{\pi}}+\sqrt{\dfrac{\pi}{2x}}(1-x)\xlongequal{\sqrt{x}=t}\sqrt{2\pi}t+\sqrt{\dfrac{8}{\pi}}t+\sqrt{\dfrac{\pi}{2}}(t^{-1}-t)$,

$l'=\sqrt{2\pi}+\sqrt{8/\pi}-\sqrt{\pi/2}(t^{-2}-1)=0,\ \sqrt{\pi/2}\,t^{-2}=\sqrt{2\pi}+\sqrt{8/\pi}-\sqrt{\pi/2}$,

$x=t^2=\pi/(4+\pi)$,所以 $l_{\min}=\sqrt{2\pi+8}$.

5.（解答见数学类第一题中第 5 小题）

二、解： D 关于 x 轴对称,记 D 在 x 轴上方的部分为 Ω,那么

$I=\displaystyle\iint\limits_{D}(5y^3+x^2+y^2-2x+y+1)\,\mathrm{d}x\mathrm{d}y=2\iint\limits_{\Omega}(x^2+y^2-2x+1)\,\mathrm{d}x\mathrm{d}y$,

采用极坐标 $x=r\cos\theta+1,y=r\sin\theta$,则 $\Omega=\{1\leqslant r\leqslant-2\cos\theta,2\pi/3\leqslant\theta\leqslant\pi\}$,

所以 $I=2\displaystyle\int_{2\pi/3}^{\pi}\mathrm{d}\theta\int_1^{-2\cos\theta}r^3\,\mathrm{d}r=0.5\int_{2\pi/3}^{\pi}(16\cos^4\theta-1)\,\mathrm{d}\theta=0.5\int_0^{\pi/3}(16\cos^4\theta-1)\,\mathrm{d}\theta$

$\qquad=\displaystyle\int_0^{\pi/3}(4\cos 2\theta+\cos 4\theta)\,\mathrm{d}\theta+5\pi/6=7\sqrt{3}/8+5\pi/6$.

三、（解答见数学类第三题）

四、解：（1）方程两边对 x 求导得 $1+z'_x=f'(2x+2zz'_x)$,所以 $z'_x=\dfrac{2xf'-1}{1-2zf'}$,

同样得 $z'_y=\dfrac{2yf'-1}{1-2zf'}$,所以 $(y-z)\dfrac{\partial z}{\partial x}+(z-x)\dfrac{\partial z}{\partial y}=x-y$.

（2）考察曲线 $\Gamma: x+y=f(x^2+y^2),z=0$ 绕直线 $L: x=y=z$ 的旋转曲面.

任取旋转曲面上一点 $Q(x,y,z)$,必定是 Γ 上点 $P(x_0,y_0,0)$ 绕 L 所成圆周上的点.

从而 $x+y+z=x_0+y_0$,且 Q、P 到 L 的距离相同,即

$2(x^2+y^2+z^2-xy-yz-xz)=3x^2+3y^2+3z^2-(x+y+z)^2$

$\qquad\qquad\qquad=2(x_0^2+y_0^2-x_0y_0)=3x_0^2+3y_0^2-(x_0+y_0)^2$,

$x^2+y^2+z^2=x_0^2+y_0^2$,所以 (x,y,z) 满足 $x+y+z=f(x^2+y^2+z^2)$.

而 Q 点是任意的,所以 $x+y+z=f(x^2+y^2+z^2)$ 是 Γ 绕 L 的旋转曲面方程.

因此,以 $\boldsymbol{n}(1,1,1)$ 为法向量的平面与曲面方程（＊）的交线为圆.

五、（解答见数学类第五题）

（经管类）

一、计算题

1.解：$\ln x\sim x-1,\ \lim\limits_{x\to 1}\ln x\ln(1-x)=\lim\limits_{x\to 1}\ln(1-x)/(x-1)^{-1}=\lim\limits_{x\to 1}(1-x)^{-1}/(x-1)^{-2}=0$.

2.（解答见数学类第一题中第 2 小题）

3.解：$\displaystyle\int_0^{\frac{\pi}{4}}\dfrac{\sin\theta\cos\theta}{(\cos\theta+\sin\theta)^2}\mathrm{d}\theta=\dfrac{1}{2}\int_0^{\frac{\pi}{4}}\dfrac{2\sin\theta\cos\theta+1-1}{(\cos\theta+\sin\theta)^2}\mathrm{d}\theta$

$$= \frac{\pi}{8} - \frac{1}{2} \int_0^{\frac{\pi}{4}} \frac{1}{(1+\tan\theta)^2} \frac{1}{\cos^2\theta} d\theta$$

$$= \frac{\pi}{8} - \frac{1}{2} \int_0^{\frac{\pi}{4}} \frac{1}{(1+\tan\theta)^2} d\tan\theta$$

$$= \frac{\pi}{8} + \frac{1}{4} - \frac{1}{2} = \frac{\pi}{8} - \frac{1}{4}.$$

4. 解:记 $f(x) = \sum_{n=1}^{+\infty} \frac{(-1)^n x^{2n+1}}{n(2n+1)}$,则 $f''(x) = 2\sum_{n=1}^{+\infty} (-1)^n x^{2n-1} = \frac{-2x}{1+x^2}$,

$f'(x) = -\ln(1+x^2), f(x) = -x\ln(1+x^2) + 2x - 2\arctan x,$

$\sum_{n=1}^{+\infty} \frac{(-1)^n}{n(2n+1)} = f(1) = -\ln 2 + 2 - \frac{\pi}{2}.$

5.(解答见工科类第一题中第 4 小题)

二、解:$f(x)$ 在 $x = k, k$ 整数时连续. 因为 $\lim_{x \to k\pi} f(x) = f(k\pi) = 0$,

$x \ne k$ 时,记 $d = |\sin \pi x| / 2$,在 x 的任意邻域内总有有理数 x' 与无理数 x'',

使 $|f(x') - f(x'')| \geqslant d$,即极限不存在,为第二类间断点.

三、解:$\sum_{n=2}^{+\infty} \frac{(-1)^n}{n+(-1)^n} = \sum_{n=2}^{+\infty} \frac{(-1)^n n - 1}{n^2 - 1} = \sum_{n=2}^{+\infty} \frac{(-1)^n n}{n^2 - 1} - \sum_{n=2}^{+\infty} \frac{1}{n^2 - 1}$ 收敛,

而 $\sum_{n=2}^{+\infty} \left| \frac{(-1)^n}{n+(-1)^n} \right| = \sum_{n=2}^{+\infty} \frac{1}{n+(-1)^n}$ 发散,所以级数条件收敛.

四、解:曲线写成参数方程 $x = \cos^3 t, y = 0.5\sin^3 t,$

$x' = -3\cos^2 t \sin t, y = 1.5 \sin^2 t \cos t, ds = 3\cos t \sin t \sqrt{\cos^2 t + 0.25\sin^2 t}.$

因此 $s = 4 \int_0^{\pi/2} \sqrt{(x')^2 + (y')^2} dt = 12 \int_0^{\pi/2} \cos t \sin t \sqrt{\cos^2 t + 0.25\sin^2 t} dt$

$$= 6 \int_0^{\pi/2} \sqrt{1 - 0.75\sin^2 t} d\sin^2 t = \frac{16}{3}(1 - 0.75\sin^2 t)^{1.5} \bigg|_{\pi/2}^{0} = \frac{16}{3}\left(1 - \frac{1}{8}\right) = \frac{14}{3}.$$

五、证明:记 $g(x) = f(x)e^{-x^2}$,则 $g(0) = g(1) = 0$,由罗尔定理得,$\exists \xi \in (0, 1)$,

使得 $g'(\xi) = 0$,即 $f'(\xi) = 2\xi f(\xi).$

(文科与专科类)

一、计算题

1. 解:$\lim_{x \to +\infty} \frac{\ln(e^x - 1) - \ln x}{x} = \lim_{x \to +\infty} \left(\frac{e^x}{e^x - 1} - \frac{1}{x} \right) = \lim_{x \to +\infty} \frac{1}{1 - e^{-x}} = 1.$

2.(解答见数学类第一题中第 2 小题)

3.(解答见经管类第一题中第 3 小题)

4. 解:$y' = \cos(e^{\cos x}) e^{\cos x}(-\sin x),$

$y'' = -\sin(e^{\cos x}) e^{2\cos x} \sin^2 x + \cos(e^{\cos x}) e^{\cos x} \sin^2 x - \cos(e^{\cos x}) e^{\cos x} \cos x,$

所以 $y''(1) = -\sin(e^{\cos 1}) e^{2\cos 1} \sin^2 1 + \cos(e^{\cos 1}) e^{\cos 1} \sin^2 1 - \cos(e^{\cos 1}) e^{\cos 1} \cos 1.$

5. 解:半圆半径 $r = x/\pi$,矩形宽 $(y - 2x/\pi)/2 = (1 - x - 2x/\pi)/2,$

[显然要求 $1 - x - 2x/\pi \geqslant 0$,即 $x \leqslant \pi/(2+\pi)$]

其所围面积 $S = \frac{x^2}{2\pi} + \frac{2x}{\pi}(1 - x - 2x/\pi)/2 = -\frac{x^2}{2\pi} + \frac{x}{\pi}\left(1 - \frac{2x}{\pi}\right),$

$S' = -\frac{x}{\pi} + \frac{1}{\pi} - \frac{4x}{\pi^2} = 0, x = \frac{\pi}{\pi+4}$,所以 $S_{\max} = \frac{1}{8+2\pi}.$

二、解:$f'(x) = \frac{1}{x-3} + \frac{1}{x+1}, f^{(n)}(x) = (-1)^{n-1}(n-1)!\left[\frac{1}{(x-3)^n} + \frac{1}{(x+1)^n} \right].$

三、证明:(1) 易知 $x_n > 0$,由中值定理 $e^{x_n} - 1 = x_n e^{\xi}, \xi \in (0, x_n)$,所以 $x_{n+1} = \xi < x_n.$

(2) 由定义得 $x_n = \mathrm{e}^{x_n - x_{n+1}} - \mathrm{e}^{-x_{n+1}}$，再由台劳公式得

$x_n = 1 + x_n - x_{n+1} + (x_n - x_{n+1})^2/2 + (x_n - x_{n+1})^3 \mathrm{e}^{\xi}/6 - 1 + x_{n+1} - x_{n+1}^2/2 + x_{n+1}^3 \mathrm{e}^{-\eta}/6$,

$(x_n - x_{n+1})^2/2 + (x_n - x_{n+1})^3 \mathrm{e}^{\xi}/6 - x_{n+1}^2/2 + x_{n+1}^3 \mathrm{e}^{-\eta}/6 = 0$,

$(x_n - x_{n+1})^2 - x_{n+1}^2 < 0, x_{n+1}(x_n - 2x_{n+1}) < 0, x_n < 2x_{n+1}, x_{n+1} > 1/2^n$.

四、解：曲线写成参数方程 $x = \cos^3 t, y = 0.5\sin^3 t$,

$x' = -3\cos^2 t \sin t, y = 1.5\sin^2 t \cos t, \mathrm{d}s = 3\cos t \sin t \sqrt{\cos^2 t + 0.25\sin^2 t}$.

因此 $s = 4\int_0^{\pi/2} \sqrt{(x')^2 + (y')^2}\,\mathrm{d}t = 12\int_0^{\pi/2} \cos t \sin t \sqrt{\cos^2 t + 0.25\sin^2 t}\,\mathrm{d}t$

$= 6\int_0^{\pi/2} \sqrt{1 - 0.75\sin^2 t}\,\mathrm{d}\sin^2 t = \dfrac{16}{3}(1 - 0.75\sin^2 t)^{1.5}\Big|_{\pi/2}^{0} = \dfrac{16}{3}\left(1 - \dfrac{1}{8}\right) = \dfrac{14}{3}$.

五、（解答见经管类第五题）

2020 年浙江省大学生高等数学(微积分)竞赛试题评析
(数学类)

一、计算题

1．解：因为 $\lim\limits_{n \to +\infty} n^2 \ln\left(\cos\dfrac{1}{n} + \dfrac{1}{n}\sin\dfrac{1}{n}\right) = \lim\limits_{n \to +\infty} n^2 \ln\left(1 + \cos\dfrac{1}{n} - 1 + \dfrac{1}{n}\sin\dfrac{1}{n}\right)$

$= \lim\limits_{n \to +\infty} n^2\left(\cos\dfrac{1}{n} - 1 + \dfrac{1}{n}\sin\dfrac{1}{n}\right) = \lim\limits_{n \to +\infty} n^2 \dfrac{1}{2n^2} = \dfrac{1}{2}$,

所以 $\lim\limits_{n \to +\infty}\left(\cos\dfrac{1}{n} + \dfrac{1}{n}\sin\dfrac{1}{n}\right)^{n^2} = \mathrm{e}^{0.5}$.

2．解：$\displaystyle\int \dfrac{1}{(1 + x^n)\sqrt[n]{1 + x^n}}\,\mathrm{d}x \xlongequal{t = 1/x} \int \dfrac{-t^{n-1}}{(1 + t^n)\sqrt[n]{1 + t^n}}\,\mathrm{d}t = \int \dfrac{-1}{n(1 + t^n)\sqrt[n]{1 + t^n}}\,\mathrm{d}t^n$

$= \dfrac{1}{\sqrt[n]{1 + t^n}} + c \xlongequal{t = 1/x} \dfrac{x}{\sqrt[n]{1 + x^n}} + c$.

3．解：记 $\dfrac{x^2 + x}{x + 3} \triangleq r(x)$, $\displaystyle\int_0^1 \dfrac{x^2 + 6x + 3}{(x + 3)^2 + (x^2 + x)^2}\,\mathrm{d}x = \int_0^1 \dfrac{x^2 + 6x + 3}{1 + r^2(x)}\dfrac{1}{(x + 3)^2}\,\mathrm{d}x$

$= \displaystyle\int_0^1 \dfrac{1}{1 + r^2(x)}\left[1 - \dfrac{6}{(x + 3)^2}\right]\mathrm{d}x$

$= \displaystyle\int_0^1 \dfrac{1}{1 + r^2(x)}\,\mathrm{d}\left(x - 2 + \dfrac{6}{x + 3}\right)$

$= \displaystyle\int_0^1 \dfrac{1}{1 + r^2(x)}\,\mathrm{d}r(x) = \arctan r(x)\Big|_0^1$

$= \arctan\dfrac{1}{2}$.

4．解：$\displaystyle\int_0^{\pi/4}\left[\int_0^y \tan^2\left(\left(\dfrac{\pi}{4} - x\right)^2\right)\mathrm{d}x\right]\mathrm{d}y = \int_0^{\pi/4}\left[\int_x^{\pi/4}\tan^2\left(\dfrac{\pi}{4} - x^2\right)\mathrm{d}y\right]\mathrm{d}x$

$= \displaystyle\int_0^{\pi/4}\left(\dfrac{\pi}{4} - x\right)\tan^2\left(\dfrac{\pi}{4} - x\right)^2\mathrm{d}x$

$= \dfrac{1}{2}\displaystyle\int_0^{\pi^2/16}\tan^2 x\,\mathrm{d}x = \dfrac{1}{2}\int_0^{\pi^2/16}\left(\dfrac{1}{\cos^2 x} - 1\right)\mathrm{d}x$

$= \dfrac{1}{2}(\tan x - x)\Big|_0^{\pi^2/16} = \dfrac{1}{2}\left(\tan\dfrac{\pi^2}{16} - \dfrac{\pi^2}{16}\right)$.

5．解：设 $f(x) = \displaystyle\sum_{n=1}^{+\infty} nx^{n-1}$, $\displaystyle\int_0^x f(x)\,\mathrm{d}x = \sum_{n=1}^{+\infty}x^n = \dfrac{x}{1 - x}$, $f(x) = \dfrac{1}{(1 - x)^2}$

设 $g(x) = \sum_{n=1}^{+\infty} \dfrac{x^n}{n}$，$g'(x) = \sum_{n=1}^{+\infty} x^{n-1} = \dfrac{1}{1-x}$，$g(x) = -\ln(1-x)$，

$$\sum_{n=1}^{+\infty} \frac{n^2-1}{n \cdot 2^n} = \sum_{n=1}^{+\infty} \frac{n}{2^n} - \sum_{n=1}^{+\infty} \frac{1}{n \cdot 2^n} = \frac{1}{2} f\left(\frac{1}{2}\right) - g\left(\frac{1}{2}\right) = 2 - \ln 2.$$

二、解：记 $k(x) = [x/\pi]$，$x = \pi k(x) + \alpha(x)$，$0 \leqslant \alpha(x) < \pi$.

(1) $s(x) = \displaystyle\int_0^x |\cos t|\,\mathrm{d}t = \int_0^{k(x)\pi} |\cos t|\,\mathrm{d}t + \int_{k(x)\pi}^x |\cos t|\,\mathrm{d}t = 2k(x) + \int_0^{\alpha(x)} |\cos t|\,\mathrm{d}t$，

$$\lim_{x \to +\infty} \frac{s(x)}{x} = \lim_{x \to +\infty} \frac{2 + \int_0^{\alpha(x)} |\cos t|\,\mathrm{d}t / k(x)}{\pi + \alpha(x)/k(x)} = \frac{2}{\pi}.$$

(2) 记 $f(x) = s(x) - \dfrac{2}{\pi}x = \displaystyle\int_0^{\alpha(x)} |\cos t|\,\mathrm{d}t - \frac{2}{\pi}\alpha(x)$，当 $x = k\pi + \pi/4$ 时，$\alpha(x) = \pi/4$；当 $x = k\pi$ 时，

$\alpha(x) = 0$. $f(k\pi + \pi/4) = \sqrt{2}/2 - 1/2$，而 $f(k\pi) = 0$，$\lim_{x \to +\infty}\left[s(x) - \dfrac{2}{\pi}x\right]$ 不存在，所以 $y = s(x)$ 没有渐近线.

三、解：$\mathrm{d}x = \dfrac{\partial x}{\partial u}\mathrm{d}u + \dfrac{\partial x}{\partial v}\mathrm{d}v = \dfrac{\partial x}{\partial u}(\mathrm{d}y - \mathrm{d}z) + \dfrac{\partial x}{\partial v}(\mathrm{d}y + \mathrm{d}z)$，因此，

$$\mathrm{d}z = \frac{1}{\dfrac{\partial x}{\partial v} - \dfrac{\partial x}{\partial u}}\mathrm{d}x - \frac{\dfrac{\partial x}{\partial u} + \dfrac{\partial x}{\partial v}}{\dfrac{\partial x}{\partial v} - \dfrac{\partial x}{\partial u}}\mathrm{d}y，即 \frac{\partial z}{\partial x} = \frac{1}{\dfrac{\partial x}{\partial v} - \dfrac{\partial x}{\partial u}}，\frac{\partial z}{\partial y} = -\frac{\dfrac{\partial x}{\partial u} + \dfrac{\partial x}{\partial v}}{\dfrac{\partial x}{\partial v} - \dfrac{\partial x}{\partial u}}，$$

代入得 $\dfrac{\partial z}{\partial x} + \dfrac{\partial z}{\partial y} = \dfrac{1 - 3u - u\cos v}{u\cos v - 2\sin v - 3u}$.

四、解：记 $u_n = \dfrac{a^n}{n^b (\ln n)^c}$，$\left|\dfrac{u_{n+1}}{u_n}\right| = \dfrac{|a| n^b (\ln n)^c}{(n+1)^b (\ln(n+1))^c} \xrightarrow{n \to \infty} |a|$，

所以 $|a| < 1$ 时，级数绝对收敛；$|a| > 1$ 时发散.

$|a| = 1, b > 1$，$|u_n| = \dfrac{1}{n^b (\ln n)^c} < \dfrac{1}{n^{b/2 + 0.5}}$（当 n 充分大），级数绝对收敛；

$|a| = b = 1, c > 1$，由积分判别法得，级数绝对收敛；

$a = b = 1$ 且 $c \leqslant 1$ 时，由积分判别法得，级数发散；

$a = 1$ 且 $b < 1$ 时，$|u_n| = \dfrac{1}{n^b (\ln n)^c} > \dfrac{1}{n^{b/2 + 0.5}}$（当 n 充分大），级数发散；

$a = -1$ 且 $0 < b \leqslant 1$ 时，因 $\dfrac{1}{n^b (\ln n)^c}$ 单调下降 $\to 0$（当 n 充分大），级数条件收敛；

$a = -1$ 且 $b = 0, c > 0$ 时，因 $\dfrac{1}{(\ln n)^c}$ 单调下降 $\to 0$，级数条件收敛；

$a = -1$ 且 $b = 0, c \leqslant 0$ 时，因 $\dfrac{1}{(\ln n)^c}$ 不趋向于零，级数发散.

五、解：不一定.

不存在的情况：若 $f(x) - x < 0$，则 $\forall x$，$f_n(x) \triangleq x_n$，严格单调递减，$f_n(x)$ 有极限（记为 a）. 那么 $a = 0$，若不然 $a > 0$，由 $f(x_{n-1}) = x_n \Rightarrow f(a) = a$，矛盾.

满足 $\forall x, y \in \mathbf{R}^+$，$\lim_{n \to +\infty}(f_n(x) - f_n(y)) = 0$，

但不存在 $x_0 \in (0, +\infty)$，使得 $\forall x \in (0, x_0)$，$f(x) > x$；$\forall x \in (x_0, +\infty)$，$f(x) < x$.

如可取 $f(x) = x/2$.

存在的情况：如可取 $f(x) = 1 + x/2$，则 $x_{n+1} = 1 + x_n/2$，

$x_{n+1} - x_n = (x_n - x_{n-1})/2$，所以 x_n 收敛，且 $x_n \to 2$，

$\forall x \in (0, 2)$，$f(x) > x$；$\forall x \in (2, +\infty)$，$f(x) < x$.

（工科类）

一、计算题

1.（解答见数学类第一题中第 1 小题）

2.（解答见数学类第一题中第 2 小题）

3.（解答见数学类第一题中第 3 小题）

4.解：椭圆 L 的参数方程 $x = 5\cos t, y = 4\sin t, t \in [0, 2\pi]$，

$$质量\ m = \int_L \rho(x, y)\mathrm{d}s = \int_0^{2\pi} 20\,|\cos t \sin t|\,\sqrt{25\sin^2 t + 16\cos^2 t}\,\mathrm{d}t$$

$$= 80\int_0^{\pi/2} \cos t \sin t\,\sqrt{25 - 9\cos^2 t}\,\mathrm{d}t = -40\int_0^{\pi/2}\sqrt{25 - 9\cos^2 t}\,\mathrm{d}\cos^2 t$$

$$= \frac{2}{3} \times \frac{40}{9}\sqrt{25 - 9\cos^2 t}^{\,3}\,\Big|_0^{\pi/2} = \frac{4880}{27}.$$

5.（解答见数学类第一题中第 5 小题）

二、（解答见数学类第二题）

三、证明：$\displaystyle\int_0^a\int_0^z\int_0^y f(x)\mathrm{d}x\mathrm{d}y\mathrm{d}z = \int_0^a\int_0^z\left[\int_x^z f(x)\mathrm{d}y\right]\mathrm{d}x\mathrm{d}z = \int_0^a\left\{\int_x^a\left[\int_x^z f(x)\mathrm{d}y\right]\mathrm{d}z\right\}\mathrm{d}x$

$$= \int_0^a\left[\int_x^a f(x)(z-x)\mathrm{d}z\right]\mathrm{d}x = \frac{1}{2}\int_0^a (a-x)^2 f(x)\mathrm{d}x.$$

四、解：等式两边对 a 求导，得 $bf(ab) - f(a) = 0$，取 $a = 1, f(b) = f(1)/b$，即 $f(x) = c/x$，代入积分等式成立，所以 $f(x) = c/x$.

五、（解答见数学类第五题）

（经管类）

一、计算题

1.（解答见数学类第一题中第 1 小题）

2.解：$\displaystyle\int (1 + x^2)^{-2.5}\mathrm{d}x \xlongequal{x = \tan t} \int \cos^3 t\,\mathrm{d}t = \int (1 - \sin^2 t)\cos t\,\mathrm{d}t = \sin t - \sin^3 t/3 + c$，

而 $\sin t = \dfrac{\tan t}{\sqrt{1 + \tan^2 t}}$，所以 $\displaystyle\int (1 + x^2)^{-2.5}\mathrm{d}x = \dfrac{x}{\sqrt{1 + x^2}} - \dfrac{x^3}{3(\sqrt{1 + x^2})^3} + c.$

3.（解答见数学类第一题中第 3 小题）

4.（解答见工科类第一题中第 4 小题）

5.（解答见数学类第一题中第 5 小题）

二、（解答见数学类第二题）

三、（解答见工科类第三题）

四、（解答见数学类第四题）

五、方法一：反证，若 $\exists x_0 \in [0, 1]$ 使 $\displaystyle\int_0^{x_0} f(t)\mathrm{d}t > x_0$，因为 $f(x)$ 单调递增，可得 $f(x_0) > 1, x > x_0$ 时，

有 $f(x) > 1$，从而 $\displaystyle\int_{x_0}^1 f(t)\mathrm{d}t > 1 - x_0$，则 $\displaystyle\int_0^1 f(x)\mathrm{d}x = \int_0^{x_0} f(t)\mathrm{d}t + \int_{x_0}^1 f(t)\mathrm{d}t > 1$，与条件矛盾，所以得证.

方法二：$\displaystyle\int_0^x f(t)\mathrm{d}t = x\int_0^1 f(xt)\mathrm{d}t \leqslant x\int_0^1 f(t)\mathrm{d}t \leqslant x.$

（文科与专科类）

一、计算题

1.（解答见数学类第一题中第 1 小题）

2.（解答见经管类第一题中第 2 小题）

3.（解答见数学类第一题中第 3 小题）

4.解：由对称性，所求面积 S 为 $x \geqslant 0$ 部分的 2 倍，两曲线的交点为 $(\sqrt{3}/2, \sqrt{3}/2)$，

所以 $S = 2\int_0^{\sqrt{3}/2}(\sqrt{3}\sqrt{1-x^2}-x)\mathrm{d}x = (\sqrt{3}\arcsin x + x\sqrt{3}\sqrt{1-x^2}-x^2)\Big|_0^{\sqrt{3}/2} = \sqrt{3}\pi/3.$

5. 解：$y = x + 3 + \dfrac{7x-6}{x^2-3x+2} = x + 3 + \dfrac{1}{1-x} - \dfrac{8}{2-x}$,

所以 $y' = 1 + \dfrac{1}{(1-x)^2} - \dfrac{8}{(2-x)^2}$, $y^{(n)} = \dfrac{n!}{(1-x)^{n+1}} - \dfrac{8n!}{(2-x)^{n+1}}$, $n \geqslant 2$.

二、(解答见数学类第二题)

三、证明：记 $F(x) = \int_0^x g(u)\mathrm{d}u - \int_0^x (x-t)f(t)\mathrm{d}t = \int_0^x g(u)\mathrm{d}u - x\int_0^x f(t)\mathrm{d}t + \int_0^x tf(t)\mathrm{d}t$,

$F'(x) = g(x) - \int_0^x f(t)\mathrm{d}t - xf(x) + xf(x) = g(x) - g(x) \equiv 0$, 且 $F(0) = 0$,

所以 $F(x) = 0$, 即 $\int_0^x g(u)\mathrm{d}u = \int_0^x (x-t)f(t)\mathrm{d}t$.

四、证明：记 $F(t) = \int_0^t f(x)\mathrm{d}x - 2\sin t - \int_t^{\pi} \dfrac{1}{f(x)}\mathrm{d}x$, $F'(t) = f(t) - 2\cos t + \dfrac{1}{f(t)} \geqslant 0$,

所以 $F(t)$ 严格单调递增，且 $F(0) = -\int_0^{\pi} \dfrac{1}{f(x)}\mathrm{d}x < 0$, 而 $F(\pi) = \int_0^{\pi} f(x)\mathrm{d}x > 0$,

所以 F 有唯一零点 $\xi \in (0,\pi)$, 使 $F(\xi) = 0$, 即 $\int_0^{\xi} f(x)\mathrm{d}x = 2\sin\xi + \int_{\xi}^{\pi} \dfrac{1}{f(x)}\mathrm{d}x$.

五、(解答见经管类第五题)

2021 年浙江省大学生高等数学(微积分) 竞赛试题评析
(数学类 & 工科类)

一、计算题

1. 解：考虑 $\ln x_n$, 而 $\ln\left(1 + \dfrac{k}{n^2}\right) = \dfrac{k}{n^2} - \dfrac{k^2}{2n^4\alpha_k}$, 其中 $\alpha_k \geqslant 1$, 易知 $\lim\limits_{n\to+\infty}\sum\limits_{k=1}^{n}\dfrac{k^2}{2n^4\alpha_k} = 0$, 所以 $\lim\limits_{n\to+\infty}\ln x_n =$

$\lim\limits_{n\to+\infty}\sum\limits_{k=1}^{n}\dfrac{k}{n^2} = \dfrac{1}{2}$, $\lim\limits_{n\to+\infty}x_n = \mathrm{e}^{0.5}$.

2. 解：$\lim\limits_{x\to 1}y = \infty$ 所以有垂直渐近线 $x = 1$,

又 $\lim\limits_{x\to\infty}y/x = -1$, 有渐近线 $y = b - x$,

$b = \lim\limits_{x\to\infty}(y+x) = \lim\limits_{x\to\infty}\left(\dfrac{x^3\cos(2\arctan x)}{(x-1)^2} + x\right) = \lim\limits_{x\to\infty}\dfrac{2x^3\cos^2(\arctan x) + x - 2x^2}{(x-1)^2}$

$= \lim\limits_{x\to\infty}2x\cos^2(\arctan x) - 2 = \lim\limits_{t\to\pi/2}2\tan t\cos^2 t - 2 = \lim\limits_{t\to\pi/2}2\sin t\cos t - 2 = -2$,

所以 有渐近线，$x = 1$ 及 $y = -x - 2$.

$\left(\text{或 } \cos 2x = \dfrac{1-\tan^2 x}{1+\tan^2 x} \Rightarrow \cos(2\arctan x) = \dfrac{1-x^2}{1+x^2} \Rightarrow y = \dfrac{-x^3(1+x)}{(x-1)(1+x^2)}\right)$

3. 解：(方法一) $\displaystyle\int \dfrac{x\mathrm{d}x}{(x-1)^2\sqrt{1+2x-x^2}} \xrightarrow{\text{令 } x = 1+\sqrt{2}\sin t} \int \dfrac{1+\sqrt{2}\sin t}{2\sin^2 t}\mathrm{d}t$

$= -\dfrac{\cos t}{2\sin t} + \dfrac{1}{\sqrt{2}}\ln\tan\dfrac{t}{2} + c = -\dfrac{\sqrt{1+2x-x^2}}{2(x-1)} + \dfrac{1}{\sqrt{2}}\ln\dfrac{\sqrt{2}-\sqrt{1+2x-x^2}}{x-1} + c.$

(方法二) $\displaystyle\int \dfrac{x\mathrm{d}x}{(x-1)^2\sqrt{1+2x-x^2}} \xrightarrow{\text{令 } x = 1+t} \int \dfrac{(t+1)\mathrm{d}t}{t^2\sqrt{2-t^2}} = \int \dfrac{(t+1)\mathrm{d}t}{t^3\sqrt{2/t^2-1}} = \int \dfrac{-\mathrm{d}t^{-2}}{2\sqrt{2/t^2-1}}$

$- \displaystyle\int \dfrac{\mathrm{d}t^{-1}}{\sqrt{2/t^2-1}} = -\dfrac{\sqrt{2/t^2-1}}{2} + \dfrac{1}{\sqrt{2}}\ln(\sqrt{2}t^{-1} - \sqrt{2/t^2-1}) + c = \cdots.$

4. 解：$\displaystyle\int_0^{\pi/2}\frac{\mathrm{d}x}{1+\tan^{2021}x}=\int_0^{\pi/2}\frac{\cos^{2021}x\,\mathrm{d}x}{\cos^{2021}x+\sin^{2021}x}=\int_0^{\pi/2}\frac{\sin^{2021}x\,\mathrm{d}x}{\cos^{2021}x+\sin^{2021}x}$

$\displaystyle\qquad=\frac{1}{2}\int_0^{\pi/2}\left(\frac{\cos^{2021}x}{\cos^{2021}x+\sin^{2021}x}+\frac{\sin^{2021}x}{\cos^{2021}x+\sin^{2021}x}\right)\mathrm{d}x=\frac{\pi}{4}.$

5. 解：$\displaystyle\sum_{n=1}^{+\infty}\frac{n^2+1}{n!}=\sum_{n=1}^{+\infty}\frac{n}{(n-1)!}+\sum_{n=1}^{+\infty}\frac{1}{n!}=\sum_{n=0}^{+\infty}\frac{n+1}{n!}+\mathrm{e}-1=\sum_{n=1}^{+\infty}\frac{1}{(n-1)!}+2\mathrm{e}-1=3\mathrm{e}-1.$

二、证明：易知 $0<a_n=\sin a_{n-1}<1\,(n\geqslant 2)$，设 $a_n\geqslant 1/\sqrt{n}\,(n\geqslant 2)$，

$a_{n+1}=\sin a_n\geqslant\sin\dfrac{1}{\sqrt{n}}\geqslant\dfrac{1}{\sqrt{n}}-\dfrac{1}{6\sqrt{n^3}},$

而 $\dfrac{1}{\sqrt{n}}-\dfrac{1}{\sqrt{n+1}}=\dfrac{1}{\sqrt{n}\ \sqrt{n+1}(\sqrt{n}+\sqrt{n+1})}\geqslant\dfrac{1}{\sqrt{n}\ \sqrt{2n}(\sqrt{n}+\sqrt{2n})}=\dfrac{1}{(2+\sqrt{2})\ \sqrt{n^3}}\geqslant\dfrac{1}{6\sqrt{n^3}},$

$\dfrac{1}{\sqrt{n}}-\dfrac{1}{6\sqrt{n^3}}\geqslant\dfrac{1}{\sqrt{n+1}}$，所以 $a_n\geqslant\dfrac{1}{\sqrt{n}}\,(n\geqslant 2).$

三、解：记 D_1 由 $y=-|x|^3$ 和 $y=-1$；D_2 由 $y=x^3$，$y=-x^3$ 和 $x=1$ 围成的闭区域．

则 $D=D_1\bigcup D_2$．D_1 关于 y 轴对称，D_2 关于 x 轴对称，

$\displaystyle\iint_D[\sin(x^3y)+x^2y]\mathrm{d}x\mathrm{d}y=\iint_{D_1}+\iint_{D_2}=\iint_{D_1}x^2y\mathrm{d}x\mathrm{d}y=2\int_0^1\mathrm{d}x\int_{-1}^{-x^3}x^2y\mathrm{d}y=2/9.$

四、解：易知 $\pi h^3/3=3t$，当 $h=3$ 时，$t=3\pi$（分），

$h=\sqrt[3]{\dfrac{9t}{\pi}}$，$h'=\dfrac{1}{\sqrt[3]{3\pi t^2}}$，此时圆锥高 h 的增长速度为 $\dfrac{1}{3\pi}$（或 $\pi h^2h'=3\Rightarrow h'=\dfrac{1}{3\pi}$）．

五、解：因为 $f(x):(0,\pi)\rightarrow\mathbf{R}^+$ 连续，所以 $\forall x\in(0,\pi)$，$\displaystyle\int_{\pi/2}^x\frac{\mathrm{d}t}{f^2(t)}$ 连续可导．

当 $x\neq\pi/2$ 时，$f(x)=-\cos x/\displaystyle\int_{\pi/2}^x\frac{\mathrm{d}t}{f^2(t)}$ 连续可导．求导得 $f'\cos x+f\sin x=1$，

当 $x\in(0,\pi/2)$ 时，方程两边同除 $\cos^2 x$，则

$\dfrac{f'\cos x+f\sin x}{\cos^2 x}=\dfrac{1}{\cos^2 x}$，$\left(\dfrac{f}{\cos x}\right)'=(\tan x)'$，$f=\sin x+c_1\cos x.$

$\left[\text{或 } f=\mathrm{e}^{-\int\tan x\mathrm{d}x}\left(\int\dfrac{1}{\cos x}\mathrm{e}^{\int\tan x\mathrm{d}x}\mathrm{d}x+c\right)\right]$ 同理可得 当 $x\in(\pi/2,\pi)$ 时，$f=\sin x+c_2\cos x$，

因为 $f(x)>0$，所以 $c_1\geqslant 0,c_2\leqslant 0.$

所以 $x\in(0,\pi/2)$ 时，$f=\sin x+|c_1|\cos x$，$x\in(\pi/2,\pi)$ 时，$f=\sin x-|c_2|\cos x.$

六、解：设 Γ 为 $x=x(t),y=y(t),z=z(t),t:0\rightarrow 1$，

与 z 轴正向夹角余弦为 $z'/\sqrt{(x')^2+(y')^2+(z')^2}=\cos\alpha\neq 0$，

则 $\displaystyle s=\int_\Gamma\mathrm{d}s=\int_0^1\sqrt{(x')^2+(y')^2+(z')^2}\mathrm{d}t=\int_0^1\frac{\sqrt{(x')^2+(y')^2+(z')^2}}{z'}z'\mathrm{d}t=\int_0^1\frac{z'\mathrm{d}t}{\cos\alpha}=\frac{R}{2\cos\alpha}.$

（经管类）

一、计算题

1. 解：$f'(x)=-\mathrm{e}^{-x}\sin x+\mathrm{e}^{-x}\cos x=\sqrt{2}\mathrm{e}^{-x}\sin\left(x+\dfrac{3\pi}{4}\right)$，所以 $f^{(n)}(x)=2^{n/2}\mathrm{e}^{-x}\sin\left(x+\dfrac{3n\pi}{4}\right)$．

2. （解答见数学类 & 工科类第一题中第 1 小题）

3. （解答见数学类 & 工科类第一题中第 3 小题）

4. （解答见数学类 & 工科类第一题中第 4 小题）

5. （解答见数学类 & 工科类第一题中第 2 小题）

二、解：k 为任一整数，当 $x\in(k,k+1)$ 时，$f(x)$ 连续．

$\displaystyle\lim_{x\to k+1^-}[x]=k,\quad\lim_{x\to k+1^-}[-x]=-k-1,\quad\lim_{x\to k+1^-}f(x)=k+(-k-1)(k+1)=-k^2-k-1,$

又 $\lim\limits_{x \to k+1^+}[x] = k+1$，$\lim\limits_{x \to k+1^+}[-x] = -k-2$，$\lim\limits_{x \to k+1^+}f(x) = -(k+1)^2$，

$f(k+1) = -k(k+1)$，所以 $x = k$ 处 $f(x)$ 为第一类间断点.

特别 $x = 1$ 处 $f(x)$ 为可去间断点，$x = 0$ 处 $f(x)$ 为右连续点.

三、（解答见数学类 & 工科类第三题）

四、解：$y' = 4x - 3x^2 = 0$，得 $x = 4/3$，$y''(4/3) > 0$，$y_{\max} = y(4/3) = \dfrac{32}{27}$.

容积 $V' = 2\pi \displaystyle\int_0^{4/3} x\left(\dfrac{32}{27} - 2x^2 + x^3\right)\mathrm{d}x = 2\pi\left(\dfrac{16}{27}x^2 - \dfrac{1}{2}x^4 + \dfrac{1}{5}x^5\right)\bigg|_{x=4/3} = \dfrac{256}{405}\pi.$

体积 $V = 2\pi\displaystyle\int_0^2 x(2x^2 - x^3)\mathrm{d}x = \pi(x^4 - 2x^5/5)\bigg|_{x=2} = 16\pi/5.$

五、（解答见数学类 & 工科类第二题）.

（文科与专科类）

一、计算题

1. 解：（方法一）$f'(x) = -\mathrm{e}^{-x}\sin x + \mathrm{e}^{-x}\cos x = \sqrt{2}\,\mathrm{e}^{-x}\sin\left(x + \dfrac{3\pi}{4}\right)$，

所以 $f'''(x) = 2^{3/2}\mathrm{e}^{-x}\sin\left(x + \dfrac{9\pi}{4}\right)$，$f'''(0) = 2^{3/2}\sin\left(\dfrac{9\pi}{4}\right) = 2.$

（方法二）$f'''(0) = \displaystyle\sum_{k=0}^{3} C_3^k (\mathrm{e}^{-x})^{(k)} (\sin x)^{(3-k)}\bigg|_{x=0} = \sum_{k=0}^{1} C_3^{2k} (\sin x)^{(3-2k)}\bigg|_{x=0} = 2.$

2. 解：$x_{n+1} = \ln(x_n + 1)$，$x_1 = 1$，$x_n > 0$，又有 $\ln(1 + x_n) < x_n$，

$\{x_n\}$ 单调下降有下界，所以有极限. 记 $\lim\limits_{n \to +\infty} x_n = a$，则有 $\ln(1 + a) = a$，所以 $\lim\limits_{n \to +\infty} x_n = a = 0.$

3. 解：$\displaystyle\int \dfrac{x^3}{(1 + x^8)^2}\mathrm{d}x = \dfrac{1}{4}\int\dfrac{\mathrm{d}\arctan x^4}{1 + x^8} \xrightarrow{x^4 = \tan t} \dfrac{1}{4}\int\cos^2 t\,\mathrm{d}t = \dfrac{1}{16}\sin 2t + \dfrac{t}{8} + c$

$\qquad = \dfrac{1}{8}\dfrac{\tan t}{1 + \tan^2 t} + \dfrac{t}{8} + c = \dfrac{1}{8}\dfrac{x^4}{1 + x^8} + \dfrac{\arctan(x^4)}{8} + c.$

4. （解答见数学类 & 工科类第一题中第 4 小题）

5. （解答见数学类 & 工科类第一题中第 2 小题）

二、（解答见经管类第二题）

三、解：设底面半径为 R，内切球半径为 r，圆锥半顶角为 α，

$\sin\alpha = R = \dfrac{r}{\sqrt{1 - R^2} - r}$，$r = \dfrac{R\sqrt{1 - R^2}}{1 + R}$，$r' = \dfrac{1 - R - R^2}{(1 + R)\sqrt{1 - R^2}} = 0$，

$R = \dfrac{-1 + \sqrt{5}}{2}$，或 $\dfrac{-1 - \sqrt{5}}{2}$（舍去）. 所以 $R = \dfrac{-1 + \sqrt{5}}{2}$ 时内切球半径最大，$r_{\max} = \dfrac{(3 - \sqrt{5})\sqrt{\sqrt{5} - 1}}{2\sqrt{2}}$.

四、（解答见经管类第四题）

五、证明：反证法. 设 $\exists M > 0$，$|f'(x)| \leqslant M$，记 $c = (a+b)/2$，

$\forall x \in (a, b)$，$|f(x) - f(c)| \leqslant |f'(\xi)(x - c)| \leqslant M(b - a)/2$，

$|f(x)| \leqslant M(b - a)/2 + |f(c)|$，与无界矛盾，所以 $f'(x)$ 无界.

2022 年浙江省大学生高等数学（微积分）竞赛试题评选

（数学类 & 工科类）

一、计算题

1. 解：当 $x, y \to 0$ 时 $\ln(1 + x^3) \sim x^3$，$\tan x - \tan y = \dfrac{1}{1 + \xi^2}(x - y) \sim x - y$，

所以题所求极限 $= \lim\limits_{x \to 0}\dfrac{\tan x - \sin x}{x^3} = \lim\limits_{x \to 0}\dfrac{\sin x}{x^3}\left(\dfrac{1}{\cos x} - 1\right) = \dfrac{1}{2}.$

2.解：$\int x\ln(4+x^4)\mathrm{d}x = \dfrac{1}{2}\int \ln(4+x^4)\mathrm{d}x^2 = \dfrac{1}{2}x^2\ln(4+x^4) - \int\dfrac{2x^5}{4+x^4}\mathrm{d}x$

$\qquad\qquad = \dfrac{1}{2}x^2\ln(4+x^4) - \int\dfrac{2x^5+8x-8x}{4+x^4}\mathrm{d}x$

$\qquad\qquad = \dfrac{1}{2}x^2\ln(4+x^4) - x^2 + 2\arctan\dfrac{x^2}{2} + c.$

3.解：记 $\Omega_a = \{(x,y)\,|\,x^2-2xy+2y^2 \leqslant a^2\}$，变量替换 $\xi = x-y, \eta = y$，则

$\displaystyle\iint\limits_{\Omega_a} \mathrm{e}^{-(x^2-2xy+y^2)}\mathrm{d}x\mathrm{d}y = \iint\limits_{\xi^2+\eta^2\leqslant a^2} \mathrm{e}^{-\xi^2-\eta^2}\left|\dfrac{\partial(x,y)}{\partial(\xi,\eta)}\right|\mathrm{d}\xi\mathrm{d}\eta = \int_0^{2\pi}\mathrm{d}\theta\int_0^a \mathrm{e}^{-r^2}r\mathrm{d}r = \pi(1-\mathrm{e}^{-a^2})$，

所以 $\displaystyle\iint\limits_{R^2} \mathrm{e}^{-(x^2-2xy+2y^2)}\mathrm{d}x\mathrm{d}y = \lim_{a\to\infty}\pi(1-\mathrm{e}^{-a^2}) = \pi.$

4.解：记 $P = \dfrac{y}{2x^2+y^2}, Q = \dfrac{-x}{2x^2+y^2}$，则有 $P'_y = \dfrac{2x^2-y^2}{(2x^2+y^2)^2} = Q'_x$，

又 L 与 $L_1 : 2x^2+y^2 = 1$ 所围的区域上 P, Q 有连续的偏导数，所以

$\displaystyle\oint\limits_L P\mathrm{d}x + Q\mathrm{d}y = \oint\limits_{L_1} P\mathrm{d}x + Q\mathrm{d}y = \oint\limits_{L_1} y\mathrm{d}x - x\mathrm{d}y = -\sqrt{2}\pi.$

5.解：显然 $x_n > 0$，由此 $x_{n+1} = \sqrt{2+x_n} > \sqrt{2}$，

从而 $\sqrt{2-x_n} = \sqrt{2-\sqrt{2+x_{n-1}}} = \dfrac{\sqrt{2-x_{n-1}}}{\sqrt{2+\sqrt{2+x_{n-1}}}} < \dfrac{\sqrt{2-x_{n-1}}}{\sqrt{3}} < \dfrac{\sqrt{2-x_1}}{\sqrt{3}^{n-1}}$，

所以级数 $\displaystyle\sum_{i=1}^{\infty} \sqrt{2-x_i}$ 收敛.

二、解：由条件知，圆锥底圆面的周长为 $2\pi-\theta$，半径为 $r = \dfrac{2\pi-\theta}{2\pi}$，圆锥高为 $\sqrt{1-r^2}$，

圆锥体积为 $V = \dfrac{1}{3}\pi r^2\sqrt{1-r^2}$. 在 $r^2 = 2/3$，即 $\theta = 2\pi\left(1-\dfrac{\sqrt{6}}{3}\right)$ 时，取得最大值 $V_{\max} = \dfrac{2}{9\sqrt{3}}\pi.$

三、解：记平行六面体 D，则其体积 $V = \displaystyle\iiint\limits_D \mathrm{d}v$，作变量替换 $\xi_i = a_{i1}x + a_{i2}y + a_{i3}z, i=1,2,3$. 那么 $V = $

$\displaystyle\iiint\limits_{D_1} \left|\dfrac{\partial(x,y,z)}{\partial(\xi_1,\xi_2,\xi_3)}\right|\mathrm{d}v = \iiint\limits_{D_1} \left|\dfrac{\partial(\xi_1,\xi_2,\xi_3)}{\partial(x,y,z)}\right|^{-1}\mathrm{d}v = \iiint\limits_{D_1} |\det(a_{ij})|^{-1}\mathrm{d}v = 8h_1h_2h_3|\det(a_{ij})|^{-1}$，

其中 $D_1 = \{(\xi_1,\xi_2,\xi_3)\,|\,|\xi_i|\leqslant h_i, i=1,2,3\}.$

四、证明：（方法一）(1) 由题知 $a_{n+1} = 1 - \dfrac{1}{1+a_n}, a_{n+1}-a_n = \dfrac{-a_n^2}{1+a_n}$，分三种情况讨论.

(a) 若 $a_1\geqslant 0$，则 $0\leqslant a_2 < 1$，从而 $0\leqslant a_n < 1$，且单调减少，所以 $\lim\limits_{n\to\infty}a_n$ 存在，记为 a，$(1+a)(1-a) = 1, a=0$，即 $\lim\limits_{n\to\infty}a_n = 0$；

(b) 若 $a_1 < -1$，则 $1+a_1 < 0$，从而 $a_2 > 1$，由(a) 知 $\lim\limits_{n\to\infty}a_n$ 存在且为 0；

(c) 若 $-\dfrac{1}{n} < a_1 < \dfrac{-1}{n+1}$（由数列的条件知 a_1 不能为 -1，也不能为 $-\dfrac{1}{2}, \cdots, -\dfrac{1}{n}, \cdots$），

则 $\dfrac{n-1}{n} < 1+a_1 < \dfrac{n}{n+1}, \dfrac{-1}{n-1} < a_2 < -\dfrac{1}{n}, -1 < a_n < -\dfrac{1}{2}, a_{n+1} < -1$，

由(b) 知 $\lim\limits_{n\to\infty}a_n$ 存在 且为 0.

(2) 由(c) 知 $a_{n+1} < -1$，所以 $a_{n+2} = 1 - \dfrac{1}{1+a_{n+1}} > 1$，由,(a) 知 $0 < a_m < 1, m > n+2$，

所以只有 $m = n+2$，使得 $a_m > 1$.

（方法二）(1) 由题得 $a_n - a_{n+1} = a_n a_{n+1}$，当 $a_n, a_{n+1}\neq 0$ 时，

$\dfrac{1}{a_{n+1}} - \dfrac{1}{a_n} = 1, \dfrac{1}{a_{n+1}} = \dfrac{1}{a_1} + n, a_{n+1} = \dfrac{a_1}{1+na_1} = \dfrac{1}{a_1^{-1}+n}, \lim\limits_{n\to\infty} a_n = 0 (且 a_1 \neq -1/n).$

当 $a_1 = 0$ 时, $a_n = 0$ 所以 $\lim\limits_{n\to\infty} a_n = 0.$

(2) 对给定的正整数 n, 若 $-\dfrac{1}{n} < a_1 < -\dfrac{1}{n+1}, -1-n < a_1^{-1} < n,$

$-1 < a_1^{-1} + n < 0, 0 < a_1^{-1} + n + 1 < 1, a_{n+1} < -1, a_{n+2} > 1, 0 < a_{n+3} < 1,$

所以只有 $m = n+2$, 使得 $a_m > 1.$

五、证明:(方法一)易知存在 $\xi \in (-1,1),$

$f(x) = f(0) + f'(0)x + \dfrac{x^2}{2}f''(0) + \dfrac{x^3}{6}f'''(\xi) = f(0) + \dfrac{x^2}{2}f''(0) + \dfrac{x^3}{6}f'''(\xi),$

取 $x = \pm 1, 0 = f(0) + \dfrac{f''(0)}{2} - \dfrac{f'''(\xi_1)}{6}, 1 = f(0) + \dfrac{f''(0)}{2} + \dfrac{f'''(\xi_2)}{6},$

可得 $f'''(\xi_1) + f'''(\xi_2) = 6$, 所以存在 $\xi \in (-1,1)$ 满足 $f'''(\xi) \geqslant 3$, 即 $|f'''(\xi)| \geqslant 3.$

(方法二)满足条件 $p(-1) = 0, p(1) = 1, p'(0) = 0$ 的三次多项式为

$p(x) = 0.5x^3 + (0.5-a)x^2 + a$, 再取 $a = f(0)$, 那么有 $f(0) = p(0).$

记 $g(x) = f(x) - p(x)$, 由罗尔定理知, 存在 $\xi \in (-1,1)$, 满足 $g'''(\xi) = 0,$

即 $f'''(\xi) = 3$, 所以存在 $\xi \in (-1,1)$ 满足 $|f'''(\xi)| \geqslant 3.$

六、证明:(方法一)易知存在 $\xi \in (-1,1),$

$f(x) = f(0) + f'(0)x + \dfrac{x^2}{2}f''(0) + \dfrac{x^3}{6}f'''(\xi) = f(0) + \dfrac{x^2}{2}f''(0) + \dfrac{x^3}{6}f'''(\xi).$

取 $x = \pm 1, 0 = f(0) + \dfrac{f''(0)}{2} - \dfrac{f'''(\xi_1)}{6}, 1 = f(0) + \dfrac{f''(0)}{2} + \dfrac{f'''(\xi_2)}{6},$

可得 $\dfrac{f'''(\xi_1) + f'''(\xi_2)}{2} = 3$, 由达布定理知, 存在 $\xi \in (-1,1)$ 满足 $f'''(\xi) = 3.$

(方法二)满足条件 $p(-1) = 0, p(1) = 1, p'(0) = 0$ 的三次多项式为

$p(x) = 0.5x^3 + (0.5-a)x^2 + a$, 再取 $a = f(0)$, 那么有 $f(0) = p(0).$

记 $g(x) = f(x) - p(x)$, 由罗尔定理知, 存在 $\xi \in (-1,1)$, 满足 $g'''(\xi) = 0$, 即 $f'''(\xi) = 3.$

(经管类)

一、计算题

1. 解: $\lim\limits_{(x,y)\to(0,2)} \dfrac{\sin 2\pi xy}{xy^3} = \lim\limits_{(x,y)\to(0,2)} \dfrac{\sin 2\pi xy}{2\pi xy} \dfrac{2\pi}{y^2} = \dfrac{\pi}{2}.$

2. (解答见数学类 & 工科类第一题中第 2 小题)

3. 解: $\displaystyle\int_0^{2\pi} \sqrt{1+\sin x}\,\mathrm{d}x = \int_0^{2\pi} \left| \cos\dfrac{x}{2} + \sin\dfrac{x}{2} \right| \mathrm{d}x = 2\int_0^{\pi} |\cos x + \sin x|\,\mathrm{d}x = 2\sqrt{2}\int_0^{\pi} \left| \sin\left(x + \dfrac{\pi}{4}\right) \right| \mathrm{d}x$

$= 2\sqrt{2}\displaystyle\int_0^{\pi} |\sin x|\,\mathrm{d}x = 2\sqrt{2}\int_0^{\pi} \sin x\,\mathrm{d}x = 4\sqrt{2}.$

4. 解: 因为 $\ln x$ 是严格单调增函数, 比较大小可由 $\sqrt{n+8}\ln\sqrt{n+7}$ 与 $\sqrt{n+7}\ln\sqrt{n+8}$ 来比较, 也等

价于 $\dfrac{\ln\sqrt{n+7}}{\sqrt{n+7}}$ 与 $\dfrac{\ln\sqrt{n+8}}{\sqrt{n+8}}$ 比较,

令 $f(x) = \dfrac{\ln x}{x}, x \geqslant \sqrt{8}, f'(x) = \dfrac{1-\ln x}{x^2} = 0$, 得 $x > \mathrm{e}$ 时, $f'(x) < 0, f(x)$ 单调下降, 又 $\sqrt{n+7} \geqslant \sqrt{8} > \mathrm{e},$

所以 $\dfrac{\ln\sqrt{n+7}}{\sqrt{n+7}} > \dfrac{\ln\sqrt{n+8}}{\sqrt{n+8}}$, 即 $(\sqrt{n+7})^{\sqrt{n+8}} > (\sqrt{n+8})^{\sqrt{n+7}}.$

5.解:设切线在曲线上的切点为 (x,y),斜率为 $y' = 2ax$,另一方面,过切点与原点的直线斜率为 y/x,从而 $y/x = 2ax, 1 + ax^2 = 2ax^2, x = \pm 1/\sqrt{a}$,即切点为 $(1/\sqrt{a}, 2)$,切线为 $y = 2\sqrt{a}x$(取一切线即可).

$$V_{旋} = \int_0^{1/\sqrt{a}} 2\pi x(1 + ax^2 - 2\sqrt{a}x)\mathrm{d}x = 2\pi\left(\frac{1}{2a} + \frac{1}{4a} - \frac{2}{3a}\right) = \frac{\pi}{6a}.$$

二、证明:不妨设 $\lim\limits_{n\to\infty} a_n = 0$,从而 $\lim\limits_{n\to\infty} \frac{\ln(1+a_n)}{a_n} = 1, \lim\limits_{n\to\infty} \frac{|ln(1+a_n)|}{|a_n|} = 1,$

所以 $\sum\limits_{n=1}^{\infty} |\ln(1+a_n)|$ 与 $\sum\limits_{n=1}^{\infty} |a_n|$ 同时收敛同时发散,即 $\sum\limits_{n=1}^{\infty} \ln(1+a_n)$ 绝对收敛的充要条件是 $\sum\limits_{n=1}^{\infty} a_n$ 绝对收敛.

三、解:由条件得 $\frac{|P(x) - P(y)|}{|x-y|} \leqslant k |x-y|^{r-1}$,所以 $\lim\limits_{x\to y} \frac{|P(x) - P(y)|}{|x-y|} = 0,$

由此,对任意的 y,有 $P'(y) = \lim\limits_{x\to y} \frac{P(x) - P(y)}{x-y} = 0$,所以 $P(x) \equiv c.$

四、解:取圆心为原点,半圆盘 D 的直径为 x 轴,要求形心在三角形的内部,只需形心的 y 坐标大于零即可,即 $\iint\limits_{T \cup D} y\mathrm{d}x\mathrm{d}y > 0,$

$$\iint\limits_{T \cup D} y\mathrm{d}x\mathrm{d}y = \iint\limits_{T} y\mathrm{d}x\mathrm{d}y + \iint\limits_{D} y\mathrm{d}x\mathrm{d}y = 2\int_0^r \mathrm{d}x\int_0^{h(1-x/r)} y\mathrm{d}y + \int_\pi^{2\pi}\mathrm{d}\theta\int_0^r \rho\sin\theta\rho\mathrm{d}\rho$$

$$= h^2\int_0^r (1-x/r)^2 \mathrm{d}x + \frac{r^3}{3}\int_\pi^{2\pi} \sin\theta\mathrm{d}\theta$$

$$= h^2\int_0^r (1-x/r)^2 \mathrm{d}x + \frac{r^3}{3}\int_\pi^{2\pi} \sin\theta\mathrm{d}\theta$$

$$= \frac{rh^2}{3} - \frac{2r^3}{3} > 0,要求 h > \sqrt{2}r.$$

五、证明:令 $g(x) = e^{-x}f(x)$,那么有 $g(a) = g(b) = 0$,所以有 $\xi \in (a,b)$,满足 $g'(\xi) = 0$,即 $g'(\xi) = e^{-\xi}f'(\xi) - e^{-\xi}f(\xi) = 0$,所以存在 $\xi \in (a,b)$,满足 $f(\xi) = f'(\xi).$

(文科与专科类)

一、计算题

1.解:$\lim\limits_{n\to\infty} \left[\dfrac{3n-1}{n^3\sin\frac{1}{n^2}} - 3\right]\sin(n^2) = \lim\limits_{n\to\infty} \left[\dfrac{3n - 1 - 3n^3\sin\frac{1}{n^2}}{n}\right]\sin n^2,$ 而

$\lim\limits_{n\to\infty}\left(3 - 3n^2\sin\frac{1}{n^2} - 1/n\right) = 0$,又 $\sin n^2$ 有界,所以 $\lim\limits_{n\to\infty} \left[\dfrac{3n-1}{n^3\sin\frac{1}{n^2}} - 3\right]\sin(n^2) = 0.$

2.解:$f(x) = (1+x)^{2/3} - (1+x)^{-1/3}, f'(x) = \frac{2}{3}(1+x)^{-1/3} + \frac{1}{3}(1+x)^{-4/3}$

$f''(x) = -\frac{2}{9}(1+x)^{-4/3} - \frac{4}{9}(1+x)^{-7/3}$,由此可得

$f^{(n)}(x) = (1+x)^{\frac{2-3n}{3}}\prod\limits_{k=1}^n \frac{5-3k}{3} - (1+x)^{\frac{-1-3n}{3}}\prod\limits_{k=1}^n \frac{2-3k}{3},$

$f^{(2022)}(x) = (1+x)^{\frac{-1}{3}-2021}\prod\limits_{k=1}^{2022} \frac{5-3k}{3} - (1+x)^{\frac{-1}{3}-2022}\prod\limits_{k=1}^{2022} \frac{2-3k}{3}.$

3.(解答见数学类 & 工科类第一题中第 2 小题)

4.解:$\int_0^\pi \sqrt{1+\sin x}\,\mathrm{d}x = \int_0^\pi \left|\cos\frac{x}{2} + \sin\frac{x}{2}\right|\mathrm{d}x = 2\int_0^{\pi/2} |\cos x + \sin x|\,\mathrm{d}x$

$$= 2\int_0^{\pi/2}(\cos x + \sin x)\mathrm{d}x = 4.$$

5.（解答见经管类第一题中第 4 小题）

二、解：$[x]$ 在且仅在整数点不连续，$\cos\dfrac{1}{x}$ 仅在零点不连续，

$\lim\limits_{x\to 0^+}f(x)=0$，而 $\lim\limits_{x\to 0^-}f(x)$ 不存在，所以 0 是 $f(x)$ 的第二类间断点，

当 $k\neq 0$ 时，$\lim\limits_{x\to k^+}f(x)=k\cos\dfrac{1}{k}=f(k)$，$\lim\limits_{x\to k^-}f(x)=(k-1)\cos\dfrac{1}{k}$，又 $\cos\dfrac{1}{k}\neq 0$，

可得第一类间断点，且是右连续点.

所以整数点全体是 $f(x)$ 的所有间断点，除了 0 是第二类间断点外，都是第一类间断点.

三、解：设切线在曲线上的切点为 (x,y)，斜率为 $y'=2ax$，另一方面，过切点与原点的直线斜率为 y/x，从而 $y/x=2ax$，$1+ax^2=2ax^2$，$x=\pm 1/\sqrt{a}$，即切点为 $(1/\sqrt{a},2)$，切线为 $y=2\sqrt{a}x$（取一切线即可）.

$$V_{旋}=\int_0^{1/\sqrt{a}}2\pi x(1+ax^2-2\sqrt{a}x)\,\mathrm{d}x=2\pi\left(\frac{1}{2a}+\frac{1}{4a}-\frac{2}{3a}\right)=\frac{\pi}{6a}.$$

四、（解答见数学类 & 工科类第二题）

五、解：$\displaystyle\int_{-1}^{1}p^2(x)\,\mathrm{d}x=\int_{-1}^{1}(x^4+a^2x^2+b^2+2ax^3+2abx+2bx^2)\,\mathrm{d}x$

$$=\int_{-1}^{1}(x^4+a^2x^2+b^2+2bx^2)\,\mathrm{d}x=\frac{2}{5}+\frac{2}{3}a^2+2b^2+\frac{4}{3}b$$

$$=\frac{8}{45}+\frac{2}{3}a^2+2\left(b+\frac{1}{3}\right)^2,$$

所以当取 $a=0,b=-\dfrac{1}{3}$ 时，$\displaystyle\int_{-1}^{1}p^2(x)\,\mathrm{d}x$ 取得最小值 $\dfrac{8}{45}$.

2023 浙江省大学生高等数学（微积分）竞赛试题评选

（数学类 & 工科类）

一、计算题

1.解：$F'(x)=-\mathrm{e}^{x^2+x\cos x}\sin x-\mathrm{e}^{x^2+x\sin x}\cos x+\displaystyle\int_{\sin x}^{\cos x}\mathrm{e}^{x^2+xt}(2x+t)\,\mathrm{d}t$，

$F'(0)=-1+\displaystyle\int_0^1 t\,\mathrm{d}t=-\dfrac{1}{2}.$

2.解：作变换 $x=\dfrac{\pi}{4}-t$，可得 $\displaystyle\int_0^{\frac{\pi}{4}}\ln(1+\tan x)\,\mathrm{d}x=\int_0^{\frac{\pi}{4}}\ln\left[1+\tan\left(\frac{\pi}{4}-t\right)\right]\mathrm{d}t$

$$=\int_0^{\frac{\pi}{4}}\ln\left(1+\frac{1-\tan t}{1+\tan t}\right)\mathrm{d}t=\int_0^{\frac{\pi}{4}}\ln\left(\frac{2}{1+\tan t}\right)\mathrm{d}t=\int_0^{\frac{\pi}{4}}\ln 2\,\mathrm{d}t-\int_0^{\frac{\pi}{4}}\ln(1+\tan t)\,\mathrm{d}t,$$

所以 $\displaystyle\int_0^{\frac{\pi}{4}}\ln(1+\tan t)\,\mathrm{d}t=\frac{1}{2}\int_0^{\frac{\pi}{4}}\ln 2\,\mathrm{d}t=\frac{\pi}{8}\ln 2.$

3.解：记 $a_n=\dfrac{n^n}{n!\,\mathrm{e}^n}$，则 $a_n=a_1\displaystyle\prod_{k=1}^{n-1}\frac{a_{k+1}}{a_k}$，$\dfrac{a_{k+1}}{a_k}=\dfrac{1}{\mathrm{e}}\left(1+\dfrac{1}{k}\right)^k$，$\ln\dfrac{a_{k+1}}{a_k}=k\ln\left(1+\dfrac{1}{k}\right)-1$

而 $\ln\left(1+\dfrac{1}{k}\right)<\dfrac{1}{2}\left(\dfrac{1}{k}+\dfrac{1}{k+1}\right)$，$\ln\dfrac{a_{k+1}}{a_k}<-\dfrac{1}{2(k+1)}$，$\dfrac{a_{k+1}}{a_k}<\mathrm{e}^{\frac{-1}{2(k+1)}}$，

$a_n<a_1\displaystyle\prod_{k=2}^{n}\mathrm{e}^{\frac{-1}{2k}}$，又 $\displaystyle\sum_{k=1}^{\infty}\frac{1}{k}$ 发散，所以 $\lim\limits_{x\to 0}\dfrac{n^n}{n!\,\mathrm{e}^n}=0$.

4.解：$\dfrac{\partial g}{\partial s}=f'_1 2s-f'_2 2s$，$\dfrac{\partial g}{\partial t}=-f'_1 2t+f'_2 2t$，所以 $t\dfrac{\partial g}{\partial s}+s\dfrac{\partial g}{\partial t}=0.$

5.解：$\displaystyle\sum_{n=0}^{+\infty}\frac{(x+2)^n}{(n+3)!}=\frac{1}{(x+2)^3}\left[\sum_{n=0}^{\infty}\frac{(x+2)^n}{n!}-1-x-2-\frac{(x+2)^2}{2}\right]$

$$=\frac{1}{(x+2)^3}\left[\mathrm{e}^{x+2}-1-x-2-\frac{(x+2)^2}{2}\right]=\frac{1}{(x+2)^3}\left(\mathrm{e}^{x+2}-5-3x-\frac{x^2}{2}\right).$$

二、解:先求椭圆函数的极值 $2x - y - xy' + 2yy' = 0$, $y'|_{y=2x} = 0$, 代入方程得 $x^2 - 2x^2 + 4x^2 = 3$, $x = \pm 1$, $y = \pm 2$, 即与 x 轴平行的一组边为 $y = \pm 2$, 同理与 y 轴平行的一组边为 $x = \pm 2$, 所以面积 $S = 4 \times 4 = 16$.

三、解:小球球心与锥顶距离为 $\dfrac{r}{\sin\theta}$, 大球球心与锥顶距离为 $\dfrac{R}{\sin\theta}$,

两球相切点记为 O 点(原点), 锥的对称轴为 z 轴, O 点与锥顶距离为 $\dfrac{r}{\sin\theta} + r$,

锥内介于两个球之间的区域且垂直于 z 轴的截面面积为

$$\pi\tan^2\theta\left(\frac{r}{\sin\theta} + z + r\right)^2 + \pi(2rz + z^2), \ z \in (-r - r\sin\theta, 0);$$

$$\pi\tan^2\theta\left(\frac{r}{\sin\theta} + z + r\right)^2 - \pi(2Rz - z^2), \ z \in (0, R - R\sin\theta).$$

体积 $V = \pi\displaystyle\int_{-r-r\sin\theta}^{0}\left[\tan^2\theta\left(\frac{r}{\sin\theta} + z + r\right)^2 + (2rz + z^2)\right]\mathrm{d}z$

$\qquad\qquad + \pi\displaystyle\int_{0}^{R-R\sin\theta}\left[\tan^2\theta\left(\frac{r}{\sin\theta} + z + r\right)^2 - (2Rz - z^2)\right]\mathrm{d}z$

$\qquad = \dfrac{\pi}{3}\tan^2\theta\left[\left(\dfrac{r}{\sin\theta} + R - R\sin\theta + r\right)^3 - \left(\dfrac{r}{\sin\theta} - r\sin\theta\right)^3\right]$

$\qquad\qquad + \pi\left[\dfrac{r^3}{3}(1 + \sin\theta)^3 - r^3(1 + \sin\theta)^2 + \dfrac{R^3}{3}(1 - \sin\theta)^3 - R^3(1 - \sin\theta)^2\right].$

把 $\sin\theta = \dfrac{R - r}{R + r}$ 代入得体积 $V = \dfrac{4\pi}{3}\dfrac{R^2 r^2}{R + r}$.

四、证明:$f''(x)$ 有界, 所以 $\exists M > 0$, 使得 $|f''| < M$,

由 $\lim\limits_{x\to+\infty} f(x) = 0$ 知, $\forall \varepsilon > 0$, $\exists X > 0$, 当 $x > X$ 时, 有 $|f(x)| < \varepsilon^2$.

由泰勒公式得 $f(x + \varepsilon) = f(x) + f'(x)\varepsilon + f''(\eta)\varepsilon^2/2$,

$f'(x)\varepsilon = f(x + \varepsilon) - f(x) - f''(\eta)\dfrac{\varepsilon^2}{2}$, $|f'(x)| = \dfrac{|f(x+\varepsilon)| + |f(x)|}{\varepsilon} + |f''(\eta)|\dfrac{\varepsilon}{2}$,

$|f'(x)| \leqslant 2\varepsilon + M\varepsilon/2$, 所以 $\lim\limits_{x\to+\infty} f'(x) = 0$.

五、证明:$\displaystyle\sum_{k=0}^{n}(-1)^k\binom{k}{n}\dfrac{1}{k+m+1} = \sum_{k=0}^{n}(-1)^k\binom{k}{n}\int_0^1 x^{m+k}\mathrm{d}x = \int_0^1\sum_{k=0}^{n}(-1)^k\binom{k}{n}x^{m+k}\mathrm{d}x$

$= \displaystyle\int_0^1 x^m(1-x)^n\mathrm{d}x$, 同理可证, 右边 $= \displaystyle\int_0^1 x^n(1-x)^m\mathrm{d}x$, 作替换 $t = 1 - x$ 得,

$\displaystyle\int_0^1 x^m(1-x)^n\mathrm{d}x = \int_0^1(1-t)^m t^n\mathrm{d}t$, 所以左边等于右边, 得证.

六、证明:由 $f(x)$ 在 $[0,1]$ 上连续, $\forall \varepsilon > 0$, $\exists N > 0$, 当 $n > N$ 时, 有

$\left|f\left(\dfrac{x'}{n}\right) - f\left(\dfrac{x''}{n}\right)\right| < \varepsilon$, 且 $\left|\dfrac{1}{n}\displaystyle\sum_{k=1}^{n}f\left(\dfrac{k}{n}\right) - \int_0^1 f(x)\mathrm{d}x\right| < \varepsilon$.

而 $\displaystyle\int_0^1 f(x)g(nx)\mathrm{d}x = \dfrac{1}{n}\int_0^n f\left(\dfrac{x}{n}\right)g(x)\mathrm{d}x = \dfrac{1}{n}\sum_{k=1}^{n}\int_{k-1}^{k}f\left(\dfrac{x}{n}\right)g(x)\mathrm{d}x$,

$\left|\displaystyle\int_0^1 f(x)g(nx)\mathrm{d}x - \int_0^1 f(x)\mathrm{d}x\int_0^1 g(x)\mathrm{d}x\right| \leqslant \left|\int_0^1 f(x)\mathrm{d}x\int_0^1 g(x)\mathrm{d}x - \dfrac{1}{n}\sum_{k=1}^{n}f\left(\dfrac{k}{n}\right)\int_0^1 g(x)\mathrm{d}x\right|$

$+ \left|\dfrac{1}{n}\displaystyle\sum_{k=1}^{n}f\left(\dfrac{k}{n}\right)\int_0^1 g(x)\mathrm{d}x - \dfrac{1}{n}\sum_{k=1}^{n}\int_{k-1}^{k}f\left(\dfrac{x}{n}\right)g(x)\mathrm{d}x\right| \leqslant \left|\int_0^1 f(x)\mathrm{d}x - \dfrac{1}{n}\sum_{k=1}^{n}f\left(\dfrac{k}{n}\right)\right|\left|\int_0^1 g(x)\mathrm{d}x\right|$

$+ \dfrac{1}{n}\displaystyle\sum_{k=1}^{n}\int_{k-1}^{k}\left|f\left(\dfrac{x}{n}\right) - f\left(\dfrac{k}{n}\right)\right||g(x)|\mathrm{d}x \leqslant \varepsilon\left|\int_0^1 g(x)\mathrm{d}x\right| + \varepsilon\int_0^1 |g(x)|\mathrm{d}x \leqslant 2\varepsilon\int_0^1 |g(x)|\mathrm{d}x.$

所以 $\lim\limits_{n\to+\infty}\displaystyle\int_n^1 f(x)g(nx)\mathrm{d}x = \left(\int_0^1 f(x)\mathrm{d}x\right)\left(\int_0^1 g(x)\mathrm{d}x\right).$

（经管类）

一、计算题

1. 解：$1 \leqslant 1 + 2^4 + \cdots + n^4 \leqslant n^5$，又 $\lim\limits_{n \to \infty} \sqrt[n]{n^5} = 1$，$\lim\limits_{n \to \infty} \sqrt[n]{1 + 2^4 + \cdots + n^4} = 1$.

2. （解答见数学 & 工科类第一题中第 1 小题）

3. 解：$\displaystyle\int_{-1}^{1} \frac{1 + \sin x}{1 + \sqrt[3]{x^2}} dx = \int_{-1}^{1} \frac{1}{1 + \sqrt[3]{x^2}} dx = \int_{0}^{1} \frac{2}{1 + \sqrt[3]{x^2}} dx = \int_{0}^{1} \frac{6t^2}{1 + t^2} dx = 6 - \frac{3\pi}{2}$.

4. （解答见数学 & 工科类第一题中第 5 小题）

5. 解答见数学 & 工科类第二题）

二、解：易知 $f(x) = 1 - x$ 满足条件，但这样的 f 不唯一.

取 $f(x) = \dfrac{1-x}{1+x}$，则 $f(0) = 1$，$f(1) = 0$，

且 $f(f(x)) = \dfrac{1 - f(x)}{1 + f(x)} = \dfrac{1 + x - (1-x)}{1 + x + 1 - x} = x$.

三、解：$\{x\}$，$\{2x\}$ 分别以 $1, 1/2$ 为周期，所以 $\displaystyle\int_{0}^{n} (3\{x\} - \{2x\}) dx = n \int_{0}^{1} 3x dx - 2n \int_{0}^{1/2} 2x dx = n$.

四、解：$B = \displaystyle\int_{0}^{1} \left(\frac{x}{2} + \frac{x^a}{2} \right) dx = \frac{1}{4} + \frac{1}{2(a+1)}$，又 $L(x) \leqslant x$，所以 $A = \dfrac{1}{2} - B = \dfrac{a-1}{4(a+1)}$，

$G = \dfrac{A}{A+B} = \dfrac{a-1}{2(a+1)}$，由 $G \leqslant 0.4$，$a \leqslant 9$.

五、证明：连接点 $(a, f(a))$ 和 $(b, f(b))$ 的直线为 $y = L(x) = \dfrac{f(b) - f(a)}{b - a} (x - a) + f(a)$.

令 $F(x) = f(x) - L(x)$，那么 $F(a) = F(b) = F(c) = 0$，由罗尔定理得 $\exists \alpha \in (a, c)$，$\beta \in (c, b)$，使 $F'(\alpha) = F'(\beta) = 0$. 同理 $\exists t \in (\alpha, \beta) \subset (a, b)$，使 $F''(t) = f''(t) = 0$.

（文科与专科类）

一、计算题

1. 解：$\lim\limits_{x \to \frac{\pi}{2}^-} (\sec x - \tan x) = \lim\limits_{x \to \frac{\pi}{2}^-} \dfrac{1 - \sin x}{\cos x} = \lim\limits_{x \to \frac{\pi}{2}^-} \dfrac{\cos x}{\sin x} = 0$.

2. 解：$x^{\sqrt{x}} = e^{\sqrt{x} \ln x}$，$\dfrac{d}{dx} (x^{\sqrt{x}}) = x^{\sqrt{x}} \left(\dfrac{\ln x}{2\sqrt{x}} + \dfrac{1}{\sqrt{x}} \right)$.

3. （解答见经管类第一题中第 3 小题）

4. 解：$\displaystyle\int_{0}^{\frac{\pi}{2}} \frac{\sin x}{1 + x^2} dx - \int_{0}^{\frac{\pi}{2}} \frac{\cos x}{1 + x^2} dx = \sqrt{2} \int_{0}^{\frac{\pi}{2}} \frac{\sin(x - \pi/4)}{1 + x^2} dx = \sqrt{2} \int_{-\frac{\pi}{4}}^{\frac{\pi}{4}} \frac{\sin x}{1 + (x + \pi/4)^2} dx$

$= \displaystyle\int_{0}^{\frac{\pi}{4}} \left[\frac{\sqrt{2} \sin x}{1 + (x + \pi/4)^2} - \frac{\sqrt{2} \sin x}{1 + (x - \pi/4)^2} \right] dx = \int_{0}^{\frac{\pi}{4}} \frac{-\sqrt{2} \pi x \sin x}{[1 + (x + \pi/4)^2][1 + (x - \pi/4)^2]} dx < 0$,

所以 $\displaystyle\int_{0}^{\frac{\pi}{2}} \frac{\sin x}{1 + x^2} dx < \int_{0}^{\frac{\pi}{2}} \frac{\cos x}{1 + x^2} dx$.

5. （解答见经管类第一题中第 5 小题）

二、解：$f' = 3x^2 + 6ax + 3b$ 由题设知 $f'(2) = 12 + 12a + 3b = 0$，$f'(1) = 3 + 6a + 3b = -3$，

解得 $a = -1$，$b = 0$. 从而 $f' = 3x^2 - 6x = 0$，得另一驻点 $x = 0$，

又有 $f''(0) = -6 < 0$，$f''(2) = 6 > 0$，$f(x)$ 的极大值 $f(0) = 1$，极小值 $f(2) = -3$.

三、解：设 $a \in (0, 1)$，过点 $(a, 1 - a^2)$ 的切线为 $y = -2ax + 1 + a^2$，在两坐标轴上的交点分别为 $(0, 1 + a^2)$，$(0.5/a + 0.5a, 0)$，由此所围图形的面积为

$S = \dfrac{(1 + a^2)^2}{4a} - \displaystyle\int_{0}^{1} (1 - x^2) dx = \dfrac{(1 + a^2)^2}{4a} - \dfrac{2}{3}$,

$S' = \dfrac{(1 + a^2)(3a^2 - 1)}{4a^2} = 0$，$a = 1/\sqrt{3}$,

所以点 $(1/\sqrt{3}, 2/3)$ 处的切线,其所围图形的面积最小 $f_{\min} = \dfrac{4\sqrt{3}}{9} - \dfrac{2}{3}$.

四、(解答见经管类第四题)

五、证明:考虑函数 $F(x) = f(x)\mathrm{e}^{g(x)}$,$F(a) = F(b) = 0$,由罗尔定理知
$\exists \xi \in (a,b)$,使 $F'(\xi) = 0$,而 $F'(x) = f'(x)\,\mathrm{e}^{g(x)} + f(x)\,\mathrm{e}^{g(x)}g'(x)$,
所以 $\exists \xi \in (a,b)$,使得 $f'(\xi) + f(\xi)g'(\xi) = 0$.

2024 年浙江省大学生高等数学(微积分)竞赛试题评选
(数学类)

一、计算题

1. 解:$1 + 2^{2024} + 3^{2024} + \cdots + n^{2024} \leqslant n \times n^{2024} = n^{2025}$,

又 $1 + 2^{2024} + 3^{2024} + \cdots + n^{2024} \geqslant ([n]/2)^{2024} + ([n]/2 + 1)^{2024} + \cdots + n^{2024}$

$\geqslant \dfrac{n}{2}\left(\dfrac{n}{2}\right)^{2024} = \dfrac{n^{2025}}{2^{2025}}$,$\dfrac{1}{2025} \leqslant \dfrac{\ln n}{\ln(1 + 2^{2024} + 3^{2024} + \cdots + n^{2024})} \leqslant \dfrac{1}{2025}\dfrac{\ln n}{\ln n - \ln 2}$,

所以 $\lim\limits_{n \to \infty} \dfrac{\ln n}{\ln(1 + 2^{2024} + 3^{2024} + \cdots + n^{2024})} = \dfrac{1}{2025}$.

2. 解:$\sin^4\left(\dfrac{\pi}{4} - \dfrac{x}{2}\right) = \left[\dfrac{1 - \cos(\pi/2 - x)}{2}\right]^2 = \left(\dfrac{1 - \sin x}{2}\right)^2$,

所以积分 $= 8\displaystyle\int \dfrac{\sin^2 x \cos x}{(1 - \sin x)^2}\mathrm{d}x = 8\int \dfrac{\sin^2 x}{(1 - \sin x)^2}\mathrm{d}\sin x = 8\dfrac{\sin^2 x}{1 - \sin x} - 16\int \dfrac{\sin x \cos x}{1 - \sin x}\mathrm{d}x$

$= 8\dfrac{\sin^2 x}{1 - \sin x} + 16\displaystyle\int\left(\cos x - \dfrac{\cos x}{1 - \sin x}\right)\mathrm{d}x = 8\dfrac{\sin^2 x}{1 - \sin x} + 16\sin x + 16\ln(1 - \sin x) + c$

$= \dfrac{8\sin x}{1 - \sin x} + 8\sin x + 16\ln(1 - \sin x) + c$.

3. 解:$f(x) = \dfrac{x(x+2)}{x^3 + 8} = \dfrac{x^2 + 2x}{x^3 + 8} = \displaystyle\sum_{n=0}^{+\infty}(-1)^n\left(\dfrac{x^{3n+2}}{8^{n+1}} + \dfrac{2x^{3n+1}}{8^{n+1}}\right)$

而 $2024 = 674 \times 3 + 2$,所以 $f^{(2024)}(0) = \dfrac{1}{8^{674+1}} + 0 = \dfrac{1}{8^{675}} = \dfrac{1}{2^{2025}}$.

4. 解:$\begin{cases}\mathrm{d}x = v\mathrm{d}u + u\mathrm{d}v \\ \mathrm{d}y = \mathrm{e}^v\mathrm{d}u + u\mathrm{e}^v\mathrm{d}v\end{cases}$,得 $\mathrm{d}z = \mathrm{d}v = \dfrac{\mathrm{d}x}{u(1-v)} - \dfrac{v\mathrm{d}y}{u\mathrm{e}^v(1-v)}$,

得 $\dfrac{\partial z}{\partial x} = \dfrac{1}{u(1-v)}$,$\dfrac{\partial z}{\partial y} = \dfrac{v}{u\mathrm{e}^v(1-v)}$,所以 $\dfrac{\partial^2 z}{\partial x \partial y} = \dfrac{\partial}{\partial y}\left[\dfrac{1}{u(1-v)}\right] = -\dfrac{(1-v)u'_y - uv'_y}{u^2(1-v)^2}$,

等式 $z = -1, z = 1$,两边对 y 求导:$1 = \mathrm{e}^v u'_y + u\mathrm{e}^v v'_y$,而 $v'_y = z'_y$,代入上式,得

$\dfrac{\partial^2 z}{\partial x \partial y} = -\dfrac{(1-v)\left(\dfrac{1}{\mathrm{e}^v} + \dfrac{v}{(1-v)\mathrm{e}^v}\right) + \dfrac{v}{(1-v)\mathrm{e}^v}}{u^2(1-v)^2} = -\dfrac{1}{u^2(1-v)^3\mathrm{e}^v} = -\dfrac{z}{xy(1-z)^3}$.

5. 解:$S = \displaystyle\sum_{i=0}^{+\infty}\left(\sum_{j=0}^{i}\dfrac{2^i}{3^i 5^j} + \sum_{j=i+1}^{+\infty}\dfrac{2^j}{3^i 5^j}\right) = \sum_{i=0}^{+\infty}\left(\dfrac{2^i}{3^i}\dfrac{5 - 1/5^i}{4} + \dfrac{2^{i+1}}{3^{i+1}5^i}\right) = \sum_{i=0}^{+\infty}\left(\dfrac{5}{4}\dfrac{2^i}{3^i} + \dfrac{5}{12}\dfrac{2^i}{3^i 5^i}\right)$

$= \dfrac{15}{4} + \dfrac{5}{12}\dfrac{15}{13} = \dfrac{55}{13}$.

二、解:旋转曲面方程为 $x^2 + y^2 - z^2 = 1$,因此 V 的 z 截面为 $D_z : x^2 + y^2 \leqslant 1 + z^2$.

$m = \displaystyle\iiint_V (x^2 + y^2)\mathrm{d}x\mathrm{d}y\mathrm{d}z = \int_{-1}^{1}\mathrm{d}z\iint_{x^2+y^2 \leqslant 1+z^2}(x^2 + y^2)\mathrm{d}x\mathrm{d}y$

$= 2\displaystyle\int_0^1\mathrm{d}z\int_0^{2\pi}\mathrm{d}\theta\int_0^{\sqrt{1+z^2}}r^2 r\mathrm{d}r = \pi\int_0^1(1 + z^2)^2\mathrm{d}z = \pi\left(1 + \dfrac{2}{3} + \dfrac{1}{5}\right) = \dfrac{28}{15}\pi$.

三、解:由 $fg' + f'g = 2x$ 得 $fg = x^2 + c$,又知 $f(0) = 0$,$fg = x^2$

因此当 $x \neq 0$ 时，$f \neq 0$，$g \neq 0$，又 f 可导且 $f(0) = 0$，$f'(0) = 1 > 0$，

所以 $x \neq 0$ 时 $f(x) > 0$，由此 $g(x) > 0$。

由 $fg' - f'g = 4x^2$ 与 $fg = x^2$ 得 $g'/g - f'/f = 4$，积分得 $\ln(g/f) = 4x + c$，

从而 $g/f = c_1 e^{4x}$，因此 $f^2 = c_2 x^2 e^{-4x}$，$f = c_3 x e^{-2x}$，由 $f'(0) = 1$，$c_3 = 1$，

所以 $f = xe^{-2x}$。

四、解：$\ln\left[1 + \dfrac{(-1)^n}{n^a}\right] = \dfrac{(-1)^n}{n^a} - \dfrac{1}{2n^{2a}} \dfrac{1}{(1 + \theta_n)^2}$，其中 $|\theta_n| < \dfrac{1}{n^a}$，

其中 $\displaystyle\sum_{n=2}^{+\infty} \dfrac{(-1)^n}{n^a}$ 是莱布尼茨级数，所以收敛。

而 $\displaystyle\sum_{n=2}^{+\infty} \dfrac{1}{2n^{2a}} \dfrac{1}{(1 + \theta_n)^2}$ 是正项级数，且 $(1 + \theta_n)^2 \to 1$，所以与 $\displaystyle\sum_{n=2}^{+\infty} \dfrac{1}{n^{2a}}$ 同敛散，

即 $\displaystyle\sum_{n=1}^{+\infty} \ln\left[1 + \dfrac{(-1)^n}{n^a}\right]$ 与 $\displaystyle\sum_{n=2}^{+\infty} \dfrac{1}{n^{2a}}$ 同敛散，因此级数收敛时，$\alpha > 1/2$。

五、解：$\dfrac{1}{n}\displaystyle\sum_{k=1}^{n} (-1)^k f\left(\dfrac{k}{n}\right) + \dfrac{1}{n}\displaystyle\sum_{k=1}^{n} f\left(\dfrac{k}{n}\right) = \dfrac{2}{n}\displaystyle\sum_{k=1}^{\lceil n/2 \rceil} f\left(\dfrac{2}{n}k\right)$

$\displaystyle\lim_{n \to \infty} \dfrac{2}{n}\sum_{k=1}^{\lceil n/2 \rceil} f\left(\dfrac{2}{n}k\right) = \lim_{n \to \infty} \left\{ \dfrac{2}{n}\sum_{k=1}^{\lceil n/2 \rceil} f\left(\dfrac{2}{n}k\right) + \left(1 - \dfrac{2}{n}\left[\dfrac{n}{2}\right]\right) f(1) \right\}$

$\qquad\qquad\qquad = \displaystyle\int_0^1 f(x)\,dx = \lim_{n \to \infty} \dfrac{1}{n}\sum_{k=1}^{n} f\left(\dfrac{k}{n}\right)$。

所以 $\displaystyle\lim_{n \to \infty} \dfrac{1}{n}\sum_{k=1}^{n} (-1)^{k-1} f\left(\dfrac{k}{n}\right) = -\lim_{n \to \infty} \dfrac{1}{n}\sum_{k=1}^{n} (-1)^k f\left(\dfrac{k}{n}\right) = 0$。

（工科类）

一、计算题

1.（解答见数学类第一题中第 1 小题）

2.（解答见数学类第一题中第 2 小题）

3.（解答见数学类第一题中第 3 小题）

4.（解答见数学类第一题中第 4 小题）

5.（解答见数学类第一题中第 5 小题）

二、（解答见数学类第二题）

三、（解答见数学类第三题）

四、（解答见数学类第四题）

5、证明：若 $\forall x, y \; f(x, y) \equiv c$，那么有

$f_x(x, y) = f_y(x, y) = 0$，$xf_x(x, y) + yf_y(x, y) = 0$。

反之，若有 $xf_x(x, y) + yf_y(x, y) = 0$，对任意的 x, y，令 $g(t) = f(tx, ty)$，

$g' = xf_x + yf_y = 0$，所以 $g(t) = c$，从而 $g(1) = g(0)$，即 $f(x, y) = f(0, 0) = c$，

所以 $\forall x, y \; f(x, y) = c$。

（经管类）

一、计算题

1.解：**方法一**　用洛必达法则

$\displaystyle\lim_{x \to 0} \dfrac{1}{x^3}\left[\left(\dfrac{1 + \cos x}{2}\right)^x - 1\right] = \lim_{x \to 0} \dfrac{1}{3x^2}\left(\dfrac{1 + \cos x}{2}\right)^x \left[\ln\left(\dfrac{1 + \cos x}{2}\right) - \dfrac{x \sin x}{1 + \cos x}\right]$

$= \displaystyle\lim_{x \to 0} \dfrac{1}{3x^2}\left[\ln\left(1 + \dfrac{\cos x - 1}{2}\right) - \dfrac{x \sin x}{1 + \cos x}\right] = \lim_{x \to 0} \dfrac{\cos x - 1}{6x^2} - \dfrac{1}{6} = -\dfrac{1}{4}$。

方法二　等价无穷小 $\exp\left(x \ln\left(\dfrac{1 + \cos x}{2}\right)\right) - 1 \sim x \ln\left(\dfrac{1 + \cos x}{2}\right)$，

所求极限 $=\lim\limits_{x\to 0}\dfrac{1}{x^2}\ln\left(\dfrac{\cos x+1}{2}\right)=\lim\limits_{x\to 0}\dfrac{1}{x^2}\dfrac{\cos x-1}{2}=-\dfrac{1}{4}.$

2. 解：积分 $=\displaystyle\int_0^1\dfrac{(x^4-1+1)(1-x)^4}{1+x^2}\mathrm{d}x=\int_0^1\left[(x^2-1)(1-x)^4+\dfrac{(1-x)^4}{1+x^2}\right]\mathrm{d}x$

$=\displaystyle\int_0^1\left[x^4(x^2-2x)+x^2-4x+5-\dfrac{4}{1+x^2}\right]\mathrm{d}x=\dfrac{1}{7}-\dfrac{1}{3}+\dfrac{1}{3}-2+5-\pi$

$=\dfrac{1}{7}+3-\pi=\dfrac{22}{7}-\pi.$

3. 解：$f'_n=-2\displaystyle\sum_{k=1}^{n}\left[kx\prod_{j\neq k}(1-jx^2)\right],$

$f''_n=-2\displaystyle\sum_{k=1}^{n}\left[k\prod_{j\neq k}(1-jx^2)\right]-2\sum_{k=1}^{n}\left[kx\left(\prod_{j\neq k}(1-jx^2)\right)'\right],$

$f''_n(0)=-2\displaystyle\sum_{k=1}^{n}k,\ |f''_n(0)|=2\sum_{k=1}^{n}k=n(n+1).$

而 $45\times 46=2070,44\times 45=1980$，所以，$n=45$.

4. 解：记 $g(x)=a-\mathrm{e}^{-x}\left(1+x+\dfrac{x^2}{2}+\dfrac{x^3}{6}+\dfrac{x^4}{24}\right)$，则 $f(x)$ 与 $g(x)$ 有相同的零点，

$g'(x)=\mathrm{e}^{-x}\dfrac{x^4}{24}\geqslant 0$，且仅在 $x=0$ 处为零，故 $g(x)$ 严格单调增，所以 $g(x)$ 至多有一个零点，从而 $f(x)$ 至多有一个零点.

当 $x\geqslant 0$ 时，显然 $1+x+\dfrac{x^2}{2}+\dfrac{x^3}{6}+\dfrac{x^4}{24}>0$，

$x<0$ 时，$\mathrm{e}^x-\left(1+x+\dfrac{x^2}{2}+\dfrac{x^3}{6}+\dfrac{x^4}{24}\right)=\dfrac{x^5}{5!}\mathrm{e}^{\theta x}<0,\ 1+x+\dfrac{x^2}{2}+\dfrac{x^3}{6}+\dfrac{x^4}{24}>0.$

由此当 $a>0$ 时，$f(-\infty)<0,f(+\infty)>0$，由介值定理知有零点，又最多有一个，所以 $f(x)$ 有且仅有一个零点. 当 $a\leqslant 0$ 时，$f(x)<0$，无零点.

5. 解：直线 $y=x$ 把薄片两等分，D_1 与 D_2，且两部分所具有的质量相等.

$m=2\displaystyle\iint_{D_1}\sqrt{x^2+y^2}\,\mathrm{d}\sigma=2\int_0^{\pi/4}\mathrm{d}\theta\int_0^{\frac{1}{\cos\theta}}r\times r\mathrm{d}r=\dfrac{2}{3}\int_0^{\pi/4}\dfrac{1}{\cos^3\theta}\mathrm{d}\theta,$

而 $\displaystyle\int_0^{\pi/4}\dfrac{1}{\cos^3\theta}\mathrm{d}\theta=\int_0^{\pi/4}\dfrac{1}{\cos\theta}\mathrm{d}\tan\theta=\dfrac{\tan\theta}{\cos\theta}\Big|_0^{\pi/4}-\int_0^{\pi/4}\dfrac{\sin^2\theta}{\cos^3\theta}\mathrm{d}\theta$

$=\sqrt{2}-\displaystyle\int_0^{\pi/4}\dfrac{1}{\cos^3\theta}\mathrm{d}\theta+\int_0^{\pi/4}\dfrac{1}{\cos\theta}\mathrm{d}\theta.$

由此 $m=\dfrac{\sqrt{2}}{3}+\dfrac{1}{3}\displaystyle\int_0^{\pi/4}\dfrac{1}{\cos\theta}\mathrm{d}\theta=\dfrac{\sqrt{2}}{3}+\dfrac{1}{3}\int_0^{\pi/4}\dfrac{\cos\theta}{1-\sin^2\theta}\mathrm{d}\theta$

$=\dfrac{\sqrt{2}}{3}+\dfrac{1}{6}\ln\dfrac{1+\sin\theta}{1-\sin\theta}\Big|_0^{\pi/4}=\dfrac{\sqrt{2}}{3}+\dfrac{1}{6}\ln\dfrac{2+\sqrt{2}}{2-\sqrt{2}}=\dfrac{\sqrt{2}}{3}+\dfrac{1}{3}\ln(1+\sqrt{2}).$

二、解：不妨设 $x_1<x_2$，那么 $y_1>y_2$，设 OA 与 x 轴的夹角为 θ_1，OB 与 x 轴的夹角为 θ_2，那么 $x_1=\cos\theta_1$，$x_2=\cos\theta_2$，$y_1=\sin\theta_1$，$y_2=\sin\theta_2$，

$S_1+S_2=\displaystyle\int_{x_1}^{x_2}\sqrt{1-x^2}\,\mathrm{d}x+\int_{y_2}^{y_1}\sqrt{1-y^2}\,\mathrm{d}y=\int_{\theta_1}^{\theta_2}-\sin^2\theta\,\mathrm{d}\theta+\int_{\theta_2}^{\theta_1}\cos^2\theta\,\mathrm{d}\theta=\theta_1-\theta_2,$

又单位圆的圆弧的长度等于其对应的圆心角，所以 $\theta_1-\theta_2=AB$ 的弧长，

$S_1+S_2=AB$ 的弧长 $=1.$

三、解：(1) $V(t)=2\pi\displaystyle\int_t^{t+a/4}x(a-x)\mathrm{d}x=2\pi\left(\dfrac{a}{2}x^2-\dfrac{x^3}{3}\right)\Big|_t^{t+a/4}=\dfrac{a\pi}{2}\left(-t^2+\dfrac{3a}{4}t+\dfrac{5a^2}{48}\right).$

(2) $V(t)$ 在 $t=\dfrac{3a}{8}$ 取得极大值 $\dfrac{47a^3\pi}{384}$，$V(0)=\dfrac{5a^3\pi}{96}=V\left(\dfrac{3a}{4}\right)<\dfrac{47a^3\pi}{384}$，

所以 $\max V(t) = \dfrac{47a^3\pi}{384}$，$\min V(t) = \dfrac{5a^3\pi}{96}$.

四、(解答见数学类第四题)

五、证明：只需证明：当 $x \in (0,1)$ 时，$\left(1+\dfrac{1}{x}\right)^x (1+x)^{\frac{1}{x}} < 4$.

当 $x \in (1,+\infty)$ 时，令 $x = 1/u$，又变为上述情况.

两边取对数，记 $\varphi(x) = x\ln\left(1+\dfrac{1}{x}\right) + \dfrac{1}{x}\ln(1+x) - \ln 4$，得 $\varphi(1) = 0$，

$\varphi'(x) = \ln\left(1+\dfrac{1}{x}\right) - \dfrac{1}{x+1} - \dfrac{1}{x^2}\ln(1+x) + \dfrac{1}{x(x+1)}$，$\varphi'(1) = 0$

$\varphi''(x) = \dfrac{2}{x^3}\left[\ln(1+x) - \dfrac{x(2x+1)}{(x+1)^2}\right]$，为判断其取值符号，记

$\varphi(x) = \ln(1+x) - \dfrac{x(2x+1)}{(x+1)^2}$，$\varphi(0)=0$，$\varphi'(x) = \dfrac{x(x-1)}{(x+1)^3} < 0$，$x\in(0,1)$，

所以 $\varphi(x) < 0$，从而 $\varphi''(x) < 0$，结合 $\varphi'(1)=0$，可知 $\varphi'(x) > 0$. 当 $x \in (0,1)$ 时，又由 $\varphi(1)=0$，可得 $\varphi(x) < 0$，$x\in(0,1)$，即 $x\ln\left(1+\dfrac{1}{x}\right) + \dfrac{1}{x}\ln(1+x) < \ln 4$，

即 $\left(1+\dfrac{1}{x}\right)^x (1+x)^{\frac{1}{x}} < 4$，仅有 $\varphi(1)=0$，知等式仅当 $x=1$ 时成立.

（文科与专科类）

一、计算题

1. （解答见经管类第一题中第 1 小题）
2. （解答见经管类第一题中第 2 小题）
3. （解答见经管类第一题中第 3 小题）
4. （解答见经管类第一题中第 4 小题）
5. （解答见数学类第一题中第 3 小题）

二、（解答见经管类第二题）

三、证明：

(1) $f' = \dfrac{2}{x^2} - \dfrac{1+\lambda}{x^{2+\lambda}}$，当 $x>1$ 时，$f' > 0$，f 单调增，所以 $f(n) \leqslant f(n+1)$.

(2) $\displaystyle\int_n^{n+1}\left(\dfrac{1}{n^{1+\lambda}} - \dfrac{1}{x^{1+\lambda}}\right)\mathrm{d}x = (1+\lambda)\int_n^{n+1}\dfrac{x-n}{(n+\theta)^{2+\lambda}}\mathrm{d}x = \dfrac{1+\lambda}{(n+\theta_1)^{2+\lambda}}\int_n^{n+1}(x-n)\mathrm{d}x$

$= \dfrac{1+\lambda}{2(n+\theta_1)^{2+\lambda}}$；显然有 $2(n+\theta_1)^2 \geqslant n^2+n$，$(n+\theta_1)^\lambda > n^\lambda$，

所以 $\displaystyle\int_n^{n+1}\left(\dfrac{1}{n^{1+\lambda}} - \dfrac{1}{x^{1+\lambda}}\right)\mathrm{d}x = \dfrac{1+\lambda}{2(n+\theta_1)^{2+\lambda}} \leqslant \dfrac{1+\lambda}{(n^2+n)n^\lambda} = \dfrac{1+\lambda}{(1+n)n^{1+\lambda}}$.

四、（解答见经管类第三题）

五、（解答见经管类第五题）

附录二 参考答案

全国各地大学生数学竞赛试题精选参考答案

一、极限与连续

1. $(1)0;(2)\dfrac{\sqrt{2}}{2};(3)2;(4)-1;(5)\dfrac{2}{\pi};(6)\mathrm{e}^2$

2. $(1)\mathrm{e}^{-\frac{1}{3}};(2)\dfrac{1}{2}\ln(2+\sqrt{5});(3)1;(4)1;(5)-8;(6)1$

3. $(1)\mathrm{e}^{-1};(2)\dfrac{1}{2};(3)1996$

4. 解：因为 $\dfrac{(1+x)^{\frac{2}{x}}-\mathrm{e}^2(1-\ln(1+x))}{x}=\dfrac{x^{\frac{2}{x}\ln(1+x)}-\mathrm{e}^2(1-\ln(1+x))}{x}$，$\lim\limits_{x\to 0}\dfrac{\mathrm{e}^2\ln(1+x)}{x}=\mathrm{e}^2$，

$\lim\limits_{x\to 0}\dfrac{\mathrm{e}^{\frac{2}{x}\ln(1+x)}-\mathrm{e}^2}{x}=\mathrm{e}^2\lim\limits_{x\to 0}\dfrac{\mathrm{e}^{\frac{2}{x}\ln(1+x)-2}-1}{x}=\mathrm{e}^2\lim\limits_{x\to 0}\dfrac{\dfrac{2}{x}\ln(1+x)-2}{x}=2\mathrm{e}^2\lim\limits_{x\to 0}\dfrac{\ln(1+x)-x}{x^2}$

$=2\mathrm{e}^2\lim\limits_{x\to 0}\dfrac{\dfrac{1}{1+x}-1}{2x}=-\mathrm{e}^2.$

5. 解：若 $\theta=0$，则 $\lim\limits_{n\to\infty}a_n=1$. 若 $\theta\ne 0$，则当 n 充分大，使得 $2^n>|k|$ 时，$a_n=\cos\dfrac{\theta}{2}\cdot\cos\dfrac{\theta}{2^2}\cdots\cos\dfrac{\theta}{2^n}$

$=\cos\dfrac{\theta}{2}\cdot\cos\dfrac{\theta}{2^2}\cdots\cos\dfrac{\theta}{2^n}\cdot\sin\dfrac{\theta}{2^n}\cdot\dfrac{1}{\sin\dfrac{\theta}{2^n}}=\cos\dfrac{\theta}{2}\cdot\cos\dfrac{\theta}{2^2}\cdots\cos\dfrac{\theta}{2^{n-1}}\cdot\dfrac{1}{2}\sin\dfrac{\theta}{2^{n-1}}\cdot\dfrac{1}{\sin\dfrac{\theta}{2^n}}=\cos\dfrac{\theta}{2}\cdot$

$\cos\dfrac{\theta}{2^2}\cdots\cos\dfrac{\theta}{2^{n-2}}\cdot\dfrac{1}{2^2}\sin\dfrac{\theta}{2^{n-2}}\cdot\dfrac{1}{\sin\dfrac{\theta}{2^n}}=\dfrac{\sin\theta}{2^n\sin\dfrac{\theta}{2^n}}$，这时，$\lim\limits_{n\to\infty}a_n=\lim\limits_{n\to\infty}\dfrac{\sin\theta}{2^n\sin\dfrac{\theta}{2^n}}=\dfrac{\sin\theta}{\theta}.$

6. 解：$\lim\limits_{x\to\infty}\mathrm{e}^{-x}\left(1+\dfrac{1}{x}\right)^{x^2}=\lim\limits_{x\to\infty}\left[\left(1+\dfrac{1}{x}\right)^x\mathrm{e}^{-1}\right]^x=\exp\left(\lim\limits_{x\to\infty}\left[\ln\left(1+\dfrac{1}{x}\right)^x-1\right]x\right)$

$=\exp\left(\lim\limits_{x\to\infty}x\left[x\ln\left(1+\dfrac{1}{x}\right)-1\right]\right)=\exp\left(\lim\limits_{x\to\infty}x\left[x\left(\dfrac{1}{x}-\dfrac{1}{2x^2}+o\left(\dfrac{1}{x^2}\right)\right)-1\right]\right)=\mathrm{e}^{-\frac{1}{2}}.$

7. 解：首先证明 $\lim\limits x_n$ 存在，对任意 $\varepsilon>0$，$|x_n-A|=|x_n-1-\sqrt{2}|$（取 $A=1+\sqrt{2}$）$=$

$\left|2+\dfrac{1}{x_{n-1}}-\left(2+\dfrac{1}{A}\right)\right|=\dfrac{|A-x_{n-1}|}{x_{n-1}\cdot A}<\dfrac{|x_{n-1}-A|}{4}<\dfrac{x_{n-1}-A}{4^2}\left(x_{n-1}=2+\dfrac{1}{x_{n-2}}>2\right)<\cdots<$

$\dfrac{|x_1-A|}{4^{n-1}}<\varepsilon$（当 n 足够大时），由极限定义知 $\lim\limits_{n\to\infty}(x_n-A)=0$，即 $\lim A=A$，其次，对于 $x_n=2+\dfrac{1}{x_{n-1}}$，令

$n\to\infty$，取极限得 $A=2+\dfrac{1}{A}$，解得 $A=1+\sqrt{2}$，$A=1-\sqrt{2}$（舍去）.

8. $\ln x_{n+2}=\dfrac{1}{2}(\ln x_{n+1}+\ln x_n)$，令 $y_n=\ln x_n$，则 $y_{n+2}=\dfrac{1}{2}(y_{n+1}+y_n)$，$y_{n+2}-y_{n-1}=-\dfrac{1}{2}(y_{n+1}-y_n)=$

$\left(-\dfrac{1}{2}\right)^2(y_n-y_{n-1})=\cdots=\left(-\dfrac{1}{2}\right)^n\ln 2$，$y_{n+2}=y_{n+1}+\left(-\dfrac{1}{2}\right)^n\ln 2=y_n+\left(-\dfrac{1}{2}\right)^{n-1}\ln 2+\left(-\dfrac{1}{2}\right)^n\ln 2$

$=\cdots=\left[1+\left(-\dfrac{1}{2}\right)+\left(-\dfrac{1}{2}\right)^2+\cdots+\left(-\dfrac{1}{2}\right)^n\right]\ln 2=\dfrac{2}{3}\left[1-\left(-\dfrac{1}{2}\right)^{n+1}\right]\ln 2$，$\lim\limits_{n\to\infty}y_{n+2}=\dfrac{2}{3}\ln 2$，即

$\lim\limits_{n\to\infty}x_n=2^{\frac{2}{3}}.$

9. 证明：在 $f(x_1+x_2)=f(x_1)+f(x_2)$ 中，令 $x_1=x_2=0$，可得 $f(0)=0$，因为 $f(x)$ 在 $x=0$ 处连

续，所以 $\lim\limits_{x\to 0}f(x)=f(0)=0$，$\forall x_0\in(-\infty,+\infty)$，令 $x-x_0=t$，则 $\lim\limits_{x\to 0}f(x)=\lim\limits_{t\to 0}f(x_0+t)=\lim\limits_{t\to 0}(f(x_0)$

$+ f(t)) = f(x_0) + \lim\limits_{t \to 0} f(t) = f(x_0) + 0 = f(x_0)$，所以 $f(x)$ 在 x_0 处连续，由于 $x_0 \in (-\infty, +\infty)$ 的任意性，故 $f(x)$ 在 $(-\infty, +\infty)$ 上处处连续.

10. 解：化为定积分求极限，则原式 $= \lim\limits_{n \to \infty} \ln a \cdot \sum\limits_{i=1}^{n} \left(\dfrac{i}{n}\right)^3 \cdot \dfrac{1}{n} = \ln a \cdot \int_0^1 x^3 \mathrm{d}x = \ln a \cdot \dfrac{1}{4} x^4 \Big|_0^1 = \dfrac{1}{4} \ln a.$

11. 证明：设对于 $x \in (-\infty, +\infty)$ 的所有 x 都有 $f(x) \neq x$，令 $F(x) = f(x) - x$，则 $F(x)$ 在 $(-\infty, \infty)$ 内连续且必为同号，否则若 $F(x_1) = f(x_1) - x_1 > 0$，$F(x_2) = f(x_2) - x_2 < 0$，$x_1 \neq x_2$，不妨设 $x_1 < x_2$，那么因为 $F(x)$ 连续，在 (x_1, x_2) 中至少存在 x_0 使 $F(x_0) = 0$，即 $f(x_0) = x_0$. 所以，如果恒有 $F(x) > 0$，即 $f(x) > x$，$F[f(x)] > 0$，$f[f(x)] - f(x) > 0$，$f[f(x)] > f(x) > x$，与假设矛盾. 对 $F(x) < 0$ 同样证明.

12. 证明：(1) 由题意知 $\{a_n\}$ 单调递增，即 $a_{n-2} \leqslant a_{n-1}$，从而 $a_n \leqslant a_{n-1} + a_{n-2} \leqslant 2a_{n-1}$，又 $a_{n-2} \geqslant \dfrac{1}{2} a_{n-1}$，所以 $a_n = a_{n-1} + a_{n-2} \geqslant a_{n-1} + \dfrac{1}{2} a_{n-1} = \dfrac{3}{2} a_{n-1}$，于是 (1) 得证.

(2) 由 ① $a_n \geqslant \dfrac{3}{2} a_{n-1} \geqslant \left(\dfrac{3}{2}\right)^2 a_{n-2} \geqslant \cdots \geqslant \left(\dfrac{3}{2}\right)^{n-2} a_2 \geqslant \left(\dfrac{3}{2}\right)^{n-1}$，即 $0 \leqslant \dfrac{1}{a_n} \leqslant \left(\dfrac{2}{3}\right)^{n-1}$，因此 (2) 成立.

13. 解：(1) $f_n(x)$ 在 $[0,1]$ 上连续，又 $f_n(0) = 0$，$f_n(1) = n > 1$，由介值定理，存在 $x_n \in (0,1)$，使 $f_n(x_n) = 1 (n = 2, 3, \cdots)$，又当 $x \in [0, +\infty)$ 时，$f_n'(x) = 1 + 2x + \cdots + nx^{n-1} > 0$，即 $f_n(x)$ 在 $[0, +\infty)$ 上严格递增，故 x_n 是 $f_n(x) = 1$ 在 $[0, +\infty)$ 内的唯一实根.

(2) 先证明数列 x_n 单调有限. 由 (1) 对 $n = 2, 3, \cdots$，$x_n \in (0,1)$，故数列 x_n 有界：$0 < x_n < 1$，因为 $f_n(x_n) = 1 = f_{n+1}(x_{n+1}) (n = 2, 3, \cdots)$，故 $x_n + x_n^2 + \cdots + x_n^n - (x_{n+1} + x_{n+1}^2 + \cdots + x_{n+1}^{n+1}) = x_{n+1}^{n+1} > 0$，故 $x_n > x_{n+1}$，即数列 x_n 单调减少 $(n = 2, 3, \cdots)$，所以 $\lim\limits_{n \to \infty} x_n$ 存在，设为 a. 由于 $0 < x_n < x_2 < 1$，故 $\lim\limits_{n \to \infty} x_n^n = 0$，由 $x_n^1 + x_n^2 + \cdots + x_n^n = 1$ 得 $\dfrac{x_n(1 - x_n^n)}{1 - x_n} = 1$，令 $n \to \infty$ 取极限得 $\dfrac{a}{1-a} = 1$，解之得 $a = \dfrac{1}{2}$，故 $\lim\limits_{n \to \infty} x_n = \dfrac{1}{2}$.

二、导数及其应用

1. 解：两边对 x 求导，得 $(2x^4 - 1)\cos x + (8x^3 - x^2 - 1)\sin x = F'(x)\cos x - F(x)\sin x + G'(x)\sin x + G(x)\cos x = 0 \Rightarrow \begin{cases} F'(x) + G(x) = 2x^4 - 1 \cdots\cdots① \\ G'(x) - F(x) = 8x^3 - x^2 - 1 \cdots\cdots② \end{cases}$，① 式两边对 x 求导 $F''(x) + G'(x) = 8x^3 \cdots\cdots③$，③ 代入 ② 得 $F''(x) + F(x) = x^2 + 1. \cdots\cdots④$，设 $F(x) = ax^2 + bx + c$ 代入 ④ 得 $a = 1, b = 0, c = -1$，故 $F(x) = x^2 - 1$，$G(x) = 2x^4 - 2x - 1$.

2. 解：因为 $f(s+t) = f(s) + f(t) + 2st$，令 $s = 0 \Rightarrow f(0+t) - f(0) = f(t)$，所以 $\dfrac{f(0+t) - f(0)}{t} = \dfrac{f(t)}{t} \Rightarrow f'(0) = \lim\limits_{t \to 0} \dfrac{f(0+t) - f(0)}{t} = \lim\limits_{t \to 0} \dfrac{f(t)}{t} = 1$. 另一方面，由已知式有 $\dfrac{f(s+t) - f(s)}{t} = \dfrac{f(t)}{t} + 2s$，所以 $f'(s) = \lim\limits_{t \to 0} \dfrac{f(s+t) - f(s)}{t} = \lim\limits_{t \to 0} \dfrac{f(t)}{t} + 2s$，所以 $f'(s) = 1 + 2s$，积分得 $f(s) = s + s^2 + c$，则 $f(0) = c$，而由 $f(s+t) = f(s) + f(t) + 2st$，令 $s = t = 0$，得 $f(0) = 0$，可得 $c = 0$，所以 $f(s) = s + s^2$.

3. 解：设 $f(x) = \log_a x - x^b$，$f'(x) = \dfrac{1 - bx^b \ln a}{x \ln a}$，驻点 $x_0 = \left(\dfrac{1}{b \ln a}\right)^{\frac{1}{b}}$，当 $0 < x < x_0$ 时，$f'(x) > 0$，$f(x)$ 单调递增；当 $x_0 < x < +\infty$ 时，$f'(x) < 0$，$f(x)$ 单调减少，$f(x_0)$ 是最大值，又 $\lim\limits_{x \to 0^+} f(x) = \lim\limits_{x \to \infty} f(x) = -\infty$，所以 $f(x_0) \geqslant 0$，即有 $\dfrac{-\ln(b \ln a)}{b \ln a} - \dfrac{1}{b \ln a} \geqslant 0 \Leftrightarrow \ln(b \ln a) \leqslant -1$，即 $0 < \ln a < \dfrac{1}{be}$.

4. 证明：令 $F(x) = \mathrm{e}^x f(x)$，$F'(x) = \mathrm{e}^x [f'(x) + f(x)]$，得 $|F'(x)| \leqslant \mathrm{e}^x$，即 $-\mathrm{e}^x \leqslant F'(x) \leqslant \mathrm{e}^x$，即 $-\int_{-\infty}^{x} \mathrm{e}^x \mathrm{d}x \leqslant \int_{-\infty}^{x} F'(x)\mathrm{d}x \leqslant \int_{-\infty}^{x} \mathrm{e}^x \mathrm{d}x$，即 $-\mathrm{e}^x \leqslant \mathrm{e}^x f(x) - \lim\limits_{x \to -\infty} \mathrm{e}^x f(x) = \mathrm{e}^x f(x) \leqslant \mathrm{e}^x$，即 $-1 \leqslant f(x) \leqslant 1$，即 $|f(x)| \leqslant 1$.

5. 证明：令 $G(x) = (x-1)f(x)$，则 $G(x)$ 在 $[0,1]$ 上满足拉格朗日中值定值的条件，$\exists \xi \in (0,1)$，使得

$G'(c) = \dfrac{G(1) - G(0)}{1 - 1} = f(0)$，即 $f(c) + (c-1)f'(c) = f(0)$，令 $F(x) = f(x) + (x-1)f'(x)$，则 $F(c) = f(0) = f(1) = F(1)$．$F(x)$ 在 $[c,1]$ 上满足罗尔定理条件，所以 $\exists \xi \in (c,1) \subset (0,1)$，使得 $F'(\xi) = 0$，即 $2f'(\xi) + (\xi - 1)f''(\xi) = 0$．

6. 证明：由 $f(x)$ 在 $x = 0$ 处连续及 $\lim\limits_{x \to 0} \dfrac{f(x)}{x} = 1$ 得 $f(0) = 0$，及 $f'(0) = 1$，令 $g(x) = f(x) - x$，则 $g(0) = 0$，且 $g'(x) = 0$，由 $f''(x) > 0 (a < x < b)$ 知 $f'(x)$ 在 (a,b) 上单调递增，即有 $a < x < 0$ 时 $f'(x) < 1$；当 $0 < x < b$ 时，$f'(x) > 1$．因而当 $a < x < 0$ 时，$g'(x) < 0$；当 $0 < x < b$ 时 $g'(x) > 0$，函数 $g(x)$ $(a < x < b)$ 在 $x = 0$ 取得最小值 $g(0) = 0$，于是 $g(x) \geqslant 0 (a < x < b)$，即 $f(x) \geqslant x(a < x < b)$．

7. 解析：(1) 当 $k > 1$ 时，$f'(x) = k + \cos x > 0$；$k = 0$ 时 $f'(x) = 1 + \cos x \geqslant 0$，且 $1 + \cos x$ 的零点在任何有限区间内是有限个，所以 $f(x)$ 在 $k \geqslant 1$ 时严格递增，又 $f(0) = 0$，所以 $f(x)$ 在 $k \geqslant 1$ 时恰好有一个零点．(2) 当 $0 \leqslant k < 1$ 时，令 $f'(x) = k + \cos x = 0$ 在 $(\pi, 2\pi)$ 内解得驻点为 x_0，设 $x_0 = \pi + \alpha (\alpha$ 为锐角$)$，则 $k = \cos \alpha$．由 $f(x_0) = kx_0 + \sin x_0 = k(\pi + \alpha) - \sin \alpha = 0$．得 $\pi + \alpha = \tan \alpha$，由于 $f(x)$

（第 7 题图）

为奇函数，$f(0) = 0$，由 $f(x)$ 的图形分析得，当 α 是使 $\pi + \alpha = \tan \alpha$ 成立的锐角时，若 $k = \cos \alpha$，则 $f(x)$ 恰有 3 个零点，$x_1 = 0, x_2 = x_0 = \pi + \alpha, x_3 = -x_0 = -\pi - \alpha$．故当 $f(x)$ 恰有一个零点 $x = 0$ 时，k 的取值范围是 $\cos \alpha < k < 1$，其中 α 是使 $\pi + \alpha = \tan \alpha$ 成立的锐角．

8. 证明：分别在区间 $[a,b], [b,a+b]$ 上应用拉格朗日中值定理，$\exists \xi \in (a,b)$ 和 $\eta \in [b, a+b)$ 使得 $f(b) - f(a) = f'(\xi)(b-a)$，$f(b+a) - f(b) = f'(\eta)(a+b-b) = af'(\eta)$，因为 $f''(x) \leqslant 0$，所以 $f'(x)$ 单调递减，故 $f'(\xi) \geqslant f'(\eta)$，即 $\dfrac{f(b) - f(a)}{b - a} \geqslant \dfrac{f(b+a) - f(b)}{a}$，$a[f(b) - f(a)] \geqslant [f(a+b) - f(b)](b-a)$，

$bf(b) + af(a) \geqslant bf(a+b) + af(a+b) + 2a[f(a) - f(a+b)]$，因为 $f(a) \geqslant f(a+b)$，故 $bf(a) + af(a) \geqslant (a+b)f(a+b)$，即 $\dfrac{af(a) + bf(b)}{a+b} \geqslant f(a+b)$．

9. 证明：由泰勒公式 $f(x) = f(x_0) + f'(x_0)(x - x_0) + \dfrac{1}{2}f''(\xi)(x - x_0)^2$，$\xi$ 在 x 与 x_0 之间，知 $f(x) \geqslant f(x_0) + f'(x_0)(x - x_0)$，令 $g(t) = x, x_0 = \dfrac{1}{a}\int_0^a g(t)\mathrm{d}t$，代入得 $f(g(t)) \geqslant f(x_0) + f'(x_0)[g(t) - x_0]$，两边从 0 至中 a 积分有 $\int_0^a f(g(t))\mathrm{d}t \geqslant af(x_0) + f'(x_0)\int_0^a g(t)\mathrm{d}t - x_0 f'(x_0)a = af(x_0)$，即 $\dfrac{1}{a}\int_0^a f(g(t))\mathrm{d}t \geqslant f\left[\dfrac{1}{a}\int_0^a g(t)\mathrm{d}t\right]$．

10. 解析：设 t 为时间，$v(t)$ 为速度，$a(t)$ 为加速度，则 $v(0) = 0, v(2) = 0$，设时刻 t_0 速度达到最大值，则 $v(t_0) = 100, v'(t_0) = a(t_0) = 0$，由泰勒公式有 $v(t) = v(t_0) + v'(t_0)(t - t_0) + \dfrac{1}{2!}a'(\xi)(t - t_0)^2 = 100 + \dfrac{1}{2}a'(\xi)(t - t_0)^2$，分别令 $t = 0$ 与 $t = 2$，得 $v(0) = 0 = 100 + \dfrac{1}{2}a'(\xi_1)t_0^2$，$v(2) = 0 = 100 + \dfrac{1}{2}a'(\xi_2)(2 - t_0)^2$，其中 $0 < \xi_1 < t_0 < \xi_2 < 2$．① 若 $t_0 = 1$，则 $a'(\xi_1) = a'(\xi) = -200$；② 若 $0 < t_0 < 1$，则 $a'(\xi_1) = -\dfrac{200}{t_0^2} < -200$；③ 若 $1 < t_0 < 2$，则 $a'(\xi_2) = -\dfrac{200}{(1 - t_0)^2} < -200$．于是 $\max a'(t) \leqslant \min\{a'(\xi_1), a'(\xi_2)\} \leqslant -200$．

11. 因为 $\dfrac{\mathrm{d}y}{\mathrm{d}x} = \dfrac{\psi'(t)}{2 + 2t}$，$\dfrac{\mathrm{d}^2 y}{\mathrm{d}x^2} = \dfrac{1}{2 + 2t} \cdot \dfrac{(2 + 2t)\psi''(t) - 2\psi'(t)}{(2 + 2t)^2} = \dfrac{(1 + t)\psi''(t) - \psi'(t)}{4(1 + t^3)}$，由题设 $\dfrac{\mathrm{d}^2 y}{\mathrm{d}x^2} = \dfrac{3}{4(1 + t)}$，故 $\dfrac{(1 + t)\psi''(t) - \psi'(t)}{4(1 + t^3)} = \dfrac{3}{4(1 + t)}$，从而 $(1 + t)\psi''(t) - \psi'(t) = 3(1 + t)^2$，即 $\psi''(t) - \dfrac{1}{1 + t}\psi'(t) = 3(1 + t)$．设 $u = \psi'(t)$，则有 $u' - \dfrac{1}{1 + t}u = 3(1 + t)$，$u = \mathrm{e}^{\int \frac{1}{1+t}\mathrm{d}t}\left[\int 3(1 + t)\mathrm{e}^{-\int \frac{1}{1+t}\mathrm{d}t}\mathrm{d}t + C_1\right] = (1 + t)\left[\int 3(1 + t)(1 + t)^{-1}\mathrm{d}t + C_1\right] = (1 + t)(3t + C_1)$．由曲线 $y = \psi(t)$ 与 $y = \int_1^{t^2}\mathrm{e}^{-u^2}\mathrm{d}u + \dfrac{3}{2\mathrm{e}}$ 在 $t = 1$ 处

相切知 $\psi(1) = \dfrac{3}{2e}$，$\psi'(1) = \dfrac{2}{e}$。所以 $u\big|_{t=1} = \psi'(1) = \dfrac{2}{e}$，知 $C_1 = \dfrac{1}{e} - 3$，$\psi(t) = \displaystyle\int (1+t)(3t+C_1)\,dt = t^3 + \dfrac{3+C_1}{2}t^2 + C_1 t + C_2$，解得 $C_2 = 2$，于是 $\psi(t) = t^3 + \dfrac{1}{2e}t^2 + \left(\dfrac{1}{e} - 3\right)t + 2\,(t > -1)$。

12. 解：由题设，知 $f(0) = 0$，$g(0) = 0$。令 $u = xt$，得 $g(x) = \dfrac{\displaystyle\int_0^x f(u)\,du}{x}$ $(x \neq 0)$，从而 $g'(x) = $

$\dfrac{xf(x) - \displaystyle\int_0^x f(u)\,du}{x^2}$ $(x \neq 0)$，由导数定义有 $g'(0) = \lim\limits_{x \to 0} \dfrac{\displaystyle\int_0^x f(u)\,du}{x^2} = \lim\limits_{x \to 0}\dfrac{f(x)}{2x} = \dfrac{A}{2}$，由于 $\lim\limits_{x \to 0} g'(x) =$

$\lim\limits_{x \to 0} \dfrac{xf(x) - \displaystyle\int_0^x f(u)\,du}{x^2} = \lim\limits_{x \to 0}\dfrac{f(x)}{x} - \lim\limits_{x \to 0}\dfrac{\displaystyle\int_0^x f(u)\,du}{x^2} = A - \dfrac{A}{2} = \dfrac{A}{2} = g'(0)$，从而知 $g'(x)$ 在 $x = 0$ 处连续。

13. 证明：由马克劳林公式，得 $f(x) = f(0) + \dfrac{1}{2!}f''(0)x^2 + \dfrac{1}{3!}f'''(\eta)x^3$，$\eta$ 介于 0 与 x 之间，$x \in [-1,1]$，

在上式中分别取 $x = 1$ 和 $x = -1$，得 $1 = f(1) = f(0) + \dfrac{1}{2!}f''(0) + \dfrac{1}{3!}f'''(\eta_1)$，$0 < \eta_1 < 1$.

$0 = f(-1) = f(0) + \dfrac{1}{2!}f''(0) - \dfrac{1}{3!}f'''(\eta_2)$，$-1 < \eta_2 < 0$. 两式相减，得 $f'''(\eta_1) + f'''(\eta_2) = 6$. 由于 $f'''(x)$ 在闭区间 $[-1,1]$ 上连续，因此 $f'''(x)$ 在闭区间 $[\eta_2, \eta_1]$ 上有最大值 M 最小值 m，从而 $m \leqslant \dfrac{1}{2}[f'''(\eta_1) + f'''(\eta_2)] \leqslant M$，再由连续函数的介值定理，至少存在一点 $x_0 \in [\eta_2, \eta_1] \subset (-1, 1)$，使得 $f'''(x_0) = \dfrac{1}{2}[f'''(\eta_1)) + f'''(\eta_2)] = 3$.

三、积分及其应用

1. (1) $\dfrac{3}{2}e^{\frac{3}{2}}$；(2) π；(3) $\begin{cases} -\cos(x-1) + C, & x \geqslant 1 \\ e^{x-1} - x + C - 1, & x < 1 \end{cases}$；(4) $2\left(\dfrac{\sqrt{3}}{3} - \dfrac{1}{4}\right)\pi$；(5) $\dfrac{x}{\sqrt[4]{1+x}} + C$

2. 注意左边的极限中，无论 a 为何值总有分母趋于零，因此要想极限存在，分子必须为无穷小量，于是必有 $b = 0$. 当 $b = 0$ 使用罗必达法则得 $\lim\limits_{x \to 0} \dfrac{1}{\sin x - ax}\displaystyle\int_0^x \dfrac{t^2\,dt}{\sqrt{1+t^2}} = \lim\limits_{x \to 0}\dfrac{x^2}{(\cos x - a)\sqrt{1+x^2}}$，由上式知：当 $x \to 0$ 时，若 $a \neq 1$，则此极限存在，且其值为 0. 若 $a = 1$，则 $\lim\limits_{x \to 0}\dfrac{1}{\sin x - x}\displaystyle\int_0^x \dfrac{t^2\,dt}{\sqrt{1+t^2}} =$

$\lim\limits_{x \to 0}\dfrac{x^2}{(\cos x - 1)(\sqrt{1+x^2})} = -2$，所以 $a \neq 0, b = 0, c = 0$；$a = 1, b = 0, c = -2$.

3. 令 $x = \dfrac{1}{t}$，$\displaystyle\int_1^{+\infty}\dfrac{dx}{x\sqrt{1+x^5+x^{10}}} = \int_1^0 \dfrac{-dt}{t\sqrt{1+\frac{1}{t^5}+\frac{1}{t^{10}}}} = \int_0^1 \dfrac{-t^4\,dt}{\sqrt{1+t^5+t^{10}}} = \int_0^1 \dfrac{t^4\,dt}{\sqrt{1+t^5+t^{10}}}$，令

$u = t^5$，$\displaystyle\int_0^1\dfrac{t^4\,dt}{\sqrt{1+t^5+t^{10}}} = \int_0^1\dfrac{du}{5\sqrt{1+u+u^2}} = \dfrac{1}{5}\ln\left(u + \dfrac{1}{2} + \sqrt{u^2+u+1}\right)\Big|_0^1 = \dfrac{1}{5}\ln\left(1+\dfrac{2}{\sqrt{3}}\right)$.

4. 证明：在 $[0,1]$ 上，$x^2 \geqslant x^3$，$-1 \leqslant -x^2 + x^3 \leqslant 0$，所以 $\dfrac{1}{\sqrt{4-x^2+x^3}} \geqslant \dfrac{1}{2}$，又在 $[0,1]$ 上，

$\dfrac{1}{\sqrt{4-x^2+x^3}} \leqslant \dfrac{1}{\sqrt{4-x^2}}$，所以 $\displaystyle\int_0^1\dfrac{dx}{\sqrt{4-x^2+x^3}} < \int_0^1 \dfrac{dx}{\sqrt{4-x^2}} = \arcsin\dfrac{x}{2}\Big|_0^1 = \dfrac{\pi}{6}$.

5. 证明：(1) 反证法：假设存在 $x \in [0,1]$，恒有 $|f(x) \leqslant 4|$ 成立，于是有 $1 = \left|\displaystyle\int_0^1\left(x - \dfrac{1}{2}\right)f(x)\right| \leqslant$

$\displaystyle\int_0^1\left|x - \dfrac{1}{2}\right||f(x)|\,dx \leqslant 4\int_0^1\left|x - \dfrac{1}{2}\right|\,dx \leqslant 1$，所以 $\displaystyle\int_0^1\left|x - \dfrac{1}{2}\right||f(x)|\,dx = 1$，$4\displaystyle\int_0^1\left|x - \dfrac{1}{2}\right| = 1$. 从而有 $\displaystyle\int_0^1\left|x - \dfrac{1}{2}\right|(4 - |f(x)|)\,dx = 0$，于是有 $|f(x)| \equiv 4$，即 $f(x) = \pm 4$，这显然与 $\displaystyle\int_0^1 f(x)\,dx = 0$ 矛盾.

（2）仍然使用反证法，假设存在 $x_2 \in (0,1]$ 使 $|f(x_2)| < 4$，这是显然的，因为若不然，则由 $f(x)$ 在 $[0,1]$ 上的连续性知，必有 $f(x) \geqslant 4$，或 $f(x) \leqslant -4$ 成立，这与 $\int_0^1 (x)\mathrm{d}x = 0$ 矛盾. 再由 $f(x)$ 的连续性及（1）的结果，利用介值定理可知，$\exists x_2 \in [0,1]$，使 $|f(x_2)| = 4$.

6. 证明：令 $x - n\pi = t$ 作积分变换，则 $a_n = \int_0^\pi \dfrac{\sin(n\pi + t)}{n\pi + t}\mathrm{d}t = (-1)^n \int_0^\pi \dfrac{\sin t}{n\pi + t}\mathrm{d}t$，

$a_{n+1} = \int_0^\pi \dfrac{\sin t}{(n+1)\pi + t}\mathrm{d}t < \int_0^1 \dfrac{\sin t}{n\pi + t}\mathrm{d}t = |a_n|$，又因为 $0 \leqslant |a_n| = \int_0^\pi \dfrac{\sin t}{n\pi + t}\mathrm{d}t \leqslant \int_0^\pi \dfrac{\sin t}{n\pi}\mathrm{d}t = \dfrac{2}{n\pi}$，

而 $\lim\limits_{n\to\infty} \dfrac{2}{n\pi} = 0$，所以 $\lim\limits_{n\to\infty} a_n = 0$.

7. 证明：令 $F(x) = \dfrac{1}{x}\int_a^x f(t)\mathrm{d}t$，由于 $f(x)$ 在 $[a,b]$ 上连续，故 $F(x)$ 在 $[a,b]$ 上可导，且 $F(a) = 0$，$F(b)$

$= 0$，应用罗尔定理 $\exists \xi \in [a,b]$，使得 $F'(\xi) = 0$，而 $F'(x) = \dfrac{xf(x) - \int_a^x f(t)\mathrm{d}t}{x^2}$，故 $\int_a^\xi f(t) = \int_a^\xi f(x)\mathrm{d}x = \xi f(\xi)$.

8. 解：令 $\int_0^1 f^2(x)\mathrm{d}x = a$，则 $f(x) = 3x - a\sqrt{1-x^2}$，即 $\int_0^1 (3x - a\sqrt{1-x^2})^2\mathrm{d}x = a$，

$\int_0^1 (9x^2 + a^2 - a^2x^2 - 6ax\sqrt{1-x^2})\mathrm{d}x = a$，积分后化简得 $2a^2 - 9a + 9 = 0$，解得 $a = 3$ 或 $a = \dfrac{3}{2}$，

故 $f(x)$ 有两个解 $f(x) = 3x - 3\sqrt{1-x^2}$ 及 $f(x) = 3x - \dfrac{3}{2}\sqrt{1-x^2}$.

9. 解：令 $x = \tan t$，$\mathrm{d}x = \sec^2 t\,\mathrm{d}t$，$I = \int_0^{\frac{\pi}{4}} \dfrac{\ln(1 + \tan t)}{1 + \tan^2 t}\sec^2 t\,\mathrm{d}t = \int_0^{\frac{\pi}{4}} [\ln(\cos t + \sin t) - \ln\cos t]\mathrm{d}t = \dfrac{\pi}{8}\ln 2$

$+ \int_0^{\frac{\pi}{4}} \ln\left(\sin t + \dfrac{\pi}{4}\right)\mathrm{d}t - \int_0^{\frac{\pi}{4}} \ln\cos t\,\mathrm{d}t$，对于第一个积分，令 $t + \dfrac{\pi}{4} = \dfrac{\pi}{2} - u$，$\int_0^{\frac{\pi}{4}} \ln\sin\left(t + \dfrac{\pi}{4}\right)\mathrm{d}t =$

$-\int_{\frac{\pi}{4}}^0 \ln\sin\left(\dfrac{\pi}{2} - u\right)\mathrm{d}u = \int_0^{\frac{\pi}{4}} \ln\cos u\,\mathrm{d}u$，所以 $I = \dfrac{\pi}{8}\ln 2$.

10. 解：令 $tx = u$，则 $\int_0^1 \varphi(tx)\mathrm{d}t = \dfrac{1}{x}\int_0^x \varphi(u)\mathrm{d}u = a\varphi(x)$，故 $\int_0^x \varphi(u)\mathrm{d}u = ax\varphi(x)$，两边对 x 求导，则 $\varphi(x)$

$= a\varphi(x) + ax\varphi'(x)$，所以 $ax\varphi'(x) = (1-a)\varphi(x)$，可见：若 $a = 0 \Rightarrow \varphi(x) = 0$，若 $a \neq 0 \Rightarrow \dfrac{\mathrm{d}\varphi(x)}{\mathrm{d}x} =$

$\dfrac{1-a}{ax}\varphi(x) \Rightarrow \dfrac{\mathrm{d}\varphi(x)}{\varphi(x)} = \dfrac{1-a}{a} \cdot \dfrac{\mathrm{d}x}{x}$，若 $a \neq 1$ 有 $\ln\varphi(x) = \dfrac{1-a}{a}\ln x + \ln C = \ln Cx^{\frac{1-a}{a}} \Rightarrow \varphi(x) = Cx^{\frac{1-a}{a}}$，若 $a =$

1 有 $\dfrac{\mathrm{d}\varphi(x)}{\mathrm{d}x} = 0 \Rightarrow \varphi(x) = C$（$C$ 为任意常数）.

11. 证明：设 $f(c) = M = \max\limits_{a \leqslant x \leqslant b} f(x)$，$c \in [a,b]$，① 若 $c \in (a,b)$，则当 n 充分大时，$\left[c - \dfrac{1}{n}, c + \dfrac{1}{n}\right] \subset$

$[a,b]$，由积分中值定理，存在 $C_n \in \left[c - \dfrac{1}{n}, c + \dfrac{1}{n}\right]$，使 $\left(\dfrac{2}{n}\right)^{\frac{1}{n}} f(C_n) = \sqrt[n]{\int_{c - \frac{1}{n}}^{c + \frac{1}{n}} f^n(x)\mathrm{d}x} \leqslant \sqrt[n]{\int_a^b f^n(x)\mathrm{d}x}$

$\leqslant M(b-a)^{\frac{1}{n}}$，由 $f(c)$ 连续 $\lim\limits_{n\to\infty} C_n = c$ 及 $\lim\limits_{n\to\infty}\left(\dfrac{2}{n}\right)^{\frac{1}{n}} = 1$，$\lim\limits_{n\to\infty}(b-a)^{\frac{1}{n}} = 1$，即 $\lim\limits_{n\to\infty} \sqrt[n]{\int_a^b f^n(x)\mathrm{d}x} = M$. ② 若

$c = a$ 或 $c = b$，则可分别在区间 $\left[a, a + \dfrac{1}{n}\right]$ 或 $\left[b - \dfrac{1}{n}, b\right]$ 上用同样方法证明.

四、无穷级数

1. 解：令 $t = \dfrac{(x+1)^2}{2}$，则原式 $= \sum\limits_{n=1}^\infty nt^n$，设 $a_n = n$，因 $\lim\limits_{n\to\infty}\left|\dfrac{a_n}{a_{n+1}}\right| = 1$，故收敛半径为 1，$t = 1$ 时，级数

$\sum\limits_{n=1}^\infty nt^n$ 发散，所以其收敛域为 $[0,1)$，由此解得原级数收敛域为 $(-1 - \sqrt{2}, -1 + \sqrt{2})$. 且原式 $=$

$$t\Big(\sum_{n=1}^{\infty}nt^{n-1}\Big)=t\Big(\sum_{n=1}^{\infty}t^{n}\Big)'=t\Big(\frac{t}{1-t}\Big)'=\frac{t}{1-t^{2}}=\frac{2(x+1)^{2}}{(1-2x-x^{2})^{2}}.$$

2. 解:令 $a_{n}=\dfrac{1}{n\big[3^{n}+(-2)^{n}\big]}$,则 $\lim\limits_{n\to\infty}\Big|\dfrac{a_{n}}{a_{n+1}}\Big|=3$,所以幂级数的收敛半径为 $R=3$. $x=3$ 时,原级数化

为 $\sum\limits_{n=1}^{\infty}\dfrac{3^{n}}{n\big[3^{n}+(-2)^{n}\big]}>\sum\limits_{n=1}^{\infty}\dfrac{1}{2n}$,所以 $x=3$ 时,原幂级数发散.$x=-3$ 时,原级数化为:

$$\sum_{n=1}^{\infty}(-1)^{n}\frac{3^{n}}{n\big[3^{n}+(-2)^{n}\big]}=-\sum_{n=1}^{\infty}(-1)^{n}\frac{1}{n}-\sum_{n=1}^{\infty}\frac{2^{n}}{n\big[3^{n}+(-2)^{n}\big]},级数\sum_{n=1}^{\infty}(-1)^{n}\frac{1}{n}收敛,$$

令 $b_{n}=\dfrac{2^{n}}{n\big[3^{n}+(-2)^{n}\big]}$,$\lim\limits_{n\to\infty}\dfrac{b_{n+1}}{b_{n}}=\dfrac{2}{3}<1$,所以级数 $\lim\limits_{n\to\infty}\dfrac{2^{n}}{n\big[3^{n}+(-2)^{n}\big]}$ 收敛,

所以原级数收敛域为 $[-3,3)$.

3. 解:考虑级数 $f(x)=\sum\limits_{n=1}^{\infty}n^{2}x^{n-1}(|x|<1)$,逐项积分得 $\int_{0}^{x}f(x)\mathrm{d}x=\sum\limits_{n=1}^{\infty}nx^{n}(|x|)<1$,令 $g(x)=$

$\sum\limits_{n=1}^{\infty}nx^{n-1}(|x|<1)$,逐项积分得 $\int_{0}^{x}g(x)\mathrm{d}x=\sum\limits_{n=1}^{\infty}x^{n}=\dfrac{x}{1-x}(|x|<1)$,两边求导 $g(x)=\Big(\dfrac{x}{1-x}\Big)'=$

$\dfrac{1}{(1-x)^{2}}(|x|<1)$,于是 $\int_{0}^{x}f(x)\mathrm{d}x=xg(x)=\dfrac{x}{(1-x)^{2}}$,两边求导 $f(x)=\Big[\dfrac{x}{(1-x)^{2}}\Big]'=\dfrac{1+x}{(1-x)^{3}}$

$(|x|<1)$,原式 $=\dfrac{1}{2}f\Big(\dfrac{1}{2}\Big)=\dfrac{1}{2}\cdot\dfrac{1+\frac{1}{2}}{\Big(1-\frac{1}{2}\Big)^{3}}=6.$

4. 解:记 $a_{n}=\dfrac{1}{n^{k}(\ln n)^{2}}$,当 $k>1$ 时,$\lim\limits_{n\to\infty}\dfrac{a_{n}}{\frac{1}{n^{k}}}=\lim\limits_{n\to\infty}\dfrac{1}{(\ln n)^{2}}=0$,而级数 $\sum\limits_{n=1}^{\infty}\dfrac{1}{n^{k}}$ 收敛,所以 $k>1$ 时原级

数收敛,且绝对收敛.当 $k=1$ 时,$\sum\limits_{i=2}^{n}\dfrac{1}{i(\ln i)^{2}}\leqslant\dfrac{1}{2(\ln 2)^{2}}+\sum\limits_{i=3}^{n}\int_{i-1}^{i}\dfrac{\mathrm{d}x}{x(\ln x)^{2}}\leqslant\dfrac{1}{2(\ln 2)^{2}}+\int_{2}^{+\infty}\dfrac{\mathrm{d}x}{x(\ln x)^{2}}=$

$\dfrac{1}{2(\ln 2)^{2}}+\dfrac{1}{\ln 2}$,故级数 $\sum\limits_{n=1}^{\infty}\dfrac{1}{n(\ln n)^{2}}$ 的部分和有上界,所以 $k=1$ 时,$\sum\limits_{n=1}^{\infty}a_{n}$ 收敛,且绝对收敛,当 $k<1$ 时,因

为 $\lim\limits_{n\to\infty}\dfrac{a_{n}}{\frac{1}{n}}=\lim\limits_{n\to\infty}\dfrac{n^{1-k}}{(\ln n)^{2}}=+\infty$,而 $\sum\limits_{n=2}^{\infty}\dfrac{1}{n}$ 发散,所以 $k<1$ 时,原级数非绝对收敛,当 $0\leqslant k<1$ 时,$\{a_{n}\}$ 单

调递减,且 $\lim\limits_{n\to\infty}a_{n}=0$,所以 $0\leqslant k<1$ 时,原级数条件收敛,当 $k<0$ 时,因为 $\lim\limits_{n\to\infty}a_{n}=+\infty$,所以 $k<0$ 原级

数发散.

5. 解:令 $a_{n}=\dfrac{\sqrt{n+1}-\sqrt{n}}{n^{p}}(>0)$,则 $a_{n}=\dfrac{1}{(\sqrt{n+1}+\sqrt{n})n^{p}}=\dfrac{1}{n^{p+\frac{1}{2}}\Big(\sqrt{1+\frac{1}{n}}+1\Big)}\sim\dfrac{1}{2n^{p+\frac{1}{2}}}.$

① 当 $p+\dfrac{1}{2}>1$ 时,即 $p>\dfrac{1}{2}$ 时,$\sum\limits_{n=1}^{\infty}a_{n}$ 收敛,则原级数绝对收敛;② 当 $p+\dfrac{1}{2}\leqslant 1$ 时,即 $p\leqslant\dfrac{1}{2}$ 时

$\sum\limits_{n=1}^{\infty}a_{n}$ 发散,则原级数非绝对收敛;③ 当 $0<p+\dfrac{1}{2}\leqslant 1$ 时,即 $-\dfrac{1}{2}\leqslant p\leqslant\dfrac{1}{2}$ 时,$a_{n}\to 0$,令 $f(x)=$

$x^{p}(\sqrt{x+1}+\sqrt{x})$,$f'(x)=x^{p-1}(\sqrt{x+1}+\sqrt{x})\Big(p+\dfrac{\sqrt{x}}{2\sqrt{x+1}}\Big)$,且 $x^{p-1}>0$,$\sqrt{x+1}+\sqrt{x}>0$,而

$\lim\limits_{x\to+\infty}\Big(p+\dfrac{\sqrt{x}}{2\sqrt{x+1}}\Big)=p+\dfrac{1}{2}>0$,所以 x 充分大时 $f(x)$ 单调增,于是 n 充分大时,$a_{n}=\dfrac{1}{f(n)}$ 单调减小,

原级数条件收敛;④ 当 $p+\dfrac{1}{2}\leqslant 0$ 时,$a_{n}\nrightarrow 0$,故 $p\leqslant-\dfrac{1}{2}$ 原级数发散.

6. 解:$M_{n}=(3+\sqrt{5})^{n}+(3-\sqrt{5})^{n}=\sum\limits_{k=0}^{n}\big[1+(-1)^{k}\big]C_{n}^{k}3^{n-k}(\sqrt{5})^{k}$,显然 M_{n} 是偶数,因而 $\sin\pi(3+\sqrt{5})^{n}$

$= \sin\pi[M_n - (3-\sqrt{5})^n] = -\sin\pi(3-\sqrt{5})^n$，由于 $|\sin\pi(3+\sqrt{5})^n| = |\sin\pi(3-\sqrt{5})^n| \leqslant \pi(3-\sqrt{5})^n$，以及

由于 $0 < 3-\sqrt{5} < 1$，级数 $\sum\limits_{n=1}^{\infty} \pi(3-\sqrt{5})^n$ 收敛，从而级数 $\sum\limits_{n=1}^{\infty} \sin\pi(3+\sqrt{5})^n$，绝对收敛.

7. 解：设和函数为 $S(x)$，则由 $\sum\limits_{n=1}^{\infty} \dfrac{x^{2n-1}}{1 \cdot 3 \cdot 5 \cdots (2n-1)} = x + \dfrac{x^3}{1 \times 3} + \dfrac{x^5}{1 \times 3 \times 5} + \cdots$，得 $S'(x) = 1 + x^2$

$+ \dfrac{x^4}{1 \times 3} + \dfrac{x^6}{1 \times 3 \times 5} + \dfrac{x^8}{1 \times 3 \times 5 \times 7} + \cdots = 1 + x\left(x + \dfrac{x^3}{1 \times 3} + \dfrac{x^5}{1 \times 3 \times 5} + \dfrac{x^7}{1 \times 3 \times 5 \times 7} + \cdots\right) = 1 +$

$xS(x)$，即 $S'(x) = 1 + xS(x)$，亦即 $S'(x) - xS(x) = 1$，且 $S(0) = 0$，解此微分方程，可得满足 $S(0) = 0$ 的

特解，$S(x) = e^{\int_0^x x\mathrm{d}x} \int_0^x e^{-\int_0^x x\mathrm{d}x} \mathrm{d}x = e^{\frac{x^2}{2}} \int_0^x e^{-\frac{x^2}{2}} \mathrm{d}x.$

8. 解：令 $S(x) = \sum\limits_{n=1}^{\infty} \dfrac{2n-1}{2^n} x^{2n-2}$，则其定义区间为 $(-\sqrt{2}, \sqrt{2})$．$\forall x \in (-\sqrt{2}, \sqrt{2})$，

$\displaystyle\int_0^x S(t)\mathrm{d}t = \sum\limits_{n=1}^{\infty} \int_0^x \dfrac{2n-1}{2^n} t^{2n-2} \mathrm{d}t = \sum\limits_{n=1}^{\infty} \dfrac{x^{2n-1}}{2^n} = \dfrac{x}{2} \sum\limits_{n=1}^{\infty} \left(\dfrac{x^2}{2}\right)^{n-1} = \dfrac{x}{2-x^2}.$

于是，$S(x) = \left(\dfrac{x}{2-x^2}\right)' = \dfrac{2+x^2}{(2-x^2)^2}$，$x \in (-\sqrt{2}, \sqrt{2})$．

$\sum\limits_{n=1}^{\infty} \dfrac{2n-1}{2^{2n-1}} = \sum\limits_{n=1}^{\infty} \dfrac{2n-1}{2^n} \left(\dfrac{1}{\sqrt{2}}\right)^{2n-2} = S\left(\dfrac{1}{\sqrt{2}}\right) = \dfrac{10}{9}.$

9. 解：先解一阶常系数微分方程，求出 $u_n(x)$ 的表达式，然后再求 $\sum\limits_{n=1}^{\infty} u_n(x)$ 的和．由已知条件可知

$u'_n(x) - u_n(x) = x^{n-1}\mathrm{e}^x$ 是关于 $u_n(x)$ 的一个一阶常系数线性微分方程，

故其通解为 $u_n(x) = e^{\int \mathrm{d}x}\left(\int x^{n-1}\mathrm{e}^x e^{-\int \mathrm{d}x}\mathrm{d}x + c\right) = \mathrm{e}^x\left(\dfrac{x^n}{n} + c\right)$，

由条件 $u_n(1) = \dfrac{\mathrm{e}}{n}$，得 $c = 0$，故 $u_n(x) = \dfrac{x^n\mathrm{e}^x}{n}$，

从而 $\sum\limits_{n=1}^{\infty} u_n(x) = \sum\limits_{n=1}^{\infty} \dfrac{x^n\mathrm{e}^x}{n} = \mathrm{e}^x \sum\limits_{n=1}^{\infty} \dfrac{x^n}{n}$．$s(x) = \sum\limits_{n=1}^{\infty} \dfrac{x^n}{n}$，其收敛域为 $[-1,1)$，当 $x \in (-1,1)$ 时，

有 $s'(x) = \sum\limits_{n=1}^{\infty} x^{n-1} = \dfrac{1}{1-x}$，故 $s(x) = \int_0^x \dfrac{1}{1-t}\mathrm{d}t = -\ln(1-x)$．当 $x = -1$ 时，$\sum\limits_{n=1}^{\infty} u_n(x) = -\mathrm{e}^{-1}\ln 2$．

于是，当 $-1 \leqslant x \leqslant 1$ 时，有 $\sum\limits_{n=1}^{\infty} u_n(x) = -\mathrm{e}^x\ln(1-x)$．

10. 证明：令 $f(x) = x^{1-\alpha}$，$x \in [S_{n-1}, S_n]$．将 $f(x)$ 在区间 $[S_{n-1}, S_n]$ 上用拉格朗日中值定理，存在 $\xi \in$

(S_{n-1}, S_n)，$f(S_n) - f(S_{n-1}) = f'(\xi)(S_n - S_{n-1})$，即 $S_n^{1-\alpha} - S_{n-1}^{1-\alpha} = (1-\alpha)\xi^{-\alpha}a_n$. (1) 当 $\alpha > 1$ 时，$\dfrac{1}{S_{n-1}^{\alpha-1}} - \dfrac{1}{S_n^{\alpha-1}}$

$= (\alpha-1)\dfrac{a_n}{\xi^\alpha} \geqslant (\alpha-1)\dfrac{a_n}{S_n^\alpha}$．显然 $\left\{\dfrac{1}{S_{n-1}^{\alpha-1}} - \dfrac{1}{S_n^{\alpha-1}}\right\}$ 的前 n 项和有界，从而收敛，所以级数 $\sum\limits_{n=1}^{+\infty} \dfrac{a_n}{S_n^\alpha}$ 收敛. (2) 当

$\alpha = 1$ 时，因为 $a_n > 0$，S_n 单调递增，所以 $\sum\limits_{k=n+1}^{n+p} \dfrac{a_k}{S_k} \geqslant \dfrac{1}{S_{n+p}} \sum\limits_{k=n+1}^{n+p} a_k = \dfrac{S_{n+p} - S_n}{S_{n+p}} = 1 - \dfrac{S_n}{S_{n+p}}$，因为 $S_n \to +\infty$，对

任意 n，当 $p \in \mathbf{Z}$，$\dfrac{S_n}{S_{n+p}} < \dfrac{1}{2}$，从而 $\sum\limits_{k=n+1}^{n+p} \dfrac{a_k}{S_k} \geqslant \dfrac{1}{2}$，所以级数 $\sum\limits_{n=1}^{+\infty} \dfrac{a_n}{S_n^\alpha}$ 发散．当 $\alpha < 1$ 时，$\dfrac{a_n}{S_n^\alpha} \geqslant \dfrac{a_n}{S_n}$．由 $\sum\limits_{n=1}^{+\infty} \dfrac{a_n}{S_n}$ 发

散及比较判别法，$\sum\limits_{n=1}^{+\infty} \dfrac{a_n}{S_n^\alpha}$ 发散．

11. 解：$\displaystyle\int_0^{+\infty} x^{t^2}\mathrm{d}t \leqslant \sum\limits_{n=0}^{\infty} x^{n^2} \leqslant 1 + \int_0^{+\infty} x^{t^2}\mathrm{d}t$，

$\displaystyle\int_0^{+\infty} x^{t^2}\mathrm{d}t = \int_0^{+\infty} \mathrm{e}^{-t^2\ln\frac{1}{x}}\mathrm{d}t = \dfrac{1}{\sqrt{\ln\frac{1}{x}}}\int_0^{+\infty} \mathrm{e}^{-t^2}\mathrm{d}t = \dfrac{1}{2}\sqrt{\dfrac{\pi}{\ln\frac{1}{x}}} \sim \dfrac{1}{2}\sqrt{\dfrac{\pi}{1-x}}.$

五、多元函数的可微性与偏导数

1. 解：令 $r = \sqrt{x^2+y^2}$，则 $z = r^2 f(r^2)$，$\dfrac{\partial z}{\partial x} = \dfrac{\partial z}{\partial r} \cdot \dfrac{\partial r}{\partial x} = [2rf(r^2) + 2r^3 f'(r^2)] \cdot \dfrac{2x}{2\sqrt{x^2+y^2}} =$

$x[2f(r^2) + 2r^2 f'(r^2)]$，$\dfrac{\partial^2 z}{\partial x^2} = [2f(r^2) + 2r^2 f'(r^2)] + x[4f'(r^2)r + 4rf'(r^2) + 4r^3 f''(r^2)]\dfrac{x}{r} = [2f(r^2)$

$+ 2r^2 f'(r^2)] + x^2[8f'(r^2) + 4r^2 f''(r^2)] = 2f(r^2) + 2f'(r^2) \cdot (r^2 + 4x^2) + 4x^2 r^2 f''(r^2)$，由对称性及 $\dfrac{\partial^2 z}{\partial y^2} =$

$2f(r^2) + 2f'(r^2)(r^2 + 4y^2) + 4y^2 r^2 f''(r^2)$，由 $\dfrac{\partial^2 z}{\partial x^2} + \dfrac{\partial^2 z}{\partial y^2} = 0 \Rightarrow 4f(r^2) + 4f'(r^2)r^2 + 8f'(r^2)(x^2+y^2) +$

$4r^2 f''(r^2)(x^2+y^2) = 0$ 可得 $r^4 f''(r^2) + 3r^2 f'(r^2) + f(r^2) = 0$，此为欧拉方程，令 $r^2 = \mathrm{e}^t$，并记 $\varphi(t) = f(\mathrm{e}^t)$

有二阶常系数线性方程 $\ddot{\varphi} + 2\dot{\varphi} + \varphi = 0$，解得 $f(\mathrm{e}^t) = \varphi(t) = (c_1 + c_2 t)\mathrm{e}^{-t}$（$c_1, c_2$ 为常数），即 $f(r^2) =$

$\dfrac{c_1 + c_2 \ln r^2}{\mathrm{e}^{\ln r^2}} = \dfrac{c_1 + c_2 \ln r^2}{r^2}$，由条件 $f(1) = 0, f'(1) = 1$，得 $c_1 = 0, c_2 = 1$，即 $f(r^2) = \dfrac{\ln r^2}{r^2}$，$f(t) = \dfrac{\ln t}{t}$，

$\max f(t) = f(\mathrm{e}) = \dfrac{1}{\mathrm{e}}$.

2. 解：因为 $u_x = yzf'(xyz)$，$u_{xy} = zf'(xyz) + xyz^2 f''(xyz)$，$u_{xyz} = f'(xyz) + xyzf''(xyz) +$

$2xyzf''(xyz) + x^2 y^2 z^2 f'''(xyz)$，所以 $3xyzf''(xy) + f'(xyz) = 0$，令 $xyz = t$，即 $3tf''(t) + f'(t) = 0$，解得

$f(t) = \dfrac{3}{2} t^{2/3} + c$，由 $f(0) = 0$ 得 $c = 0$，所以 $u = \dfrac{3}{2}(xyz)^{2/3}$.

3. 解：因为 $\dfrac{\partial r}{\partial x} = \dfrac{x}{r}, \dfrac{\partial r}{\partial y} = \dfrac{y}{r}$，所以 $\dfrac{\partial g}{\partial x} = -\dfrac{x}{r^3} f'\left(\dfrac{1}{r}\right)$，$\dfrac{\partial^2 g}{\partial x^2} = \dfrac{x^2}{r^6} f''\left(\dfrac{1}{r}\right) + \dfrac{2x^2 - y^2}{r^5} f'\left(\dfrac{1}{r}\right)$. 利用对称

性，$\dfrac{\partial^2 g}{\partial x^2} + \dfrac{\partial^2 g}{\partial y^2} = \dfrac{1}{r^4} f''\left(\dfrac{1}{r}\right) + \dfrac{1}{r^3} f'\left(\dfrac{1}{r}\right)$.

4. 解：在方程 $F\left(z + \dfrac{1}{x}, z - \dfrac{1}{y}\right) = 0$ 两边分别关于 x, y 求偏导，得 $\left(\dfrac{\partial z}{\partial x} - \dfrac{1}{x}\right)F_u + \dfrac{\partial z}{\partial x}F_v = 0$，$\dfrac{\partial z}{\partial y}F_u +$

$\left(\dfrac{\partial z}{\partial y} + \dfrac{1}{y^2}\right)F_v = 0$. 由此解得，$\dfrac{\partial z}{\partial x} = \dfrac{F_u}{x^2(F_u + F_v)}$，$\dfrac{\partial z}{\partial y} = \dfrac{-F_v}{y^2(F_u + F_v)}$，所以，$x^2 \dfrac{\partial z}{\partial x} + y^2 \dfrac{\partial z}{\partial y} = 0$，对上式两边

关于 x 和 y 分别求偏导，得 $x^2 \dfrac{\partial^2 z}{\partial x^2} + y^2 \dfrac{\partial^2 z}{\partial y \partial x} = -2x \dfrac{\partial z}{\partial x}$，$x^2 \dfrac{\partial^2 z}{\partial x \partial y} + y^2 \dfrac{\partial^2 z}{\partial y^2} = -2y \dfrac{\partial z}{\partial y}$，$x^2 \dfrac{\partial z}{\partial x} + y^2 \dfrac{\partial z}{\partial y} = 0$，

即得 $x^3 \dfrac{\partial^2 z}{\partial x^2} + xy(x+y) \dfrac{\partial^2 z}{\partial x \partial y} + y^3 \dfrac{\partial^2 z}{\partial y^2} = 0$.

六、极值问题

1. 解：$f(x,y,z)$ 的方向导数的表达式为 $\dfrac{\partial f}{\partial l} = \dfrac{\partial f}{\partial x}\cos\alpha + \dfrac{\partial f}{\partial y}\cos\beta + \dfrac{\partial f}{\partial \alpha}\cos r$，其中 $\cos\alpha = \dfrac{1}{\sqrt{2}}, \cos\beta = -\dfrac{1}{\sqrt{2}}$，

$\cos\gamma = 0$ 为方向 l 的方向余弦，因此 $\dfrac{\partial f}{\partial l} = \sqrt{2}(x - y)$，令 $F(x,y,z,\lambda) = \sqrt{2}(x-y) + \lambda(2x^2 + 2y^2 + z^2 - 1)$，

令 $\begin{cases} \dfrac{\partial F}{\partial x} = \sqrt{2} + 4\lambda x = 0 \\ \dfrac{\partial F}{\partial y} = \sqrt{2} + 4\lambda y = 0 \\ \dfrac{\partial f}{\partial z} = 2\lambda z = 0 \\ \dfrac{\partial F}{\partial \lambda} = 2x^2 + 2y^2 + z^2 - 1 = 0 \end{cases}$ ，得驻点 $M_1\left(\dfrac{1}{2}, -\dfrac{1}{2}, 0\right)$ 与 $M_2\left(-\dfrac{1}{2}, \dfrac{1}{2}, 0\right)$，而 $\dfrac{\partial f}{\partial l}\bigg|_{M_1} = \sqrt{2}, \dfrac{\partial f}{\partial l}\bigg|_{M_2}$

$= -\sqrt{2}$，所以所求点为 $\left(\dfrac{1}{2}, -\dfrac{1}{2}, 0\right)$.

2. 证：设 A, B, C 三点的坐标为 $(x_i, y_i)(i = 1, 2, 3)$，极值点 $P_0(x_0, y_0)$，则 $\boldsymbol{P_0 A} = \{x_1 - x_0, y_1 - y_0\}$，

$\boldsymbol{P_0 B} = \{x_2 - x_0, y_2 - y_0\}$，$\boldsymbol{P_0 C} = \{x_3 - x_0, y_3 - y_0\}$，又 $f(x,y) = \sum_{i=1}^{3} \sqrt{(x - x_i)^2 + (y - y_i)^2}$，

$$\begin{cases} \dfrac{\partial f}{\partial x} = \displaystyle\sum_{i=1}^{3} \dfrac{x - x_i}{\sqrt{(x - x_i)^2 + (y - y_i)^2}} \\[4mm] \dfrac{\partial f}{\partial y} = \displaystyle\sum_{i=1}^{3} \dfrac{y - y_i}{\sqrt{(x - x_i)^2 + (y - y_i)^2}} \end{cases}$$ ，极值点 $P_0(x_0, y_0)$ 满足 $\left.\dfrac{\partial f}{\partial x}\right|_{P_0} = \left.\dfrac{\partial f}{\partial y}\right|_{P_0} = 0$，即

$$\begin{cases} -\dfrac{x_0 - x_1}{\sqrt{(x_0 - x_1)^2 + (y_0 - y_1)^2}} = \displaystyle\sum_{i=2}^{3} \dfrac{x - x_i}{\sqrt{(x_0 - x_i)^2 + (y_0 - y_i)^2}} \\[4mm] -\dfrac{y_0 - y_1}{\sqrt{(x_0 - x_1)^2 + (y_0 - y_1)^2}} = \displaystyle\sum_{i=2}^{3} \dfrac{y - y_i}{\sqrt{(x_0 - x_i)^2 + (y_0 - y_i)^2}} \end{cases},$$

$$\cos(\boldsymbol{P_0 B}, \boldsymbol{P_0 C}) = \frac{(x_0 - x_2)(x_0 - x_3) + (y_0 - y_2)(y_0 - y_3)}{\sqrt{(x_0 - x_2)^2 + (y_0 - y_2)^2} \ \sqrt{(x_0 - x_3)^2 + (y_0 - y_3)^2}} = -\frac{1}{2},$$

同理 $\cos(\boldsymbol{P_0 A}, \boldsymbol{P_0 B}) = \cos(\boldsymbol{P_0 A}, \boldsymbol{P_0 C}) = -\dfrac{1}{2}$.

3. 解：设此长方体的长、宽、高分别为 $2a, 2b, 2c$，则其表面积 $A = 8(ab + bc + ac)$，

令 $F(a, b, c) = 8(ab + bc + ac) + \lambda\left(\dfrac{a^2}{4} + b^2 + c^2 - 1\right)$，$\begin{cases} \dfrac{\partial F}{\partial a} = 8(b + c) + \dfrac{2}{4}\lambda a \\[3mm] \dfrac{\partial F}{\partial b} = 8(a + c) + 2\lambda b \\[3mm] \dfrac{\partial F}{\partial c} = 8(a + b) + 2\lambda c \end{cases}$，令 $\dfrac{\partial F}{\partial a} = \dfrac{\partial F}{\partial b} = \dfrac{\partial F}{\partial c} = 0$，

得 $b = c = \dfrac{-4a}{4 + \lambda}$，于是 $\dfrac{-64a}{4 + \lambda} + \dfrac{1}{2}\lambda a = 0$，即 $\lambda^2 + 4\lambda - 128 = 0$，故 $\lambda = -2(1 \pm \sqrt{33})$，

代入 $\dfrac{a^2}{4} + 2b^2 = \dfrac{a^2}{4} + 2\left[\dfrac{-4a}{4 - 2(1 + \sqrt{33})}\right]^2 = 1$，

故 $a = -\dfrac{2(1 - \sqrt{33})}{\sqrt{66 - 2\sqrt{33}}} > 0$，$b = c = \dfrac{4}{\sqrt{66 - 2\sqrt{33}}} > 0$，故 $A_{\max} = 2(1 + \sqrt{33})$.

4. 解：因抛物线过原点，故 $c = 1$，由题设有 $\displaystyle\int_0^1 (ax^2 + bx)\mathrm{d}x = \dfrac{a}{3} + \dfrac{b}{2} = \dfrac{1}{3}$. 即 $b = \dfrac{2}{3}(1 - a)$，

而 $V = \pi\displaystyle\int_0^1 (ax^2 + bx)^2\mathrm{d}x = \pi\left[\dfrac{1}{5}a^2 + \dfrac{1}{2}ab + \dfrac{1}{3}b^2\right] = \pi\left[\dfrac{1}{5}a^2 + \dfrac{1}{3}a(1 - a) + \dfrac{1}{3} \cdot \dfrac{4}{9}(1 - a^2)\right]$.

令 $\dfrac{\mathrm{d}V}{\mathrm{d}a} = \pi\left[\dfrac{2}{5}a + \dfrac{1}{3} - \dfrac{2}{3}a - \dfrac{8}{27}(1 - a)\right] = 0$，得 $a = -\dfrac{5}{4}$，代入 b 的表达式，得 $b = \dfrac{3}{2}$，所以 $y \geqslant 0$，

又因 $\left.\dfrac{\mathrm{d}^2 V}{\mathrm{d}a^2}\right|_{a = -\frac{5}{4}} = \pi\left[\dfrac{2}{5} - \dfrac{2}{3} + \dfrac{8}{27}\right] = \dfrac{4}{135}\pi > 0$ 及实际情况，当 $a = -\dfrac{5}{4}, b = \dfrac{3}{2}, c = 1$ 时体积最小.

5. 解：(1) 设旋转轴 l 的方向向量为 $\boldsymbol{l} = (\alpha, \beta, \gamma)$，椭球内任意一点 $P(x, y, z)$ 的径向量为 $\boldsymbol{r}$，则点 P 到旋转轴 l 的距离的平方为 $d^2 = \boldsymbol{r}^2 - (\boldsymbol{r} \cdot \boldsymbol{l})^2 = (1 - \alpha^2)x^2 + (1 - \beta^2)y^2 + (1 - \gamma^2)z^2 - 2\alpha\beta xy - 2\beta\gamma yz - 2\alpha\gamma xz$，

由积分区域的对称性可知 $\displaystyle\iiint\limits_{\Omega}(2\alpha\beta xy + 2\beta\gamma yz + 2\alpha\gamma xz)\mathrm{d}x\mathrm{d}y\mathrm{d}z = 0$，其中 $\Omega = \left\{(x, y, z) \ \middle| \ \dfrac{x^2}{a^2} + \dfrac{y^2}{b^2} + \dfrac{z^2}{c^2} \leqslant 1\right\}$，

而 $\displaystyle\iiint\limits_{\Omega} x^2\mathrm{d}x\mathrm{d}y\mathrm{d}z = \int_{-a}^{a} x^2\mathrm{d}x \iint\limits_{\frac{y^2}{b^2} + \frac{z^2}{c^2} \leqslant 1 - \frac{x^2}{a^2}} \mathrm{d}y\mathrm{d}z = \int_{-a}^{a} x^2 \cdot \pi bc\left(1 - \dfrac{x^2}{a^2}\right)\mathrm{d}x = \dfrac{4a^3 bc\pi}{15}\Bigg(\text{或} \displaystyle\iiint\limits_{\Omega} x^2\mathrm{d}x\mathrm{d}y\mathrm{d}z = $

$\displaystyle\int_0^{2\pi}\mathrm{d}\theta\int_0^{\pi}\mathrm{d}\varphi\int_0^1 a^2 r^2\sin^2\varphi\cos^2\theta \cdot abcr^2\sin\varphi\mathrm{d}r = \dfrac{4a^3 bc\pi}{15}\Bigg)$，$\displaystyle\iiint\limits_{\Omega} y^2\mathrm{d}x\mathrm{d}y\mathrm{d}z = \dfrac{4ab^3 c\pi}{15}$，$\displaystyle\iiint\limits_{\Omega} z^2\mathrm{d}x\mathrm{d}y\mathrm{d}z = \dfrac{4abc^3\pi}{15}$，由转动惯

量的定义 $J_l = \displaystyle\iiint\limits_{\Omega} d^2\mathrm{d}x\mathrm{d}y\mathrm{d}z = \dfrac{4abc\pi}{15}[(1 - \alpha^2)a^2 + (1 - \beta^2)b^2 + (1 - \gamma^2)c^2]$

(2) 考虑目标函数 $V(\alpha, \beta, \gamma) = (1 - \alpha^2)a^2 + (1 - \beta^2)b^2 + (1 - \gamma^2)c^2$ 在约束 $\alpha^2 + \beta^2 + \gamma^2 = 1$ 下的条件极值. 设拉格朗日函数为 $L(\alpha, \beta, \gamma, \lambda) = (1 - \alpha^2)a^2 + (1 - \beta^2)b^2 + (1 - \gamma^2)c^2 + \lambda(\alpha^2 + \beta^2 + \gamma^2 - 1)$，令 $L_\alpha = $

$2\alpha(\lambda - a^2) = 0, L_\beta = 2\beta(\lambda - b^2) = 0, L_\gamma = 2\gamma(\lambda - c^2) = 0, L_\lambda = a^2 + \beta^2 + \gamma^2 - 1 = 0$, 解得极值点为 $Q_1(\pm 1, 0, 0, a^2), Q_2(0, \pm 1, 0, b^2), Q_3(0, 0, \pm 1, c^2)$, 比较可知，绕 z 轴（短轴）的转动惯量最大，为 $J_{\max} = \dfrac{4abc\pi}{15}(a^2 + b^2)$；绕 x 轴（长轴）的转动惯量最小，为 $J_{\min} = \dfrac{4abc\pi}{15}(b^2 + c^2)$.

七、重积分

1.解：$\displaystyle\int_0^1 dy \int_{\arcsin y}^{\pi - \arcsin y} x\, dx = \int_0^1 \left[\frac{1}{2} x^2 \Big|_{\arcsin y}^{\pi - \arcsin y} \right] dy = \frac{1}{2} \int_0^1 (\pi^2 - 2\pi \arcsin y) dy$

$\displaystyle = \frac{1}{2} [\pi^2 y - 2\pi(y \arcsin y + \sqrt{1 - y^2})] \Big|_0^1 = \pi.$

2.解：将抛物线 $y = x^2$ 围成区域分割两部分：$D_1: \{-1 \leqslant x \leqslant 1, x^2 \leqslant y \leqslant 2\}; D_2: \{-1 \leqslant x \leqslant 1, 0 \leqslant y \leqslant x^2\}$, $\displaystyle\iint\limits_D \sqrt{|y - x^2|}\, dx dy = \iint\limits_{D_1} \sqrt{y - x^2}\, dx dy + \iint\limits_{D_2} \sqrt{x^2 - y}\, dx dy \xlongequal{\text{对称性}} 2 \Big[\int_0^1 dx \int_{x^2}^2 (y - x^2)^{\frac{1}{2}}\, dy +$

$\displaystyle \int_0^1 dx \int_0^{x^2} (x^2 - y)^{\frac{1}{2}}\, dy \Big] = \frac{\pi}{2} + \frac{5}{3}.$

3.解：将区域 D 分解为 D_1, D_2,

$\displaystyle\iint\limits_D |\sin(y - x)|\, d\sigma = \iint\limits_{D_1} \sin(y - x)\, d\sigma - \iint\limits_{D_2} \sin(y - x)\, d\sigma$

$\displaystyle = \int_0^\pi dx \int_x^{x + \pi} \sin(y - x)\, dy + \int_\pi^{2\pi} dx \int_x^{2\pi} \sin(y - x)\, dy - \int_0^\pi dx \int_{x + \pi}^{2\pi} \sin(y - x)\, dy = 4\pi.$

4.证：设 $f(x, y, z) = x + 2y - 2z + 5$, 由于 $f'_x = 1 \neq 0, f'_y = 2 \neq 0, f'_z = -2 \neq 0$, 所以函数 $f(x)$ 在区域 Ω 的内部无驻点，必在边界上取得最值. 故令 $F(x, y, z, \lambda) = x + 2y - 2z + 5 + \lambda(x^2 + y^2 + z^2 - 1)$, 由于 $F'_x = 1 + 2\lambda x = 0, F'_y = 2 + 2\lambda y = 0, F'_z = -2 + 2\lambda z = 0, x^2 + y^2 + z^2 = 1$, 得出 F 的驻点为 $P_1\left(\dfrac{1}{3}, \dfrac{2}{3}, -\dfrac{2}{3}\right), P_2\left(-\dfrac{1}{3}, -\dfrac{2}{3}, \dfrac{2}{3}\right)$, 而 $f(P_1) = 8, f(P_2) = 2$, 所以函数 $f(x, y, z)$ 在闭区域 Ω 上的最大值为8，最小值为2，所以 $\dfrac{4\sqrt[3]{2}\pi}{3} \leqslant \displaystyle\iiint\limits_\Omega \sqrt[3]{2}\, dV \leqslant \iiint\limits_\Omega \sqrt[3]{f(x, y, z)}\, dV \leqslant \iiint\limits_\Omega 2\, dV = \dfrac{8\pi}{3}.$

5.解：以球心为原点建立空间直角坐标系，使点 P_0 位于 z 轴的 $P_0(0, 0, r_0)$ 处，则球体内任意一点 $P(r, \theta, \varphi)$ 到 P_0 的距离等于 $|PP_0| = \sqrt{r^2 + r_0^2 - 2rr_0 \cos\varphi}$, 所以物体的质量 $m = \displaystyle\iiint\limits_{x^2 + y^2 + z^2 \leqslant R^2} \frac{1}{|PP_0|}\, dV =$

$\displaystyle\int_0^{2\pi} d\theta \int_0^R r^2 dr \int_0^\pi \frac{\sin\varphi\, d\varphi}{\sqrt{r^2 + r_0^2 - 2rr_0 \cos\varphi}} = \frac{4\pi R^3}{3r_0^2}.$

八、曲线与曲面积分

1.解：$(z + 1)^2 = x^2 - 2x(z + 1) + (z + 1)^2 + y^2$, 即 $z + 1 = \dfrac{x^2 + y^2}{2x}$, 令 $\begin{cases} x = r\cos\theta \\ y = r\sin\theta \end{cases}$, 则 $z = \dfrac{r}{2\cos\theta} - 1$, 故 $2\displaystyle\int_0^{\frac{\pi}{2}} d\theta \int_0^{2\cos\theta} \left(\frac{r}{2\cos\theta} - 1 \right) r\, dr = \int_0^{\frac{\pi}{2}} \left(-\frac{4}{3}\right) \cos^2\theta\, d\theta = \left(-\frac{1}{3}\right) \int_0^{\frac{\pi}{2}} (1 + \cos 2\theta)\, d(2\theta) = -\frac{\pi}{3}, V = \left| -\frac{\pi}{3} \right| = \frac{\pi}{3}.$

2.解：由 $\begin{cases} z = x^2 + y^2 \\ z = 2 - \sqrt{x^2 + y^2} \end{cases} \Rightarrow z_1 = 1, z_2 = 4$（舍去），所以投影区域为 $D: x^2 + y^2 \leqslant 1$,

$V = \displaystyle\iint\limits_D [2 - \sqrt{x^2 + y^2} - (x^2 + y^2)]\, dx dy = \frac{5}{6}\pi,$

$S = \displaystyle\iint\limits_D \sqrt{1 + \left(\frac{\partial z}{\partial x}\right)^2 + \left(\frac{\partial z}{\partial y}\right)^2}\, dx dy$

$= \displaystyle\iint\limits_D \sqrt{1 + 4x^2 + 4y^2}\, dx dy + \iint\limits_D \sqrt{1 + \left(\frac{-x}{\sqrt{x^2 + y^2}}\right)^2 + \left(\frac{-y}{\sqrt{x^2 + y^2}}\right)^2}\, dx dy$

$$= \iint\limits_{D} \left[\sqrt{1+4(x^2+y^2)} + \sqrt{2} \right] dxdy = \left[\frac{1}{6}(5\sqrt{5}-1) + \sqrt{2} \right]\pi.$$

3. 证法一：由于区域 D 为一正方形，可以直接用对坐标曲线积分的计算法计算.

(1) 左边 $= \int_0^\pi \pi e^{\sin y} dy - \int_\pi^0 \pi e^{-\sin x} dx = \pi\int_0^\pi (e^{\sin x} + e^{-\sin x})dx,$

右边 $= \int_0^\pi \pi e^{-\sin y} dy - \int_\pi^0 \pi e^{\sin x} dx = \pi\int_0^\pi (e^{\sin x} + e^{-\sin x})dx,$

所以 $\oint\limits_{L} x e^{\sin y} dy - y e^{-\sin x} dx = \oint\limits_{L} x e^{-\sin y} dy - y e^{\sin x} dx.$

(2) 由于 $e^{\sin x} + e^{-\sin x} \geqslant 2 + \sin^2 x$, $\oint\limits_{L} x e^{\sin y} dy - y e^{-\sin x} dx = \pi\int_0^\pi (e^{\sin x} + e^{-\sin x})dx \geqslant \frac{5}{2}\pi^2.$

证法二：(1) 根据 Green 公式，将曲线积分化为区域 D 上的二重积分

$$\oint\limits_{L} x e^{\sin y} dy - y e^{-\sin x} dx = \iint\limits_{D} (e^{\sin y} + e^{-\sin x})d\delta, \oint\limits_{L} x e^{-\sin y} dy - y e^{\sin x} dx = \iint\limits_{D} (e^{-\sin y} + e^{\sin x})d\delta,$$

因为关于 $y = x$ 对称，所以 $\iint\limits_{D} (e^{\sin y} + e^{-\sin x})d\delta = \iint\limits_{D} (e^{-\sin y} + e^{\sin x})d\delta,$

故 $\oint\limits_{L} x e^{\sin y} dy - y e^{-\sin x} dx = \oint\limits_{L} x e^{-\sin y} dy - y e^{\sin x} dx.$

(2) 由 $e^t + e^{-t} = 2\sum_{n=0}^{\infty} \frac{t^{2n}}{(2n)!} \geqslant 2 + t^2,$

$$\oint\limits_{L} x e^{\sin y} dy - y e^{-\sin x} dx = \iint\limits_{D} (e^{\sin y} + e^{-\sin x})d\delta = \iint\limits_{D} (e^{\sin x} + e^{-\sin x})d\delta \geqslant \frac{5}{2}\pi^2.$$

4. 解：(1) 设 $\oint\limits_{L} \frac{2xy dx + \varphi(x)dy}{x^4+y^2} = I$，闭曲线 L 由 $L_i, i = 1,2$ 组成. 设 L_0 为不经过原点的光滑曲线，使得 $L_0 \bigcup L_1^-$（其中 L_1^- 为 L_1 的反向曲线）和 $L_0 \bigcup L_2$ 分别组成围绕原点的分段光滑闭曲线 $C_i, i = 1,2$. 由曲线积分的性质和题设条件

$$\oint\limits_{L} \frac{2xy dx + \varphi(x)dy}{x^4+y^2} + \left(\int\limits_{L_1} + \int\limits_{L_2}\right) \frac{2xy dx + \varphi(x)dx}{x^4+y^2} = \left(\int\limits_{L_2} + \int\limits_{L_0} - \int\limits_{L_0} - \int\limits_{L_1^-}\right) \frac{2xy dx + \varphi(x)dy}{x^4+y^2}$$

$$= \left(\oint\limits_{C_2} + \oint\limits_{C_2}\right) \frac{2xy dx + \varphi(x)dy}{x^4+y^2} = I - I = 0.$$

(2) 设 $P(x,y) = \frac{2xy}{x^4+y^2}, Q(x,y) = \frac{\varphi(x)}{x^4+y^2}$. 令 $\frac{\partial Q}{\partial x} = \frac{\partial P}{\partial y}$, 即 $\frac{\varphi'(x)(x^4+y^2) - 4x^3\varphi(x)}{(x^4+y^2)^2} = \frac{2x^5 - 2xy^2}{(x^4+y^2)^2}$, 解得 $\varphi(x) = -x^2$.

(3) 设 D 为正向闭曲线 $C_a: x^4+y^2 = 1$ 所围区域，由(1) $\oint\limits_{C} \frac{2xy dx + \varphi(x)dy}{x^4+y^2} = \oint\limits_{C_a} \frac{2xy dx - x^2 dy}{x^4+y^2}$，利用 Green 公式和对称性，$\oint\limits_{C_a} \frac{2xy dx + \varphi(x)dy}{x^4+y^2} = \oint\limits_{C_a} 2xy dx - x^2 dy = \iint (-4x)dxdy = 0.$

5. 解：由 Σ 的面积为 4π 可见：当 a,b,c 都为零时，等式成立. 当它们不全为零时，可知：原点到平面 $ax + by + cz + d = 0$ 的距离是 $\frac{|d|}{\sqrt{a^2+b^2+c^2}}$. 设平面 $P_u: u = \frac{ax+by+cz}{\sqrt{a^2+b^2+c^2}}$，其中 u 固定. 则 $|u|$ 是原点到平面 P_u 的距离，从而 $-1 \leqslant u \leqslant 1$. 两平面 P_u 和 P_{u+du} 截单位球 Σ 的截下的部分上，被积函数取值为 $f(\sqrt{a^2+b^2+c^2}\, u)$. 这部分摊开可以看成一个细长条. 这个细长条的长是 $2\pi\sqrt{1-u^2}$，宽是 $\frac{du}{\sqrt{1-u^2}}$，它的面积是 $2\pi du$，故得证.